Thomas Martin Fischer
Experimentalphysik
De Gruyter Studium

Weitere empfehlenswerte Titel

Festkörperphysik
Siegfried Hunklinger, 2017
ISBN 978-3-11-056774-8, e-ISBN (PDF) 978-3-11-056775-5,
e-ISBN (EPUB) 978-3-11-056827-1

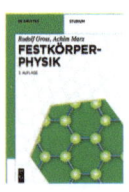
Festkörperphysik
Rudolf Gross, Achim Marx, 2018
ISBN 978-3-11-055822-7, e-ISBN (PDF) 978-3-11-055918-7,
e-ISBN (EPUB) 978-3-11-055928-6

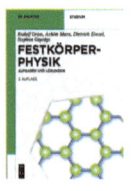
Festkörperphysik
Aufgaben und Lösungen
Rudolf Gross, Achim Marx, Dietrich Einzel, Stephan Geprägs, 2018
ISBN 978-3-11-056611-6, e-ISBN (PDF) 978-3-11-056613-0,
e-ISBN (EPUB) 978-3-11-056635-2

Experimentalphysik
Band 1: Mechanik, Schwingungen, Wellen
Wolfgang Pfeiler, 2016
ISBN 978-3-11-044554-1, e-ISBN (PDF) 978-3-11-044567-1,
e-ISBN (EPUB) 978-3-11-044586-2

Optik
Eugene Hecht, 2018
ISBN 978-3-11-052664-6, e-ISBN (PDF) 978-3-11-052665-3,
e-ISBN (EPUB) 978-3-11-052670-7

Thomas Martin Fischer

Experimentalphysik

Mechanik

mit Illustrationen von Alina Seidel und Marie Basten

> Dieses Buch ist öffentliches Eigentum.
> Für Verlust und jede Art von
> Beschädigung haftet der Entleiher.
> Vor allem bitte keine Anstreichungen!
> Auch Bleistiftanstreichungen gelten als
> Beschädigung des entliehenen Buches!

DE GRUYTER

Autor
Prof. Dr. Thomas Martin Fischer
Universität Bayreuth
Experimentalphysik V
Universitätsstr. 30
95447 Bayreuth

ISBN 978-3-11-060229-6
e-ISBN (PDF) 978-3-11-060228-9
e-ISBN (EPUB) 978-3-11-060300-2

Library of Congress Cataloging-in-Publication Data
Names: Fischer, Thomas (Thomas Martin), 1963- author.
Title: Experimentalphysik. Mechanik / Thomas Fischer.
Other titles: Mechanik
Description: First edition. | Berlin ; Boston : Walter de Gruyter GmbH,
  [2018] | Includes bibliographical references and index.
Identifiers: LCCN 2018022555 (print) | LCCN 2018029200 (ebook) | ISBN
  9783110602289 (electronic Portable Document Format (pdf)) | ISBN
  9783110602296 (print : alk. paper) | ISBN 9783110602289 (e-book pdf) |
  ISBN 9783110603002 (e-book epub)
Subjects: LCSH: Mechanics.
Classification: LCC QC125.2 (ebook) | LCC QC125.2 .F57 2018 (print) | DDC
  531–dc23
LC record available at https://lccn.loc.gov/2018022555

Bibliografische Information der Deutschen Nationalbibliothek
Die Deutsche Nationalbibliothek verzeichnet diese Publikation in der Deutschen
Nationalbibliografie; detaillierte bibliografische Daten sind im Internet über
http://dnb.dnb.de abrufbar.

© 2018 Walter de Gruyter GmbH, Berlin/Boston
Coverabbildung: Alina Seidel – Das Weltbild der modernen Physik
Satz: le-tex publishing services GmbH, Leipzig
Druck und Bindung: CPI books GmbH, Leck

www.degruyter.com

To Chuck Knobler from whom I learned it all,
und für Marlene Basten

Vorwort

Das Physikstudium ist ein schweres Studium, das Freude macht. Das vorliegende Bilderbuch der Experimentalphysik versucht den Spaß an der Physik zu vermitteln, ohne die Schwierigkeiten beim Lernen der Physik zu verheimlichen. Es richtet sich an Studenten der Physik des ersten Semesters und fasst den Inhalt der Einführungsvorlesung der Experimentalphysik zusammen. Im Gegensatz zu eingängigen Nachschlagewerken versucht das Buch den Schwierigkeitsgrad nicht durchweg auf demselben Level zu halten, sondern den steilen Anstieg des an einen Physikstudenten gestellten Anspruches während der ersten Semester abzubilden. Zwei Schwierigkeiten müssen vom Studenten überwunden werden: die Entwicklung einer klaren und präzisen Sprache in der Beschreibung und Beobachtung physikalischer Sachverhalte sowie die mathematisch exakte Beschreibung der physikalischen Vorgänge. Diese Fähigkeiten können nur im ernsthaften Ringen mit den physikalischen Problemen durch hartnäckiges Probieren erworben werden. Das vorliegende Buch fordert diese Ernsthaftigkeit von seinem Leser, aber nicht ohne die lustige, ästhetische Schönheit und künstlerische, kreative Seite der physikalischen Forschung zu vergessen. Das physikalische Handwerkszeug ist die eine Eigenschaft – die kreativen spielerischen Ideen; neue Dinge in der Freiheit der Gedanken ohne äußere Zwänge zu entwickeln, ist die andere Eigenschaft, die man bei einem Physiker nicht vermissen will. Ich hoffe, dass der Leser und Beobachter mit dem vorliegenden Buch einen anspruchsvollen Einstieg in die Schönheit der Physik bekommt, der ihm Spaß macht und zu mehr anspornt.

Mein Dank geht an Marie Basten und Alina Seidel, die mir dieses Buch mit Bildern illustriert haben. Ohne euch beide wäre dieses Buch nicht das, was ich damit vorhatte, nämlich eine Verknüpfung der abstrakten und exakten Beschreibung physikalischer Sachverhalte mit der Schönheit der realen und irrealen Welten. Ihr schafft es, Bilder, die sonst nur vor meinem Auge schwebten, auf das Papier zu bringen. Dieses Buch ist ein Gemeinschaftswerk des Autors mit euch beiden Illustratorinnen. Die Konvention verlangt die Nennung des Autors auf dem Buchcover und die Erwähnung der Illustratorinnen im Inneren. In meiner Fantasie stehen auch eure beiden Namen neben dem meinigen auf dem Buchdeckel.

Mein Dank geht auch an Frau Berber-Nerlinger, die mir geholfen hat, diese beiden Welten auch im Verlag de Gruyter zusammenzuführen. Ich danke den Studenten der Physik an der Universität Bayreuth für das kritische Durchsehen des Manuskripts. Besonders möchte ich Michael Cosacchi, Anna Rossi und Rebecca Benelli, hervorheben.

Bayreuth, den 12.3.2018

Inhalt

Vorwort —— VI

1	**Das Weltbild der modernen Physik** —— 3	
1.1	Einleitung —— 4	
1.2	Materie —— 4	
1.3	Zeit —— 8	
1.4	Raum und Längen —— 11	
1.5	Geschwindigkeit —— 14	
1.6	Theorien zur Beschreibung der Mechanik —— 16	
1.7	Beschleunigung —— 20	
2	**Punktmechanik** —— 23	
2.1	Beschleunigung in der klassischen Mechanik —— 24	
2.2	Komplexe Zahlen —— 28	
2.3	Kreisbewegungen —— 30	
2.4	Newton'sche Gesetze —— 35	
2.4.1	Inertialsysteme —— 35	
2.4.2	Erstes Newton'sches Gesetz: das Trägheitsprinzip —— 35	
2.5	Die Trägheit —— 36	
2.5.1	Zweites Newton'sches Gesetz: Kraft ist Masse mal Beschleunigung —— 39	
2.5.2	Drittes Newton'sches Gesetz: Actio = Reactio —— 40	
2.6	Kräfte —— 41	
2.7	Konservative und nicht konservative Kräfte —— 43	
2.8	Nicht konservative (dissipative) Kräfte —— 48	
2.9	Energie und Energieerhaltung —— 52	
2.10	Bewegung im Zentralfeld —— 53	
2.11	Nichtinertialsysteme —— 57	
2.12	Die Zentrifugalkraft —— 60	
2.13	Die Winkelbeschleunigungskraft —— 61	
2.14	Die Corioliskraft —— 61	
2.15	Energie im rotierenden Nichtinertialsystem —— 63	
2.16	Koordinatentransformationen zwischen Inertialsystemen —— 65	
2.17	Relativistische Addition von Geschwindigkeiten —— 67	
2.18	Längenkontraktion —— 68	
2.19	Zeitdilatation —— 69	
2.20	Bewegungsgleichung der relativistischen Mechanik —— 70	
2.21	Relativistische Nichtinertialsysteme —— 71	
2.22	Aufgaben —— 71	

3 Schwingungen — 79
- 3.1 Harmonische Schwingung — 80
- 3.2 Gedämpfte Schwingung — 82
- 3.3 Erzwungene Schwingung — 85
- 3.4 Parametrische Resonanz — 89
- 3.5 Schwingungsmoden bei mehreren Freiheitsgraden — 90
- 3.6 Schwebung — 95
- 3.7 Schwingungsmoden bei adiabatischen Veränderungen — 96
- 3.8 Verhalten bei abruptem Ändern der Frequenz — 99
- 3.9 Über die Vorhersagbarkeit von mechanischen Systemen — 101
- 3.10 Aufgaben — 107

4 Der starre Körper — 111
- 4.1 Konstituierende Gleichung des starren Körpers — 112
- 4.2 Abstandsquadrat zu einer Achse — 114
- 4.3 Kinetische Energie eines starren Körpers — 115
- 4.4 Einige Bemerkungen zu Tensoren — 121
- 4.5 Der Drehimpuls des starren Körpers — 125
- 4.6 Drehimpulserhaltung — 126
- 4.7 Freie Rotationen um eine Hauptachse — 128
- 4.8 Drehung um die Hauptachse mit Drehmoment — 129
- 4.9 Freie Orientierungsbewegung eines anisotropen Körpers — 132
- 4.10 Ein paar mathematische Spielereien zu Drehungen — 137
- 4.11 Freie Rotation axisymmetrischer Körper — 140
- 4.12 Rotation axisymmetrischer Körper mit Drehmoment — 144
- 4.13 Das physikalische Pendel — 146
- 4.14 Nichtvertauschbarkeit von Drehungen — 148
- 4.15 Dynamik starrer Körper mit Reibung — 150
- 4.16 Aufgaben — 151

5 Der deformierbare Körper — 159
- 5.1 Materialeigenschaften und der thermodynamische Limes — 160
- 5.2 Deformierbare Körper — 161
- 5.3 Der Spannungstensor — 162
- 5.4 Deformationen — 165
- 5.5 Das Hooke'sche Gesetz für isotrope Medien — 168
- 5.6 Bewegungsgleichungen eines elastischen isotropen Festkörpers — 171
- 5.7 Der uniaxial gespannte Draht — 172
- 5.8 Verbiegung eines Balkens — 173
- 5.9 Strichmechanik — 177
- 5.10 Torsion — 178

5.11	Euler-Instabilität —— **182**	
5.12	Gleichgewichtskonformation von zirkulärer DNA —— **185**	
5.13	Hooke'sches Gesetz in Kristallen —— **187**	
5.14	Rolle des Spannungstensors in der allgemeinen Relativitätstheorie —— **188**	
5.15	Deformierbare Körper in Bewegung —— **189**	
5.16	Aufgaben —— **192**	
6	**Hydrodynamik —— 197**	
6.1	Grundgleichungen der Hydrodynamik —— **198**	
6.2	Hydrostatik —— **203**	
6.3	Auftrieb —— **204**	
6.4	Terme der Navier-Stokes-Gleichung —— **207**	
6.5	Nicht viskose Flüssigkeit —— **208**	
6.6	Stationäre reibungsfreie Strömungen —— **210**	
6.7	Fluss um einen Zylinder —— **214**	
6.8	Der Badewannenwirbel —— **220**	
6.9	Nicht wirbelfreie Flüssigkeit —— **222**	
6.10	Viskose Flüssigkeit vernachlässigbarer Trägheit —— **224**	
6.11	Stokes-Gleichung für eine Kugel —— **228**	
6.12	Dynamik einer viskosen und trägen Flüssigkeit —— **230**	
6.13	Hierarchie der Näherungen der Fluiddynamik —— **234**	
6.14	Flüssig-Gas-Koexistenz und Flüssigkeitsgrenzflächen —— **235**	
6.15	Mechanisches Gleichgewicht an einer Grenzfläche —— **239**	
6.16	Gleichgewicht an Dreiphasenkoexistenzlinien —— **242**	
6.17	Kapillare Steighöhe und Kapillardepression —— **244**	
6.18	Mechanische Stabilität von Schäumen und der Spaltdruck —— **245**	
6.19	Ostwald-Reifung —— **250**	
6.20	Laplace-Druck im Wasserstrahl und Rayleigh-Instabilität —— **251**	
6.21	Aufgaben —— **254**	
7	**Wellen —— 261**	
7.1	Mathematische Vorübungen zu Wellen —— **262**	
7.2	Wellen —— **265**	
7.3	Schallwellen —— **269**	
7.4	Eindringtiefe bei Wasserwellen —— **275**	
7.5	Wasserwellen —— **276**	
7.6	Reflexion und Transmission von Wellen —— **282**	
7.7	Impedanzanpassung —— **285**	
7.8	Dopplereffekt und Mach'scher Kegel —— **286**	
7.9	Relativistischer Dopplereffekt —— **290**	
7.10	Relativistischer Dopplereffekt und Aberration —— **292**	

7.11 Interferenz —— **296**
7.12 Aufgaben —— **301**

Über den Autor und die Illustratorinnen —— 303

Stichwortverzeichnis —— 304

1 Das Weltbild der modernen Physik

Dies Kapitel beschreibt unser heutiges Verständnis der Welt. Es dient dazu, Sie als Student so zu verwirren, dass Sie bereit sind, sämtliches Schulwissen über Bord zu werfen und noch mal ganz von vorne anzufangen.

1.1 Einleitung

Die Mechanik ist das historisch am weitesten zurückreichende Gebiet der klassischen Physik. Die Mechanik beschäftigt sich mit der quantitativen Beschreibung der räumlichen Anordnung und der zeitlichen Veränderung von Materie. Drei physikalische Begriffe: Raum, Zeit und Materie tauchen in dieser Definition auf, an die wir uns durch alltäglichen Gebrauch gewöhnt haben, die aber im Laufe der Entwicklung der modernen Physik unerwartete komplexere Bedeutung bekommen haben. Das hier angestellte einleitende Kapitel soll einen ersten Eindruck über das heutige Verständnis dieser Begriffe geben, zum einen, um einen Überblick über die Einordnung der Mechanik in das Gebäude der Physik zu vermitteln, zum anderen, um klar zu machen, dass wir beim Studium der Physik jeden Begriff kritisch hinterfragen müssen, bevor wir diesen in der quantitativen Beschreibung benutzen können. Wir beginnen mit dem Begriff der Materie.

1.2 Materie

Unsere derzeitige Vorstellung von Materie ist, dass diese aus Elementarteilchen, den Fermionen, aufgebaut ist. Diese sind die kleinsten Bausteine der Materie und sie werden durch Wechselwirkungen zwischen diesen Elementarteilchen zusammengehalten, indem zwischen den Elementarteilchen ständig weitere Elementarteilchen, die Austauschbosonen, ausgetauscht werden. Führt der Austausch zu einer Annäherung der beteiligten Fermionen, so bezeichnen wir die Austauschwechselwirkung als attraktiv. Im umgekehrten Fall separieren die Fermionen infolge des Austausches und die Wechselwirkung ist repulsiv. Vier fundamentale Wechselwirkungen zwischen den Fermionen bestimmen den Aufbau der Materie. Zu jeder dieser Wechselwirkungen korrespondieren entsprechende Austauschbosonen.

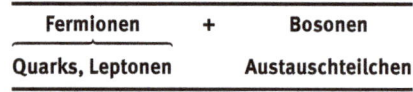

Fermionen	+	Bosonen
Quarks, Leptonen		Austauschteilchen

1. Die starke Wechselwirkung erfolgt durch den Austausch von Gluonen (to glue, kleben).
2. Die schwache Wechselwirkung erfolgt über den Austausch von W- oder Z- Bosonen.
3. Die elektromagnetische Wechselwirkung erfolgt über den Austausch von Photonen.
4. Die Gravitation erfolgt über den Austausch von Gravitonen, die allerdings noch nicht direkt beobachtet wurden.

Die stärkste Wechselwirkung ist die starke Wechselwirkung, als nächst stärkere Wechselwirkung sind die schwache Wechselwirkung und die elektromagnetische Wechselwirkung auf kurzen Abständen der Größenordnung eines Atomkerns vergleichbar stark. Auf größeren Abstandsskalen wird die schwache Wechselwirkung wesentlich kleiner als die elektromagnetische Wechselwirkung. Die vergleichbar schwächste Wechselwirkung ist die Gravitation.

Zu jeder Wechselwirkung gibt es entsprechende Ladungen, die die Fermionen tragen. Die Ladung der Fermionen, die stark wechselwirken, bezeichnet man als Farbladung, die Ladung der schwachen Wechselwirkung als schwachen Isospin, die Ladung der elektromagnetischen Wechselwirkung als elektrische Ladung, und die Ladung der Gravitation als Masse. Ladungen der starken, schwachen und elektromagnetischen Wechselwirkungen können sich gegenseitig neutralisieren, Massen verschiedener Fermionen können sich gegenseitig nicht neutralisieren.

Tab. 1.1: Die physikalischen Grundkräfte.

Grundkräfte	Quellen (Ladungen)	Austauschteilchen
stark	Farbladung	Gluonen
schwach	schwacher Isospin	Z^0-, $W^\pm$-Bosonen
elektromagnetisch	elektrische Ladung	Photonen
Gravitation	Masse	Gravitonen

Die Fermionen teilen sich auf in Leptonen, die farbneutral sind und deshalb nicht stark wechselwirken, und Quarks bzw. Antiquarks, die Farbladungen (rot, grün oder blau) oder Antifarbladungen (antirot, antigrün, oder antiblau) tragen. Quarks neutralisieren sich in ihrer Farbladung entweder durch Bindung dreier Quarks (einem roten, einem grünen und einem blauen Quark) zu einem farbneutralen Nukleon oder durch Bindung eines Quarks mit einem Antiquark der entsprechenden Antifarbe zu einem Meson. Zum Beispiel kombinieren sich ein rotes und grünes Up-Quark zusammen mit einem blauen Down-Quark zu einem weißen (farbneutralen) Proton:

$$u_\text{rot} u_\text{grün} d_\text{blau} = p_\text{weiß} \,. \tag{1.1}$$

Die Farbaufteilung (rot, grün, blau) auf die Quarks ist dabei durch den ständigen Austausch von Gluonen ebenfalls einem ständigen Wechsel unterworfen. Genauso kombinieren sich ein rotes Up-Quark zusammen mit einem grünen und blauen Down-Quark zu einem weißen (farbneutralen) Neutron:

$$u_\text{rot} d_\text{grün} d_\text{blau} = n_\text{weiß} \,. \tag{1.2}$$

Oder es kombinieren sich ein rotes Up-Quark zusammen mit einem antiroten Antidown-Quark zu einem weißen (farbneutralen) Pion:

$$u_\text{rot} \bar{d}_\text{antirot} = \pi^+_\text{weiß} \,. \tag{1.3}$$

Weitere Kombinationsmöglichkeiten von Quarks führen zu anderen exotischeren Elementarteilchen. Der Begriff Farbladung ist eine Analogie. Ein rotes Quark sieht nicht rot aus, sondern verhält sich in seinem Neutralisierungsverhalten wie optisch sichtbare Farbe, ist ansonsten aber eine starke Ladung, die nichts mit optischer Farbe zu tun hat.

Tab. 1.2: Die Quarks.

6 Quarks	Masse (MeV/c^2)	Farbladung	elektrische Ladung	schwacher Isospin
u (up)	5	rot / grün / blau	+2/3	1/2
d (down)	10	rot / grün / blau	−1/3	−1/2
c (charm)	1500	rot / grün / blau	+2/3	1/2
s (strange)	150	rot / grün / blau	−1/3	−1/2
t (top)	175.000	rot / grün / blau	+2/3	1/2
b (bottom)	4700	rot / grün / blau	−1/3	−1/2

In unserem Universum überwiegt die vorhandene Materie (Quarks) die Antimaterie (Antiquarks). Da die starke Wechselwirkung gegenüber allen anderen Wechselwirkungen Priorität hat und weil die Materie gegenüber der Antimaterie überwiegt, werden sich zuallererst die Quarks zu Nukleonen zusammenfinden. Die nicht homogene Farbladungsverteilung im Nukleon führt zu starken Restwechselwirkungen, die die Nukleonen zu einem Atomkern binden. Unter allen möglichen Atomkernen (Nukliden) zeichnen sich diejenigen Nuklide aus, die auch die schwache und elektrostatische Wechselwirkung minimieren. Quarks tragen entweder eine elektrische Ladung von +2/3 und einen schwachen Isospin von +1/2 (Up-Quark) oder eine elektrische Ladung von −1/3 und einen schwachen Isospin von −1/2 (Down-Quark). Der schwache Isospin der Quarks ist größer als die elektrische Ladung, weshalb von allen möglichen Nukleonen die des Protons (up, up, down) mit dem betragsmäßig minimalsten schwachen Isospin +1/2 und des Neutrons (up, down, down) mit dem schwachen Isospin −1/2 am stabilsten sind. In den Nukleonen kann sich der schwache Isospin nicht vollständig neutralisieren. Dies kann erst in den Nukliden geschehen. Ein Nuklid mit genauso vielen Neutronen wie Protonen ist schwach isospinneutral und wäre die optimale Form eines Atomkerns, wenn nicht auch die elektromagnetische Wechselwirkung mitbeteiligt wäre. Da Neutronen elektrisch ungeladen (0 = +2/3 − 1/3 − 1/3) sind, Protonen jedoch elektrisch einfach positiv (1 = 2/3 + 2/3 − 1/3) geladen sind, werden Neutronen elektromagnetisch gegenüber den Protonen bevorzugt in ein Nuklid eingebaut. Dies verschiebt die von der schwachen Wechselwirkung gewünschte Gleichverteilung von Neutronen und Protonen immer stärker in Richtung der Neutronen, je mehr Nukleonen sich im Kern befinden.[1]

---

[1] Neben diesen Hauptaspekten spielen weitere Details eine Rolle, die zu sogenannten magischen Zahlen an Nukleonen führen und z. B. bewirken, dass der stabilste Wasserstoff kein Neutron im Kern enthält.

Tab. 1.3: Die Leptonen.

Leptonen	Masse (MeV/c^2)	Farbladung	elektrische Ladung	schwacher Isospin
ν_e (Elektronneutrino)	$< 4{,}5 \cdot 10^{-6}$	0	0	1/2
e (Elektron)	0,511	0	-1	$-1/2$
ν_μ (Myonneutrino)	$< 170 \cdot 10^{-3}$	0	0	1/2
μ (Myon)	106	0	-1	$-1/2$
ν_τ (Tauneutrino)	< 24	0	0	1/2
τ (Tauon)	175	0	-1	$-1/2$

Ein Nuklid ist deshalb weder schwach noch elektromagnetisch neutral. Die Kurzreichweitigkeit der schwachen Wechselwirkung macht es unmöglich, durch Zugabe von Leptonen, die nicht stark, aber schwach wechselwirken, den Atomkern der Größe $\approx 10^{-15}$ m schwach isospin zu neutralisieren. Hingegen ist die elektromagnetische Neutralisation des Atomkerns durch elektrisch geladene Leptonen, den negativ elektrisch geladenen Elektronen, möglich. Hierbei zieht die unendliche Reichweite der elektromagnetischen Wechselwirkung so viele Elektronen in die nähere Umgebung des Atomkerns, bis das Atom elektrisch neutral ist. Die Größe ($\approx 10^{-10}$ m) der Umgebung des Atomkerns wird dabei durch quantenmechanische Effekte mitbestimmt. Die ungleichmäßige Verteilung der elektrischen Ladung in einem Atom lässt diese durch elektromagnetische Restwechselwirkungen zu Molekülen und Festkörpern binden, bis auf großen Skalen die Moleküle oder Festkörper elektrisch homogen neutral erscheinen.

Die elektrostatische Kraft einer elektrischen Ladung q_1 auf eine elektrische Ladung q_2 wird durch die Coulomb-Kraft

$$\mathbf{F}^{12}_{\text{Coulomb}} = \frac{1}{4\pi\epsilon_0} \frac{q_1 q_2}{r_{12}^2} \frac{\mathbf{r}_{12}}{r_{12}} \tag{1.4}$$

beschrieben. Hierbei bezeichnet $\epsilon_0 = 8{,}854 \cdot 10^{-12}$ As/Vm die Dielektrizitätskonstante, q_1 die erste Ladung und q_2 die zweite Ladung. Die Coulomb-Kraft selbst ist ein Vektor mit Betrag und Richtung, den wir im Unterschied zu einer skalaren Größe, wie der Ladung, durch ein fettgedrucktes Symbol abkürzen. Die Richtung der Kraft ist durch den Vektor von der Position der Ladung q_2 zur Position der Ladung q_1 gegeben

$$\mathbf{r}_{12} = \mathbf{r}_1 - \mathbf{r}_2 = \begin{pmatrix} x_1 - x_2 \\ y_1 - y_2 \\ z_1 - z_2 \end{pmatrix}, \tag{1.5}$$

wobei x_1, y_1 und z_1 die Komponenten des Vektors $\mathbf{r}_1$ entlang der drei Raumrichtungen bezeichnen. Den Betrag dieses Vektors bezeichnen wir durch dasselbe Symbol, aber nicht fett, sondern kursiv gedruckt:

$$r_{12} = \sqrt{(x_1 - x_2)^2 + (y_1 - y_2)^2 + (z_1 - z_2)^2}. \tag{1.6}$$

Beachten Sie, dass die Coulomb-Kraft der Ladung q_1 auf die Ladung q_2 in die umgekehrte Richtung zeigt wie die Coulomb-Kraft der Ladung q_2 auf die Ladung q_1. Haben beide Ladungen das gleiche Vorzeichen, so zeigt die Coulomb-Kraft der Ladung q_2 auf die Ladung q_1 von der Ladung q_2 weg und die Wechselwirkung ist repulsiv. Für entgegengesetzte Ladungen $q_1 q_2 < 0$ zeigt die Coulomb-Kraft der Ladung q_2 auf die Ladung q_1 zu der Ladung q_2 hin und die Kraft ist attraktiv.

Erst nachdem sämtliche starken, teilweise schwachen und sämtliche elektrischen Neutralisierungsbedürfnisse befriedigt sind, kann die um viele Größenordnungen schwächere Gravitation beginnen, die Festkörper oder Molekülgase zu Planeten bzw. zu Sternen zusammenzubinden. Die Gravitationskraft zwischen zwei Punktmassen m_1 und m_2 hat eine ganz ähnliche Form wie die Coulomb-Kraft:

$$\mathbf{F}_{\text{Gravitation}}^{12} = -\gamma \frac{m_1 m_2}{r_{12}^2} \frac{\mathbf{r}_{12}}{r_{12}}, \tag{1.7}$$

wobei $\gamma = 6{,}6 \cdot 10^{-11}\,\text{Nm}^2/\text{kg}^2$ die Gravitationskonstante ist. Gegenüber der Coulomb-Kraft hat die Gravitationskraft ein umgekehrtes Vorzeichen und ist deshalb für Massen gleichen Vorzeichens attraktiv. Außerdem gibt es keine negativen Massen, wodurch keine Neutralisation möglich ist. Da die Gravitation nicht neutralisierbar ist, schaukeln sich die Effekte der Gravitation immer stärker auf, je mehr Masse und je mehr Elementarteilchen an einer Bindung beteiligt sind. So binden sich Planeten und Sterne zu Sonnensystemen, Sonnensysteme zu Galaxien und Galaxien zu Galaxienhaufen. Ab einer kritischen Masse kann die Gravitation sich so aufschaukeln, dass die Anziehung alle anderen Kräfte übersteigt und sämtliche beteiligte Masse in einem schwarzen Loch kollabiert. Das Zentrum unserer Galaxie enthält solch ein schwarzes Loch.

1.3 Zeit

Was Zeit ist, ist eine philosophische Frage, die sich physikalisch nicht beantworten lässt. Wir können Zeit jedoch mithilfe physikalischer Uhren messen. Die Präzision der Zeitmessung hat sich ständig verfeinert. Das einfachste Beispiel einer Uhr ist die Sanduhr (Abbildung 1.1), bei der die Menge Sand, welche im Gravitationsfeld die Engstelle eines Glasgefäßes passiert hat, als Maß für die abgelaufene Zeit genommen wird. Der Prozess des Sanddurchlaufens ist ein Relaxations- (oder Zerfalls-) Prozess, der mit dem Transfer des Sandes ins untere Gefäß beendet ist. Die Sanduhr stellt nach der Relaxation ihre Funktion als Uhr ohne weiteren Eingriff von außen ein.

Als Uhren eignen sich alle physikalischen Vorgänge, die periodisch ablaufen. Ein Pendel im Gravitationsfeld der Erde (Abbildung 1.2) schwingt ständig hin und her. Für eine Pendellänge der Größenordnung $l \approx 1\,\text{m}$ beträgt die Schwingungsdauer in etwa $T \approx 1\,\text{s}$. Ein Quarzkristall (Schwingquarz) in einer Quarzuhr führt Deformationsschwingungen aus (Abbildung 1.3), bei der der Kristall periodisch seine Form leicht verändert.

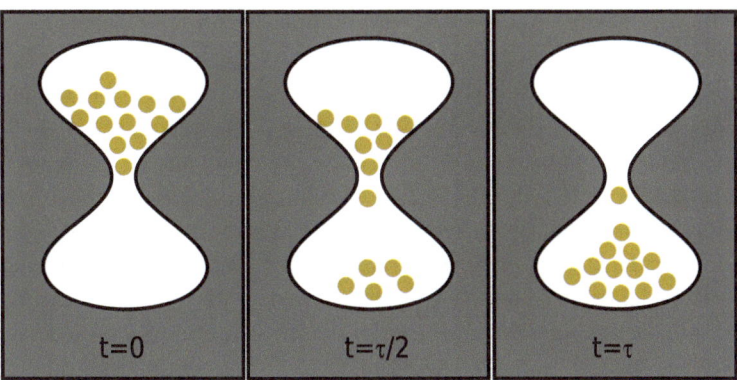

Abb. 1.1: Messung der Zeit mit einer Sanduhr.

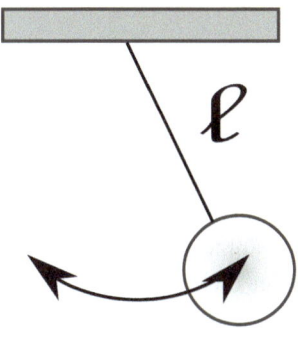

Abb. 1.2: Ein physikalisches Pendel zur Messung der Zeit.

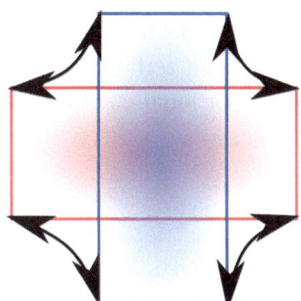

Abb. 1.3: Deformationsschwingungen eines Schwingquarzes.

Hier lassen sich wesentlich kürzere Schwingungsdauern von $T \approx 10^{-7}$ s erreichen. Die momentan für die Definition einer Sekunde benutzte Hochpräzisionsuhr ist die Cäsiumatomuhr, welche einen elektronischen Übergang zwischen zwei Zuständen ausnutzt, bei dem elektromagnetische Wellen einer sehr genau bestimmten Frequenz absorbiert werden. Die Schwingungsdauer dieser Atomuhren liegt in der Größenordnung $T \approx 10^{-10}$ s; 1 s sind $9{,}192631770 \cdot 10^9$ Schwingungen des Cäsiumatoms. Diese Definition der Zeit wird durch optische Atomuhren, welche Schwingungsdauern von

$T = 10^{-17}$ s besitzen, übertroffen. Eine Neudefinition der Sekunde ist deshalb nur noch eine Frage der Zeit.

Periodische Prozesse sind zur Zeitmessung nützlich, wenn das Experiment mehrere Zeitphasen der Schwingung überdeckt. Man kann Messprozesse durch Verwendung periodischer Prozesse in die Vergangenheit ausdehnen. Ein Messverfahren zur Altersbestimmung besteht in der Verwendung jahreszeitlich fluktuierender Prozesse, wie dem Wachstum von Bäumen. Diese weisen charakteristische Jahresringe auf, deren Muster eine Rückdatierung bis zu 10.000 Jahre erlauben. Will man das Alter von Dingen bestimmen, welches in Zeiten weit vor der Experimentierzeit zurückreicht, eignen sich aber im Allgemeinen Zerfallsprozesse besser als periodische Prozesse. Zerfallsprozesse treten ebenfalls auf allen Zeitskalen auf. So beträgt die Lebensdauer eines π^0-Mesons gerade mal $\tau \approx 10^{-16}$ s, und das Meson lebt so kurz wie die Schwingungsdauer der heute genauesten Uhren. Das Teilchen zerfällt in zwei Photonen:

$$\pi^0 \to 2\gamma . \tag{1.8}$$

Ein wichtiger radioaktiver Zerfallsprozess ist der radioaktive Zerfall von $^{14}_{6}$C-Kohlenstoff. Das Isotop wird in der Atmosphäre durch Bombardement von Stickstoff aus der Luft mit Höhenstrahlung erzeugt. Das Isotop zerfällt mit einer Zerfallszeit von $\lambda^{-1} = 5770$ Jahren zurück in Stickstoff. Neben dem durch Höhenstrahlung erzeugten $^{14}_{6}$C-Kohlenstoff gibt es zahlreiche irdische Quellen für $^{12}_{6}$C-Kohlenstoff in der Atmosphäre. Beide Quellen sorgen dafür, dass das Verhältnis der Dichten beider Isotope über Jahrtausende ungefähr konstant gehalten wurde. Lebewesen nehmen über die Nahrung Luft der Atmosphäre auf und zeigen ein entsprechendes Isotopenverhältnis in ihrem Körper, solange sie essen. Mit dem Tod des Lebewesens endet der Stoffwechsel und damit die Zufuhr von $^{14}_{6}$C-Kohlenstoff. Der $^{14}_{6}$C-Kohlenstoff zerfällt, und die Anzahl N der $^{14}_{6}$C-Kohlenstoff nimmt mit einer Rate, die proportional zu der noch vorhandenen Anzahl N ist, ab:

$$\frac{dN}{dt} = -\lambda N . \tag{1.9}$$

Es tritt ein exponentieller Zerfall $N(t) = N_0 e^{-\lambda t}$ ein, anhand dessen das Alter des Untersuchten seit seinem Ableben bestimmt werden kann.

Gesteine entstanden im Sonnensystem ohne Blei. Das Blei in heutigen Gesteinen rührt ausschließlich von dem im Gestein vorhandenen Uran her, aus dem es durch radioaktiven Zerfall entsteht. Die Reaktion

$$^{238}_{92}\text{U} \to {}^{206}_{82}\text{Pb} + 8 \times {}^{4}_{2}\text{He} + \text{Leptonen} \tag{1.10}$$

hat eine Halbwertszeit von $T_{1/2} = 415 \cdot 10^9$ Jahren.

1.4 Raum und Längen

Die Länge ist seit 1986 eine von der Zeit abgeleitete, nicht unabhängige Größe. Ein Meter ist definiert als die Strecke, die Licht im Vakuum in einer Zeit von 1/299.792.458,0 s zurücklegt. Vor 1986 war die Länge noch eine unabhängig definierte Größe und ein Meter war definiert als 1.650.763,73 Wellenlängen des Lichtes von $^{86}_{36}$Kr. Betrachten wir nun die Messung von Längen etwas genauer: Zur Messung einer Länge benutzen wir einen Meterstab (oder einen physikalisch ausgefeilteren Längenstandard).

Unabhängig von der Präzision des Meterstabes müssen wir bei der Bestimmung der Länge eines zu messenden Objektes zuerst (zur Zeit $t_1 = 0$) das eine Ende des Meterstabes (die Null) mit dem Anfang des Objektes abgleichen (Abbildung 1.4). Später (zur Zeit t_2) richten wir unser Augenmerk auf das andere Ende und lesen den Wert der Länge des Objektes auf dem Meterstab ab (Abbildung 1.5). Bei dieser Messung müssen wir darauf vertrauen, dass sich weder die Nulllage des Meterstabes noch der Anfang des Objektes während der Zeit $t_2 - t_1$ verlagert hat. Ein derartiges Vertrauen ist aber nur angebracht, wenn wir von einem *starren Körper* ausgehen. Ein starrer Körper ist ein Körper, bei dem sämtliche Materieeinheiten zueinander einen konstanten Abstand halten. Damit die Materieeinheiten auf konstantem Abstand gehalten werden, müssen die internen Wechselwirkungen des Körpers die Wechselwirkungen mit seiner Umgebung übersteigen. Ein Kaugummi ist ein schlechter Meterstab, da die Gravitation den Kaugummi gegen die den Kaugummi zusammenhaltenden Kräfte mit der Zeit immer mehr dehnt. Aus dem Abschnitt 1.2 über den Aufbau der Materie wissen wir aber, dass in der Nähe eines schwarzen Loches die externe Wechselwirkung jedes Körpers

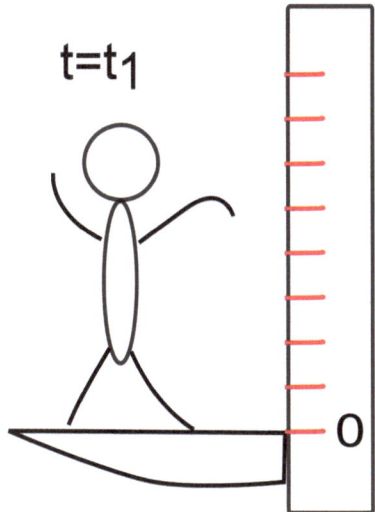

Abb. 1.4: Abgleich des Nullpunkts zur Zeit t_1.

Abb. 1.5: Messung der Länge zur späteren Zeit t_2.

mit dem schwarzen Loch die internen Wechselwirkungen überwiegt und damit auch der Begriff der Länge eines Körpers keinen eindeutigen Gehalt mehr hat.

Betrachten wir die Definition der Länge noch ein zweites Mal, so erkennen wir, dass auch bei der Laufstrecke des Lichtes der Anfang des Meters zu einer Zeit $t_1 = 0$ definiert ist und das andere Ende des Meters zu einem späteren Zeitpunkt t_2. Implizit nehmen wir an, dass wir das Ende des Meters zur *selben* Position des Endes des Meters zur Zeit t_1 zurückextrapolieren können, sodass wir eine *gleichzeitige* Länge des Meters erhalten. Unsere Intuition suggeriert uns aus unserer Erfahrung, dass so eine Rückextrapolation zur Gleichzeitigkeit eindeutig ist. Hier werden wir jedoch getäuscht. Die Rückextrapolation ist nicht eindeutig. Wir können uns das an einem Experiment mit π^0-Mesonen deutlich machen.

π^0-Mesonen werden in den oberen Schichten unserer Atmosphäre in einer Höhe von $h \approx 10$ km durch Höhenstrahlung von der Sonne erzeugt. Wie wir bereits erwähnt haben, beträgt die Lebensdauer der Mesonen $\tau \approx 10^{-16}$ s. Durch die Höhenstrahlung sind die Mesonen bei der Erzeugung so schnell, dass diese mit annähernd Lichtgeschwindigkeit $c = 3 \cdot 10^8$ m/s fliegen. Wir können die Strecke, die die Mesonen während ihrer Lebenszeit zurücklegen, leicht ausrechnen:

$$s = c\tau = 3 \cdot 10^{-8}\, \text{m} \ll h\,. \tag{1.11}$$

Obwohl die Flugstrecke der Mesonen nur $s = 30$ nm beträgt, werden diese an der Erdoberfläche von uns (z. B. mit einer Nebelkammer) beobachtet (Abbildung 1.6). Der Grund hierfür liegt in der Relativität von Zeit und Längen. Fragen wir das π^0-Meson, warum es einfach an der Erdoberfläche herumstreunt, so lautet die Antwort:

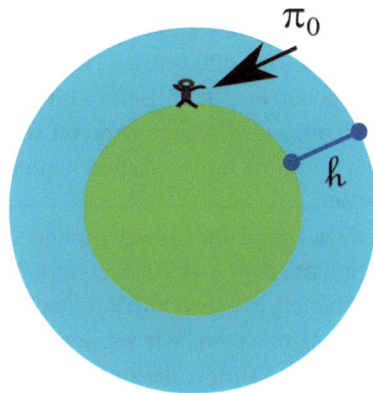

Abb. 1.6: Ein Meson aus der Stratosphäre fliegt zur Erdoberfläche.

1. *Meine Lebensdauer ist $\tau = 10^{-16}$ s.*
2. *Die Erdoberfläche saust mit annähernd Lichtgeschwindigkeit auf mich zu, und ich bin in Ruhe.*
3. *Aus der Tatsache, dass ich hier an der Erdoberfläche vor meinem Lebensende ankomme, folgt, dass die Erdatmosphäre dünner ist als $h < c\tau = 30$ nm.*

Fragen wir einen Erdbewohner, wie das Meson zur Erdoberfläche gekommen ist, so lautet die Antwort:

1. *Die Erdatmosphäre ist $h' = 10^4$ m dick und ruht (wir vernachlässigen die Rotation der Erde um ihre Achse und um die Sonne) genauso wie ich.*
2. *Das π^0-Meson fliegt mit annähernd Lichtgeschwindigkeit auf mich zu.*
3. *Es folgt zwingend, dass die Lebensdauer des π^0-Mesons $\tau' > h'/c = 3 \cdot 10^{-5}$ s beträgt.*

Da beide Erklärungen richtig sind, folgt die für unsere Intuition ungewohnte Konsequenz, dass Zeit und Raum relativ sind, d. h., wie lang etwas erscheint und wie lang etwas dauert, hängt davon ab, mit welcher Geschwindigkeit wir uns bewegen.

⇒ So wird eine bewegte Länge (in unserem Beispiel die Erdatmosphäre) von einem ruhenden Beobachter (in unserem Fall das Meson) als kontrahiert wahrgenommen.

⇒ Eine bewegte Uhr (die innere Uhr des Mesons) wird von einem ruhenden Beobachter (dem Erdbewohner) als langsamer wahrgenommen.
Es gilt darüber hinaus: Uhren in Gravitationsfeldern gehen anders als Uhren ohne Gravitation. Längen in Gravitationsfeldern verändern sich in geänderten Gravitationsfeldern.

⇒ Insbesondere in der Nähe eines schwarzen Loches ändert sich auch die Wellenlänge des Lichtes einer $^{86}_{36}$Kr-Quelle. Damit ist auch die vor 1986 geltende *gleichzeitige* Definition des Meters problematisch.

Die diesem Buch zu Beginn vorangestellten Betrachtungen sollten klar machen, dass Begriffe wie Raum, Zeit und Materie alles andere als triviale Begriffe sind und dass wir beim Studium der Natur jeden noch so scheinbar einfachen Begriff kritisch zu hinterfragen und in Zweifel zu ziehen haben, weil wir uns in unseren Vorstellungen oft von falschen Vorurteilen leiten lassen und wir ohne Nachprüfung mittels Experimenten an diesen lieb gewonnenen Vorurteilen haften bleiben.

Es bleibt die Frage, wenn sich alles verändert, wie wir denn dann überhaupt noch etwas zweifelsfrei messen können? Die Antwort hierauf hat zwei Aspekte. Erstens gibt es Verfahren, die Beurteilung eines Vorganges durch einen Beobachter auf die entsprechenden Beobachtungen des anderen Beobachters umzurechnen. Wir werden dies später in Abschnitt 2.16 durchführen. Zweitens gibt es eine Größe, die unveränderlich ist, nämlich die Lichtgeschwindigkeit. Die Lichtgeschwindigkeit ist absolut und beträgt $c = 3 \cdot 10^8$ m/s unabhängig davon wer, wann, und wo beobachtet. Die Lichtgeschwindigkeit ist die maximale Signalübertragungsgeschwindigkeit und ist *absolut* das Gleiche in jedem Bezugssystem. Hingegen sind Raum und Zeit relativ und hängen vom Bezugssystem ab.

So gilt, dass zwei Ereignisse, die an zwei verschiedenen Orten in dem einen Bezugssystem *gleichzeitig* stattfinden, in einem anderen Bezugssystem nicht unbedingt gleichzeitig stattfinden.

All diese Komplikationen in unserem Verständnis von Raum und Zeit treten immer dann auf, wenn Geschwindigkeiten v involviert sind, die von der Größenordnung der Lichtgeschwindigkeit sind.

1.5 Geschwindigkeit

Wir wollen die Dynamik eines Teilchens in Raum und Zeit beschreiben. Dabei nehmen wir an, dass wir ein so wenig massives Teilchen verfolgen, dass dieses Teilchen keinen Einfluss auf Raum und Zeit selbst hat. Dies schließt die Verfolgung eines schwarzen Loches aus, da ein schwarzes Loch den Raum und die Zeit verbiegt und damit Raum und Zeit in der Präsenz des schwarzen Loches vollkommen anders beschaffen sind, als wenn das schwarze Loch nicht da wäre. Wir stellen uns also ein wenig massives Teilchen vor, das Raum und Zeit quasi als Bühne benutzt und diese unverändert lässt. Die Geometrie des Raumes und der Zeit ist unabhängig von der Präsenz des Teilchens. In diesem Raum spannen wir die Raumkoordinaten x, y, z auf, sodass der Beobachter in diesem Koordinatensystem ruht, d. h., er hat für alle Zeiten dieselben drei Raumkoordinaten x_B, y_B, z_B. In regelmäßigen Abständen platzieren wir je eine Uhr, die die entsprechende Uhrzeit t an diesem Ort anzeigt. Da wir mittlerweile wissen, dass bewegte Uhren anders gehen, brauchen wir also viele ruhende Uhren an allen möglichen Plätzen, um die Zeit t messen zu können. Zu einer festen Zeit t = const werden alle Punkte der Raumzeit verbunden, die von einem ruhenden Beobachter als *gleichzeitig* interpretiert werden.

Auch den zu beobachtenden, wenig massiven punktförmigen Körper statten wir mit einer identischen, aber vom Körper mitgeführten Uhr aus. Weil der Körper sich bewegt, berücksichtigen wir vorsichtshalber, dass seine Uhr anders geht als die ruhenden Uhren. Die von der mitgeführten Uhr angezeigte Zeit τ bezeichnen wir als die *Eigenzeit* des Körpers. Die Koordinaten

$$\begin{pmatrix} x_K(\tau) \\ y_K(\tau) \\ z_K(\tau) \end{pmatrix} \qquad (1.12)$$

bezeichnen die Koordinaten des Körpers zur *Eigenzeit* τ des Körpers. Die Zeit $t_K(\tau)$ ist die Zeit, die eine ruhende Uhr an der Stelle $(x_K(\tau), y_K(\tau), z_K(\tau))$ des Körpers zur Eigenzeit τ des Körpers anzeigt. Aus der Sicht des Körpers ist es natürlich bequemer, die Eigenzeit als Maß für die Zeit anzusehen. Wir wollen aber die Vorgänge aus der Sicht eines im Koordinatensystem ruhenden Beobachters beschreiben. Man macht sich leicht klar, dass die Eigenzeit des Körpers nicht die geeignete Uhrzeit zum Maß der Bewegung ist. Erstens wäre nicht klar, was *Gleichzeitigkeit* von Vorgängen an verschiedenen Positionen im Raum im Sinne der Eigenzeit des Körpers bedeuten soll, und zweitens kann bei der Bewegung zweier Körper durch die Raumzeit der unangenehme Fall auftreten, dass beide Körper vom selben Ort aus zur selben Eigenzeit und selben Koordinatenzeit in verschiedenen Richtungen loslaufen und sich an einem zweiten Ort zur selben Koordinatenzeit, aber jeweils unterschiedlichen Eigenzeiten wiedertreffen. Das Maß der Zeit wäre damit nicht an die im Koordinatensystem ruhenden Uhren angepasst. Wir zielen also darauf ab, jegliche Veränderung des Ortes des Körpers mit ruhenden Koordinaten und ruhenden Uhren im ruhenden Bezugssystem zu beschreiben. Der Körper kann die Koordinaten in der Raumzeit $(t_K(\tau), x_K(\tau), y_K(\tau), z_K(\tau))$ zunächst auf seiner mitgeführten Uhr ablesen und definiert sich eine Vierergeschwindigkeit

$$\begin{pmatrix} u_t(\tau) \\ u_x(\tau) \\ u_y(\tau) \\ u_z(\tau) \end{pmatrix} = \begin{pmatrix} \frac{dt_K(\tau)}{d\tau} \\ \frac{dx_K(\tau)}{d\tau} \\ \frac{dy_K(\tau)}{d\tau} \\ \frac{dz_K(\tau)}{d\tau} \end{pmatrix}, \qquad (1.13)$$

die die Veränderung der Zeit und Raumkoordinaten des Körpers mit der Eigenzeit des Körpers beschreibt. Fassen wir die Eigenzeit $\tau(t)$ als eine Funktion der Koordinatenzeit t auf, so ergibt sich die Änderung der Eigenzeit mit der Koordinatenzeit wegen $t_K(\tau(t)) = t$ zu $\frac{dt_K(t)}{dt} = u_t \frac{d\tau}{dt} = \frac{dt}{dt} = 1$ und es folgt für die Geschwindigkeit des Körpers, die als Änderung der Koordinaten des Körpers mit der Koordinatenzeit definiert ist:

$$\mathbf{v}(t) = \frac{dx_K/d\tau}{dt_K/d\tau}\mathbf{e}_x + \frac{dy_K/d\tau}{dt_K/d\tau}\mathbf{e}_y + \frac{dz_K/d\tau}{dt_K/d\tau}\mathbf{e}_z, \qquad (1.14)$$

bzw. kürzer

$$\mathbf{v}(t) = \frac{dx_K}{dt}\mathbf{e}_x + \frac{dy_K}{dt}\mathbf{e}_y + \frac{dz_K}{dt}\mathbf{e}_z, \qquad (1.15)$$

wobei wir mit $\mathbf{e}_x$, $\mathbf{e}_y$ und $\mathbf{e}_z$ die Einheitsvektoren entlang der Koordinaten x, y und z bezeichnen. Die Geschwindigkeit $\mathbf{v}(t)$ legt die Richtungen im Raum fest.

$$v = |\mathbf{v}(t)| = \sqrt{v_x^2 + v_y^2 + v_z^2} \tag{1.16}$$

bezeichnet den Betrag der Geschwindigkeit. Sind wir in einem nicht verbogenen Raum, in dem der Vektor $\mathbf{e}_x$ konstant in eine Richtung zeigt und in dem v_x = const einen konstanten Wert hat und $v_y = v_z = 0$, so bezeichnet man die Bewegung als eine geradlinig gleichförmige Bewegung. Wir finden

$$x_K(t) - x_K(0) = \int_0^t \frac{dx_K}{dt'} dt' = \int_0^t v_x dt' = v_x t, \tag{1.17}$$

also $x_K(t) = x_K(0) + vt$.

1.6 Theorien zur Beschreibung der Mechanik

Die Mechanik von Materie teilt sich in zwei bisher noch nicht in Einklang gebrachte Bereiche auf. Zum einen wird auf großen Längenskalen bei beliebigen Geschwindigkeiten und beliebigen Massen bzw. Gravitationsfeldern die Bewegung der Materie sowie die Geometrie der Raumzeit durch die allgemeine Relativitätstheorie beschrieben. Zum anderen gilt für kleine Längenskalen, beliebige Geschwindigkeiten, aber kleinen Massen die Quantenmechanik. Die spezielle Relativitätstheorie ist ein gemeinsamer Spezialfall der allgemeinen Relativitätstheorie und der Quantenmechanik. Für kleine Geschwindigkeiten vereinfacht sich diese weiter zur Newton'schen klassischen Mechanik. Tabelle 1.4 zeigt die Einordnung der verschiedenen Theorien.

Im Rahmen der Newton'schen Mechanik vereinfachen sich die Verhältnisse: Die Zeitmessung wird absolut und die Zeit zwischen zwei Ereignissen hängt nicht vom

Tab. 1.4: Theorien der Mechanik.

Allgemeine Relativitätstheorie — Mechanik mit beliebig schnellen Geschwindigkeiten und beliebig starken Gravitationsfeldern
Spezielle Relativitätstheorie — Mechanik mit beliebig schnellen Geschwindigkeiten und kleinen Massen
Klassische Mechanik — Mechanik bei kleinen Geschwindigkeiten und kleinen Massen
Quantenmechanik — Mechanik auf mikroskopisch kleinen Längenskalen

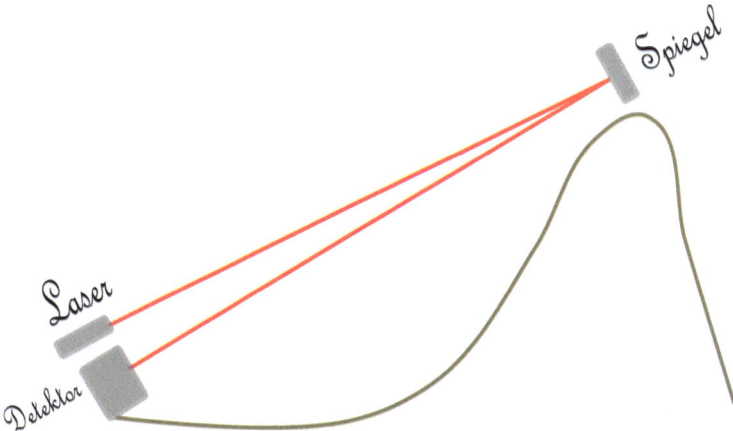

Abb. 1.7: Messung der Lichtgeschwindigkeit über die Laufzeit eines Laserpulses.

Beobachter ab (weil die Beobachter kleine Geschwindigkeiten $v \ll c$ haben). Was für einen Beobachter gleichzeitig stattfindet, findet für jeden anderen Beobachter ebenfalls gleichzeitig statt. (In Wirklichkeit sind die Zeitunterschiede vernachlässigbar.) Meterstäbe haben eine feste absolute Länge, die wir als den Abstand beider Enden zur gleichen Zeit definieren.

Obwohl die Bewegung eines Objektes mit Lichtgeschwindigkeit eigentlich in den Bereich der speziellen Relativitätstheorie fällt, können wir diese mit Methoden der klassischen Mechanik messen, ohne uns Gedanken über die Relativität von Zeit und Längen zu machen. Dies gilt aber nur für Teilchen mit einer unendlichen Lebensdauer. Wir haben ja bei den Mesonen bereits gesehen, dass die innere Uhr des Mesons langsamer zu gehen scheint. Bei Lichtteilchen, den Photonen, die im Vakuum unendlich lange leben (und die man in Ruhe nicht beobachten kann), treten diese Schwierigkeiten nicht auf. Ein einfaches Experiment zur Bestimmung der Lichtgeschwindigkeit besteht darin, einen Laserpuls eine lange Strecke (ca. 100 km) laufen zu lassen und die Laufzeit zu messen. Wenn wir die Ankunft des Pulses in der Nähe des Lasers messen wollen, stellen wir aus Gründen der Bequemlichkeit auf halber Strecke einen Spiegel auf, sodass der Puls auf halber Strecke umdreht und zurück zum Detektor gleich neben dem Laser läuft (Abbildung 1.7). Die Laufzeit von $\Delta t = \Delta x/c = 100\,\text{km}/3 \cdot 10^8\,\text{m/s} \approx 0{,}3\,\text{ms}$ lässt sich elektronisch leicht messen.

Um mit Geschwindigkeiten besser rechnen zu können, betrachten wir einen ruhenden Beobachter, einen dazu mit konstanter Geschwindigkeit in x-Richtung bewegten zweiten Beobachter sowie einen relativ zum zweiten Beobachter in y-Richtung bewegten dritten Körper. Betrachten wir die Geschwindigkeiten der Objekte zunächst relativistisch: Beobachter Nummer eins misst sämtliche Ereignisse mit dem ruhenden Koordinatensystem t_1, x_1, y_1, z_1 und findet so, dass der Beobachter Nummer zwei die zeitabhängige Position

$$\mathbf{r}_1(2, t_1) = (x_1(2,0) + v_1(2)t_1)\,\mathbf{e}_x \tag{1.18}$$

hat. Beobachter zwei sitzt im Ursprung seines eigenen Koordinatensystems, sodass in seinem Koordinatensystem die Bewegung durch

$$\mathbf{r}_2(2, t_2) = \mathbf{0} \tag{1.19}$$

gegeben ist. Der dritte Körper bewegt sich relativ zu Beobachter zwei nach der Beurteilung von Beobachter zwei auf der Bahn

$$\mathbf{r}_2(3, t_2) = \mathbf{r}_2(3,0) + v_2(3) t_2 \mathbf{e}_y \,. \tag{1.20}$$

Im Koordinatensystem des Beobachters eins lautet die Position des dritten Körpers

$$\mathbf{r}_1(3, t_1) = \mathbf{r}_1(3,0) + v_1(2)\mathbf{e}_x t_1 + v_2(3)\mathbf{e}_y t_2 \tag{1.21}$$

$$= \mathbf{r}_1(3,0) + \left(v_1(2)\mathbf{e}_x + \frac{dt_2}{dt_1} v_2(3)\mathbf{e}_y \right) t_1 \,. \tag{1.22}$$

In der ersten Zeile (Gleichung (1.21)) werden Uhren noch in verschiedenen Koordinatensystemen eins und zwei abgelesen. Beobachter eins misst aber alles mit den Uhren seines Koordinatensystems und in der zweiten Zeile (Gleichung (1.22)) rechnen wir die Uhrzeiten des Systems zwei in die entsprechenden Uhrzeiten des Systems eins um. Wir finden so

$$\mathbf{v}_1(3) = v_1(2)\mathbf{e}_x + \frac{dt_2}{dt_1} v_2(3)\mathbf{e}_y \,. \tag{1.23}$$

Da die bewegten Uhren des Beobachters zwei von System eins aus betrachtet langsamer gehen, gilt $dt_2/dt_1 < 1$, sodass die vom System eins aus gesehene Relativgeschwindigkeit zwischen dem Körper drei und Beobachter zwei als langsamer beurteilt wird als von Beobachter zwei. In relativistischen Systemen addieren Geschwindigkeiten sich nicht einfach. Ist $v_1(2) \approx c$, so gehen die Uhren des Systems zwei von System eins aus beurteilt viel langsamer als die des Systems eins und $dt_2/dt_1 \approx 0$. Die Relativgeschwindigkeit zwischen System zwei und Körper drei kann selbst wenn sie aus System zwei beurteilt relativ groß ist, von System eins aus beurteilt trotzdem nicht zu einer Überlichtgeschwindigkeit des Körpers drei führen. Wir sehen an Gleichung (1.23) auch, dass die erste Relativgeschwindigkeit stärker eingeht als die zweite. Bei der relativistischen Addition von Geschwindigkeiten kommt es also auf die Reihenfolge an. Für die klassische Newton'sche Mechanik gilt $dt_2/dt_1 \approx 1$, sodass Geschwindigkeiten addiert werden können. Ein einfaches Beispiel für die Addition von klassischen Geschwindigkeiten kann man in einem Kaufhaus (oder sonst wo) auf der Rolltreppe mit Geschwindigkeit $\mathbf{v}_1$ ausprobieren (Abbildung 1.8). Läuft man diese mit einer Geschwindigkeit $\mathbf{v}_2$ hoch, bewegt man sich insgesamt mit der Geschwindigkeit $\mathbf{v}_3 = \mathbf{v}_1 + \mathbf{v}_2$.

Abb. 1.8: Addition von Geschwindigkeiten auf der Rolltreppe.

1.7 Beschleunigung

Die Beschleunigung ist die zeitliche Veränderung der Geschwindigkeit. Wir definieren

$$\mathbf{a}(t, x, y, z) = \lim_{\Delta t \to 0} \frac{\mathcal{P}[\mathbf{v}(t + \Delta t, x + \Delta x, y + \Delta y, z + \Delta z)] - \mathbf{v}(t, x, y, z)}{\Delta t}, \quad (1.24)$$

wobei

$$\mathbf{v}(t + \Delta t, x + \Delta x, y + \Delta y, z + \Delta z)$$
$$= v_x(t + \Delta t, \ldots)\mathbf{e}_x(t + \Delta t, \ldots) + v_y(t + \Delta t, \ldots)\mathbf{e}_y(t + \Delta t, \ldots) + \ldots \quad (1.25)$$

die Geschwindigkeit zu einem späteren Zeitpunkt $t + \Delta t$ an der verschobenen Stelle $\mathbf{r} + \Delta r$ mit den Einheitsrichtungsvektoren $\mathbf{e}_x(t + \Delta t, \ldots)$ an der verschobenen Stelle ist. In einer krummen Raumzeit (z. B. in der Nähe eines schwarzen Loches) sind die Einheitsrichtungen $\mathbf{e}_x(t + \Delta t, \ldots)$ nicht unbedingt identisch mit den Einheitsrichtungen $\mathbf{e}_x(t)$. Wir können Richtungen an verschiedenen Stellen nur miteinander vergleichen, indem wir die Richtung an einer Stelle zur ursprünglichen Stelle *parallel transportieren* ($\mathcal{P}[\mathbf{v}]$) und danach vergleichen. Die allgemeine Relativitätstheorie bastelt sich eine krumme Raumzeit genau so, dass sämtliche gravitativen Beschleunigungen verschwinden. In dieser Sprache ist also die Beschleunigung $\mathbf{a} = 0$, aber $\mathbf{e}_x(t + \Delta t, \ldots) \neq \mathbf{e}_x(t)$. Ein nicht stark, schwach oder elektromagnetisch wechselwirkender Körper fliegt dann beschleunigungsfrei entlang der geradlinigsten Bahn in einer krummen Raumzeit. Körper fallen beschleunigungsfrei aufeinander zu, weil die Raumzeit krumm ist, nicht weil sie beschleunigt werden. Gravitationsfelder gibt es in dieser Sprache nicht, nur Krümmungen der Raumzeit. In der Sprache der speziellen Relativitätstheorie ist der Raum gerade und es gilt $\mathbf{e}_x(t + \Delta t, \ldots) = \mathbf{e}_x(t)$, aber die Beschleunigung ist nicht identisch null ($\mathbf{a} \neq 0$), weil Gravitationskräfte zwischen Körpern mit Masse wirken. Beide Beschreibungen lassen sich für kleine Massen ineinander überführen, jedoch nicht für große Massen. Dort entscheidet das Experiment zugunsten der allgemeinen Relativitätstheorie.

Wir wollen die beiden Sichtweisen an einer Analogie etwas verdeutlichen: Stellen Sie sich zwei Flugzeuge vor, die am Äquator bei verschiedenen Längengraden Richtung Südpol starten (Abbildung 1.9). Beide Flugzeuge sind im dreidimensionalen Raum (vom Mond aus gesehen) parallel zueinander ausgerichtet. Für Flugzeuge ist solch eine Beurteilung von außerhalb der Atmosphäre nicht möglich. Ein Vergleich der Ausrichtung beider Flugzeuge ist nur durch *Parallelverschiebung eines der Flugzeuge* entlang des krummen Äquators hin zum anderen Flugzeug möglich. Die *Parallelverschiebung* müssen wir dabei so bewerkstelligen, dass das Flugzeug während der ganzen Verschieberei immer horizontal (also ohne Radialkomponente) ausgerichtet bleibt. Die *Parallelverschiebung* in der Atmosphäre unterscheidet sich deshalb von der Parallelverschiebung im dreidimensionalen Raum, bei der in der Regel Radialkomponenten in der Ausrichtung vorkommen. Ein Vergleich der Ausrichtungen beider

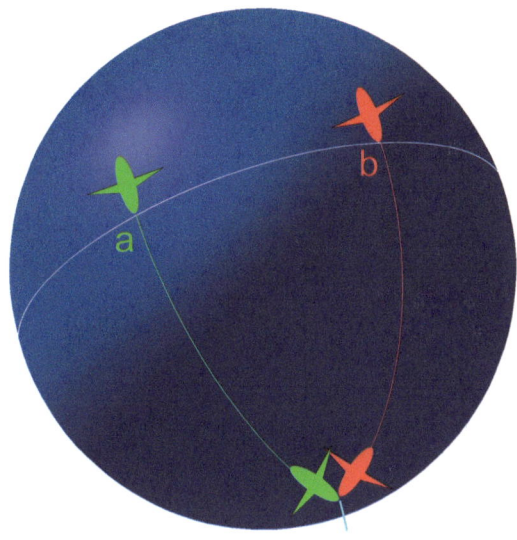

Abb. 1.9: Zwei Flugzeuge starten vom Äquator und treffen sich am Südpol, obwohl sie immer *geradeaus* fliegen.

Flugzeuge in diesem Sinne würde ergeben, dass beide Flugzeuge auch in diesem auf nicht aus der Atmosphäre herausführenden Richtungen beschränkten Sinne *parallel* sind. Der Vorteil ersterer Beschreibung ist, dass der dreidimensionale Raum gerade erscheint, während die zweite Beschreibung nur für Flugzeuge mögliche Richtungen benutzt, ohne eine für Flugzeuge unmögliche und damit unsinnige radiale Richtung (Starten und Landen lassen wir außer Acht) zu benutzen.

Im Sinne der Flugzeuge fliegt jedes der Flugzeuge *geradeaus* zum Südpol, wo sich beide Flugzeuge treffen, ohne miteinander *gewechselwirkt* zu haben. Der Grund für die Annäherung beider Flugzeuge liegt in der intrinsischen Krümmung[2] der Erdoberfläche und ist damit eine Folge der Geometrie der Atmosphäre. Jedes Flugzeug bleibt *parallel* zu seiner ursprünglichen Orientierung, aber nicht *parallel* zum anderen Flugzeug.

Im uns gewohnten klassischen Sinn muss das Flugzeug eine Auftriebskraft produzieren, die zusammen mit der Gravitationskraft der Erde auf das Flugzeug zu einer Zentripetalkraft führt, die jedes Flugzeug auf eine Kreisbahn beschleunigt. Die Flugzeuge werden also durch Kräfte auf das Flugzeug zum Südpol hin beschleunigt. Die Ursache der Annäherung beider Flugzeuge sind die auf sie wirkenden Kräfte, nicht die Geometrie der Erde. Jedes Flugzeug bleibt weder parallel zu seiner ursprünglichen Orientierung, noch zum anderen Flugzeug.

---

[2] Eine Zylinderoberfläche ist zwar auch gekrümmt, aber nicht intrinsisch gekrümmt. Dies sieht man daran, dass man zwei parallele Linien konstanten Abstands auf ein ebenes Blatt Papier malen kann und das Papier auf einen Zylinder rollt; dort sind die Linien *intrinsisch parallel*, aber sie schneiden sich trotzdem nie.

2 Punktmechanik

Ein Punkt ist ein langweiliges Objekt, hat er doch in jegliche Raumrichtung keine Ausdehnung. Interessant wird ein Punkt nur durch seine Dynamik, welche beschreibt, wie sich die Position des Punktes als Funktion der Zeit verändert. Die Dynamik macht aus einem Punkt im Raum eine Weltlinie in der Raumzeit mit geometrischen Eigenschaften, die durch die Gesetze der Physik beschrieben werden. Die Weltlinien sowie Kollisionspunkte in der Raumzeit sind absolut, während ein Punkt im Raum relativ ist. Ein Apfel, ein Elefant, ja ein Planet lässt sich als Punkt approximieren, und die Ursprünge der Physik nahmen ihren Ausgangspunkt in der Karikatur eines Objektes durch einen Punkt. Wir folgen dem historischen Pfad und liefern eine klassische und relativistische physikalische Beschreibung dieser Karikatur.

2.1 Beschleunigung in der klassischen Mechanik

Beschränken wir uns ab jetzt auf nicht krumme Räume. Dort brauchen wir den *Paralleltransport* nicht und es gilt:

$$\mathbf{a} = \lim_{\Delta t \to 0} \frac{\Delta \mathbf{v}}{\Delta t} = \frac{d\mathbf{v}}{dt} = \frac{d^2\mathbf{r}}{dt^2} \ . \tag{2.1}$$

Auch in diesem Fall wollen wir die Bewegung in einen geometrischen Aspekt, die Bahn des Körpers, und einen dynamischen Aspekt, den Zeitplan, aufteilen. Die Bahn des Körpers wird beschrieben durch die Kurve $\mathbf{r}(s)$ (Abbildung 2.1), wobei s die Bogenlänge ist, die den Abstand eines Punktes auf der Bahn entlang der Bahn vom Startpunkt aus misst. Der Zeitplan $s(t)$, mit der die Kurve $\mathbf{r}(s)$ durchfahren wird, charakterisiert dann den dynamischen Verlauf der Bewegung.

Es gilt

$$s(t) = \int_0^t v(t') dt' \ , \tag{2.2}$$

wobei v, wie üblich, den Betrag der Geschwindigkeit bezeichnet. Die Geschwindigkeit $\mathbf{v}$ selbst ist die Zeitableitung der Position des Körpers. Unter der Verwendung der Kettenregel für die Differenziation finden wir

$$\mathbf{v} = \frac{d\mathbf{r}}{dt} = \frac{d\mathbf{r}}{ds}\frac{ds}{dt} \ . \tag{2.3}$$

Aus Gleichung (2.2) und Gleichung (2.3) folgt, dass der Vektor

$$\mathbf{t} = \frac{d\mathbf{r}}{ds} \tag{2.4}$$

ein Einheitsvektor tangential zur Kurve $\mathbf{r}(s)$ ist, also der Tangentenvektor an die Bahn ist. Die Geschwindigkeit

$$\mathbf{v} = v\mathbf{t} \tag{2.5}$$

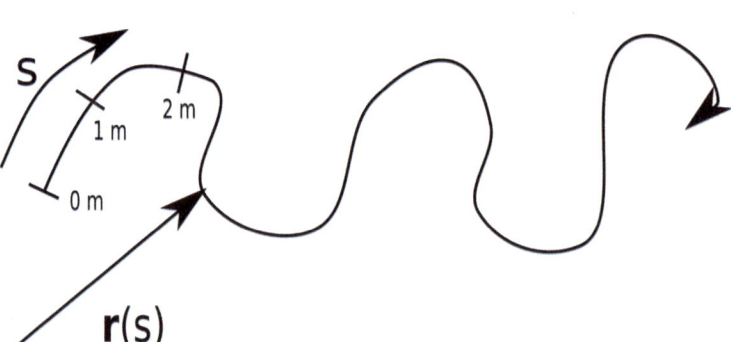

Abb. 2.1: Bahnkurve als Funktion der Bogenlänge.

zeigt also tangential zur Bahn, was garantiert, dass der Körper die Bahn nicht verlässt. Die Beschleunigung des Körpers ergibt sich durch nochmalige Differenziation nach der Zeit:

$$\begin{aligned}\mathbf{a} &= \frac{d\mathbf{v}}{dt} = \frac{d}{dt}\left(\frac{d\mathbf{r}}{ds}\frac{ds}{dt}\right) \\ &= \frac{d^2\mathbf{r}}{ds^2}\left(\frac{ds}{dt}\right)^2 + \frac{d\mathbf{r}}{ds}\frac{d^2s}{dt^2} \\ &= v^2 \frac{d^2\mathbf{r}}{ds^2} + a_{\text{tang}}\mathbf{t},\end{aligned} \qquad (2.6)$$

wobei wir in der zweiten Zeile die Produktregel und Kettenregel der Differenziation benutzt haben und in der dritten Zeile die Gleichungen (2.2) und (2.4) benutzt haben. Den Ausdruck $a_{\text{tang}} = d^2s/dt^2$ bezeichnet man als den Betrag der Tangentialbeschleunigung. Der Betrag der Tangentialbeschleunigung ist ausschließlich durch den Zeitplan, nicht durch die Geometrie der Bahn, bestimmt. Das Skalarprodukt

$$\frac{d^2\mathbf{r}}{ds^2} \cdot \frac{d\mathbf{r}}{ds} = \frac{1}{2}\frac{d}{ds}\left(\frac{d\mathbf{r}}{ds}\right)^2 = \frac{1}{2}\frac{d}{ds}(1)^2 = 0 \qquad (2.7)$$

können wir als totales Differenzial des Quadrates des Tangentenvektors schreiben, das aufgrund der Einheitslänge des Tangentenvektors verschwindet. Aus Gleichung (2.7) können wir ablesen, dass $\frac{d^2\mathbf{r}}{ds^2}$ senkrecht auf den Tangentenvektor der Bahn steht. Den Betrag des Vektors

$$\kappa = \left|\frac{d^2\mathbf{r}}{ds^2}\right| \qquad (2.8)$$

bezeichnet man als die Krümmung der Bahn, den Einheitsvektor

$$\mathbf{n} = \frac{1}{\kappa}\frac{d^2\mathbf{r}}{ds^2} \qquad (2.9)$$

als den Normalenvektor. Mit diesen Definitionen finden wir, dass die Aufteilung der Beschleunigung in Tangential- und Normalanteile durch die Beziehung

$$\mathbf{a} = \kappa v^2 \mathbf{n} + a_{\text{tang}}\mathbf{t} \qquad (2.10)$$

gegeben ist. Der Betrag der Normalbeschleunigung ist im Gegensatz zum Betrag der Tangentialbeschleunigung das Produkt aus einer zeitplanabhängigen Größe (v^2) und einer geometrischen Größe der Bahn (κ). Betrachten wir den Spezialfall eines Kreises mit Radius R um den Ursprung:

$$\mathbf{r}(s) = R\begin{pmatrix}\cos\left(\frac{s}{R}\right) \\ \sin\left(\frac{s}{R}\right)\end{pmatrix}, \quad \frac{d\mathbf{r}(s)}{ds} = \begin{pmatrix}-\sin\left(\frac{s}{R}\right) \\ \cos\left(\frac{s}{R}\right)\end{pmatrix}, \quad \frac{d^2\mathbf{r}(s)}{ds^2} = \frac{-1}{R}\begin{pmatrix}\cos\left(\frac{s}{R}\right) \\ \sin\left(\frac{s}{R}\right)\end{pmatrix}. \qquad (2.11)$$

Die Krümmung $\kappa = R^{-1}$ des Kreises stimmt mit dem Kehrwert des Radius überein. Für eine allgemeine Bahn schmiegt sich ein Kreis mit Radius $1/\kappa$ am besten an die Bahn

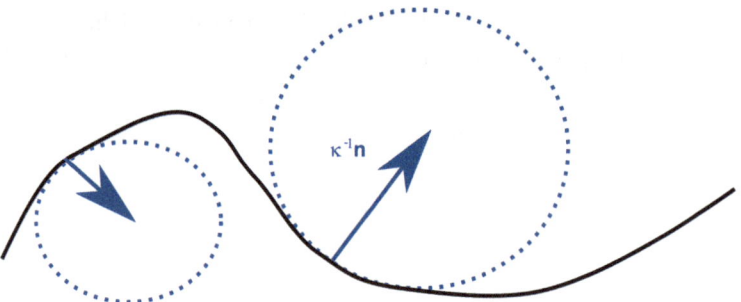

Abb. 2.2: Der Krümmungskreis einer Kurve schmiegt sich am besten von allen möglichen Kreisen an die Kurve an.

an (Abbildung 2.2). $1/\kappa$ wird deshalb auch der Krümmungsradius der Bahn im Punkt $\mathbf{r}(s)$ genannt.

Wenn wir Gleichung (2.10) mit dem Tangentenvektor skalarmultiplizieren, finden wir:

$$\mathbf{a} \cdot \mathbf{t} = \kappa v^2 \mathbf{n} \cdot \mathbf{t} + a_{\text{tang}} \mathbf{t} \cdot \mathbf{t} = a_{\text{tang}} \tag{2.12}$$

bzw. bei Skalarmultiplikation mit dem Normalenvektor:

$$\mathbf{a} \cdot \mathbf{n} = \kappa v^2 \mathbf{n} \cdot \mathbf{n} + a_{\text{tang}} \mathbf{t} \cdot \mathbf{n} = \kappa v^2 \,. \tag{2.13}$$

Die Normalenbeschleunigung κv^2 ändert die Richtung der Geschwindigkeit, die Tangentialbeschleunigung a_{tang} deren Betrag.

In unserem Umgang mit Vektoren tauchen oft Produkte der Form $\mathbf{a}(\mathbf{b} \cdot \mathbf{c})$ auf. In diesem Produkt wird der Vektor $\mathbf{b}$ zunächst mit dem Vektor $\mathbf{c}$ skalarmultipliziert und der entstehende Skalar anschließend mit dem Vektor $\mathbf{a}$ multipliziert. Oft will man die Freiheit haben, Multiplikationen in einer selbst gewählten Reihenfolge durchzuführen. Wir formen das Produkt der drei Vektoren deshalb (in zwei Dimensionen) wie folgt um:

$$\begin{aligned}
\mathbf{a}(\mathbf{b} \cdot \mathbf{c}) &= \mathbf{a}(b_x c_x + b_y c_y) \\
&= \begin{pmatrix} a_x b_x c_x + a_x b_y c_y \\ a_y b_x c_x + a_y b_y c_y \end{pmatrix} \\
&= \begin{pmatrix} a_x b_x & a_x b_y \\ a_y b_x & a_y b_y \end{pmatrix} \cdot \begin{pmatrix} c_x \\ c_y \end{pmatrix} \\
&= (\mathbf{ab}) \cdot \mathbf{c} = \mathbf{ab} \cdot \mathbf{c}\,, \tag{2.14}
\end{aligned}$$

wobei wir das äußere Vektorprodukt

$$\mathbf{ab} := \begin{pmatrix} a_x b_x & a_x b_y \\ a_y b_x & a_y b_y \end{pmatrix} \tag{2.15}$$

sowie das Produkt einer Matrix **A** mit einem Vektor **b**

$$\mathbf{A} \cdot \mathbf{b} := \begin{pmatrix} A_{xx} & A_{xy} \\ A_{yx} & A_{yy} \end{pmatrix} \cdot \begin{pmatrix} b_x \\ b_y \end{pmatrix} = \begin{pmatrix} A_{xx} b_x + A_{xy} b_y \\ A_{yx} b_x + A_{yy} b_y \end{pmatrix} \tag{2.16}$$

definiert haben. Unter Benutzung der Gleichungen (2.10), (2.12) und (2.13) können wir die Beschleunigung schreiben als

$$\mathbf{a} = \kappa v^2 \mathbf{n} + a_{\text{tang}} \mathbf{t} \tag{2.17}$$
$$= \mathbf{nn} \cdot \mathbf{a} + \mathbf{tt} \cdot \mathbf{a} . \tag{2.18}$$

Wir sehen also, dass die Matrizen

$$\mathbf{tt} = \begin{pmatrix} t_x t_x & t_x t_y \\ t_y t_x & t_y t_y \end{pmatrix} \tag{2.19}$$

und **nn** Projektoren auf **t** und **n** sind.

Die einfachste beschleunigte Bewegung ist eine geradlinige konstant beschleunigte Bewegung, in der keine Normalbeschleunigung auftritt und die tangentiale Richtung immer gleich (z. B. entlang der x-Richtung) orientiert ist, d. h.

$$\text{const} = a_x = \frac{dv_x}{dt} = \frac{dx^2}{dt^2} , \qquad a_y = a_z = 0 . \tag{2.20}$$

Die Gleichung lässt sich direkt integrieren und wir finden:

$$\int_0^t a_x dt' = \int_0^t \frac{dv_x}{dt'} dt' = \int_{v_0}^v dv_x , \tag{2.21}$$

$$a_x t = v - v_0 . \tag{2.22}$$

Nochmalige Integration liefert

$$\int_0^t a_x t' dt' = \int_0^t \frac{dx}{dt'} dt' - \int_0^t v_0 dt' , \tag{2.23}$$

$$\frac{1}{2} a_x t^2 = x - x_0 - v_0 t . \tag{2.24}$$

Wir stellen die Gleichung um und erhalten

$$x(t) = \frac{1}{2} a_x t^2 + v_0 t + x_0 , \tag{2.25}$$

wobei x_0 und v_0 die Anfangsposition und Anfangsgeschwindigkeit zum Zeitpunkt $t = 0$ bezeichnet.

Ein Spezialfall dieser Gleichung ist der freie Fall entlang der nach unten gerichteten y-Koordinate von der Position $y = 0$ aus mit verschwindender Anfangsgeschwindigkeit. Die konstante Beschleunigung in y-Richtung ist dann die Erdbeschleunigung $g = 9{,}8 \, \text{m/s}^2$:

$$y(t) = \frac{1}{2} g t^2 . \tag{2.26}$$

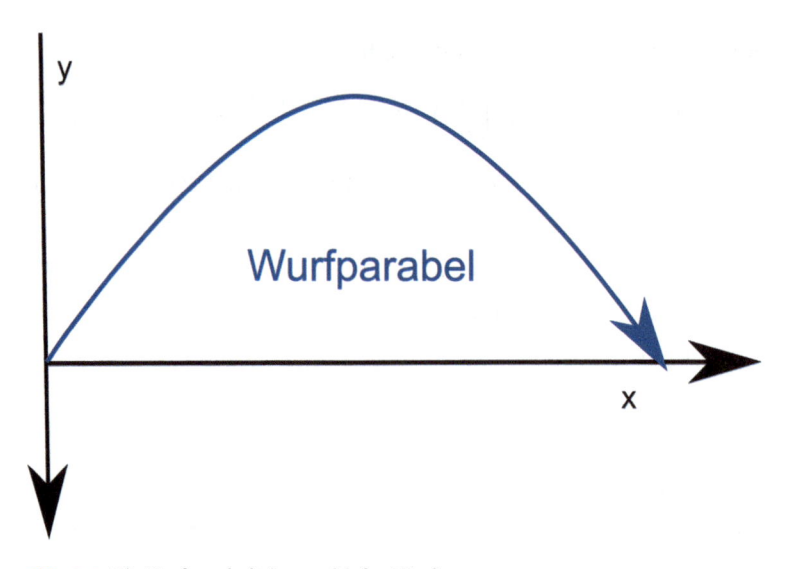

Abb. 2.3: Die Wurfparabel eines schiefen Wurfes.

Allgemeiner finden wir für beliebige Anfangsgeschwindigkeiten und Anfangspositionen im konstanten Erdgravitationsfeld

$$\mathbf{r}(t) = \frac{1}{2}\mathbf{g}t^2 + \mathbf{v}_0 t + \mathbf{r}_0 \qquad (2.27)$$

oder in Komponentenform

$$\begin{pmatrix} x(t) \\ y(t) \end{pmatrix} = \frac{1}{2}\begin{pmatrix} 0 \\ g \end{pmatrix} t^2 + \begin{pmatrix} v_x^0 \\ v_y^0 \end{pmatrix} t + \begin{pmatrix} x_0 \\ y_0 \end{pmatrix}. \qquad (2.28)$$

In der ersten Komponente von Gleichung (2.28) können wir nach der Zeit t auflösen

$$t = \frac{x - x_0}{v_x^0} \qquad (2.29)$$

und damit die Zeit in der zweiten Zeile von (2.28) eliminieren. Wir erhalten die Bahngleichung:

$$y = \frac{1}{2}g\left(\frac{x - x_0}{v_x^0}\right)^2 + v_y^0\left(\frac{x - x_0}{v_x^0}\right) + y_0. \qquad (2.30)$$

Die Bahn ist eine Wurfparabel (Abbildung 2.3).

2.2 Komplexe Zahlen

Algebraische Gleichungen der Form

$$\sum_{n=0}^{N} a_n x^n = 0 \qquad (2.31)$$

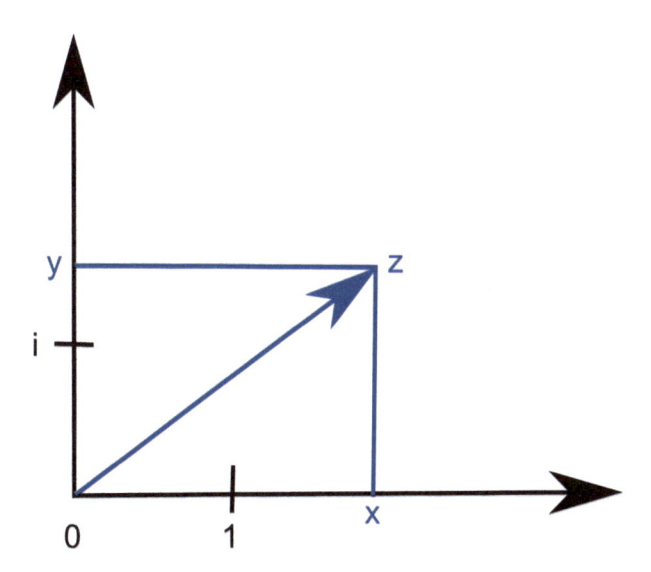

Abb. 2.4: Darstellung einer komplexen Zahl $z = x + iy$ in der komplexen Ebene.

haben nicht immer reelle Lösungen. Es werden deshalb neue, komplexe Zahlen benötigt, mit denen sich auch derartige Gleichungen lösen lassen. Betrachten wir das spezielle Beispiel $N = 2$, $a_0 = a_2 = 1$, und $a_1 = 0$, so erhalten wir die Gleichung

$$1 + x^2 = 0 \tag{2.32}$$

bzw.

$$x^2 = -1 \, . \tag{2.33}$$

Die Lösung dieser Gleichung bezeichnen wir mit $i^2 = -1$ und nennen i die imaginäre Zahl des Betrages 1. Eine komplexe Zahl schreiben wir als $z = x + iy$ mit den reellen Zahlen x und y, wobei wir mit $x = \Re z$ den Realteil und mit $y = \Im z$ den Imaginärteil der komplexen Zahl bezeichnen. Die komplexe Zahl z kann in der komplexen Ebene dargestellt werden (Abbildung 2.4).

Für zwei komplexe Zahlen z_1 und z_2 definieren wir die Summe beider Zahlen als

$$z_1 + z_2 = (x_1 + x_2) + i(y_1 + y_2) \tag{2.34}$$

sowie das Produkt beider Zahlen

$$\begin{aligned} z_1 z_2 &= (x_1 + iy_1)(x_2 + iy_2) = x_1 x_2 + i^2 y_1 y_2 + i(x_1 y_2 + x_2 y_1) \\ &= x_1 x_2 - y_1 y_2 + i(x_1 y_2 + x_2 y_1) \, . \end{aligned} \tag{2.35}$$

Mit derartig definierten komplexen Zahlen hat die algebraische Gleichung der Form

$$\sum_{n=0}^{N} a_n z^n = 0 \tag{2.36}$$

genau N Lösungen $z_1, z_2, \ldots, z_N$ für feste Koeffizienten a_n.

Mit
$$|z| = \sqrt{x^2 + y^2} \qquad (2.37)$$
bezeichnen wir den Betrag der komplexen Zahl. Betrachten wir die komplexe Funktion
$$f(x) = \cos x + i \sin x \qquad (2.38)$$
der reellen Variable x. Differenziation von f liefert
$$f'(x) = -\sin x + i \cos x = i(\cos x + i \sin x) = if(x) \,. \qquad (2.39)$$
Außerdem gilt
$$f(0) = 1 \,. \qquad (2.40)$$
Die Funktion f erfüllt die Differenzialgleichung $f' = if$ zur Anfangsbedingung $f(0) = 1$. Einfaches Nachrechnen zeigt aber auch, dass die Funktion $\tilde{f}(x) = e^{ix}$ dieselbe Differenzialgleichung zur selben Anfangsbedingung löst. Wir folgern daraus, dass beide Funktionen identisch sein müssen, also dass
$$e^{ix} = \cos x + i \sin x \qquad (2.41)$$
gilt. Die komplexe Funktion e^{ix} wird durch die Gleichung (2.41) in ihren Realteil und Imaginärteil zerlegt. Als Funktion der reellen Zahl x kreist die Funktion auf dem Einheitskreis der komplexen Ebene $\Re f$, $\Im f$ und der Graph der Funktion ist eine Schraube mit Radius 1 und Ganghöhe 2π (Abbildung 2.5).

2.3 Kreisbewegungen

Betrachten wir die Bewegung zweier Körper an den Positionen $\mathbf{r}_1(t)$ und $\mathbf{r}_2(t)$. Der Abstand beider Körper ist durch
$$r_{12} = |\mathbf{r}_{12}(t)| = |\mathbf{r}_1(t) - \mathbf{r}_2(t)| \qquad (2.42)$$
gegeben. Uns interessiert die Veränderung des Abstandes mit der Zeit. Wir erhalten
$$\frac{d}{dt} r_{12} = \frac{d}{dt} \sqrt{(\mathbf{r}_1 - \mathbf{r}_2)^2} = \frac{1}{2r_{12}} \frac{d}{dt} (\mathbf{r}_1 - \mathbf{r}_2)^2 = (\mathbf{v}_1 - \mathbf{v}_2) \cdot \frac{\mathbf{r}_{12}}{r_{12}} \,. \qquad (2.43)$$
Wir sehen an Gleichung (2.43), dass der Abstand unverändert bleibt, sofern die Relativgeschwindigkeit $\mathbf{v}_{\text{rel}} = \mathbf{v}_1 - \mathbf{v}_2$ senkrecht zum Verbindungsvektor $\mathbf{r}_{12}$ steht (Abbildung 2.6). Dies ist genau dann der Fall, wenn wir die Relativgeschwindigkeit als Kreuzprodukt eines Vektors $\boldsymbol{\omega}$ mit dem Abstandsvektor schreiben können:
$$\mathbf{v}_1 - \mathbf{v}_2 = \boldsymbol{\omega} \times \mathbf{r}_{12} \,. \qquad (2.44)$$

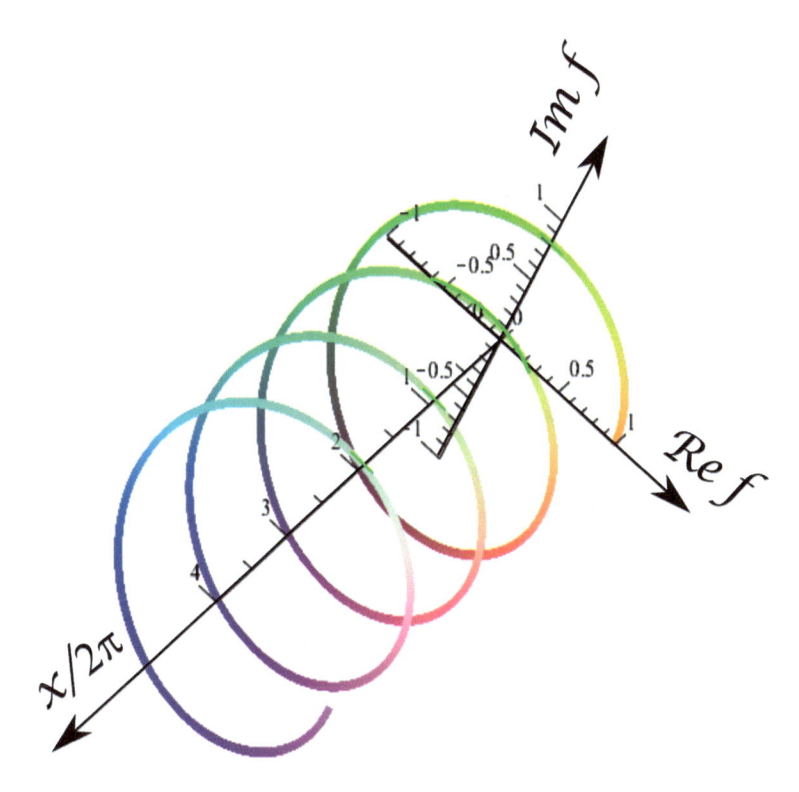

Abb. 2.5: Graph der Funktion $f = e^{ix}$.

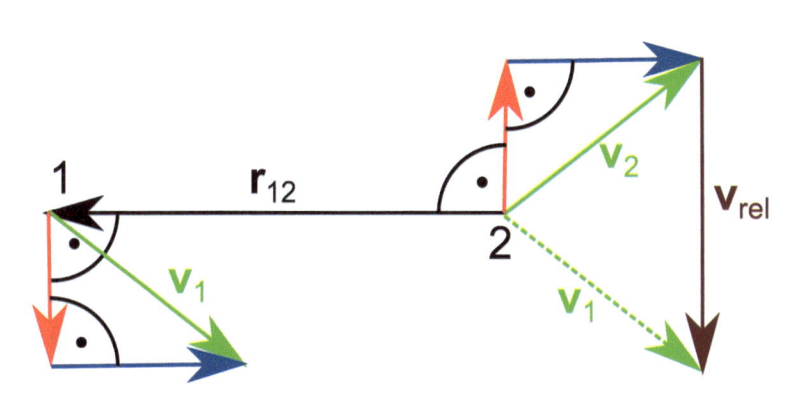

Abb. 2.6: Geschwindigkeit der beiden Körper, Relativgeschwindigkeit und Abstandsvektor.

Der Vektor $\boldsymbol{\omega}$ erhält den Namen momentane Kreisfrequenz des Punktes 1 um den Punkt 2. Das Kreuzprodukt der Kreisfrequenz mit dem Abstandsvektor lautet in Komponentenschreibweise

$$\boldsymbol{\omega} \times \mathbf{r} = \begin{pmatrix} \omega_x \\ \omega_y \\ \omega_z \end{pmatrix} \times \begin{pmatrix} x \\ y \\ z \end{pmatrix} = \begin{pmatrix} \omega_y z - \omega_z y \\ \omega_z x - \omega_x z \\ \omega_x y - \omega_y x \end{pmatrix}$$

$$= \begin{pmatrix} 0 & -\omega_z & \omega_y \\ \omega_z & 0 & -\omega_x \\ -\omega_y & \omega_x & 0 \end{pmatrix} \cdot \begin{pmatrix} x \\ y \\ z \end{pmatrix}. \tag{2.45}$$

Wir interessieren uns für die Bewegung mit konstanter Kreisfrequenz

$$\boldsymbol{\omega} = \mathbf{const} = \omega_z \mathbf{e}_z. \tag{2.46}$$

Wir erhalten die Differenzialgleichung

$$\mathbf{v}_{12} = \frac{d\mathbf{r}_{12}}{dt} = \boldsymbol{\omega} \times \mathbf{r}_{12}. \tag{2.47}$$

Angenommen, wir haben zwei Lösungen $\mathbf{r}_{12,\alpha}(t)$ und $\mathbf{r}_{12,\beta}(t)$ der Differenzialgleichung (2.47) gefunden, dann folgt, dass auch $\mathbf{r}_{12,\alpha}(t) + \mathbf{r}_{12,\beta}(t)$ eine Lösung von (2.47) ist, denn es gilt:

$$\frac{d(\mathbf{r}_{12,\alpha} + \mathbf{r}_{12,\beta})}{dt} = \frac{d\mathbf{r}_{12,\alpha}}{dt} + \frac{d\mathbf{r}_{12,\beta}}{dt} = \boldsymbol{\omega} \times \mathbf{r}_{12,\alpha} + \boldsymbol{\omega} \times \mathbf{r}_{12,\beta} = \boldsymbol{\omega} \times (\mathbf{r}_{12,\alpha} + \mathbf{r}_{12,\beta}). \tag{2.48}$$

Wir versuchen einen Lösungsansatz der Form

$$\mathbf{r}_{12} = \mathbf{r}_{12}^0 e^{\lambda t}. \tag{2.49}$$

Mit diesem Ansatz wird die Zeitableitung des Abstandsvektors

$$\frac{d\mathbf{r}_{12}}{dt} = \lambda \mathbf{r}_{12}^0 e^{\lambda t} = \lambda \mathbf{r}_{12} = \lambda \mathbb{1} \cdot \mathbf{r}_{12}, \tag{2.50}$$

wobei

$$\mathbb{1} = \begin{pmatrix} 1 & 0 & 0 \\ 0 & 1 & 0 \\ 0 & 0 & 1 \end{pmatrix} \tag{2.51}$$

die Einheitsmatrix bezeichnet. Die Gleichung (2.47) wird damit zu

$$\lambda \mathbb{1} \cdot \mathbf{r}_{12} = \begin{pmatrix} 0 & -\omega_z & 0 \\ \omega_z & 0 & 0 \\ 0 & 0 & 0 \end{pmatrix} \cdot \mathbf{r}_{12}. \tag{2.52}$$

Wir fassen die Matrizen auf der linken und rechten Seite zusammen:

$$\left[\begin{pmatrix} 0 & -\omega_z & 0 \\ \omega_z & 0 & 0 \\ 0 & 0 & 0 \end{pmatrix} - \begin{pmatrix} \lambda & 0 & 0 \\ 0 & \lambda & 0 \\ 0 & 0 & \lambda \end{pmatrix} \right] \cdot \mathbf{r}_{12}^0 = \mathbf{0}. \tag{2.53}$$

Wir suchen nach einer Lösung mit nicht verschwindendem Abstand beider Körper $\mathbf{r}_{12} \neq \mathbf{0}$. Hierzu muss die Determinante der Matrix in (2.53) verschwinden

$$\det \begin{bmatrix} -\lambda & -\omega_z & 0 \\ \omega_z & -\lambda & 0 \\ 0 & 0 & -\lambda \end{bmatrix} = 0 \qquad (2.54)$$

und wir folgern, dass

$$-\lambda(\lambda^2 + \omega_z^2) = 0 \qquad (2.55)$$

gelten muss. Wir erhalten drei mögliche Werte für den Wert von λ:
a) $\lambda_0 = 0$ und

$$\begin{bmatrix} 0 & -\omega_z & 0 \\ \omega_z & 0 & 0 \\ 0 & 0 & 0 \end{bmatrix} \cdot \mathbf{r}_{12,0}^0 = \mathbf{0} \quad \Rightarrow \quad \mathbf{r}_{12,0}^0 = z_{12} \begin{pmatrix} 0 \\ 0 \\ 1 \end{pmatrix}, \qquad (2.56)$$

b) $\lambda_+ = i\omega_z$ und

$$\begin{bmatrix} -i\omega_z & -\omega_z & 0 \\ \omega_z & -i\omega_z & 0 \\ 0 & 0 & -i\omega_z \end{bmatrix} \cdot \mathbf{r}_{12,+}^0 = \mathbf{0} \quad \Rightarrow \quad \mathbf{r}_{12,+}^0 = \rho_{12,+} \begin{pmatrix} 1 \\ -i \\ 0 \end{pmatrix} \qquad (2.57)$$

und

c) $\lambda_- = -i\omega_z$ und

$$\begin{bmatrix} i\omega_z & -\omega_z & 0 \\ \omega_z & i\omega_z & 0 \\ 0 & 0 & i\omega_z \end{bmatrix} \cdot \mathbf{r}_{12,-}^0 = \mathbf{0} \quad \Rightarrow \quad \mathbf{r}_{12,-}^0 = \rho_{12,-} \begin{pmatrix} 1 \\ i \\ 0 \end{pmatrix}. \qquad (2.58)$$

Die allgemeine Lösung ist eine Superposition dieser drei Lösungen:

$$\mathbf{r}_{12} = z_{12} \begin{pmatrix} 0 \\ 0 \\ 1 \end{pmatrix} e^{0t} + \rho_{12,+} \begin{pmatrix} 1 \\ -i \\ 0 \end{pmatrix} e^{i\omega_z t} + \rho_{12,-} \begin{pmatrix} 1 \\ i \\ 0 \end{pmatrix} e^{-i\omega_z t}. \qquad (2.59)$$

Eine physikalisch sinnvolle Lösung muss natürlich reell sein. Dies erreicht man, indem man $\rho_{12,+} = \rho_{12,-} = \rho_{12}/2$ wählt, sodass

$$\mathbf{r}_{12} = z_{12} \mathbf{e}_z + \rho_{12} \begin{pmatrix} (e^{i\omega_z t} + e^{-i\omega_z t})/2 \\ (e^{i\omega_z t} - e^{-i\omega_z t})/(2i) \\ 0 \end{pmatrix} \qquad (2.60)$$

$$= \begin{pmatrix} \rho_{12} \begin{pmatrix} \cos \omega_z t \\ \sin \omega_z t \end{pmatrix} \\ z_{12} \end{pmatrix} \qquad (2.61)$$

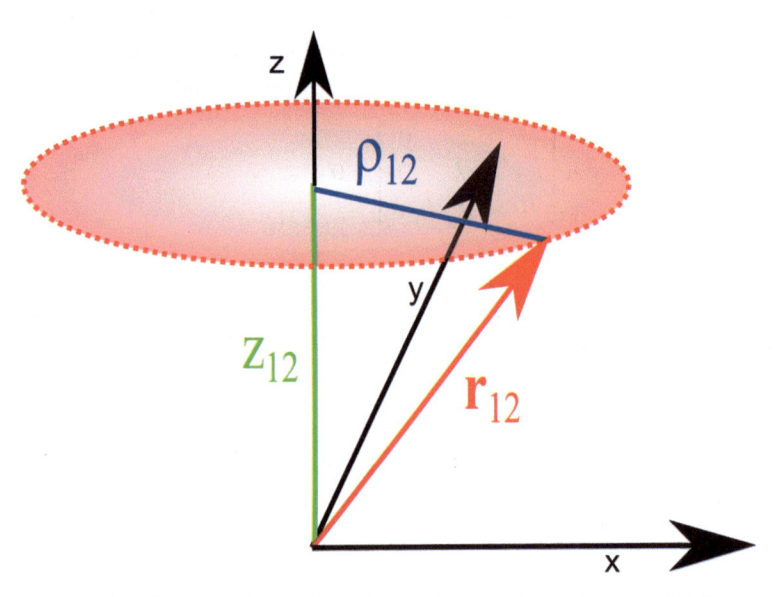

Abb. 2.7: Der Abstandsvektor beider Körper rotiert um die z-Achse, dabei bleibt die z-Komponente invariant.

gilt. Dies entspricht einer Rotation des Vektors $\mathbf{r}_{12}$ mit dem Radius ρ_{12} um die z-Achse mit dem Präzessionswinkel $\vartheta = \arctan \frac{\rho_{12}}{z_{12}}$ (Abbildung 2.7).

Die Relativgeschwindigkeit beider Körper erhalten wir durch Differenziation:

$$\mathbf{v}_{12} = \dot{\mathbf{r}}_{12} = \rho_{12}\omega_z \begin{pmatrix} -\sin \omega_z t \\ \cos \omega_z t \\ 0 \end{pmatrix}. \quad (2.62)$$

Die Relativbeschleunigung ist

$$\mathbf{a}_{12} = \frac{d^2\mathbf{r}_{12}}{dt^2} = -\rho_{12}\omega_z^2 \begin{pmatrix} \cos \omega_z t \\ \sin \omega_z t \\ 0 \end{pmatrix} \quad (2.63)$$

$$= \boldsymbol{\omega} \times (\boldsymbol{\omega} \times \mathbf{r}_{12}). \quad (2.64)$$

Die Relativbeschleunigung beider Teilchen heißt auch Zentripetalbeschleunigung. Die Periodendauer der Bewegung ergibt sich aus der 2π-Periodizität der Cosinus- und Sinusfunktion zu

$$\omega_z T = 2\pi. \quad (2.65)$$

Die inverse Periodendauer heißt Frequenz der Bewegung

$$f = \frac{1}{T} = \frac{\omega_z}{2\pi}. \quad (2.66)$$

2.4 Newton'sche Gesetze

Wir haben bisher Beispiele verschiedener Dynamiken behandelt und mathematisch beschrieben, aber keine physikalischen Begründungen dafür geliefert, aus welchen Gründen diese Dynamiken resultieren. Wir formulieren deshalb in diesem Abschnitt die physikalischen Grundprinzipien der klassischen und der speziellen relativistischen Dynamik.

2.4.1 Inertialsysteme

Sowohl im Rahmen der klassischen Mechanik als auch im Rahmen der speziellen Relativitätstheorie gibt es von allen anderen Bezugssystemen ausgezeichnete Raumzeitsysteme, die *Inertialsysteme*, in denen die Gesetze der Mechanik besonders einfach sind. Wenn S ein Inertialsystem ist, dann ist auch ein gleichförmig geradlinig relativ zu S bewegtes System S' ein Inertialsystem.

2.4.2 Erstes Newton'sches Gesetz: das Trägheitsprinzip

Jeder Körper in einem Inertialsystem verharrt in Ruhe oder gleichförmiger geradliniger Bewegung, falls er nicht durch äußere Kräfte gezwungen wird, diesen Zustand zu verlassen.

2.4.2.1 Erstes Newton'sches Gesetz in Nichtinertialsystemen

In einem Nichtinertialsystem treten Scheinkräfte auf, die die Körper *scheinbar* von einer geradlinig gleichförmigen Bewegung weg beschleunigen.

Ein Beispiel für eine Scheinkraft ist die Scheinkraft in einem bremsenden Auto: Als Insasse des Autos, welches ein Nichtinertialsystem darstellt, spürt man während des Bremsens eine Scheinkraft, die einen im Auto nach vorne beschleunigt.

Ein außenstehender Beobachter (wir approximieren den außenstehenden Beobachter als jemanden, der sich in einem Inertialsystem befindet) sieht, dass das Auto bremst, während die Insassen sich mit geradlinig gleichförmiger Bewegung relativ zum ruhenden Inertialsystem weiterbewegen.

Für den Insassen des Autos kann eine Scheinkraft fatale Auswirkungen haben. Es ist ein schwacher Trost, dass die beim Bremsen des Autos auftretenden Verletzungen infolge von Scheinkräften erfolgen; die Verletzungen sind real und nicht scheinbar. Eine Theorie, die die unbefriedigende Unterscheidung von echten und scheinbaren Kräften abschafft, ist die allgemeine Relativitätstheorie.

2.5 Die Trägheit

Die Trägheit eines Körpers ist die Eigenschaft des Körpers, seinen Bewegungszustand in einem Inertialsystem beizubehalten.

Wir unterscheiden:
  Die träge Masse m_T
Die träge Masse ist die jedem Körper innewohnende Eigenschaft, sich einer Änderung des Bewegungszustandes zu widersetzen.
  Die schwere Masse m_S
Die schwere Masse ist die jedem Körper innewohnende Eigenschaft:
a) (in der allgemeinen Relativitätstheorie) die Raumzeit zu krümmen;
b) (in der speziellen Relativitätstheorie und der klassischen Mechanik) an der Gravitation zu partizipieren.

In der klassischen Mechanik gilt:
a) Die Masse eines Körpers ist unabhängig von seiner Geschwindigkeit.
b) Die Masse ist eine *extensive*, (d. h. eine zur Stoffmenge proportionale) Größe.

In der relativistischen Mechanik gilt:
a) Die Masse eines Körpers ist abhängig von seiner Geschwindigkeit.
Je schneller ein Körper sich bewegt, umso mehr widersetzt er sich einer weiteren Beschleunigung. Nähert sich die Geschwindigkeit der Lichtgeschwindigkeit, widersetzt sich der Körper unendlich stark (Abbildung 2.8). Aus diesem Grund kann die Lichtgeschwindigkeit nicht überschritten werden.

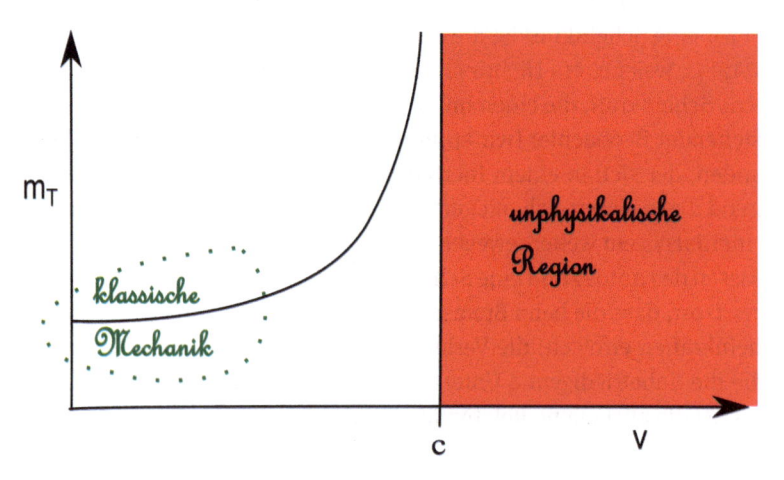

Abb. 2.8: Die relativistische Masse als Funktion der Geschwindigkeit.

Man bezeichnet die von der Geschwindigkeit v abhängige Masse

$$m = m(v) \qquad (2.67)$$

als dynamische Masse. Bei verschwindender Geschwindigkeit v bezeichnet man die Masse

$$m_0 = m(v = 0) \qquad (2.68)$$

als die Ruhemasse.

b) Die dynamische Masse ist *extensiv*, die Ruhemasse ist nicht extensiv.
Wir wollen diesen Sachverhalt am Beispiel der Kernspaltung erläutern. Bei der Kernspaltung zerfällt ein Urankern in zwei (oder mehr) weniger massive Spaltprodukte:

$$^{236}U \rightarrow \underbrace{X + U}_{\text{Kernspaltungsprodukte}} . \qquad (2.69)$$

Die Formel $E = mc^2$ sowie die Erhaltung der Energie sind so bekannte Tatsachen, dass wir uns erlauben, diese hier ohne Erklärung zu benutzen (eine genauere Erklärung liefern wir in Abschnitt 2.20 nach). Den Urankern können wir vor der Spaltung als in Ruhe betrachten, sodass aus Energieerhaltungsgründen die Gleichung

$$E(^{236}U, v = 0) = E(X, v_X \neq 0) + E(Y, v_Y \neq 0) \qquad (2.70)$$

folgt, was sich mithilfe $E = mc^2$ übersetzt in

$$m^0(^{236}U) = m_X(v_X) + m_Y(v_Y) > m_X^0 + m_Y^0 . \qquad (2.71)$$

Mit

$$\Delta m = m^0(^{236}U) - m_X^0 - m_Y^0 \qquad (2.72)$$

bezeichnen wir den Massenverlust oder genauer den Ruhemassenverlust der Reaktion. Es ist dieser Ruhemassenverlust, der in Kernreaktoren in Energie $E_{\text{Reaktion}} = \Delta m c^2$ umgewandelt wird. Wir sehen also, dass die Ruhemasse nicht proportional zur Stoffmenge ist.

Während die Messungen von Längen und Zeiten auf viele Stellen genau gelingt, hinken unsere Fähigkeiten, Massen genau festzulegen, unserem Wissen hinterher. Bis heute basiert die Festlegung der Masseneinheit, das Kilogramm, auf den Gesetzen der klassischen Mechanik. Die Einheit der Masse wird durch einen in Paris Sévres aufgehobenen Vergleichskörper aus einer *Pt – Ir* Legierung festgelegt.

Experimentell konnte man bisher keine Unterschiede zwischen träger und schwerer Masse feststellen. Theoretisch ist ein Unterschied beider Massen im Rahmen der klassischen Mechanik und speziellen Relativitätstheorie möglich. Im Rahmen der allgemeinen Relativitätstheorie verbietet das *Äquivalenzprinzip* einen Unterschied beider Massen.

Äquivalenzprinzip der allgemeinen Relativitätstheorie

Eine schwere Masse in einem Gravitationsfeld ist prinzipiell nicht zu unterscheiden von einer trägen Masse in einem beschleunigten Bezugssystem.

Die schwere Masse können wir mit einer Balkenwaage in einem Gravitationsfeld messen. Dazu platzieren wir einen Vergleichskörper auf die eine Seite der Balkenwaage und den zu messenden Körper auf die andere Seite. Sind die Massen identisch, bleibt die Balkenwaage *in der Waage* (Abbildung 2.9). In der Schwerelosigkeit, d. h. in Abwesenheit eines Gravitationsfeldes, d. h. in einem Inertialsystem, funktioniert die Balkenwaage nicht.

Die träge Masse können wir messen, indem wir diese mit einer Vergleichsmasse auf zwei masselose Luftkissenschlitten platzieren und beide Luftkissenschlitten mit einer unter Druck befindlichen masselosen Feder verbinden. Die Feder wird von einem masselosen Faden, den wir an beiden Schlitten befestigen, zusammengebunden. Wenn wir den Faden mit einer Flamme verbrennen, werden die beiden Schlitten mit entgegengesetzt gerichteten Geschwindigkeiten auf der Luftkissenschiene auseinanderfliegen (Abbildung 2.10). Sind die entgegengesetzten Geschwindigkeiten gleich, so sind auch die trägen Massen auf den beiden Schlitten gleich.

Um eine konstante Masse m aus der Ruhe auf die Geschwindigkeit **v** zu beschleunigen, muss die Trägheit m überwunden werden. Die hierzu nötige Anstrengung ist umso größer, je größer die Masse und je größer die Beschleunigung ist.

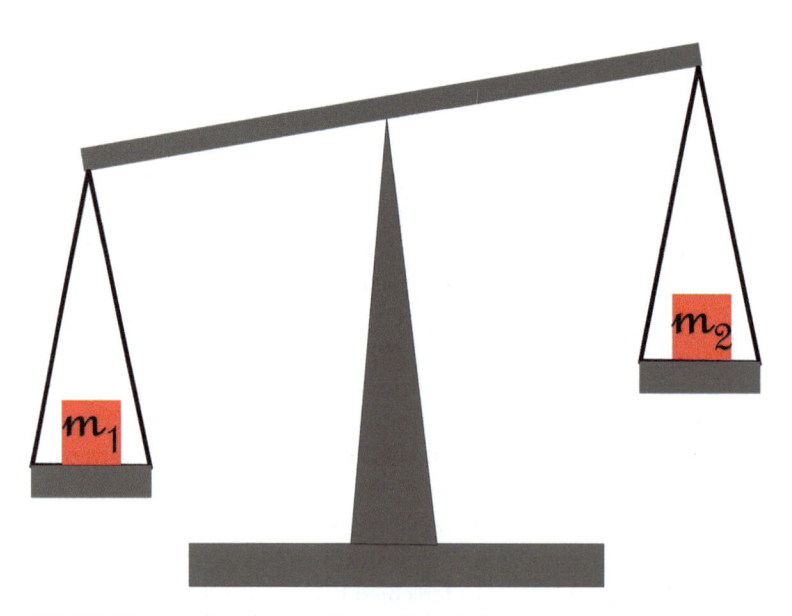

Abb. 2.9: Messung der schweren Masse mit der Balkenwaage.

Abb. 2.10: Messung der trägen Masse.

2.5.1 Zweites Newton'sches Gesetz: Kraft ist Masse mal Beschleunigung

Sir Isaac Newton definierte die Kraft **F** als:

$$\mathbf{F} = m\mathbf{a} = m\frac{d\mathbf{v}}{dt} = \frac{d}{dt}(m\mathbf{v}) \tag{2.73}$$

Für konstante Massen sind alle Ausdrücke in Gleichung (2.73) äquivalent. Für nicht konstante dynamische Massen $m = m(v)$, wie in der relativistischen Mechanik, gilt

$$\frac{d}{dt}(m\mathbf{v}) = \frac{dm}{dt}\mathbf{v} + m\frac{d\mathbf{v}}{dt} \neq m\frac{d\mathbf{v}}{dt}. \tag{2.74}$$

Die richtige allgemeine Definition der Kraft ist

$$\mathbf{F} = \frac{d}{dt}(m\mathbf{v}). \tag{2.75}$$

Man kann sich fragen, warum die Kraft wie in Gleichung (2.75) und nicht als

$$F \stackrel{?}{=} m\frac{d}{dt}(\mathbf{v}) \tag{2.76}$$

definiert ist. Dazu ist zu sagen, dass wir zum einen nicht wissen, warum $\mathbf{F} = m\mathbf{a}$ funktioniert, noch verstehen, warum $\mathbf{F} = d/dt\,(m\mathbf{v})$ funktioniert. Alle Experimente, die man bisher durchgeführt hat, scheinen diese Formeln zu bestätigen. Gleichung (2.73) bzw. (2.75) können bisher aber nicht anhand von tiefer liegenden Prinzipien abgeleitet werden. Wir markieren fundamentale Gleichungen, die als richtig akzeptiert werden müssen, ohne dass wir sie herleiten können, in rot. In vielen Lehrbüchern wird versucht, die Gleichungen durch Beispiele plausibel zu machen. Das ist aber nichts anderes als zu sagen, dass die Gleichungen richtig zu sein scheinen und durch das Experiment bestätigt werden. Es ist zweitens in der Tat möglich, die Kraft auch als

$$\mathbf{F} = m_{\text{eff}} \frac{d}{dt}(\mathbf{v}) \tag{2.77}$$

mit einer effektiven Masse zu definieren. Die effektive Masse m_{eff} unterscheidet sich dann von der trägen und schweren Masse und hat eine wesentlich kompliziertere Gestalt. Alle Experimente, bei denen der Unterschied zwischen $d/dt\,(m\mathbf{v})$ und $m\mathbf{a}$ wesentlich sind, bestätigen, dass $\mathbf{F} = d/dt\,(m\mathbf{v})$ die einfachere Beschreibung liefert.

2.5.2 Drittes Newton'sches Gesetz: Actio = Reactio

Wenn ein Körper A eine Kraft auf einen Körper B ausübt, so wirkt gleichzeitig eine entgegengesetzte Kraft

$$\mathbf{F}_{BA} = -\mathbf{F}_{AB} \tag{2.78}$$

von Körper B auf Körper A.

Für zwei Körper mit Masse m_1 und Masse m_2 (Abbildung 2.11) übersetzt sich dieses dritte Newton'sche Gesetz unter Ausnutzung des zweiten Newton'schen Gesetzes zu

$$m_1 \mathbf{a}_1 = -m_2 \mathbf{a}_2 \,, \tag{2.79}$$

und für viele Körper können wir schreiben

$$\sum_i m_i \mathbf{a}_i = \mathbf{0} \,. \tag{2.80}$$

Integrieren wir dieses Gesetz einmal nach der Zeit, so ergibt sich

$$\mathbf{0} = \int_0^t dt' \sum_i m_i \mathbf{a}_i = \sum_i m_i \left(\mathbf{v}_i(t) - \mathbf{v}_i(0) \right) \tag{2.81}$$

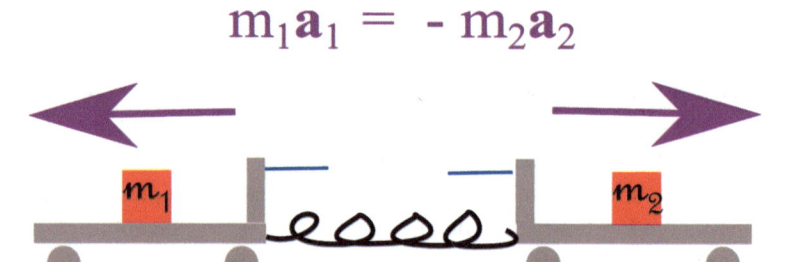

Abb. 2.11: Impulserhaltung bei der Separation zweier Massen.

oder

$$\sum_i m_i \mathbf{v}_i(t) = \sum_i m_i \mathbf{v}_i(0) \,. \tag{2.82}$$

Das Produkt aus Masse und Geschwindigkeit bezeichnet man als Impuls

$$\mathbf{p} = m\mathbf{v} \,. \tag{2.83}$$

Es folgt, dass die Impulserhaltung gilt, d. h., die Summe aller Impulse eines Systems als Funktion der Zeit ist konstant.

$$\sum_i \mathbf{p}_i(t) = \sum_i \mathbf{p}_i(t') \tag{2.84}$$

2.6 Kräfte

Für die Vorhersage der Dynamik von Körpern reichen die Newton'schen Gesetze nicht aus, da keines der drei eine Aussage dazu macht, auf welche Art und Weise die Kraft genau wirkt. Diese Aussagen bekommen wir aus expliziten Formeln für die vier Grundkräfte der Natur:

Die elektromagnetische Kraft wirkt über ein elektrisches (**E**) und ein magnetisches (**B**) Feld und lautet:

$$\mathbf{F}_{\text{el. magn.}} = q \left(\mathbf{E} + \frac{\mathbf{v}}{c} \times \mathbf{B} \right) \,. \tag{2.85}$$

Die Gravitationskraft wirkt zwischen Massen und lautet:

$$\mathbf{F}_{\text{Gravitation}}^{12} = -\gamma \frac{m_1 m_2}{r_{12}^2} \frac{\mathbf{r}_{12}}{r_{12}} \,. \tag{2.86}$$

Die schwache und die starke Kraft sind ebenfalls fundamentale Kräfte. Alle anderen in der Natur vorkommenden Kräfte können im Prinzip aus diesen mikroskopischen fundamentalen Kräften unter Hinzunahme quantenmechanischer Aspekte hergeleitet werden.

$$\begin{bmatrix} \text{Gravitation} \\ \text{elektromagnetische Kraft} \\ \text{schwache Kraft} \\ \text{starke Kraft} \end{bmatrix} \Rightarrow \begin{bmatrix} \text{makroskopisches} \\ \text{Ensemble} \\ \text{von Elementar-} \\ \text{teilchen} \end{bmatrix} \Rightarrow \tag{2.87}$$

$$[\text{Quantenmechanik}] \Rightarrow$$

$$\Rightarrow \begin{bmatrix} \text{mathematische} \\ \text{Näherungen,} \\ \text{Annahmen} \end{bmatrix} \Rightarrow \begin{bmatrix} \text{konstituierende} \\ \text{Gleichungen} \\ \text{für makroskopische} \\ \text{Ensembles} \end{bmatrix}$$

Hierzu werden gewisse für das entsprechende Material typische Annahmen gemacht und mittels mathematischer Näherungen eine *konstituierende Gleichung* für die Kraft

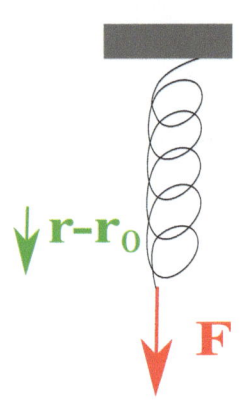

Abb. 2.12: Skizze einer Hooke'schen Feder.

in diesem Material abgeleitet. Da diese konstituierenden Gleichungen auf Annahmen beruhen, sind die so abgeleiteten Kräfte keine fundamentalen Kräfte.

Wir wollen dies an einem einfachen Beispiel erläutern. Die konstituierende Gleichung für eine Hooke'sche Feder (Abbildung 2.12) lautet

$$\mathbf{F} = -D(\mathbf{r} - \mathbf{r}_0) \,. \tag{2.88}$$

Hierbei bezeichnet $\mathbf{r}_0$ die Gleichgewichtsposition des freien Federendes, wenn die Feder unbelastet ($\mathbf{F} = \mathbf{0}$) ist. Wird das Federende verschoben zur Position $\mathbf{r}$, so wirkt eine rücktreibende Kraft $\mathbf{F}$ auf die Feder, die versucht, die Ruhelage wieder herzustellen (Abbildung 2.13). Den Proportionalitätsfaktor D bezeichnet man als die Federkonstante der Feder.

In Realität gilt Gleichung (2.88) nur für kleine Auslenkungen. Bei großen Verschiebungen $\mathbf{r} - \mathbf{r}_0$ wird jede Feder irreversibel plastisch verformt.

Man könnte zu der Ansicht kommen, die konstituierende Gleichung für die Hooke'sche Feder sei falsch. Dies ist aber nicht die Art und Weise, wie man in diesem Fall argumentiert. Es ist von vornherein klar, dass die Gleichung für die Hooke'sche Feder unter extremen Bedingungen, die die Grundannahmen bei der Ableitung der Gleichung nicht mehr erfüllen, nur noch schlecht zutrifft. Wir werden also für den Fall

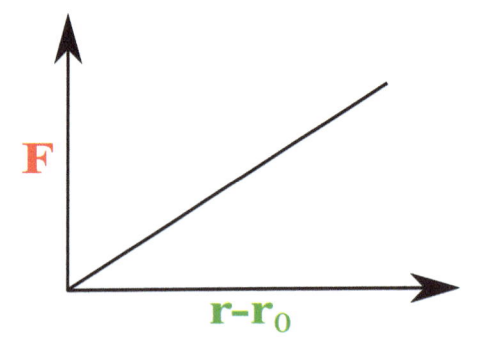

Abb. 2.13: Kraft-Dehnungs-Diagramm einer Hooke'schen Feder.

einer plastischen Verformung der Feder einfach sagen, dass die Feder eben keine Hooke'sche Feder ist. Konstituierende Gleichungen werden in diesem Buch nicht aus den fundamentalen Wechselwirkungen hergeleitet, sondern sind vom Leser ohne weitere Erklärung zu akzeptieren. Wir markieren diese Gleichungen in blau, was darauf hinweisen soll, dass eine Ableitung der Gleichung aus den fundamentalen Kräften zwar existiert und deshalb die Gleichungen vom Verfasser nicht einfach akzeptiert werden müssen, vom Leser aber schon. Ein Zusammenhang der konstituierenden Gleichungen mit den fundamentalen physikalischen Kräften sollte sich auch für den Leser in einem späteren Stadium des Studiums der Physik ergeben.

Wir haben also zwei generelle Situationen:
a) Die konstituierende Gleichung ist erfüllt und wir folgern, dass das gemessene Material zu der durch die konstituierende Gleichung beschriebenen Materialklasse gezählt werden kann.
b) Die konstituierende Gleichung ist nicht erfüllt und wir folgern, dass das vermessene Material nicht zur beschriebenen Materialklasse zählt.

So gibt es z. B Newton'sche Flüssigkeiten, wie Wasser oder Öl, und nicht Newton'sche Flüssigkeiten, wie Polymerlösungen oder Joghurt.

In der Physik sind wir experimentell ständig dabei, die Gesetze der Physik auf ihre Richtigkeit hin zu überprüfen.

Gelingt uns ein Experiment, das zeigt, dass die Gravitation, die elektromagnetische Kraft, die schwache oder starke Kraft sich in der Praxis anders verhält als theoretisch erwartet, folgt daraus, dass die Gesetze der Physik fundamental falsch sind.

Widerspricht ein Experiment sämtlichen konstituierenden Gleichungen, bleibt die Physik fundamental richtig, aber wir haben eine neuartige Klasse von Materialien entdeckt, für die es gilt, die richtige konstituierende Gleichung des Materials aufzustellen und diese aus den fundamentalen Kräften mithilfe der richtigen Annahmen und Näherungen abzuleiten.

Die erste Form von experimentellen Ergebnissen ist extrem selten und löst in der Regel eine Revolution der Physik aus. Die Entdeckung der Quantenmechanik war so eine Revolution.

Die zweite Form von experimentellen Ergebnissen ist immer noch selten, und auch die Entdeckung eines neuen Materials sichert dem Entdecker einen festen Platz in der Geschichte der Physik.

2.7 Konservative und nicht konservative Kräfte

Wir betrachten einen Weg γ (mathematisch beschrieben durch die Bahn $\mathbf{r}(s)$), längs dem wir einen Körper von der Position $\mathbf{r}_1$ zur Position $\mathbf{r}_2$ bewegen wollen (Abbildung 2.14). Wir definieren die durch die Kraft am Körper verrichtete Arbeit längs des

Weges γ als:

$$A(\gamma) := \int_{\mathbf{r}_1}^{\mathbf{r}_2} \mathbf{F} \cdot d\mathbf{r}(s) = \int_{t_1}^{t_2} \mathbf{F} \cdot \mathbf{v} dt$$

$$= \int_{t_1}^{t_2} (F_x v_x + F_y v_y + F_z v_z) dt \,. \tag{2.89}$$

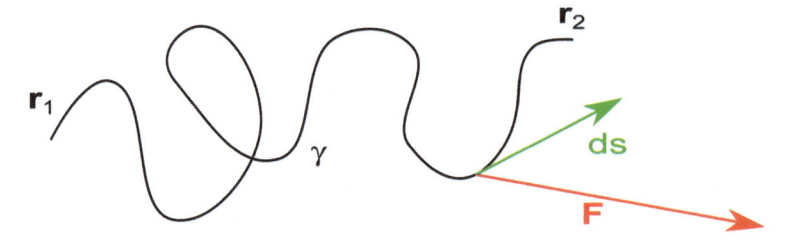

Abb. 2.14: Definition der Arbeit als Wegintegral.

Eine besondere Bedeutung haben geschlossene Wege, die an derselben Position enden, an der sie begonnen haben ($\mathbf{r}_1 = \mathbf{r}_2$) (Abbildung 2.15). Ein Wegintegral längs eines geschlossenen Weges charakterisieren wir dadurch, dass wir einen Kreis durch das Integralzeichen machen. Sofern die Arbeit

$$\oint_\gamma \mathbf{F} \cdot d\mathbf{r}(s) = \mathbf{0} \tag{2.90}$$

für jeden geschlossenen Weg verschwindet, sagen wir, die Kraft $\mathbf{F}$ ist eine *konservative* Kraft. Für den Fall

$$\oint_\gamma \mathbf{F} \cdot d\mathbf{r}(s) \neq \mathbf{0} \tag{2.91}$$

sprechen wir von einer *nicht konservativen* Kraft.

Ist die Kraft $\mathbf{F}$ konservativ, dann folgt daraus, dass die längs des Weges γ verrichtete Arbeit nur vom Anfangs- und Endpunkt des Weges und nicht vom Weg selbst abhängt.

$$A(\gamma) = A(\mathbf{r}_2, \mathbf{r}_1) \,. \tag{2.92}$$

Wir sehen dies, indem wir den Körper längs eines Weges γ_1 von $\mathbf{r}_1$ nach $\mathbf{r}_2$ und längs eines anderen Weges γ_2 von $\mathbf{r}_1$ nach $\mathbf{r}_2$, jedoch in umgekehrter Richtung, wieder zurückführen (Abbildung 2.16). Der Gesamtweg ist dann geschlossen und die Arbeit entlang des gesamten Weges verschwindet:

$$0 = \oint \mathbf{F} \cdot d\mathbf{r}(s) = A(\gamma_1) + A(-\gamma_2)$$

$$= A(\gamma_1) - A(\gamma_2) \,. \tag{2.93}$$

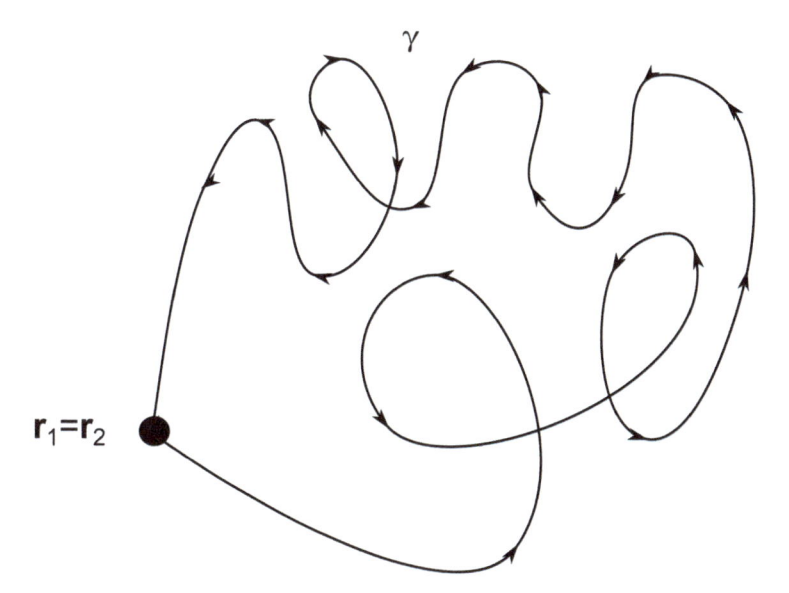

Abb. 2.15: Wegintegral entlang eines geschlossenen Weges.

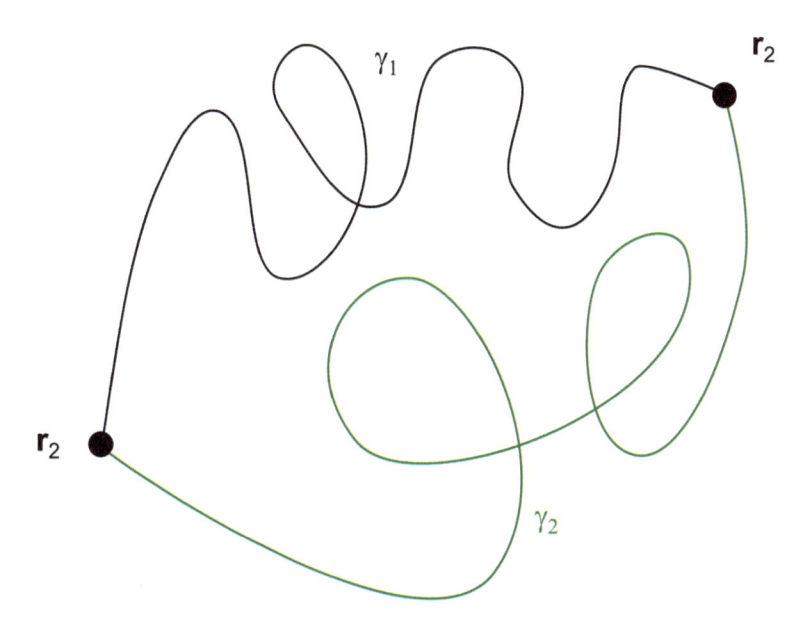

Abb. 2.16: Wegunabhängigkeit der Arbeit konservativer Kräfte.

Es folgt die Gleichheit der Arbeit längs der zwei Wege γ_1 und γ_2:

$$A(\gamma_1) = A(\gamma_2) = A(\mathbf{r}_2, \mathbf{r}_1). \tag{2.94}$$

Für konservative Kräfte definieren wir das Potenzial der Kraft im Punkt $\mathbf{r}$ bezüglich eines Referenzpunktes $\mathbf{r}_{\text{ref}}$ als

$$U(\mathbf{r}, \mathbf{r}_{\text{ref}}) = -A(\mathbf{r}, \mathbf{r}_{\text{ref}}). \tag{2.95}$$

In einer Dimension besagt der Hauptsatz der Integralrechnung, dass das Integral der Ableitung einer Funktion die Differenz der Funktionswerte der Funktion an der oberen und unteren Grenze ist. Dies lässt sich auf mehrdimensionale Integrale direkt übertragen, und es gilt allgemein:

$$\int_{\mathbf{r}_1}^{\mathbf{r}_2} \nabla U(\mathbf{r}, \mathbf{r}_{\text{ref}}) \cdot d\mathbf{r}(s) = U(\mathbf{r}_2, \mathbf{r}_{\text{ref}}) - U(\mathbf{r}_1, \mathbf{r}_{\text{ref}}). \tag{2.96}$$

Hierbei bezeichnet

$$\nabla = \begin{pmatrix} \partial/\partial x \\ \partial/\partial y \\ \partial/\partial z \end{pmatrix} \tag{2.97}$$

den Gradienten, und $\partial/\partial x$ die Ableitung nach der x-Koordinate. Es folgt also, dass der Ausdruck

$$\int_{\mathbf{r}_1}^{\mathbf{r}_2} (\nabla U(\mathbf{r}, \mathbf{r}_{\text{ref}}) + \mathbf{F}) \cdot d\mathbf{r}(s) = \Delta U + \Delta A = \Delta U - \Delta U = 0 \tag{2.98}$$

für alle Wege γ von $\mathbf{r}_1$ nach $\mathbf{r}_2$ verschwindet. Daraus folgt, dass der Integrand unter dem Integral verschwinden muss, also

$$\mathbf{F} = -\nabla U. \tag{2.99}$$

Alle konservativen Kräfte haben ein Potenzial.

Alle fundamentalen physikalischen Kräfte sind konservative Kräfte. Wir zeigen dies für den Fall der Gravitation und für die Coulomb-Kraft.

a) Die Gravitationskraft (1.7)

$$\mathbf{F}_{\text{Gravitation}}^{12} = -\gamma \frac{m_1 m_2}{r_{12}^2} \frac{\mathbf{r}_{12}}{r_{12}} \tag{2.100}$$

hat das Gravitationspotenzial

$$U_{\text{Gravitation}} = -\gamma \frac{m_1 m_2}{r_{12}}. \tag{2.101}$$

Wir beweisen dies, indem wir die x-Komponente des negativen Gradienten des Potenzials $(-\nabla_1 U)_x$ berechnen. Die Differenziation nach den Koordinaten der ersten

Masse liefert die Kraft der zweiten Masse auf die erste Masse. Es ist

$$
\begin{aligned}
(-\nabla_1 U)_x &= -\frac{\partial}{\partial x_1}\left(-\gamma \frac{m_1 m_2}{r_{12}}\right) \\
&= \gamma m_1 m_2 \frac{\partial}{\partial x_1} \frac{1}{r_{12}} \\
&= \gamma m_1 m_2 \frac{\partial}{\partial x_1} \frac{1}{\sqrt{(x_1-x_2)^2+(y_1-y_2)^2+(z_1-z_2)^2}} \\
&= \gamma m_1 m_2 \left(-\frac{1}{2}\right) \frac{1}{r_{12}^3} \frac{\partial}{\partial x_1} \mathbf{r}_{12}^2 \\
&= -\gamma m_1 m_2 \frac{1}{2} \frac{1}{r_{12}^3} 2 x_{12} \\
&= -\gamma \frac{m_1 m_2}{r_{12}^2} \left(\frac{\mathbf{r}_{12}}{r_{12}}\right)_x .
\end{aligned}
\qquad (2.102)
$$

Da das Potenzial $U = U(|\mathbf{r}_1 - \mathbf{r}_2|)$ eine Funktion des Abstandes beider Teilchen ist, folgt, dass das dritte Newton'sche Gesetz

$$\nabla_1 U = -\nabla_2 U \qquad (2.103)$$

automatisch erfüllt ist.

b) Da die Coulomb-Kraft (1.4) mathematisch dieselbe Struktur wie die Gravitationskraft hat, folgt für das Coulomb-Potenzial

$$U_{\text{Coulomb}} = \frac{q_1 q_2}{4\pi \epsilon_0 r_{12}} . \qquad (2.104)$$

c) Auch die schwache und starke Kraft zwischen zwei Elementarteilchen ist konservativ.

Wir wollen verstehen, welche Auswirkung die Konservativität der fundamentalen physikalischen Paarkräfte auf eine Ansammlung von vielen (N) Teilchen hat. Hierzu fassen wir die Koordinaten der vielen Teilchen zu dem Vektor $(\mathbf{r}_1, \ldots, \mathbf{r}_i, \ldots, \mathbf{r}_N)$ zusammen und verschieben die Positionen aller Teilchen entlang geschlossener Wege (Abbildung 2.17), sodass nach der Verschiebung die Ursprungssituation wieder hergestellt ist und alle Elementarteilchen wieder auf ihrem Anfangsplatz sitzen. Neben den Elementarteilchen sitzt eventuell noch ein Experimentator, der versucht, die Elementarteilchen mit externen, aber natürlich fundamentalen physikalischen Kräften zu beeinflussen. Wir teilen die Kraft $\mathbf{F}_i = \mathbf{F}_{i,\text{ext}} + \sum_j \mathbf{F}_{ij}$ auf das i-te Elementarteilchen deshalb auf: in die externe Kraft $\mathbf{F}_{i,\text{ext}}$ des Experimentators und in die Kräfte des j-ten Elementarteilchens auf das i-te.

Für die Gesamtkraft auf alle Elementarteilchen finden wir wegen der Konservativität der Einzelkräfte:

$$\oint \sum_i \mathbf{F}_i \cdot d\mathbf{r}(s) = \oint \sum_i \left(\mathbf{F}_{i,\text{ext}} + \sum_j \mathbf{F}_{ij}\right) \cdot d\mathbf{r}(s) = \mathbf{0} . \qquad (2.105)$$

Abb. 2.17: Wegunabhängigkeit der Arbeit konservativer Kräfte bei vielen Teilchen.

Es folgt also, dass alle Kräfte konservativ sind, wenn alle Teilchen wirklich auf einem geschlossenen Weg geführt werden.

2.8 Nicht konservative (dissipative) Kräfte

Werden zwei Körper gleichzeitig aneinandergedrückt und der erste Körper gegen den zweiten verschoben, so tritt eine Gleitreibungskraft auf, die der Gleitrichtung entgegengesetzt ist. Gleitet nur ein Körper über die ruhende zweite Unterlage, so lautet die konstituierende Gleichung für die Gleitreibungskraft

$$\mathbf{F}_{gl} = -\mu_{gl}(\mathbf{n} \cdot \mathbf{F}_{ext}) \frac{(\mathbb{1} - \mathbf{nn}) \cdot \mathbf{F}_{ext}}{|(\mathbb{1} - \mathbf{nn}) \cdot \mathbf{F}_{ext}|} \ . \tag{2.106}$$

Der Betrag der Gleitreibungskraft ist das μ_{gl}-fache der Normalenkraft ($\mathbf{n} \cdot \mathbf{F}_{ext}$), mit der die externe Kraft den Körper auf die Unterlage drückt. Der Vektor $\mathbf{n}$ ist der Normalenvektor auf die Unterlage. Der Proportionalitätsfaktor μ_{gl} wird als Gleitreibungskoeffizient bezeichnet. In Normalenrichtung übt die Unterlage eine Gegenkraft

$$\mathbf{F}_{reactio} = -\mathbf{nn} \cdot \mathbf{F}_{ext} \tag{2.107}$$

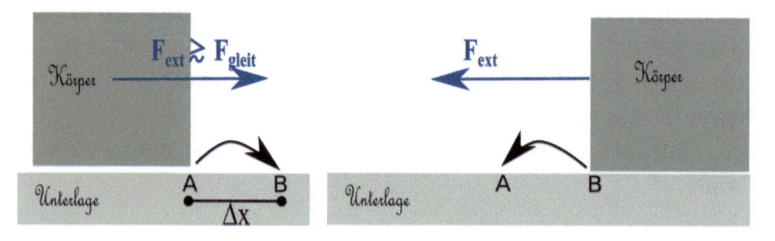

Abb. 2.18: Kräfteaufteilung bei der Gleitreibung.

auf den Körper aus, sodass dieser in Normalenrichtung nicht beschleunigt wird (Abbildung 2.18). Die Tangentialrichtung der externen Kraft wird durch den Einheitsvektor

$$\frac{(\mathbb{1} - \mathbf{nn}) \cdot \mathbf{F}_{\text{ext}}}{|(\mathbb{1} - \mathbf{nn}) \cdot \mathbf{F}_{\text{ext}}|} \tag{2.108}$$

beschrieben und das negative Vorzeichen in (2.106) bringt zum Ausdruck, dass die Gleitreibung der Tangentialrichtung der externen Kraft entgegengerichtet ist. In Tangentialrichtung gilt

$$(\mathbb{1} - \mathbf{nn}) \cdot \mathbf{F}_{\text{ext}} + \mathbf{F}_{\text{gl}} = m\mathbf{a}_{\text{tang}}. \tag{2.109}$$

Das äußere Vektorprodukt der Normalenvektoren

$$\mathbf{nn} = \begin{pmatrix} n_x n_x & n_x n_y & n_x n_z \\ n_y n_x & n_y n_y & n_y n_z \\ n_z n_x & n_z n_y & n_z n_z \end{pmatrix} \tag{2.110}$$

ist der Projektor auf die Normalenrichtung.

Wir können die Arbeit berechnen, die wir aufwenden müssen, um den Körper längs des *geschlossenen* Weges Δx von A nach B auf der Unterlage und wieder zurück zu verschieben (Abbildung 2.19). Wird die anpressende Normalkraft ausschließlich durch die Gewichtskraft mg des Körpers aufgebracht und schieben wir den Körper so langsam, dass nur vernachlässigbare Tangentialbeschleunigungen auftreten, so finden wir

$$\oint \mathbf{F}_{\text{gl}} \cdot d\mathbf{r}(s) = 2\mu_{\text{gl}}(mg)\Delta x. \tag{2.111}$$

Es folgt also, dass die Arbeit längs des *geschlossenen* Weges größer ist als null. Die Kraft ist nicht konservativ im makroskopischen Sinn. In Wirklichkeit ist der Weg nicht geschlossen! Nicht alle Atome des Körpers kehren in ihre Ausgangslage zurück. Es wird durch plastische Verformungen an der Oberfläche Arbeit an der Oberfläche verrichtet, die die Oberfläche irreversibel verändert. Der Weg erscheint nur makroskopisch geschlossen, er ist mikroskopisch aber nicht geschlossen. Die Arbeit, die wir bei der Verschiebung aufwenden müssen, geht in Kanälen verloren, die wir bei der makroskopischen Beschreibung des Vorgangs ignoriert haben. Nicht konservative Kräfte tauchen nur in makroskopischen Beschreibungen auf. Sie heißen auch dissipative

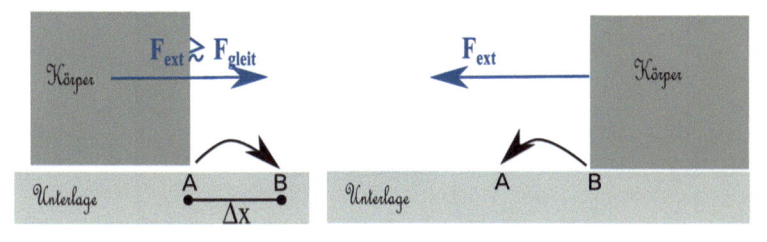

Abb. 2.19: Beim Gleiten eines Körpers längs eines geschlossenen Weges wird Energie dissipiert.

Kräfte, da durch sie Energie dissipiert (d. h. auf alle mikroskopischen Freiheitsgrade verteilt) wird.

Eine eng mit der Gleitreibungskraft verknüpfte Kraft ist die Haftreibungskraft. Diese konservative[1] Haftreibungskraft ist durch

$$\mathbf{F}_H = -(\mathbb{1} - \mathbf{nn}) \cdot \mathbf{F}_{ext} \qquad (2.112)$$

gegeben und kompensiert die externe Tangentialkraft exakt, sofern die externe Tangentialkraft

$$|(\mathbb{1} - \mathbf{nn}) \cdot \mathbf{F}_{ext}| < \mu_H (\mathbf{n} \cdot \mathbf{F}_{ext}) \qquad (2.113)$$

das μ_H-fache der externen Normalkraft nicht überschreitet. Der Koeffizient μ_H wird als Haftreibungskoeffizient bezeichnet. Ruht der Körper auf der Unterlage, ist eine externe Mindesttangentialkraft notwendig, um den Körper zu verschieben. Der Haftreibungskoeffizient ist immer größer als der Gleitreibungskoeffizient, sodass es einen Bereich der externen Tangentialkraft gibt, in dem das Verhalten des Körpers von der Vorgeschichte abhängt.

In Abbildung 2.20 zeigen wir den Verlauf der Reibungskräfte als Funktion des Betrages der externen Tangentialkraft. Im Bereich $F_{ext}^{tang} < \mu_{gl} F_{ext}^{normal}$ haftet der Körper, im Bereich $F_{ext}^{tang} > \mu_H F_{ext}^{normal}$ gleitet der Körper. Im Zwischenbereich $\mu_{gl} F_{ext}^{normal} < F_{ext}^{tang} < \mu_H F_{ext}^{normal}$ durchläuft das Bewegungsverhalten des Körpers eine Hysterese, und der Körper haftet oder gleitet, je nach seiner Vorgeschichte.

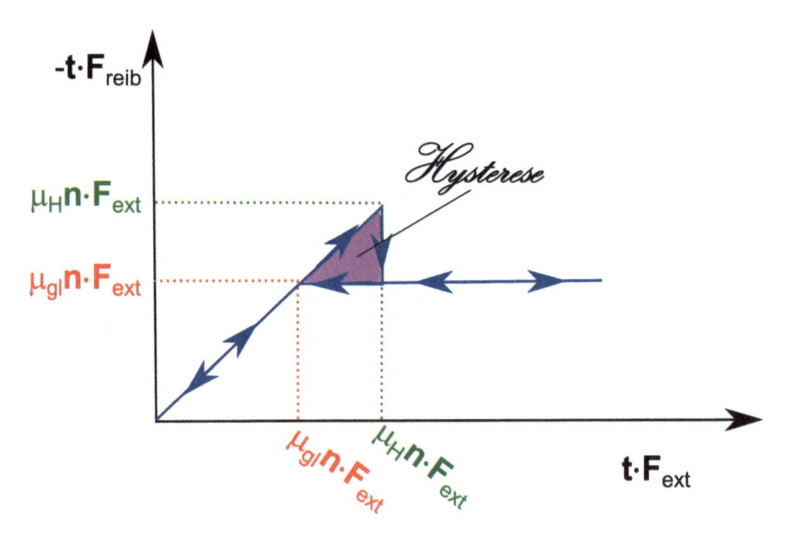

Abb. 2.20: Reibungskraft als Funktion der externen Tangentialkraft.

---

[1] Es bewegt sich nichts vom Fleck, also ist der Weg und damit auch die Arbeit beim Haften identisch null.

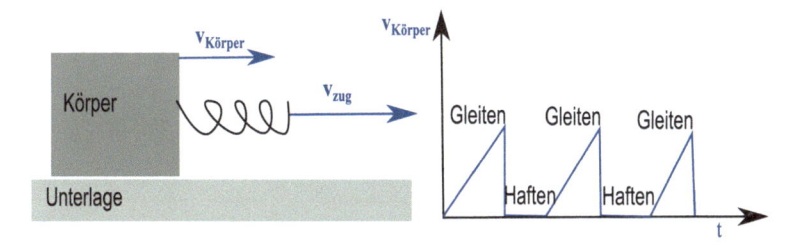

Abb. 2.21: Abwechselndes Gleiten und Haften eines durch eine Feder gleichmäßig gezogenen Körpers.

Wird der Körper durch eine Feder gezogen, deren eines Ende am Körper befestigt ist und deren anderes Ende mit konstanter gleichförmiger Bewegung gezogen wird, so dehnt sich bei ruhendem Körper die Feder solange aus, bis diese zu einer Tangentialkraft am Schwellwert zum Gleiten führt und der Körper beschleunigt wird. Dadurch entspannt sich die Feder wieder und die Zugkraft sinkt irgendwann wieder unter den Schwellwert zum Haften. Das Resultat für die Bewegung des Körpers ist ein ständiger Wechsel von Haft- und Gleitphasen (Abbildung 2.21).

Neben der Reibung zwischen Festkörperoberflächen treten auch zwischen Festkörpern und Flüssigkeiten oder Gasen dissipative Kräfte auf. Wir bezeichnen die Reibungskraft, welche auf einen in einer Flüssigkeit (Gas) bewegten Festkörper wirkt, als hydrodynamische Reibungskraft. Dabei gibt es zwei Bereiche der hydrodynamischen Reibungskraft.

a) Die laminare oder Stokes'sche hydrodynamische Reibung tritt auf, wenn die Geschwindigkeiten der Objekte klein sind. Im laminaren Fall ist die Reibungskraft proportional zur Relativgeschwindigkeit **v** des Körpers zur Flüssigkeit und proportional zur Scherviskosität oder Zähigkeit η der Flüssigkeit:

$$\mathbf{F} = -f\eta a \mathbf{v} \ . \tag{2.114}$$

Die Größe a misst die Ausdehnung des Körpers und f heißt Stokes'scher Reibungskoeffizient.

b) Für größere Geschwindigkeiten geht die laminare hydrodynamische Reibung in die turbulente hydrodynamische Reibung über. Im Gegensatz zur laminaren hydrodynamischen Reibung skaliert die turbulente Reibung mit dem Quadrat der Geschwindigkeit:

$$\mathbf{F} = -c_W \frac{\rho}{2} (\mathbf{v} \cdot \mathbf{A}) \mathbf{v} \ . \tag{2.115}$$

Hierbei bezeichnet c_W den Widerstandsbeiwert, ρ die Dichte der Flüssigkeit (des Gases) und $\mathbf{A} = A\mathbf{n}$, wobei A die Fläche und $\mathbf{n}$ den Normalenvektor auf die Fläche bezeichnet.

In Abbildung 2.22 ist der Betrag der hydrodynamischen Reibungskraft gegenüber der Reynolds-Zahl (einer dimensionslosen Geschwindigkeit, siehe 6.12) aufgetragen. Die

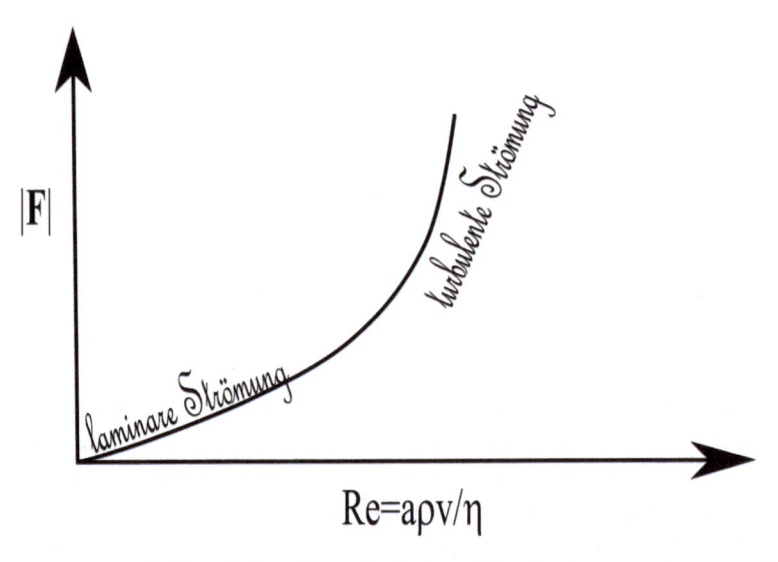

Abb. 2.22: Hydrodynamische Reibungskraft als Funktion der dimensionslosen Geschwindigkeit.

dissipative Natur der Kraft verstehen wir, wenn wir einen Festkörper auf einer Kreisbahn führen. Nach der Vollendung des Kreises ist der Festkörper zwar zurück auf seinem Platz, aber die Flüssigkeitsteilchen kehren nicht auf ihren Platz zurück. Es ist damit klar, dass die hydrodynamische Reibungskraft dissipativ und nicht konservativ ist. Die Positionen der Flüssigkeitsteilchen werden bei kleinen Geschwindigkeiten des Objektes weniger durcheinandergebracht als bei hohen Geschwindigkeiten, wo sich die Flüssigkeit turbulent vermischt. Es ist deshalb nicht überraschend, dass beide Reibungskräfte unterschiedlich mit der Geschwindigkeit skalieren. Wir werden in Kapitel 6.1 genauer auf die physikalischen Prozesse in Flüssigkeiten eingehen.

2.9 Energie und Energieerhaltung

Wir betrachten einen einzelnen Körper, auf den ausschließlich konservative Kräfte wirken. Durch

$$U(\mathbf{r}, \mathbf{r}_{\text{ref}}) := - \int_{\mathbf{r}_{\text{ref}}}^{\mathbf{r}} \mathbf{F} \cdot d\mathbf{r}(s) \qquad (2.116)$$

ist das Potenzial des Körpers definiert. Das Weginkrement $d\mathbf{r}(s) = \mathbf{v}dt$ können wir durch die Geschwindigkeit $\mathbf{v}$ und das Zeitinkrement dt ausdrücken. Wir integrieren die Newton'sche Bewegungsgleichung längs eines Weges von $\mathbf{r}_1$ nach $\mathbf{r}_2$:

$$\mathbf{0} = \int_{\mathbf{r}_1}^{\mathbf{r}_2} (m\mathbf{a} - \mathbf{F}) \cdot d\mathbf{r}(s) = \int_{t_1}^{t_2} \left(m\frac{d^2\mathbf{r}}{dt^2} - \mathbf{F} \right) \cdot \frac{d\mathbf{r}}{dt} dt$$

$$= \int_{t_1}^{t_2} \left(\frac{d}{dt} \frac{1}{2} m \left(\frac{d\mathbf{r}}{dt} \right)^2 - \mathbf{F} \cdot \frac{d\mathbf{r}}{dt} \right) dt$$

$$= \frac{1}{2} m \left(\frac{d\mathbf{r}}{dt}(t_2) \right)^2 + U(\mathbf{r}(t_2), \mathbf{r}_{\text{ref}}) - \frac{1}{2} m \left(\frac{d\mathbf{r}}{dt}(t_1) \right)^2 - U(\mathbf{r}(t_1), \mathbf{r}_{\text{ref}}). \tag{2.117}$$

Es folgt also, dass die Gesamtenergie des Körpers

$$E := \frac{1}{2} m \left(\frac{d\mathbf{r}}{dt}(t_1) \right)^2 + U(\mathbf{r}(t_1), \mathbf{r}_{\text{ref}}) = \frac{1}{2} m \left(\frac{d\mathbf{r}}{dt}(t_2) \right)^2 + U(\mathbf{r}(t_2), \mathbf{r}_{\text{ref}}) \tag{2.118}$$

erhalten ist. Mit

$$T := \frac{1}{2} m \left(\frac{d\mathbf{r}}{dt} \right)^2 \tag{2.119}$$

bezeichnen wir die kinetische Energie des Körpers und mit U die potenzielle Energie des Körpers. Die Gesamtenergie des Körpers $E = T + U$ ist also erhalten, d. h. es gilt

$$\frac{dE}{dt} = 0. \tag{2.120}$$

Betrachten wir ein ganzes Ensemble an Teilchen, so folgt

$$\mathbf{F}_i = \mathbf{F}_{i,\text{ext}} + \sum_j \mathbf{F}_{i,j} = m_i \mathbf{a}_i. \tag{2.121}$$

Aus

$$\mathbf{0} = \sum_i (m_i \mathbf{a}_i - \mathbf{F}_i) \cdot d\mathbf{r}_i(s_i) \tag{2.122}$$

folgt dann vollkommen analog, dass die Gesamtenergie des Ensembles

$$E := \sum_i \left(T_i + U_{i,\text{ext}}(\mathbf{r}_i) + \frac{1}{2} \sum_j U_{ij}(|\mathbf{r}_i - \mathbf{r}_j|) \right) \tag{2.123}$$

erhalten ist, wobei T_i die kinetische Energie des i-ten Teilchens, $U_{i,\text{ext}}$ das externe Potenzial des i-ten Teilchens und U_{ij} das Wechselwirkungspotenzial des Teilchenpaares i und j bezeichnet. Der Faktor 1/2 vor dem Wechselwirkungspaar teilt jeweils die Hälfte der Wechselwirkungsenergie dem einen bzw. dem anderen Teilchen zu. Durch die Doppelsumme über i und j wird jedes Paar doppelt gezählt, und der Faktor 1/2 hebt sich bei Summation, über jedes Paar jeweils nur einmal, wieder weg.

2.10 Bewegung im Zentralfeld

Wir hatten in Gleichung (2.103) gesehen, dass ein Wechselwirkungspotenzial $U = U(|\mathbf{r}_1 - \mathbf{r}_2|)$, welches nur vom Abstand des Paares der beiden Wechselwirker abhängt, automatisch das dritte Newton'sche Gesetz erfüllt. Wir wollen in diesem Abschnitt untersuchen, welche weiteren Konsequenzen ein solches Zentralpotenzial auf die Bewegung beider Körper hat. Wir schreiben hierzu die Newton'schen Bewegungsgleichungen für die beiden Körper auf:

$$m_1 \frac{d^2 \mathbf{r}_1}{dt^2} = -\nabla_1 U = -\frac{\partial U}{\partial r_{12}} \nabla_1 r_{12} = -\frac{\partial U}{\partial r_{12}} \frac{\mathbf{r}_{12}}{r_{12}}, \qquad (2.124)$$

$$m_2 \frac{d^2 \mathbf{r}_2}{dt^2} = -\nabla_2 U = -\frac{\partial U}{\partial r_{12}} \nabla_2 r_{12} = +\frac{\partial U}{\partial r_{12}} \frac{\mathbf{r}_{12}}{r_{12}}, \qquad (2.125)$$

wobei wir mit $\nabla_1 = (\partial/\partial x_1, \partial/\partial y_1, \partial/\partial z_1)$ den Gradienten, welcher auf die Koordinaten (x_1, y_1, z_1) des ersten Teilchens wirkt, bezeichnen. Entsprechend bezeichnen wir den Gradienten des zweiten Teilchens. Addition der Gleichungen (2.124) und (2.125) liefert

$$m_1 \frac{d^2 \mathbf{r}_1}{dt^2} + m_2 \frac{d^2 \mathbf{r}_2}{dt^2} = (m_1 + m_2) \frac{d^2}{dt^2} \frac{m_1 \mathbf{r}_1 + m_2 \mathbf{r}_2}{m_1 + m_2} = \mathbf{0}. \qquad (2.126)$$

Wir definieren den Massenmittelpunkt $\mathbf{r}_s$ als

$$\mathbf{r}_s = \frac{m_1 \mathbf{r}_1 + m_2 \mathbf{r}_2}{m_1 + m_2} \qquad (2.127)$$

sowie die Gesamtmasse

$$m_{ges} = m_1 + m_2 \qquad (2.128)$$

und erhalten

$$m_{ges} \frac{d^2 \mathbf{r}_s}{dt^2} = \mathbf{0}. \qquad (2.129)$$

Daraus folgt, dass der Massenmittelpunkt beider Körper eine geradlinige gleichförmige Bewegung ausführt. Wir hätten dies auch aus dem Impulserhaltungssatz (2.84) direkt folgern können. Dividieren wir Gleichung (2.124) durch m_1 und subtrahieren die durch m_2 geteilte Gleichung (2.125) so finden wir:

$$\frac{d^2 (\mathbf{r}_1 - \mathbf{r}_2)}{dt^2} = \frac{d^2 \mathbf{r}_{12}}{dt^2} = \left(-\frac{1}{m_1} - \frac{1}{m_2} \right) \frac{\partial U}{\partial r_{12}} \frac{\mathbf{r}_{12}}{r_{12}} \qquad (2.130)$$

oder nach Umstellen der Massen:

$$\frac{m_1 m_2}{m_1 + m_2} \frac{d^2 \mathbf{r}_{12}}{dt^2} = \frac{\partial U}{\partial r_{12}} \frac{\mathbf{r}_{12}}{r_{12}}. \qquad (2.131)$$

Die Relativkoordinaten führen also eine Bewegungsgleichung

$$\mathbf{F} = m_{red} \mathbf{a}_{12} \qquad (2.132)$$

aus, wobei

$$m_{red} = \frac{m_1 m_2}{m_1 + m_2} \qquad (2.133)$$

die reduzierte Masse bezeichnet. Wir diskutieren ab jetzt ausschließlich den Abstandsvektor $\mathbf{r} = \mathbf{r}_{12}$ beider Partikel und lassen die Indizes der Übersichtlichkeit halber weg. Wir definieren den Drehimpuls:

$$\mathbf{L} := \mathbf{r} \times \mathbf{p} = \mathbf{r} \times m_{\text{red}} \dot{\mathbf{r}}, \tag{2.134}$$

wobei wir die Zeitableitung $d\mathbf{r}/dt = \dot{\mathbf{r}}$ durch einen Punkt über dem Vektor abkürzen. Wir interessieren uns für die zeitliche Veränderung des Drehimpulses und finden:

$$\begin{aligned}\frac{d\mathbf{L}}{dt} &= m_{\text{red}} \frac{d}{dt}(\mathbf{r} \times \dot{\mathbf{r}}) \\ &= m_{\text{red}} \left(\underbrace{\dot{\mathbf{r}} \times \dot{\mathbf{r}}}_{=\mathbf{0} \text{ weil } \dot{\mathbf{r}} \parallel \dot{\mathbf{r}}} + \mathbf{r} \times \ddot{\mathbf{r}} \right) \\ &= \mathbf{r} \times (m_{\text{red}} \ddot{\mathbf{r}}) \stackrel{2.131}{=} -\mathbf{r} \times \left(\frac{\partial U}{\partial r} \mathbf{r} \right) = \mathbf{0}. \end{aligned} \tag{2.135}$$

Der Drehimpuls ist also, wie der Impuls auch, erhalten:

$$\frac{d\mathbf{L}}{dt} = \mathbf{0}. \tag{2.136}$$

Des Weiteren lesen wir aus Gleichung (2.134) ab, dass sowohl der Abstandsvektor $\mathbf{r}$ als auch die Relativgeschwindigkeit $\dot{\mathbf{r}}$ senkrecht auf dem Drehimpuls $\mathbf{L}$ stehen. Damit muss die Bewegung des Abstandsvektors in der Ebene senkrecht zu $\mathbf{L}$ stattfinden (Abbildung 2.23).

Wir wählen den erhaltenen Drehimpuls entlang der z-Achse

$$\mathbf{L} = L \begin{pmatrix} 0 \\ 0 \\ 1 \end{pmatrix} \tag{2.137}$$

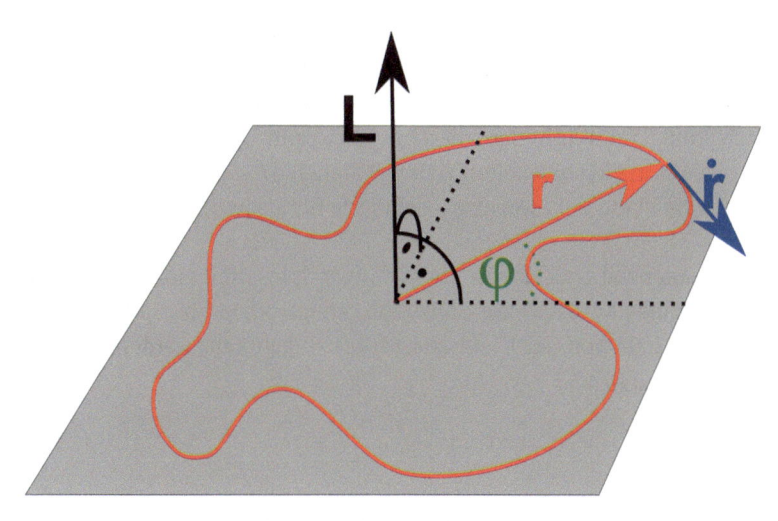

Abb. 2.23: Die Bewegung des Abstandsvektors findet in der Ebene senkrecht zum Drehimpuls statt.

und beschreiben den Abstandsvektor

$$\mathbf{r}(t) = r(t) \begin{pmatrix} \cos \phi(t) \\ \sin \phi(t) \\ 0 \end{pmatrix} \tag{2.138}$$

durch Polarkoordinaten (r, ϕ). Die Geschwindigkeit beträgt dann:

$$\dot{\mathbf{r}}(t) = \dot{r} \begin{pmatrix} \cos \phi \\ \sin \phi \\ 0 \end{pmatrix} + r\dot{\phi} \begin{pmatrix} -\sin \phi \\ \cos \phi \\ 0 \end{pmatrix}. \tag{2.139}$$

Der Drehimpuls berechnet sich damit zu

$$\begin{aligned}
\mathbf{L} &= m_{\text{red}} \mathbf{r} \times \dot{\mathbf{r}} = m_{\text{red}} r \begin{pmatrix} \cos \phi \\ \sin \phi \\ 0 \end{pmatrix} \times \left[\dot{r} \begin{pmatrix} \cos \phi \\ \sin \phi \\ 0 \end{pmatrix} + r\dot{\phi} \begin{pmatrix} -\sin \phi \\ \cos \phi \\ 0 \end{pmatrix} \right] \\
&= m_{\text{red}} r \dot{r} \begin{pmatrix} \cos \phi \\ \sin \phi \\ 0 \end{pmatrix} \times \begin{pmatrix} \cos \phi \\ \sin \phi \\ 0 \end{pmatrix} + m_{\text{red}} r^2 \dot{\phi} \begin{pmatrix} \cos \phi \\ \sin \phi \\ 0 \end{pmatrix} \times \begin{pmatrix} -\sin \phi \\ \cos \phi \\ 0 \end{pmatrix} \\
&= \mathbf{0} + m_{\text{red}} r^2 \dot{\phi} \begin{pmatrix} 0 \\ 0 \\ \cos^2 \phi + \sin^2 \phi \end{pmatrix} = m_{\text{red}} r^2 \dot{\phi} \begin{pmatrix} 0 \\ 0 \\ 1 \end{pmatrix}.
\end{aligned} \tag{2.140}$$

Wir finden, dass die z-Komponente des erhaltenen Drehimpulses durch

$$L_z = m_{\text{red}} r^2 \dot{\phi} \tag{2.141}$$

gegeben ist.

Wir wollen die Bedeutung von Gleichung (2.141) untersuchen. Aus Abbildung 2.24 lesen wir ab, dass $\frac{1}{2} r^2 d\phi$ die in einer kurzen Zeit dt vom Vektor $\mathbf{r}$ überstrichene Fläche der Kurve ist. Damit ist $\frac{1}{2} r^2 \dot{\phi}$ die Flächenzunahmerate der überstrichenen Fläche oder Flächengeschwindigkeit. Wir finden, dass in einem Zentralpotenzial die relative Bahn eines Körperpaares in gleichen Zeiten gleiche Flächen $\frac{1}{2} r^2 d\phi$ überstreicht. Dies zuerst von Kepler für die Planetenbewegung formulierte Gesetz heißt deshalb zweites Kepler'sches Gesetz.

Das Gravitationspotenzial $U \propto 1/r$ ist ein wichtiger Spezialfall eines Zentralpotenzials. Ist die Bahn eines Körpers eine Kreisbahn, so muss die für die Kreisbahn nötige Zentripetalkraft exakt von der Gravitationskraft aufgebracht werden und wir finden $F_{\text{Zentripetal}} = F_{\text{Gravitation}}$, also

$$m_{\text{red}} \omega^2 r = \gamma \frac{m_1 m_2}{r^2} \tag{2.142}$$

bzw.

$$\omega^2 r^3 = \gamma \frac{m_1 m_2}{m_{\text{red}}} = \gamma (m_1 + m_2). \tag{2.143}$$

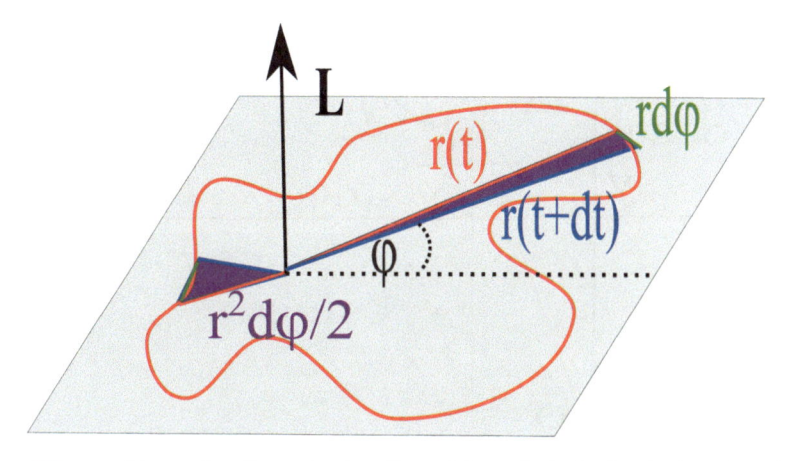

Abb. 2.24: Die von dem Abstandsvektor überstrichene Fläche ist für gleiche Zeiten gleich.

Drücken wir den Betrag der Kreisfrequenz durch die Umlaufzeiten aus, erhalten wir schließlich

$$\frac{r^3}{T^2} = \frac{\gamma(m_1 + m_2)}{(2\pi)^2}\,. \tag{2.144}$$

Dies ist das dritte Kepler'sche Gesetz, welches besagt, dass das Quadrat der Umlaufzeiten verschiedener Planeten um dieselbe Sonne proportional zur dritten Potenz der Halbachsen der Bahnen sind. Wir haben dieses Gesetz für den Spezialfall einer Kreisbahn abgeleitet.

Das erste Kepler'sche Gesetz besagt, dass die Planetenbahnen Ellipsen sind. Auf einen Beweis des ersten Kepler'schen Gesetzes verzichten wir hier.

2.11 Nichtinertialsysteme

Im Abschnitt 2.4 hatten wir gesagt, dass in Nichtinertialsystemen Scheinkräfte auftreten, die die Körper scheinbar von einer geradlinigen gleichförmigen Bewegung weg beschleunigen. Als Beispiel hatten wir ein geradlinig beschleunigtes Auto angeführt. Da wir auf einer rotierenden Erde leben, ist ein rotierendes Bezugssystem ein weiteres wichtiges Beispiel. Wir wollen deshalb dieses Beispiel hier näher betrachten.

In Abbildung 2.25 sind zwei gegeneinander verdrehte Koordinatensysteme zu sehen, wobei wir einen beliebigen Vektor **r** einmal durch die Koordinaten des Inertialsystems als

$$\mathbf{r}(t) = \begin{pmatrix} x(t) \\ y(t) \\ z(t) \end{pmatrix} \tag{2.145}$$

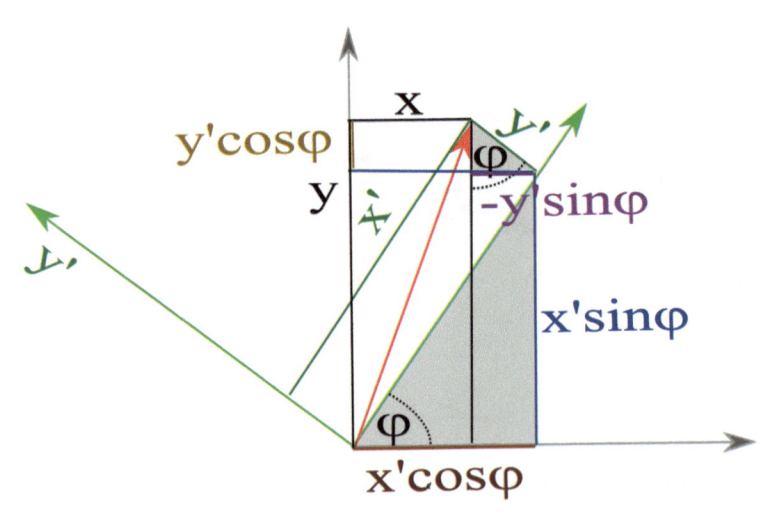

Abb. 2.25: Der Vektor **r** und seine Koordinaten im Inertialsystem und rotierenden Nichtinertialsystem.

und ein zweites Mal durch die Koordinaten des Nichtinertialsystems

$$\mathbf{r}'(t) = \begin{pmatrix} x'(t) \\ y'(t) \\ z'(t) \end{pmatrix} \quad (2.146)$$

darstellen. Aus Abbildung 2.25 lesen wir ab, dass Koordinaten über

$$\begin{pmatrix} x(t) \\ y(t) \end{pmatrix} = \begin{pmatrix} \cos \phi(t) & -\sin \phi(t) \\ \sin \phi(t) & \cos \phi(t) \end{pmatrix} \cdot \begin{pmatrix} x'(t) \\ y'(t) \end{pmatrix} \quad (2.147)$$

$$z(t) = z'(t) \quad (2.148)$$

miteinander verknüpft sind, d. h., es gibt eine Transformationsmatrix

$$\mathbf{R}(\phi) = \begin{pmatrix} \cos \phi(t) & -\sin \phi(t) & 0 \\ \sin \phi(t) & \cos \phi(t) & 0 \\ 0 & 0 & 1 \end{pmatrix}, \quad (2.149)$$

sodass die Position des Vektors im Inertialsystem

$$\mathbf{r} = \mathbf{R}(\phi) \cdot \mathbf{r}' \quad (2.150)$$

als Matrixprodukt der Transformationsmatrix mit dem Vektor im Nichtinertialsystem geschrieben werden kann. Die Geschwindigkeit im Inertialsystem $d\mathbf{r}/dt$ können wir ausrechnen, indem wir Gleichung (2.150) nach der Zeit differenzieren und beachten, dass sowohl der Vektor **r**′ als auch die Transformationsmatrix **R** von der Zeit abhängen:

$$\frac{d\mathbf{r}}{dt} = \frac{d\mathbf{R}}{dt} \cdot \mathbf{r}' + \mathbf{R} \cdot \frac{d\mathbf{r}'}{dt} \tag{2.151}$$

$$= \dot{\phi} \begin{pmatrix} -\sin\phi & -\cos\phi & 0 \\ \cos\phi & -\sin\phi & 0 \\ 0 & 0 & 0 \end{pmatrix} \cdot \begin{pmatrix} x'(t) \\ y'(t) \\ z'(t) \end{pmatrix} + \mathbf{R} \cdot \frac{d\mathbf{r}'}{dt} \tag{2.152}$$

$$= \begin{pmatrix} \cos\phi & -\sin\phi & 0 \\ \sin\phi & \cos\phi & 0 \\ 0 & 0 & 1 \end{pmatrix} \cdot \begin{pmatrix} 0 & -\dot{\phi} & 0 \\ \dot{\phi} & 0 & 0 \\ 0 & 0 & 0 \end{pmatrix} \cdot \begin{pmatrix} x'(t) \\ y'(t) \\ z'(t) \end{pmatrix} + \mathbf{R} \cdot \frac{d\mathbf{r}'}{dt}$$

$$\tag{2.153}$$

$$= \mathbf{R} \cdot \left[\dot{\phi} \begin{pmatrix} 0 \\ 0 \\ 1 \end{pmatrix} \times \begin{pmatrix} x' \\ y' \\ z' \end{pmatrix} \right] + \mathbf{R} \cdot \frac{d\mathbf{r}'}{dt} \tag{2.154}$$

$$= \mathbf{R} \cdot \left[\boldsymbol{\omega}' \times \mathbf{r}' + \frac{d\mathbf{r}'}{dt} \right]. \tag{2.155}$$

Gleichung (2.153) folgt aus (2.152), indem wir die Matrix $\dot{\mathbf{R}}$ als Matrixprodukt von $\mathbf{R}$ mit der zweiten in (2.153) stehenden Matrix schreiben. Die Richtigkeit dieser Beziehung lässt sich durch Ausmultiplizieren des Matrixproduktes leicht überprüfen. Der Gewinn dieser Manipulationen besteht darin, dass auf diese Art und Weise die Transformationsmatrix $\mathbf{R}$ wieder entsteht. Die verbleibende zweite Matrix in (2.153) multiplizieren wir mit dem Vektor zur Rechten der Matrix. Dieses Produkt ist aber gemäß (2.45) nichts anderes als das Kreuzprodukt der Kreisfrequenz mit dem Vektor zur Rechten. Aus diesem Grund können wir die Zeitableitung der Transformationsmatrix als

$$\frac{d\mathbf{R}}{dt} \cdot = \mathbf{R} \cdot (\boldsymbol{\omega}' \times \tag{2.156}$$

schreiben. Dieselbe Manipulation wie in den Gleichungen (2.151) bis (2.155) führen wir nochmals durch, indem wir Gleichung (2.155) nochmals nach der Zeit differenzieren:

$$\frac{d^2\mathbf{r}}{dt^2} = \frac{d}{dt}\left[\mathbf{R}\cdot\left(\boldsymbol{\omega}'\times\mathbf{r}' + \frac{d\mathbf{r}'}{dt}\right)\right] \tag{2.157}$$

$$= \frac{d\mathbf{R}}{dt}\cdot\left(\boldsymbol{\omega}'\times\mathbf{r}' + \frac{d\mathbf{r}'}{dt}\right)$$
$$+ \mathbf{R}\cdot\left(\frac{d\boldsymbol{\omega}'}{dt}\times\mathbf{r}' + \boldsymbol{\omega}'\times\frac{d\mathbf{r}'}{dt} + \frac{d^2\mathbf{r}'}{dt^2}\right) \tag{2.158}$$

$$= \mathbf{R}\cdot\left[\boldsymbol{\omega}'\times\left(\boldsymbol{\omega}'\times\mathbf{r}' + \frac{d\mathbf{r}'}{dt}\right)\right]$$
$$+ \mathbf{R}\cdot\left(\frac{d\boldsymbol{\omega}'}{dt}\times\mathbf{r}' + \boldsymbol{\omega}'\times\frac{d\mathbf{r}'}{dt} + \frac{d^2\mathbf{r}'}{dt^2}\right) \tag{2.159}$$

$$= \mathbf{R}\cdot\left[\boldsymbol{\omega}'\times(\boldsymbol{\omega}'\times\mathbf{r}') + 2\boldsymbol{\omega}'\times\frac{d\mathbf{r}'}{dt} + \frac{d\boldsymbol{\omega}'}{dt}\times\mathbf{r}' + \frac{d^2\mathbf{r}'}{dt^2}\right]. \tag{2.160}$$

Im Schritt von Gleichung (2.158) zu Gleichung (2.159) wurde die Identität (2.156) ein zweites Mal benutzt. Bezeichnet **F** die Kraft im Inertialsystem, so erhalten wir die Kraft im Nichtinertialsystem, indem wir die Transformationsmatrix benutzen:

$$\mathbf{F} = \mathbf{R}(\phi(t)) \cdot \mathbf{F}' \,. \tag{2.161}$$

Insgesamt wird dadurch aus der Newton'schen Bewegungsgleichung

$$\mathbf{F} - m\frac{d^2\mathbf{r}}{dt^2} = \mathbf{0} \tag{2.162}$$

durch Einsetzen der Gleichungen (2.161) und (2.160)

$$\mathbf{R} \cdot \left[\mathbf{F}' - m\boldsymbol{\omega}' \times (\boldsymbol{\omega}' \times \mathbf{r}') - 2m\boldsymbol{\omega}' \times \frac{d\mathbf{r}'}{dt} - m\frac{d\boldsymbol{\omega}'}{dt} \times \mathbf{r}' - m\frac{d^2\mathbf{r}'}{dt^2} \right] = \mathbf{0} \tag{2.163}$$

oder nach Weglassen der Transformation

$$\mathbf{F}' \;-\; \underbrace{m\boldsymbol{\omega}' \times (\boldsymbol{\omega}' \times \mathbf{r}')}\; -\; \underbrace{2m\boldsymbol{\omega}' \times \frac{d\mathbf{r}'}{dt}}\; -\; \underbrace{m\frac{d\boldsymbol{\omega}'}{dt} \times \mathbf{r}'} \;=\; m\frac{d^2\mathbf{r}'}{dt^2}$$

$$\mathbf{F}' \;+\; \mathbf{F}'_{\text{Zentrifugal}} \;+\; \mathbf{F}'_{\text{Coriolis}} \;+\; \mathbf{F}'_{\text{Winkelbeschleunigung}} \;=\; m\mathbf{a}' \tag{2.164}$$

Wie wir an Gleichung (2.164) sehen können, kommen zur echten Kraft $\mathbf{F}'$ drei weitere Scheinkräfte hinzu, die wir als Zentrifugalkraft, Corioliskraft und Winkelbeschleunigungskraft bezeichnen. Die Natur und das Verhalten dieser Scheinkräfte ist das Thema der folgenden Abschnitte.

2.12 Die Zentrifugalkraft

Die Zentrifugalkraft lautet

$$\mathbf{F}'_{\text{Zentrifugal}} = -m\boldsymbol{\omega}' \times (\boldsymbol{\omega}' \times \mathbf{r}') \,. \tag{2.165}$$

Ein doppeltes Kreuzprodukt der Form $\mathbf{a} \times (\mathbf{b} \times \mathbf{c}) = (\mathbf{cb} - \mathbf{bc}) \cdot \mathbf{a}$ kann als Skalarprodukt des schiefsymmetrischen äußeren Vektorproduktes des zweiten und dritten Vektors mit dem ersten Vektor geschrieben werden.

Wir erhalten so

$$-m(\boldsymbol{\omega}'\mathbf{r}' - \mathbf{r}'\boldsymbol{\omega}') \cdot \boldsymbol{\omega}' = m\omega'^2 \left(\mathbb{1} - \frac{\boldsymbol{\omega}'\boldsymbol{\omega}'}{\omega'^2} \right) \cdot \mathbf{r}' \,. \tag{2.166}$$

Die Matrix auf der rechten Seite der Gleichung (2.166) ist der Projektor senkrecht zu $\boldsymbol{\omega}'$. Wir erkennen, dass die Zentrifugalkraft radial senkrecht zur Drehachse nach außen zeigt (Abbildung 2.26). Die Kraft ist proportional zum Abstand des Körpers $(\mathbb{1} - \frac{\boldsymbol{\omega}'\boldsymbol{\omega}'}{\omega'^2}) \cdot \mathbf{r}'$ von der Drehachse und proportional zum Quadrat der Kreisfrequenz.

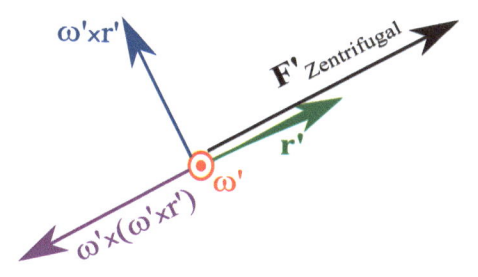

Abb. 2.26: Der Vektor **r′**, der Vektor **ω′** und die Zentrifugalkraft $F'_{Zentrifugal}$.

Bewegt sich ein Körper auf einer Kreisbahn, haben wir zwei Möglichkeiten, dies zu erklären. Die Argumentation eines Beobachters aus dem Inertialsystem lautet: Die Zentripetalkraft beschleunigt den Körper senkrecht zu seiner momentanen Bewegungsrichtung auf eine Kreisbahn. Der Körper wird normal zu seiner Bahn beschleunigt.

Die Argumentation im sich mit dem Körper mitdrehenden System lautet, dass die Zentrifugalkraft der Zentripetalkraft die Waage hält. Der Körper wird deshalb nicht beschleunigt und bleibt im sich mitdrehenden Koordinatensystem in Ruhe.

In einem Fliehkraftregler ist ein Gewicht am Ende einer Stange mit variablem Einstellwinkel θ zur vertikalen Drehachse befestigt. Die Zentripetalkraft wird von der Radialkomponente der Gewichtskraft aufgebracht, sodass sich im mechanischen Gleichgewicht für jede Drehfrequenz ein anderer Winkel einstellt, aus dem die Drehfrequenz indirekt abgelesen werden kann.

2.13 Die Winkelbeschleunigungskraft

Die Winkelbeschleunigungskraft

$$F'_{\text{Winkelbeschleunigung}} = -m \frac{d\boldsymbol{\omega}'}{dt} \times \mathbf{r}' \qquad (2.167)$$

ist eine Kraft senkrecht zum Radius, die den Körper entgegen der Tangentialbeschleunigung des Nichtinertialsystems relativ zum Inertialsystem drückt, weil dieser nicht tangential beschleunigt werden will. Sie entspricht der Scheinkraft, welche auch in einem linear beschleunigten Bezugssystem auftritt. Sie wirkt wie ein tangential ausgerichtetes Gravitationsfeld. Wir spüren diese Kraft als Insasse einer Achterbahn beim Anfahren der Bahn.

2.14 Die Corioliskraft

Die Corioliskraft

$$\mathbf{F}'_{\text{Coriolis}} = -2m\boldsymbol{\omega}' \times \frac{d\mathbf{r}'}{dt} \qquad (2.168)$$

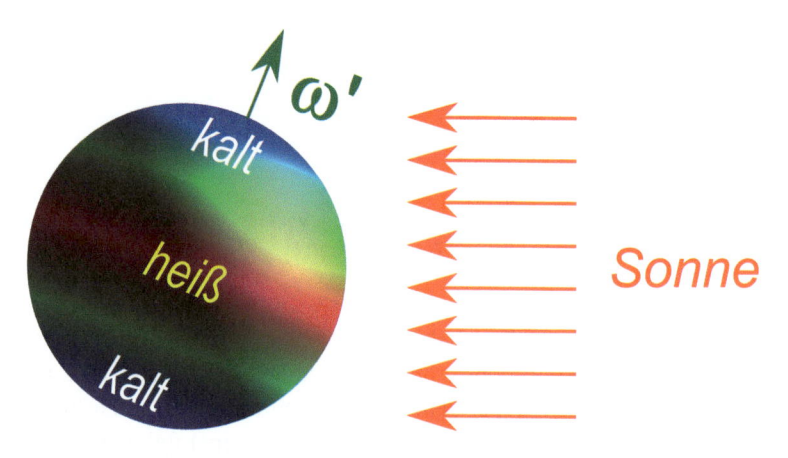

Abb. 2.27: Temperaturverhältnisse auf der Erde und Kreisfrequenz der Erde.

wirkt senkrecht zur Geschwindigkeit eines im Nichtinertialsystem nicht ruhenden Körpers und senkrecht zur Drehachse. Im Nichtinertialsystem führt die Corioliskraft zu einer Normalbeschleunigung, die die Richtung der Geschwindigkeit, aber nicht ihren Betrag ändert. Sie spielt für die Luftströmungen in unserer Atmosphäre eine große Rolle und ist verantwortlich für die Ausbildung von Zyklonen und Antizyklonen. Léon Foucault benutzte die Corioliskraft zum Nachweis der Drehung der Erde um ihre Achse mittels eines Foucault'schen Pendels. Wir wollen im folgenden diese drei Effekte der Corioliskraft auf unserer Erde genauer besprechen. Ein direkter Effekt der Corioliskraft ist der geostrophische Wind oder Jetstream. Bekanntlicherweise sind die polaren Regionen der Erde ungemütlich kalt, während am Äquator unerträgliche Hitze herrscht (Abbildung 2.27). Bei gleicher Dichte der Luft in beiden Regionen führen diese Temperaturunterschiede zu einem Druckunterschied. Der Luftdruck ist deshalb am Äquator höher als an den Polen. Es wirkt auf ein Volumenelement dV der Luft deshalb eine Druckkraft $d\mathbf{F}_{Druck} = -dV \nabla p$, die versucht, die Luft in Richtung der Pole zu drücken.

Dies gelingt der Druckkraft aber nicht, weil sich ein geostrophischer Westwind in den gemäßigten (also unseren) Breiten aufbaut, der zu einer Corioliskraft

$$d\mathbf{F}'_{Coriolis} = -2\rho dV \boldsymbol{\omega}' \times \mathbf{v}'_{geostrophisch} \tag{2.169}$$

auf das selbige Volumenelement führt und es Richtung Äquator drückt. Im Falle einer stationären geostrophischen West-Ost-Strömung halten sich beide Kräfte die Waage (Abbildung 2.28). Der geostrophische Wind bringt uns das Wetter aus dem Westen. Flüge nach Nordamerika dauern aufgrund dieses Windes länger als die entsprechenden Rückflüge.

Sind die Druckkraft und Corioliskraft nicht im Gleichgewicht, so führt das bei Hochdruckgebieten zum Abfluss von Luft und zum Zufluss von Luft in Tiefdruckgebieten. Dieser Zu- bzw. Abfluss erfolgt infolge der Corioliskraft nicht radial entlang der

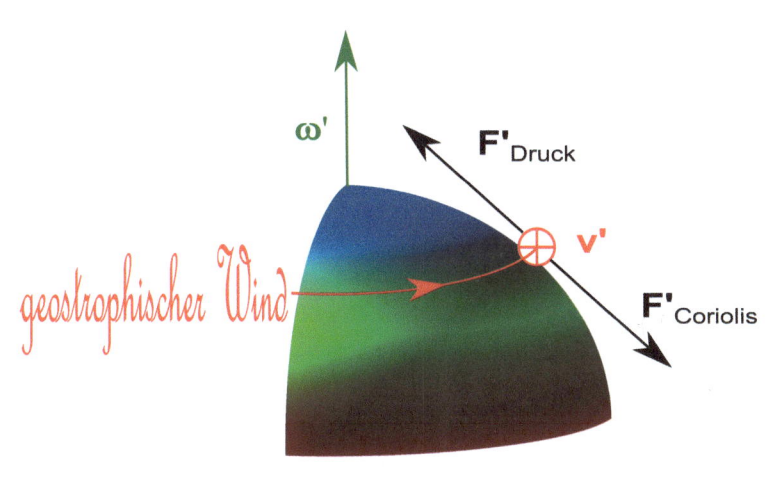

Abb. 2.28: Balance zwischen Druckkraft und Corioliskraft und geostrophischem Wind.

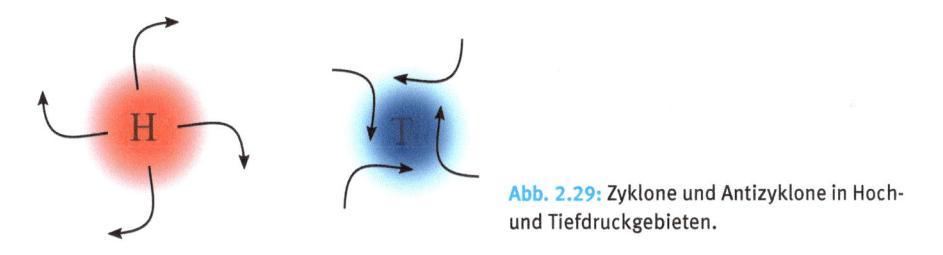

Abb. 2.29: Zyklone und Antizyklone in Hoch- und Tiefdruckgebieten.

Druckgradienten, sondern spiralförmig in der Form von Zyklonen und Antizyklonen (Abbildung 2.29).

In einem Inertialsystem funktioniert ein Pendel nicht. Schaltet man ein Gravitationsfeld, wie auf der Erde, ein, entspricht das System lokal einem gegenüber dem Inertialsystem senkrecht nach oben beschleunigten System. In diesem nicht rotierenden System funktioniert ein Pendel, da es nun eine Ruhelage *unten* für das Pendel gibt. Wird das Pendel aus der Ruhelage ausgelenkt, so beginnt das Pendel in der Pendelebene zu schwingen. Die Richtung der Pendelebene bleibt dabei konstant. In einem relativ zu diesem System rotierenden Bezugssystem treten beim Pendeln Corioliskräfte auf, die zu einer langsamen Rotation der Pendelebene führen (Abbildung 2.30). Léon Foucault nutzte diese Drehung der Pendelebene aus, um die Drehung der Erde um ihre Achse nachzuweisen.

2.15 Energie im rotierenden Nichtinertialsystem

Die Energie ist eine skalare Größe, die beim Systemwechsel invariant bleibt. Allerdings müssen wir die Energie durch die transformierten Nichtinertialsystemgrößen ausdrücken.

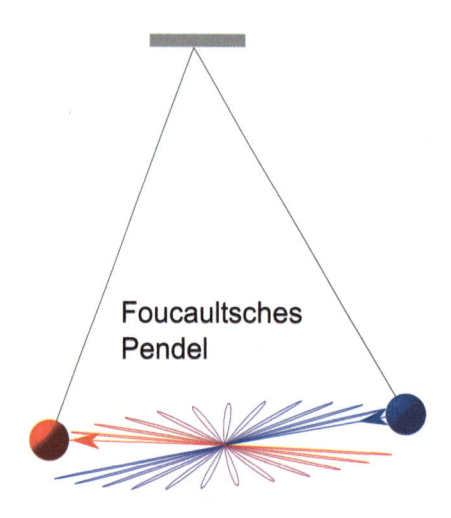

Abb. 2.30: Foucault'sches Pendel und Bahn des Pendels.

Im Inertialsystem schalten wir ein eventuelles externes Zentralpotenzial an (wodurch das System eigentlich kein Inertialsystem mehr ist) und erhalten so für die Energie

$$E = \frac{1}{2}m\left(\frac{d\mathbf{r}}{dt}\right)^2 + U(r)$$

$$= \frac{1}{2}m\left[\mathbf{R}\cdot\left(\boldsymbol{\omega}'\times\mathbf{r}' + \frac{d\mathbf{r}'}{dt}\right)\right]^2 + U(|\mathbf{R}\cdot\mathbf{r}'|)$$

$$= \frac{1}{2}m\left[\boldsymbol{\omega}'\times\mathbf{r}' + \frac{d\mathbf{r}'}{dt}\right]^2 + U(|\mathbf{r}'|)$$

$$= \frac{1}{2}m\left[(\boldsymbol{\omega}'\times\mathbf{r}')^2 + \left(\frac{d\mathbf{r}'}{dt}\right)^2 + 2(\boldsymbol{\omega}'\times\mathbf{r}')\cdot\frac{d\mathbf{r}'}{dt}\right] + U(|\mathbf{r}'|)$$

$$= \frac{1}{2}m\mathbf{r}'\cdot[\omega'^2\mathbb{1} - \boldsymbol{\omega}'\boldsymbol{\omega}']\cdot\mathbf{r}' + \frac{1}{2}m\left(\frac{d\mathbf{r}'}{dt}\right)^2 + \left(\mathbf{r}'\times m\frac{d\mathbf{r}'}{dt}\right)\cdot\boldsymbol{\omega}' + U(|\mathbf{r}'|)$$

$$= \frac{1}{2}m\mathbf{r}'\cdot[\omega'^2\mathbb{1} - \boldsymbol{\omega}'\boldsymbol{\omega}']\cdot\mathbf{r}' + \frac{1}{2}m\left(\frac{d\mathbf{r}'}{dt}\right)^2 + \mathbf{L}'\cdot\boldsymbol{\omega}' + U(|\mathbf{r}'|), \quad (2.170)$$

dabei bezeichnen wir

$$U_{\text{Zentrifugal}} = \frac{1}{2}m\mathbf{r}'\cdot[\omega'^2\mathbb{1} - \boldsymbol{\omega}'\boldsymbol{\omega}']\cdot\mathbf{r}' \quad (2.171)$$

als das Zentrifugalpotenzial,

$$T' = \frac{1}{2}m\left(\frac{d\mathbf{r}'}{dt}\right)^2 \quad (2.172)$$

als die kinetische Energie im Nichtinertialsystem,

$$E_{\text{Coriolis}} = \mathbf{L}'\cdot\boldsymbol{\omega}' \quad (2.173)$$

als Coriolisenergie oder Drehungs-Bahn-Kopplung und
$$U(|\mathbf{r}'|) \tag{2.174}$$
als das Zentralpotenzial. In der Umformung der Energie haben wir ausgenutzt, dass die Transformationsmatrix den Betrag eines Vektors invariant lässt. Das Zentrifugalpotenzial und die kinetische Energie sind beide positiv, die Coriolisenergie wird negativ, wenn der Drehimpuls und die Kreisfrequenz antiparallel zueinander stehen, d. h., wenn der Drehimpuls des Teilchens die Drehung des Nichtinertialsystems wieder aufhebt.

2.16 Koordinatentransformationen zwischen Inertialsystemen

Wir haben gesehen, dass beim Wechsel in ein Nichtinertialsystem neue komplizierte Scheinkräfte auftreten. Wir wollen in diesem Abschnitt einen Schritt zurückgehen und Koordinatentransformationen zwischen Inertialsystemen untersuchen. Wir bezeichnen eine Koordinatentransformation von einem Inertialsystem $\mathcal{S}$ in ein Inertialsystem $\mathcal{S}'$ als Galilei (Lorentz)- Transformation, wenn sie die klassischen (relativistischen) Bewegungsgleichungen invariant lässt.

Galilei-Transformationen der klassischen Mechanik
Die Galilei-Transformationen der klassischen Mechanik bestehen aus
a) Translationen in Ort und Zeit
$$\begin{pmatrix} t' \\ \mathbf{r}' \end{pmatrix} = \begin{pmatrix} t + t_0 \\ \mathbf{r} + \mathbf{r}_0 \end{pmatrix}, \tag{2.175}$$
b) Rotationen um einen festen Winkel
$$\begin{pmatrix} t' \\ \mathbf{r}' \end{pmatrix} = \begin{pmatrix} t \\ \mathbf{R}(\phi) \cdot \mathbf{r} \end{pmatrix}, \tag{2.176}$$
wobei
$$\mathbf{R}_z(\phi) = \begin{pmatrix} \cos\phi & \sin\phi & 0 \\ -\sin\phi & \cos\phi & 0 \\ 0 & 0 & 1 \end{pmatrix} \tag{2.177}$$
eine Drehung um die z-Achse,
$$\mathbf{R}_x(\phi) = \begin{pmatrix} 1 & 0 & 0 \\ 0 & \cos\phi & \sin\phi \\ 0 & -\sin\phi & \cos\phi \end{pmatrix} \tag{2.178}$$
eine Drehung um die x-Achse und
$$\mathbf{R}_y(\phi) = \begin{pmatrix} \cos\phi & 0 & -\sin\phi \\ 0 & 1 & 0 \\ \sin\phi & 0 & \cos\phi \end{pmatrix} \tag{2.179}$$
eine Drehung um die y-Achse sind, und aus

c) gleichförmigen geradlinigen Relativbewegungen zwischen den Systemen

$$\begin{pmatrix} t' \\ \mathbf{r}' \end{pmatrix} = \begin{pmatrix} t \\ \mathbf{r} + \mathbf{v}t \end{pmatrix}. \tag{2.180}$$

Lorentz-Transformationen der relativistischen Mechanik
Ein Punkt, der sich mit Lichtgeschwindigkeit bewegt, folgt der Gleichung

$$0 = s^2 := \mathbf{r}^2 - (ct)^2. \tag{2.181}$$

Messungen der Lichtgeschwindigkeit ergeben immer denselben Wert c unabhängig von der Geschwindigkeit des Systems. So hat Licht von auf uns zubewegten Lichtquellen dieselbe Geschwindigkeit wie Licht von von uns wegbewegten Lichtquellen. Die Messungen der Konstanz der Lichtgeschwindigkeit sind inkompatibel mit den in c) postulierten gleichförmig bewegten Relativbewegungstransformationen (2.180), die einen Teil der Galilei-Transformationen ausmachen.

Als Lorentz-Transformationen bezeichnen wir Transformationen, die den *Abstand*

$$s^2 := \mathbf{r}^2 - (ct)^2 \tag{2.182}$$

im Minkowski-Raum invariant lassen. Dieser Abstand bleibt natürlich invariant für alle Transformationen, die $\mathbf{r}^2$ und t^2 invariant lassen. Dies sind insbesondere die Translationen (2.175) und Rotationen (2.176), aber auch die echten Lorentz-Transformationen

$$\begin{pmatrix} ct' \\ \mathbf{r}' \end{pmatrix} = \mathbf{L}(\beta) \cdot \begin{pmatrix} ct \\ \mathbf{r} \end{pmatrix}, \tag{2.183}$$

wobei

$$\mathbf{L}_x(\beta) = \begin{pmatrix} \cosh\beta & \sinh\beta & 0 & 0 \\ \sinh\beta & \cosh\beta & 0 & 0 \\ 0 & 0 & 1 & 0 \\ 0 & 0 & 0 & 1 \end{pmatrix}, \tag{2.184}$$

$$\mathbf{L}_y(\beta) = \begin{pmatrix} \cosh\beta & 0 & \sinh\beta & 0 \\ 0 & 1 & 0 & 0 \\ \sinh\beta & 0 & \cosh\beta & 0 \\ 0 & 0 & 0 & 1 \end{pmatrix} \tag{2.185}$$

und

$$\mathbf{L}_z(\beta) = \begin{pmatrix} \cosh\beta & 0 & 0 & \sinh\beta \\ 0 & 1 & 0 & 0 \\ 0 & 0 & 1 & 0 \\ \sinh\beta & 0 & 0 & \cosh\beta \end{pmatrix} \tag{2.186}$$

ist, und die hyperbolischen Winkelfunktionen durch $\cosh x = (e^x + e^{-x})/2 = \cos ix$ und $\sinh x = (e^x - e^{-x})/2 = i\sin ix$ gegeben sind.

Wir berechnen den transformierten *Abstand* für die Transformation mit $\mathbf{L}_x(\beta)$:

$$\begin{aligned} s'^2 &= \mathbf{r}'^2 - (ct')^2 = y'^2 + z'^2 + x'^2 - (ct')^2 \\ &= y^2 + z^2 + (\cosh\beta x + \sinh\beta tc)^2 - (\cosh\beta ct + \sinh\beta x)^2 \\ &= y^2 + z^2 + (\cosh\beta^2 - \sinh\beta^2)x^2 - (\cosh\beta^2 - \sinh\beta^2)(ct)^2 \\ &\quad + xct(\cosh\beta\sinh\beta - \cosh\beta\sinh\beta) \\ &= \mathbf{r}^2 - (ct)^2 \\ &= s^2\,, \end{aligned} \qquad (2.187)$$

wobei wir die mathematische Identität $\cosh\beta^2 - \sinh\beta^2 = 1$ benutzt haben. Es folgt also, dass $\mathbf{L}_x(\beta)$ den Minkowski-Abstand invariant lässt.

Betrachten wir den im $(\mathbf{r}, t)$-System ruhenden Ursprung $\mathbf{r} = 0$. Unter der Transformation $\mathbf{L}_x(\beta)$ wird dieser Ursprung transformiert in $x' = \sinh\beta ct = \tanh\beta ct'$, wobei gilt $\tanh x = \sinh x / \cosh x$. Wir sehen, dass der im $\mathcal{S}$-System ruhende Ursprung sich im $\mathcal{S}'$-System mit der Geschwindigkeit

$$\mathbf{v}' = c\tanh\beta \mathbf{e}_{x'} \qquad (2.188)$$

bewegt. Wegen $\tanh\beta < 1$ ist immer $v' < c$.

2.17 Relativistische Addition von Geschwindigkeiten

Wir betrachten drei Inertialsysteme $\mathcal{S}$, $\mathcal{S}'$ und $\mathcal{S}''$, wobei gelte

$$\begin{pmatrix} ct' \\ \mathbf{r}' \end{pmatrix} = \mathbf{L}_x(\beta) \cdot \begin{pmatrix} ct \\ \mathbf{r} \end{pmatrix} \qquad (2.189)$$

und

$$\begin{pmatrix} ct'' \\ \mathbf{r}'' \end{pmatrix} = \mathbf{L}_x(\gamma) \cdot \begin{pmatrix} ct' \\ \mathbf{r}' \end{pmatrix} = \mathbf{L}_x(\gamma) \cdot \mathbf{L}_x(\beta) \cdot \begin{pmatrix} ct \\ \mathbf{r} \end{pmatrix}\,. \qquad (2.190)$$

Wir berechnen das Matrixprodukt der beiden sukzessiven Transformationen (es reicht, dies im tx-Block der Matrizen zu tun).

$$\begin{aligned} \mathbf{L}_x(\gamma) \cdot \mathbf{L}_x(\beta) &= \begin{pmatrix} \cosh\gamma & \sinh\gamma \\ \sinh\gamma & \cosh\gamma \end{pmatrix} \cdot \begin{pmatrix} \cosh\beta & \sinh\beta \\ \sinh\beta & \cosh\beta \end{pmatrix} \\ &= \begin{pmatrix} \cosh\gamma\cosh\beta + \sinh\gamma\sinh\beta & \cosh\gamma\sinh\beta + \sinh\gamma\cosh\beta \\ \sinh(\gamma+\beta) & \cosh(\gamma+\beta) \end{pmatrix} \\ &= \mathbf{L}_x(\gamma + \beta)\,. \end{aligned} \qquad (2.191)$$

Es addieren sich also die hyperbolischen Winkel zwischen Zeit und Ort, nicht die Geschwindigkeiten und

$$\mathbf{v}'' = c\tanh(\gamma + \beta)\mathbf{e}_x \qquad (2.192)$$

ist also die Relativgeschwindigkeit zwischen dem System S'' und dem System S. Wir finden

$$v''_x = c \tanh(\gamma + \beta) = c\frac{\tanh \gamma + \tanh \beta}{1 + \tanh \gamma \tanh \beta} \tag{2.193}$$

$$= c\frac{v_{1,x}/c + v_{2,x}/c}{1 + v_{1,x}v_{2,x}/c^2}. \tag{2.194}$$

Hierbei ist $v_{1,x}$ die Relativgeschwindigkeit zwischen S und S' und $v_{2,x}$ die Relativgeschwindigkeit zwischen S' und S''. Wenn wir der Auffassung sind, Geschwindigkeiten besser zu verstehen als hyperbolische Winkel (wir warnen den Leser, zu glauben, dies sei der Fall, im klassischen Limes sind β und $\tanh \beta$ nicht zu unterscheiden), können wir versuchen, die hyperbolischen Winkel zugunsten der Geschwindigkeiten zu eliminieren. Dies gelingt uns wie folgt:

$$\cosh \beta = \frac{\cosh \beta}{\sqrt{\cosh^2 \beta - \sinh^2 \beta}} = \frac{1}{\sqrt{1 - \tanh^2 \beta}}, \tag{2.195}$$

$$\sinh \beta = \frac{\sinh \beta}{\sqrt{\cosh^2 \beta - \sinh^2 \beta}} = \frac{\tanh \beta}{\sqrt{1 - \tanh^2 \beta}} \tag{2.196}$$

$$\Rightarrow \quad \cosh \beta = \frac{1}{\sqrt{1 - v^2/c^2}}, \quad \sinh \beta = \frac{v/c}{\sqrt{1 - v^2/c^2}} \tag{2.197}$$

und aus (2.184) finden wir

$$ct' = \frac{ct}{\sqrt{1 - v^2/c^2}} + \frac{x\,v/c}{\sqrt{1 - v^2/c^2}}, \tag{2.198}$$

$$x' = \frac{vt}{\sqrt{1 - v^2/c^2}} + \frac{x}{\sqrt{1 - v^2/c^2}}. \tag{2.199}$$

2.18 Längenkontraktion

Wir betrachten einen im System S' ruhenden Stab, dessen Anfangs- und Endkoordinaten durch

$$x'_a(t') = x'_a \tag{2.200}$$

$$x'_e(t') = x'_e \tag{2.201}$$

gegeben sind. Die Länge des Stabes erhalten wir durch Vergleich der beiden Koordinaten zur selben Zeit t'

$$l'_{\text{Stab}} = x'_e(t') - x'_a(t') = x'_e - x'_a. \tag{2.202}$$

Derselbe Stab wird im $\mathcal{S}$-System durch

$$x'_a = \frac{vt}{\sqrt{1-v^2/c^2}} + \frac{x_a(t)}{\sqrt{1-v^2/c^2}}, \qquad (2.203)$$

$$x'_e = \frac{vt}{\sqrt{1-v^2/c^2}} + \frac{x_e(t)}{\sqrt{1-v^2/c^2}} \qquad (2.204)$$

beschrieben. Die Distanz der ungestrichenen Koordinaten zur selben ungestrichenen Zeit t erhalten wir durch Subtraktion der beiden Gleichungen (2.204) und (2.203):

$$x'_e - x'_a = \frac{x_e(t) - x_a(t)}{\sqrt{1-v^2/c^2}}, \qquad (2.205)$$

woraus wir folgern, dass

$$x_e(t) - x_a(t) = (x'_e - x'_a)\sqrt{1-v^2/c^2} \qquad (2.206)$$

gilt und die bewegte Länge kürzer ist als im Ruhesystem. Diese Längenverkürzung bezeichnet man als Längenkontraktion.

2.19 Zeitdilatation

Im Ruhesystem $\mathcal{S}'$ bleibt die Position einer ruhenden Uhr unverändert:

$$x'_U(t') = x'_U. \qquad (2.207)$$

Wir folgern, dass deshalb die Differenz der Koordinaten der Uhr zu verschiedenen Zeiten verschwindet:

$$0 = x'_U - x'_U = x'_U(t_e) - x'_U(t_a) = \frac{v(t_e - t_a)}{\sqrt{1-v^2/c^2}} + \frac{x_U(t_e) - x_U(t_a)}{\sqrt{1-v^2/c^2}}. \qquad (2.208)$$

Aus der Gleichung (2.208) folgt, dass die Uhr in einem Zeitintervall des bewegten Systems die Distanz

$$x_U(t_e) - x_U(t_a) = -v(t_e - t_a) \qquad (2.209)$$

zurücklegt. Für ein Zeitintervall der ruhenden Uhr finden wir mithilfe von Gleichung (2.198) und Gleichung (2.209) dann:

$$c(t'_e - t'_a) = \frac{c(t_e - t_a)}{\sqrt{1-v^2/c^2}} - \frac{c(t_e - t_a)(v/c)^2}{\sqrt{1-v^2/c^2}} \qquad (2.210)$$

$$= c\sqrt{1-v^2/c^2}(t_e - t_a). \qquad (2.211)$$

Es folgt, dass die Zeitdifferenz

$$t_e - t_a = \frac{(t'_e - t'_a)}{\sqrt{1-v^2/c^2}} \qquad (2.212)$$

im bewegten System länger ist. Dies wird als Zeitdilatation bezeichnet.

Berücksichtigt man in der Lorentz-Transformation (2.198) nur Glieder, die linear in der Geschwindigkeit v/c sind, so geht die Lorentz-Transformation über in die gleichförmig bewegten Relativbewegungstransformationen der Galilei-Transformation (2.180). Die Newton'sche Mechanik ist damit ein Grenzfall der relativistischen Mechanik für den Bereich kleiner Geschwindigkeiten.

2.20 Bewegungsgleichung der relativistischen Mechanik

Die relativistische Mechanik muss unter Lorentz-Transformationen invariant sein und im Grenzfall kleiner Geschwindigkeiten in die klassische Newton'sche Mechanik übergehen. Wir können mit diesen Randbedingungen die relativistische Gleichung aus den klassischen Bewegungsgleichungen erschließen, indem wir Vektoren des dreidimensionalen Raumes zu Vierervektoren im Minkowski-Raum ergänzen.

So kombinieren wir den Impuls $\mathbf{p}$ mit der Energie E zum Viererimpuls

$$\begin{pmatrix} E \\ \mathbf{p}c \end{pmatrix} \tag{2.213}$$

und wir fordern, dass das *Betragsquadrat* des Vierervektors

$$\begin{pmatrix} E \\ \mathbf{p}c \end{pmatrix}^2 := E^2 - \mathbf{p}^2 c^2 \tag{2.214}$$

invariant, also eine Konstante

$$E^2 - \mathbf{p}^2 c^2 = (m_0 c^2)^2 \tag{2.215}$$

sein muss. Hat der Partikel keinen Impuls, so steckt alle Energie des Partikels in seiner Ruhemasse m_0

$$E = \sqrt{(m_0 c^2)^2 + \mathbf{p}^2 c^2} \, . \tag{2.216}$$

Die am Partikel beim Beschleunigen auftretende Leistung ist

$$P = \frac{dE}{dt} = \frac{\partial E}{\partial \mathbf{p}} \cdot \frac{d\mathbf{p}}{dt} \, . \tag{2.217}$$

Da $\mathbf{F} = d\mathbf{p}/dt$ die Kraft ist und $P = \mathbf{F} \cdot \mathbf{v}$ die Leistung, folgt daraus, dass die Geschwindigkeit die Ableitung der Energie nach dem Impuls ist:

$$\mathbf{v} = \frac{\partial E}{\partial \mathbf{p}} = \frac{\mathbf{p}c^2}{\sqrt{(m_0 c^2)^2 + \mathbf{p}^2 c^2}} \, . \tag{2.218}$$

Wir lösen Gleichung (2.218) nach $\mathbf{p}$ auf und erhalten:

$$\mathbf{p} = \frac{m_0 \mathbf{v}}{\sqrt{1 - v^2/c^2}} = m_{\text{dyn}} \mathbf{v} \, . \tag{2.219}$$

Es folgt, dass die dynamische relativistische Masse durch

$$m_{\mathrm{dyn}} = \frac{m_0}{\sqrt{1 - v^2/c^2}} \qquad (2.220)$$

gegeben ist. Damit lautet die relativistische Bewegungsgleichung

$$\frac{\mathrm{d}}{\mathrm{d}t}(m_{\mathrm{dyn}}\mathbf{v}) = \mathbf{F}. \qquad (2.221)$$

Es ist erstaunlich, dass diese Bewegungsgleichung exakt die Form der Newton'schen Bewegungsgleichung hat. Sämtliche Annahmen Newtons beim Postulat der Gleichungen, die Extensivität von Ruhemassen, die Unabhängigkeit der Masse von der Geschwindigkeit sowie die Trennbarkeit der Raumzeit von den stofflichen Größen, haben sich als falsch herausgestellt. Gleichung (2.221) gilt mit der richtigen Interpretation aber sogar in der allgemeinen Relativitätstheorie.

2.21 Relativistische Nichtinertialsysteme

Wir betrachten eine eigenzeitabhängige Lorentz-Transformation

$$\begin{pmatrix} ct \\ \mathbf{r} \end{pmatrix}(\tau) = \mathbf{L}(\beta(\tau)) \cdot \begin{pmatrix} ct' \\ \mathbf{r}' \end{pmatrix}(\tau), \qquad (2.222)$$

wobei der hyperbolische Winkel $\beta(\tau)$ analog zum rotierenden Bezugssystem im Abschnitt 2.11 von der Eigenzeit des Beobachters im Nichtinertialsystem abhängt. Es ergibt sich analog zu den Betrachtungen im rotierenden Bezugssystem eine Bewegungsgleichung der Form

$$\frac{\mathrm{d}}{\mathrm{d}\tau} m \frac{\mathrm{d}}{\mathrm{d}\tau} \begin{pmatrix} ct \\ \mathbf{r} \end{pmatrix}(\tau) = \mathbf{L}(\beta(\tau)) \cdot \left[\frac{\mathrm{d}}{\mathrm{d}\tau} m \frac{\mathrm{d}}{\mathrm{d}\tau} \begin{pmatrix} ct' \\ \mathbf{r}' \end{pmatrix}(\tau) + \begin{pmatrix} cP'_{\mathrm{schein}} \\ \mathbf{F}'_{\mathrm{schein}} \end{pmatrix} \right], \qquad (2.223)$$

d. h., im Nichtinertialsystem treten Scheinleistungen und Scheinkräfte auf.

Erst die allgemeine Relativitätstheorie kommt zu einer Beschreibung, bei der Scheinleistungen und Scheinkräfte prinzipiell nicht von echten Leistungen und Kräften unterscheidbar sind. In der allgemeinen Relativitätstheorie gibt es keine Inertialsysteme mehr.

2.22 Aufgaben

Höhenlinie und Gradient
In Abbildung 2.31 finden Sie eine Karte des Mt. Everest. Auf dem Gipfel bekommen Sie Atemnot und wollen schnellstmöglich auf 8000 m absteigen. Dafür wählen Sie den kürzesten Weg.

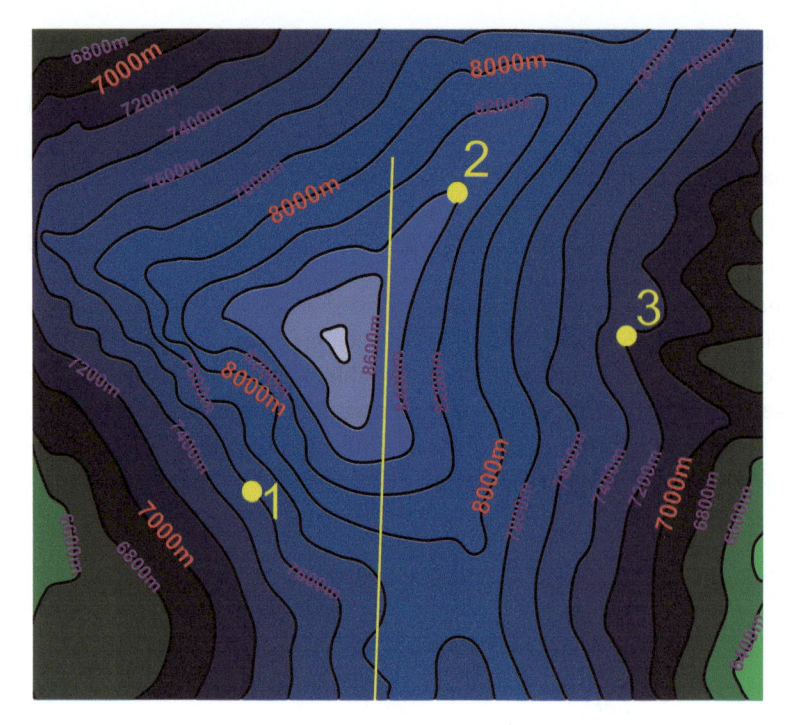

Abb. 2.31: Gipfelregion des Mt. Everest.

a) Markieren Sie den kürzesten Weg auf der Karte.
b) Zeichen Sie den Vektor $\nabla h(x, y)$ (h ist die Höhe als Funktion der lateralen Position) an den gelb markierten Punkten ein. Welche Dimension hat der Gradient? Welcher Gradient davon hat den größten Betrag?
c) Zeichnen Sie ein Höhenprofil des Mt. Everest entlang der gelb markierten Linie.

Stubenfliege

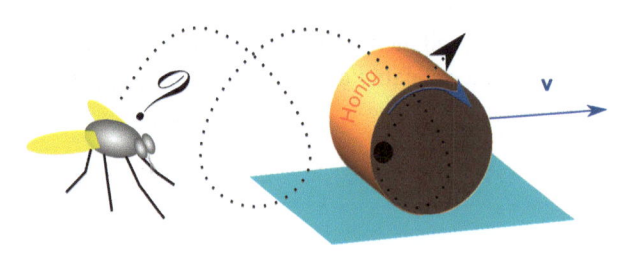

Abb. 2.32: Eine Stubenfliege vor dem Honigglas.

Ein Honigglas mit Radius R rollt mit konstanter Geschwindigkeit $\mathbf{v} = v_x \mathbf{e}_x$ über den Tisch. Eine Stubenfliege Abbildung (2.32) hat ein Loch im Deckel des Glases direkt am

Rand des Glases entdeckt und berechnet flugs die notwendige Normal- und Tangentialbeschleunigung, um mit dem Loch auf gleicher Höhe zu bleiben und ins Glas zu kommen. Tun Sie es der Stubenfliege gleich und berechnen Sie auch den Krümmungsradius der Bahn sowie die Bogenlänge der Bahn als Funktion der Zeit.

Dynamische Masse und effektive Masse eines Elektrons in einem Kristall
In einem periodischen Kristall eines Festkörpers haben die Elektronen eine dynamische Masse $m_{\text{dyn}}(v) = \frac{p_B}{2v} \arcsin \frac{p_B v}{B}$. Hierbei ist $p_B = \frac{\pi \hbar}{a}$ der Impuls des Brillouin-Zonenrandes, $\hbar$ das Planck'sche Wirkungsquantum und a die Periodizität des Kristallgitters. $B = E_{\max} - E_{\min}$ bezeichnet die Energiebandbreite der Elektronen im Festkörper. Tragen Sie die dynamische Masse als Funktion der Geschwindigkeit auf und erklären Sie, über was Sie sich wundern. In einem elektrischen Feld $\mathbf{E}$ spürt das Elektron der Ladung $-e$ eine Kraft $\mathbf{F} = -e\mathbf{E}$. Lösen Sie die Bewegungsgleichung für das Elektron, indem Sie die Bewegungsgleichung für dynamische Massen (2.75) benutzen. Schreiben Sie die Bewegungsgleichung um in die Form (2.77) und tragen Sie die effektive Masse als Funktion des Impulses auf. Wie lautet der umdefinierte Ausdruck für die elektrische Kraft $\tilde{\mathbf{F}}$, wenn Sie die Bewegungsgleichung in der Form einer umdefinierten Kraft $\tilde{\mathbf{F}} = |m_{\text{eff}}|\mathbf{a}$ schreiben? Versuchen Sie zu motivieren, was dieses Beispiel mit einem unter Wasser befindlichen Stück Holz zu tun hat.

Horizontaler Wurf
In einem Experiment werden vier Körper mit gleichem Betrag der Geschwindigkeit v aus der Höhe h in die vier Himmelsrichtungen geworfen und treffen auf den vollkommen ebenen Boden auf. Berechnen Sie die Auftreffzeiten der vier Körper auf dem Boden. Nehmen Sie an, dass die Wurfgeschwindigkeit klein ist und berechnen Sie die Zeitabweichung der vier Zeiten in führender Ordnung der Geschwindigkeit.

Eishockey im Nebel
Vier Eishockeyspieler der Mannschaft *die Eisbären* treffen sich am Nordpol zum trainieren. Sie haben sich bereits eine schöne, glatte, reibungsfreie und ebene Eisfläche freigeräumt, als dichter Nebel aufkommt, der die Sichtweite auf 1 m beschränkt. Als echte *Eisbären* hindert sie dies jedoch nicht am Trainieren. Sie nehmen also eine Position auf dem Eis ein, sodass die Bahn des Schusses des vorhergehenden Spielers durch ihren Sichtbereich läuft und die Zeiten des Pucks von einem zum nächsten Spieler genau gleich sind. Als gute Spieler schießen sie den Puck unter exakt π/2 gegenüber der Einfallsrichtung mit exakt der gleichen Geschwindigkeit weiter. Zeigen Sie, dass
a) dieses Eishockeyspiel anders verläuft, wenn die Richtung des Spiels umgekehrt wird.
b) Der erste Eishockeyspieler vom vierten Eishockeyspieler zur vereinbarten Zeit nicht getroffen wird und sich die Puckbahn nicht zu einem Quadrat schließt.

c) Die Abweichung x des letzten Schusses von einem geschlossenen Quadrat normiert mit der Fläche A des erwarteten Quadrates interpretieren die *Eisbären* als Krümmung des Raumes. Wodurch ist die Krümmung des Raumes bestimmt? Leiten Sie eine Formel ab!

Variationen einer gleichförmig beschleunigten Bewegung
Variation 1
Ein Wagen W der Masse M und ein Käfig K seien über Umlenkrollen durch ein masseloses, nicht dehnbares, flexibles Seil miteinander verbunden (Abbildung 2.33 unten). In dem Käfig ist Albert Einstein eingesperrt. Die Masse des Käfigs samt Albert betrage m. Die Umlenkrollen seien masselos. An der Berührungsfläche zwischen K und W tritt Gleitreibung mit dem Gleitreibungskoeffizienten μ_{gl} auf. Die Masse m sei so geführt, dass sich jede horizontale Bewegung von M auf m überträgt. M bewegt sich reibungsfrei auf der Ebene E.

Das System werde zunächst so festgehalten, dass der Abstand zwischen der Unterkante von K und der Oberkante des waagrechten Teils von W gerade h beträgt. Lässt man das System los, so führt es eine beschleunigte Bewegung aus. Albert Einstein, der bekannterweise Scheinkräfte hasst wie die Pest, interpretiert sämtliche im Käfig auftretenden Kräfte als Gravitationskräfte und er ist selbstverständlich in Ruhe. Nehmen Sie die Richtung der Gravitation im Käfig – wie Albert – als gegeben hin.
1. Warum ist Albert Einstein im Käfig in Ruhe?
2. In welche Richtung wird die Ebene E beschleunigt?
3. Können Sie anhand von dem, was Albert sieht, erklären, was der physikalische Grund hierfür ist? (Es ist Ihnen in Gedanken erlaubt, die korrespondierende Frage im Inertialsystem zu stellen.)
4. Welche Koinzidenz zwischen der Beschleunigung der Ebene E und der Gravitation sollte Einstein verblüffen?
5. In welche Richtung wird der Wagen W beschleunigt?
6. Welche nicht gravitativen echten Kräfte wirken auf den Käfig und warum?
7. Wie lange dauert die Beschleunigungsphase im Allgemeinen?

Sämtliche Ergebnisse und Überlegungen sind vom Albert Einstein'schen Ruhesystem aus auszuführen. Scheinkräfte dürfen so nicht genannt werden, sie sind als Gravitationskräfte zu titulieren. Argumente im Inertialsystem können Sie zu Papier bringen, es zählen aber nur die richtigen Argumente im Käfigsystem.

Variation 2
Der Wagen wird jetzt auf eine schiefe Ebene (in Roll-x-Richtung) gestellt (Abbildung 2.33 oben) und Sie dürfen die folgenden Fragen aus einem System Ihrer Wahl heraus beantworten. An der Berührungsfläche zwischen K und W tritt Gleitreibung

Abb. 2.33: Skizze des Wagens mit Albert auf der horizontalen und auf der schiefen Ebene.

beziehungsweise Haftreibung mit dem Gleitreibungskoeffizienten μ_{Gl} und Haftreibungskoeffizienten $\mu_H > \mu_{gl}$ auf.

Nehmen Sie zunächst an, dass die Vorrichtung ruht.
1. Welche Spannung (Kraft pro Querschnittsfläche des Seils) herrscht dann im Seil?
2. Mit welcher Kraft zieht das Seil an der Masse m in Stuhllehnen-(y)-Richtung?
3. Welches ist die Stuhllehnen-(y)-Komponente der Gravitationskraft auf die Masse m?
4. Welches ist die maximale Haftreibungskraft, die die Wand auf die Masse m ausüben kann?

Nehmen Sie jetzt an, dass sich die Vorrichtung bewegen kann.
5. Für welche Winkelbereiche des Neigungswinkels der schiefen Ebene fährt der Wagen nach oben, nach unten und wann bleibt der Wagen stehen?
6. Wie ändert sich die Normalkraft der Masse m auf die Masse M, wenn der Wagen in Roll-(x)-Richtung beschleunigt.
7. Wie lange dauert die Beschleunigungsphase im Allgemeinen für den Fall, dass der Wagen in die positive Roll-(x)-Richtung beschleunigt?

Relativistischer Krimi
a) Ein IRE (Inter Relativistic Express) passiert den Bahnhof Bayreuth mit 90 % Lichtgeschwindigkeit. Im Inneren duelliert sich ein Bayer mit einem Franken mit Pistolen. Sie sind gleich gewandt und erschießen sich, sodass im Zug beider tragischer Tod gleichzeitig eintritt. Wo muss der Franke im Zug stehen, dass ein Außenstehender mit dem Ausgang des Duells zufrieden ist?
b) James Bond macht eine Skiabfahrt mit 90 % Lichtgeschwindigkeit. Seine Skier haben dieselbe Länge wie eine Gletscherspalte, die er überspringen muss. Schafft er das oder nicht? Diskutieren Sie den Ausgang des Filmes in verschiedenen Systemen. Was lernt man daraus?
c) Captain Kirk ist unterwegs mit seinem Raumschiff, um seine Freundin in der Raumschiffgarage zu treffen. Das Raumschiff hat dieselbe Länge wie die Garage. Hinter dem Raumschiff fliegt die Garagentür. Captain Kirks Freundin beobachtet eine Längenkontraktion des Raumschiffes sowie eine Kontraktion des Abstandes des Bugs des Raumschiffes zur hinter dem Raumschiff fliegenden Garagentür. Die Längenkontraktion ist so, dass letztere Länge kürzer ist als die Garage. Captain Kirks Freundin sieht also, wie Captain Kirk ohne Probleme in die Garage fliegt und sich die Garage schließt, noch bevor der Bug das andere Ende der Garage erreicht. Captain Kirk bremst jetzt ab und das Raumschiff steht, ohne die Vorderwand der Garage gerammt zu haben, in der Garage. Schildern Sie das Geschehen von Captain Kirks Standpunkt aus. Über wie viele Bremspedale verfügt das Raumschiff mindestens und wie kann es sein, dass das Raumschiff letztendlich von Captain Kirk aus gesehen ebenfalls in die Garage passt?

Relativistisches Inertialsystem

Nehmen Sie einen Würfel und drehen Sie Ihn um $\pi/2$ um die x-Achse und anschließend um $\pi/2$ um die y-Achse. Wie sieht die resultierende Orientierung des Würfels aus? Vergleichen Sie diese Orientierung mit der Orientierung, wenn Sie die Drehung um die x- und y-Achse in der umgekehrten Reihenfolge vornehmen. Ein relativistisches Inertialsystem 2 bewege sich mit der Geschwindigkeit $\mathbf{v}_{12}$ relativ zum Ruhesystem 1 in die x-Richtung. Ein weiteres Inertialsystem 3 bewege sich mit der Relativgeschwindigkeit $\mathbf{v}_{23}$ relativ zum System 2 in die y-Richtung. Zeigen Sie, dass die Relativgeschwindigkeit $\mathbf{v}_{13}$ des System 3 relativ zum System 1 eine andere ist, wenn beide Relativgeschwindigkeiten vertauscht werden.

Spionage relativistisch

Abb. 2.34: Relativistische Spionage.

Sie haben sich zum Telefonieren in eine stille Ecke (Abbildung 2.34) zurückgezogen, wo sie sich vor Beobachtung sicher fühlen. Ein NSA-Spitzel marschiert den Blick geradeaus gerichtet mit 80 % Lichtgeschwindigkeit durch die Tür. Erklären Sie, warum der Spitzel nicht einmal den Kopf zu drehen braucht, um Sie trotzdem beim Telefonieren zu sehen.

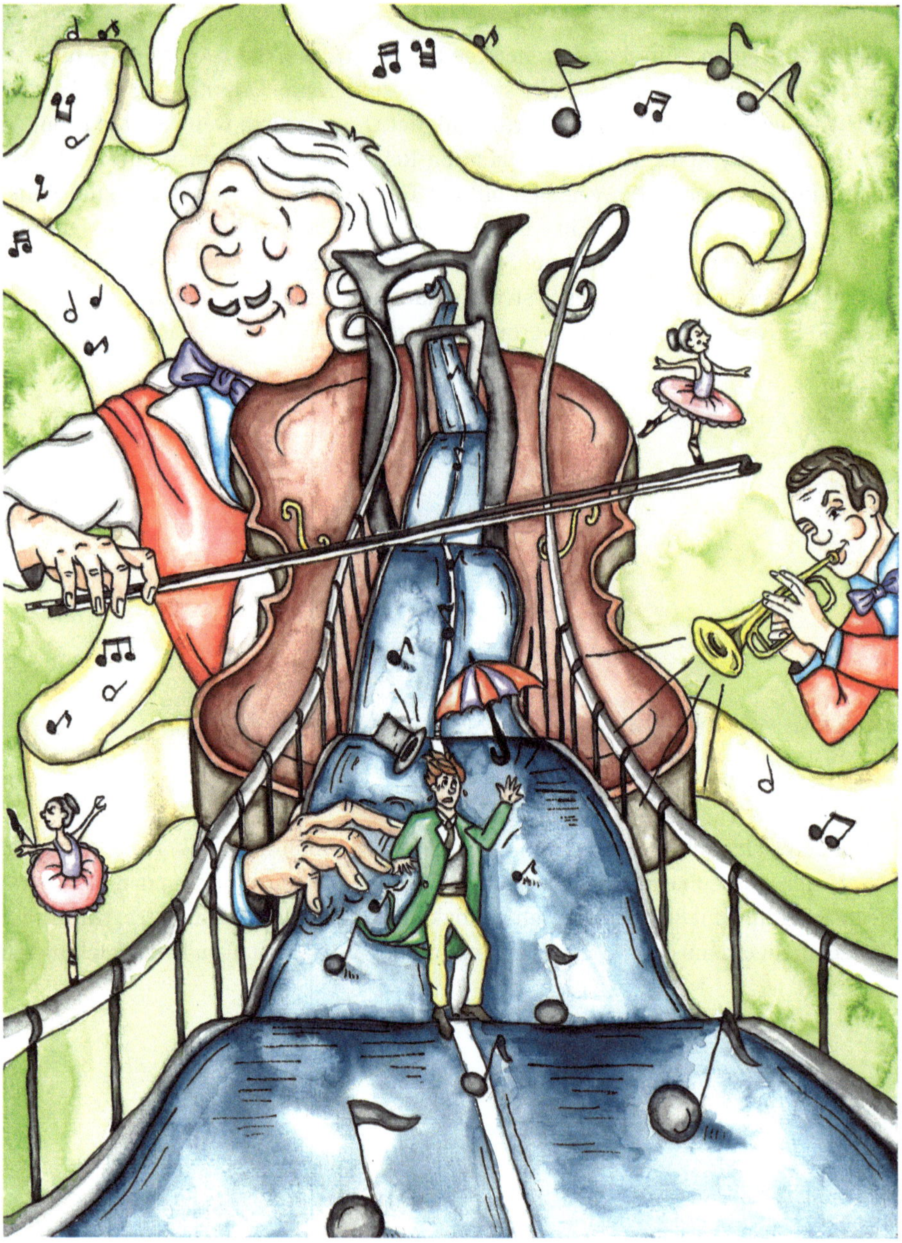

3 Schwingungen

Schwingungen gehören zu den fundamentalsten physikalischen dynamischen Prozessen. Wir besprechen verschiedene Formen der Anregung von Schwingungen, das Schwingen von ein- und mehrdimensionalen Schwingern, Formen von Energieübertragung zwischen Schwingern sowie die Unvorhersagbarkeit von mehrdimensionalen Schwingern mit großen Auslenkungen.

3.1 Harmonische Schwingung

Wir kehren zurück zur klassischen Mechanik und betrachten dort periodische Vorgänge, von denen wir gesehen haben, dass sie als Uhren benutzt werden können. Das einfachste schwingende System ist ein eindimensionales System mit nur einem Freiheitsgrad, z. B. die ungedämpfte freie Schwingung einer mit einer Masse beladenen Hooke'schen Feder (Abbildung 3.1), welche auf der der Masse gegenüberliegenden Seite befestigt ist. Die Bewegungsgleichung solch eines Federschwingers lautet

$$m\ddot{x} = -Dx \,. \tag{3.1}$$

Die Rückstellkraft der Feder ist proportional zur Auslenkung. Wir machen den Ansatz

$$x(t) = \hat{x}\mathrm{e}^{\mathrm{i}\omega t} \,. \tag{3.2}$$

Es folgt, dass

$$\dot{x} = \mathrm{i}\omega x \,, \tag{3.3}$$

$$\ddot{x} = -\omega^2 x \tag{3.4}$$

gilt. Einsetzen von (3.2) in (3.1) führt auf

$$-m\omega^2 x = -Dx \tag{3.5}$$

und wir finden, dass die Eigenkreisfrequenz der Schwingung durch

$$\omega = \pm\sqrt{\frac{D}{m}} \tag{3.6}$$

bestimmt ist. Allgemeiner gilt für die Bewegung in einem eindimensionalen konservativen Kraftfeld, also in einem eindimensionalen Potenzial

$$m\ddot{x} = -\frac{\partial U}{\partial x} \,. \tag{3.7}$$

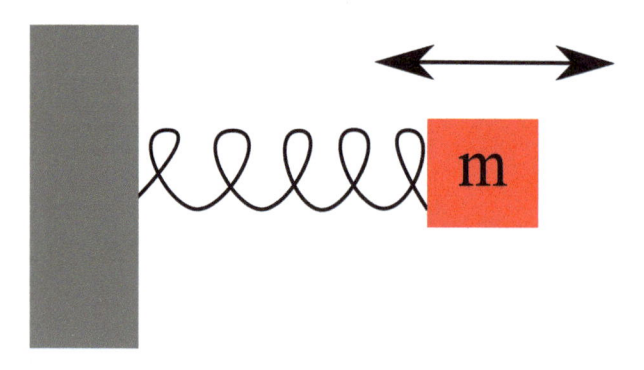

Abb. 3.1: An einer Feder schwingende Masse.

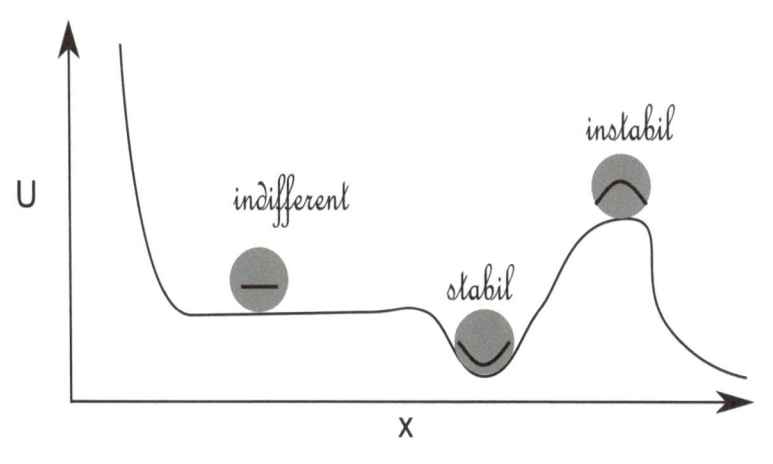

Abb. 3.2: Stationäre Punkte eines Potenzials.

Abbildung 3.2 zeigt ein Potenzial als Funktion der Koordinate x.

Punkte verschwindender Ableitung des Potenzials sind kräftefrei, und wir bezeichnen diese Punkte als die stationären Punkte des Potenzials. An solch einem Punkt können wir das Potenzial durch eine quadratische Funktion annähern:

$$U(x) = U(x_0) + \frac{1}{2} \left.\frac{\partial^2 U}{\partial x^2}\right|_{x_0} (x - x_0)^2 \,. \tag{3.8}$$

Mit dieser Näherung folgt die Bewegungsgleichung

$$m\ddot{x} = -\left.\frac{\partial^2 U}{\partial x^2}\right|_{x_0} (x - x_0) \,. \tag{3.9}$$

Stationäre Punkte x_0 lösen die Bewegungsgleichung (3.9) auf triviale Art und Weise, d. h.

$$x(t) = x_0 \,. \tag{3.10}$$

Für eine kleine Auslenkung aus dem stationären Punkt machen wir den Ansatz

$$x(t) = x_0 + \hat{x} e^{i\omega t} \tag{3.11}$$

und finden die Frequenz

$$\omega = \pm \sqrt{\frac{\partial^2 U/\partial x^2}{m}} \,. \tag{3.12}$$

Für $\partial^2 U/\partial x^2 > 0$ oszilliert die Auslenkung um den stationären Punkt und wir bezeichnen den stationären Punkt als einen stabilen Punkt. Für $\partial^2 U/\partial x^2 < 0$ wird die Frequenz imaginär und aus dem Ansatz 3.11 folgt, dass die Auslenkung $x(t) = x_0 + \hat{x} e^{|\omega| t}$ vom stationären Punkt exponentiell mit der Zeit wegstrebt. Die Lösung läuft damit aus dem Gültigkeitsbereich der Näherung (3.8) bzw. (3.9) heraus. Wir bezeichnen den stationären Punkt als einen instabilen Punkt. Für $\partial^2 U/\partial x^2 = 0$ verschwindet die Frequenz und die Auslenkung führt eine gleichförmige geradlinige Bewegung durch den stationären Punkt $x(t) = x_0 + vt$ hindurch. Wir bezeichnen den stationären Punkt als einen indifferenten Punkt. Wir sehen, dass Schwingungen immer dann auftreten, wenn eine rücktreibende Kraft bzw. eine stabile Gleichgewichtslage vorliegt.

3.2 Gedämpfte Schwingung

In einem dissipativen System treten nicht konservative Kräfte auf, die, wie bei den hydrodynamischen laminaren Kräften, proportional zur Geschwindigkeit der Bewegung sind. In diesem Falle lautet die gedämpfte Schwingungsgleichung

$$m\ddot{x} = -Dx - \gamma\dot{x} \,. \tag{3.13}$$

Wir bezeichnen mit $\omega_0 = \sqrt{D/m}$ die Kreisfrequenz des Schwingers ohne Dämpfung. Die Konstante γ heißt Dämpfung. Die Größe $Q = \sqrt{Dm}/\gamma$ nennen wir die Güte des Schwingers. Wir starten wiederum mit dem Ansatz

$$x(t) = \hat{x}e^{i\omega t} \tag{3.14}$$

und finden durch Einsetzen in (3.13)

$$-\omega^2 m = -D - i\omega\gamma \,. \tag{3.15}$$

Wir lösen nach der Kreisfrequenz des Systems auf:

$$\omega = \frac{i\gamma}{2m}D \pm \sqrt{\frac{D}{m} - \frac{\gamma^2}{4m^2}}$$

$$= \omega_0 \left(\frac{i}{2Q} \pm \sqrt{1 - 1/4Q^2} \right) \,. \tag{3.16}$$

Die Kreisfrequenz des schwingenden Systems wird komplex, wobei der Realteil der Kreisfrequenz $\Re\omega < \omega_0$ kleiner ist als die Kreisfrequenz des ungedämpften Schwingers. Dämpfungen verlängern also die Schwingungsperiode. Der Imaginärteil der Kreisfrequenz ist positiv ($\Im\omega > 0$) und deshalb führt der Schwinger eine exponentiell gedämpfte Schwingung

$$x(t) = \hat{x}e^{-\Im(\omega)t}e^{\pm i\Re(\omega)t} \tag{3.17}$$

aus (Abbildung 3.3). Den Umstand, dass die Lösung $x(t)$ komplex ist, können wir leicht beseitigen, indem wir nur den Realteil der Lösung, der ebenfalls eine Lösung der Differenzialgleichung (3.13) ist, nehmen. Da das Rechnen mit $e^{i\phi}$ jedoch so viel angenehmer ist als das Rechnen mit den trigonometrischen Funktionen, lassen wir die komplexen Ausdrücke einfach so stehen.

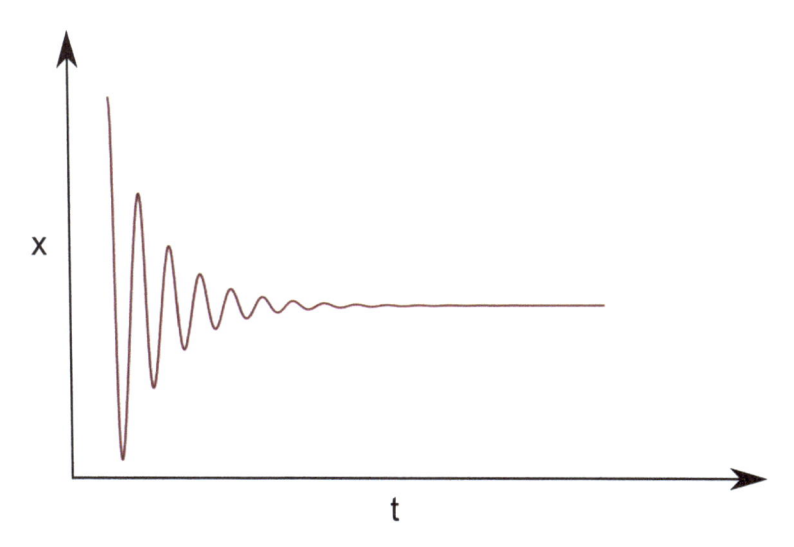

Abb. 3.3: Gedämpfte exponentiell abklingende Schwingung.

Für eine spezielle Dämpfung der Größe $\gamma_{aG} = 2m\omega_0$ bzw. für $Q_{aG} = 1/2$ verschwindet die Wurzel in (3.16) und damit der Realteil der Kreisfrequenz. Wir bezeichnen diesen Fall als den aperiodischen Grenzfall. Wir finden zwei unabhängige Lösungen im aperiodischen Grenzfall als

$$\begin{aligned}x_1(t) &= \lim_{\mathbb{R}\omega \to 0} \hat{x}e^{-\mathfrak{J}\omega t}e^{i\mathbb{R}\omega t} \\ &= \hat{x}e^{-\mathfrak{J}\omega t}\end{aligned} \tag{3.18}$$

und

$$\begin{aligned}x_2(t) &= \lim_{\mathbb{R}\omega \to 0} \hat{v}e^{-\mathfrak{J}\omega t}\frac{e^{i\mathbb{R}\omega t} - e^{-i\mathbb{R}\omega t}}{2i\omega} \\ &= \hat{v}e^{-\mathfrak{J}\omega t}\lim_{\mathbb{R}\omega \to 0}\frac{\sin \mathbb{R}\omega t}{\mathbb{R}\omega} \\ &= \hat{v}te^{-\mathfrak{J}\omega t}\,. \end{aligned} \tag{3.19}$$

Die allgemeine Lösung ist eine Superposition der beiden Lösungen:

$$x(t) = (\hat{x} + \hat{v}t)e^{-\mathfrak{J}\omega t}\,. \tag{3.20}$$

Von besonderer Bedeutung ist die Lösung mit verschwindender Anfangsgeschwindigkeit

$$x(t) = \hat{x}(1 + \mathfrak{J}\omega t)e^{-\mathfrak{J}\omega t}\,, \tag{3.21}$$

die die Relaxation eines um $\hat{x}$ aus der Ruhelage ausgelenkten Systems ins Gleichgewicht beschreibt. In einem Messprozess will man, dass das anzeigende Messgerät den Messwert möglichst schnell anzeigt. Eine Oszillation der Anzeige um den Messwert ist

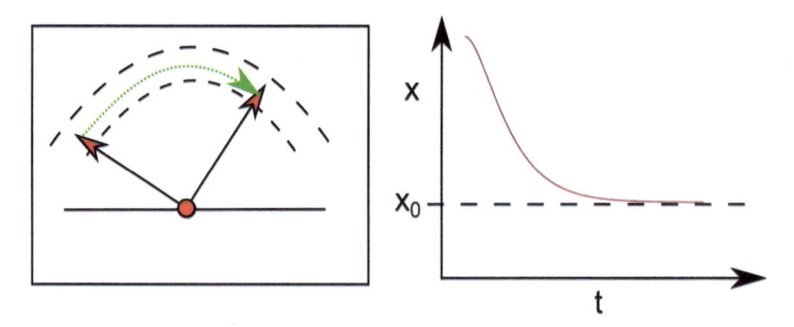

Abb. 3.4: Messinstrumente werden so gedämpft, dass der aperiodische Grenzfall vorliegt und der Messwert so schnell wie möglich ohne Schwingungen angezeigt wird.

nicht erwünscht. Messinstrumente werden deshalb so gedämpft, dass der aperiodische Grenzfall eintritt, bei dem der Messwert von der Anzeige am schnellsten erreicht wird (Abbildung 3.4).

Ist die Dämpfung $\gamma > 2m\omega_0$ bzw. $Q < 1/2$, so liegt ein überdämpftes System vor und wir sprechen vom Kriechfall. Die Kreisfrequenzen ω_1, ω_2 beider linear unabhängiger Lösungen werden voll imaginär:

$$\omega = \frac{i\gamma}{2m}D \pm i\sqrt{\frac{\gamma^2}{4m^2} - \frac{D}{m}}$$
$$= i\omega_0 \left(2Q \pm \sqrt{1/4Q^2 - 1}\right). \tag{3.22}$$

Wir betrachten die Energie für ein schwach gedämpftes System ($\gamma \ll 2m\omega_0$)

$$E_{\text{ges}} = T + U = \frac{1}{2}Dx^2 + \frac{1}{2}m\dot{x}^2. \tag{3.23}$$

In diesem Falle haben wir eine gedämpfte Schwingung der Form

$$x = \hat{x}e^{-\mathfrak{J}\omega t}\cos(\mathfrak{R}\omega t), \tag{3.24}$$

wobei der Realteil der Kreisfrequenz durch

$$\mathfrak{R}\omega = \sqrt{\omega_0^2 - (\mathfrak{J}\omega)^2} \approx \omega_0\left[1 - \frac{1}{2}\left(\frac{\mathfrak{J}\omega}{\omega_0}\right)^2\right] \tag{3.25}$$

gegeben ist. Für schwach gedämpfte Systeme kommt es zu einer Zeitskalentrennung. Die Schwingungsperiode ist wesentlich kürzer als die Abklingzeit. Für die Geschwindigkeit finden wir

$$\dot{x} = -\hat{x}(\mathfrak{J}\omega)e^{-\mathfrak{J}\omega t}\cos(\mathfrak{R}\omega t) - \hat{x}(\mathfrak{R}\omega)e^{-\mathfrak{J}\omega t}\sin(\mathfrak{R}\omega t), \tag{3.26}$$

was wir wegen $\mathfrak{J}\omega \ll \mathfrak{R}\omega$ durch

$$\dot{x} \approx -\hat{x}(\mathfrak{R}\omega)e^{-\mathfrak{J}\omega t}\sin(\mathfrak{R}\omega t) \tag{3.27}$$

approximieren können. Die Gesamtenergie in dieser Näherung beträgt:

$$\begin{aligned}
E_{ges} &= \frac{1}{2}Dx^2 + \frac{1}{2}m\dot{x}^2 \\
&\approx \frac{1}{2}D\hat{x}^2 e^{-2\Im\omega t}\cos^2(\Re\omega t) + \frac{1}{2}m\hat{x}^2(\Re\omega)^2 e^{-2\Im\omega t}\sin^2(\Re\omega t) \\
&= m\omega_0^2 e^{-2\Im\omega t}(\cos^2 + \sin^2)\hat{x}^2 \\
&= m\omega_0^2 e^{-2\Im\omega t}\hat{x}^2 \\
&= m\omega_0^2 e^{-\omega_0 t/Q}\hat{x}^2 \, .
\end{aligned} \quad (3.28)$$

Wir lesen aus Gleichung (3.28) ab, dass die Güte des Schwingers angibt, wie viel Schwingungen der Schwinger durchführt, bevor seine Energie auf den e-ten Teil der Anfangsenergie abgeklungen ist. Wir können die gedämpfte Schwingungsgleichung

$$\frac{m}{D}\ddot{x} + \frac{\gamma}{\sqrt{mD}}\sqrt{\frac{m}{D}}\dot{x} + x = 0 \quad (3.29)$$

umschreiben und durch die ungedämpfte Kreisfrequenz und Güte ausdrücken

$$\frac{\ddot{x}}{\omega_0^2} + \frac{\dot{x}}{\omega_0 Q} + x = 0 \, . \quad (3.30)$$

3.3 Erzwungene Schwingung

Eine häufige Situation besteht darin, ein gedämpftes schwingendes System zu haben, dem man versucht, durch externe Kräfte eine bestimmte externe Kreisfrequenz ω_{ext} aufzuzwingen. In diesem Fall müssen wir die externe Kraft zur Gleichung (3.30) hinzufügen. Wir erhalten die Differenzialgleichung einer erzwungenen Schwingung:

$$\frac{\ddot{x}}{\omega_0^2} + \frac{\dot{x}}{\omega_0 Q} + x = \frac{F}{D}e^{i\omega_{ext}t} \, . \quad (3.31)$$

Nehmen wir an, wir hätten eine Lösung $x_{ext,1}(t)$ der Differenzialgleichung (3.31) gefunden. Es folgt, dass dann auch

$$x_{ext,2}(t) = x_{ext,1}(t) + x_{transient}^{int}(t) \quad (3.32)$$

eine Lösung ist, wobei $x_{transient}^{int}(t)$ eine Lösung von (3.30) ist und deshalb mit der internen Kreisfrequenz

$$\omega_{int} = \omega_0\sqrt{1 - \frac{1}{4Q^2}} \quad (3.33)$$

schwingt und mit der transienten Zeit

$$\tau_{trans} = \frac{Q}{\omega_0} \quad (3.34)$$

abklingt. Der Term $x_{\text{transient}}^{\text{int}}(t)$ ist ein Anteil, der sich nicht darum schert, dass dem System eine andere externe Kreisfrequenz aufgezwungen wird. Er schwingt mit der dem System intrinsischen Frequenz ω_{int}. Es dauert eine Zeit τ_{trans}, bevor der Transient abgeklungen ist und das System nur noch mit der ihm aufgezwungenen Kreisfrequenz ω_{ext} schwingt. Je höher die Güte des Systems ist, umso länger dauert es, das System mit der externen Kreisfrequenz zu versklaven. Wir interessieren uns für die versklavte Situation nach dem Abklingen des Transienten und machen den Ansatz

$$x_{\text{ext}} = \hat{x}_{\text{ext}} e^{i\omega_{\text{ext}} t}, \tag{3.35}$$

also einer Lösung, die nur noch mit der externen Kreisfrequenz schwingt. Einsetzen in (3.31) führt auf

$$-\frac{\omega_{\text{ext}}^2}{\omega_0^2}\hat{x}_{\text{ext}} + \frac{i\omega_{\text{ext}}}{\omega_0 Q}\hat{x}_{\text{ext}} + \hat{x}_{\text{ext}} = \frac{F}{D}. \tag{3.36}$$

Wir lösen diese Gleichung nach der versklavten Amplitude auf:

$$\hat{x}_{\text{ext}} = \frac{\frac{F}{D}}{1 - \frac{\omega_{\text{ext}}^2}{\omega_0^2} + \frac{i\omega_{\text{ext}}}{\omega_0 Q}}. \tag{3.37}$$

Uns interessiert zum einen der Betrag des Verhältnisses zwischen versklavter Amplitude und Kraft

$$\left|\frac{\hat{x}_{\text{ext}} D}{F}\right| = \frac{1}{\sqrt{\left(1 - \frac{\omega_{\text{ext}}^2}{\omega_0^2}\right)^2 + \left(\frac{\omega_{\text{ext}}}{\omega_0 Q}\right)^2}}, \tag{3.38}$$

zum anderen die Phasenverschiebung zwischen versklavter Amplitude und der externen Kraft

$$\tan\phi = \frac{\mathfrak{J}\frac{\hat{x}_{\text{ext}} D}{F}}{\mathfrak{R}\frac{\hat{x}_{\text{ext}} D}{F}} = \frac{1}{Q}\frac{\frac{\omega_{\text{ext}}}{\omega_0}}{\left(1 - \frac{\omega_{\text{ext}}^2}{\omega_0^2}\right)}. \tag{3.39}$$

Wir erkennen, dass der Betrag der Response-Funktion $\left|\frac{\hat{x}_{\text{ext}} D}{F}\right|$ als Funktion der externen Kreisfrequenz ω_{ext} maximal wird, wenn die externe Kreisfrequenz mit dem Realteil der internen Kreisfrequenz übereinstimmt (Abbildung 3.5). Das Maximum ist umso ausgeprägter und liegt umso näher an der ungedämpften Kreisfrequenz ω_0, je höher die Güte ist. Im Kriechfall liegt das Maximum bei $\omega_{\text{ext}} = 0$. Für kleine externe Kreisfrequenzen sind Auslenkung und Kraft in Phase (Abbildung 3.6). Für große externe Kreisfrequenzen schwingen Auslenkung und Kraft gegenphasig. In einer Region der Breite $\mathfrak{R}\omega_{\text{int}}/Q$ um die Resonanzfrequenz ω_{int} erfolgt der graduelle Übergang der Phase der Auslenkung. Bei der ungedämpften Resonanzfrequenz $\omega_{\text{ext}} = \omega_0$ hinkt die Phase der Auslenkung der Phase der Kraft um $\pi/2$ hinterher.

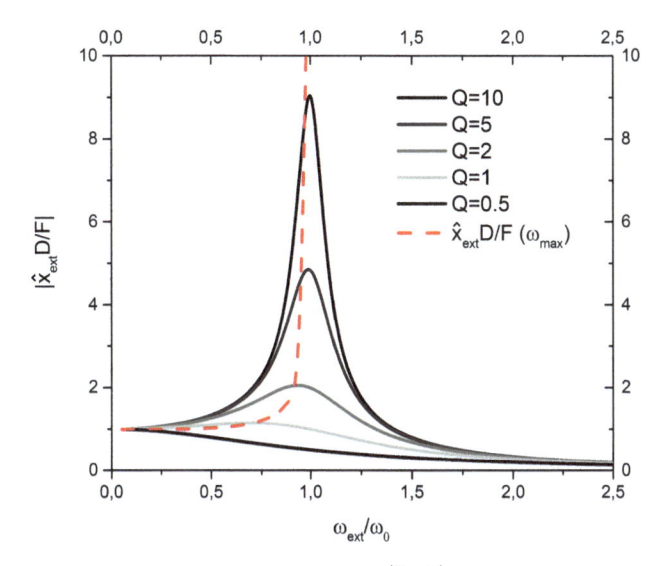

Abb. 3.5: Betrag der Response-Funktion $\left|\frac{\hat{x}_{ext}D}{F}\right|$ als Funktion der externen Kreisfrequenz ω_{ext} bei verschiedenen Güten Q des Schwingers.

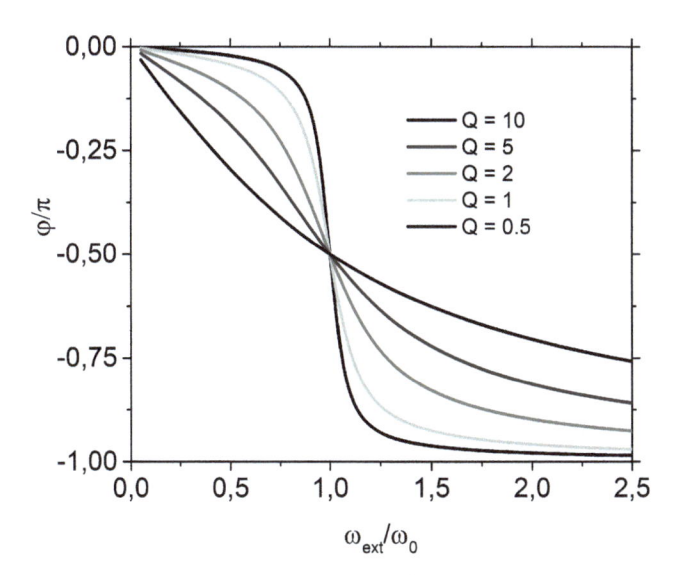

Abb. 3.6: Phase ϕ der Response-Funktion $\frac{\hat{x}_{ext}D}{F}$ als Funktion der externen Kreisfrequenz ω_{ext}.

Abb. 3.7: Erzwungene resonante Schwingung und parametrische Resonanz.

Ein Beispiel für eine erzwungene Schwingung ist das Anschubsen eines Kindes auf der Schaukel durch einen Erwachsenen (Abbildung 3.7). In der Regel kann sich der Erwachsene sehr schnell auf die Frequenz und Phase der Schaukel einstellen, sodass das Kind an dem Prozess seinen Spaß hat und die Schaukel in Resonanz getrieben wird. Ist das Kind noch jung, braucht es die externe Hilfe des Erwachsenen, den wir nicht als Teil des Systems begreifen. Später, wenn das Kind größer geworden ist, wird die externe Hilfe nicht mehr benötigt und das Kind kann selbst schaukeln. Das eigenständige Schaukeln eines Kindes ist keine erzwungene Schwingung, da sich das Kind auf der Schaukel – also im System selbst – befindet und so keine externe Kraft ausüben kann. Das eigenständige Schaukeln des Kindes ist ein anderes Resonanzphänomen, welches wir als parametrische Resonanz bezeichnen. Die parametrische Resonanz ist Thema des nächsten Abschnittes.

3.4 Parametrische Resonanz

Die parametrische Resonanz tritt auf, wenn die Frequenz eines Schwingers durch periodische Veränderung eines intrinsischen Parameters des Schwingers verändert wird. Die ungedämpfte Schwingungsgleichung lautet dann:

$$\ddot{x} = -\omega^2(t)x \,, \tag{3.40}$$

wobei gilt

$$\omega(t+T) = \omega(t) \,. \tag{3.41}$$

Die parametrische Kreisfrequenz ist dabei über

$$\omega_{\text{par}} = 2\pi/T \tag{3.42}$$

definiert. Wir hatten bereits das Beispiel des Schaukelns erwähnt. Dabei wird durch periodische Verlagerung des Schwerpunkts die Pendellänge des Schauklers periodisch verlängert und verkürzt. Ein Spezialfall der parametrischen Resonanz, bei dem die Frequenz mit einer Kosinusfunktion schwach moduliert wird, ist der eines schwachen Antriebes:

$$\ddot{x} = -\omega^2 \left(1 + \epsilon \cos(\omega_{\text{par}}t)\right) x \,. \tag{3.43}$$

Die Gleichung (3.43) hat den Namen Mathieu'sche Differenzialgleichung. Der Parameter ϵ misst die Stärke des Antriebes. Es lässt sich leicht überprüfen, dass $x(t) \equiv 0$ die Mathieu'sche Differenzialgleichung (3.43) löst. Des Weiteren geht die Mathieu'sche Differenzialgleichung für $\epsilon = 0$ in die ungedämpfte Schwingungsgleichung über, sodass für $\epsilon = 0$ ein ausgelenktes System anfängt, mit ω um die triviale Lösung zu oszillieren. Für $\epsilon > 0$ kann parametrische Resonanz auftreten und $x(t)$ wächst von null auf große Werte exponentiell an, falls gilt

$$\omega \approx n \frac{\omega_{\text{par}}}{2} \qquad n = 1, 2, 3, \ldots \tag{3.44}$$

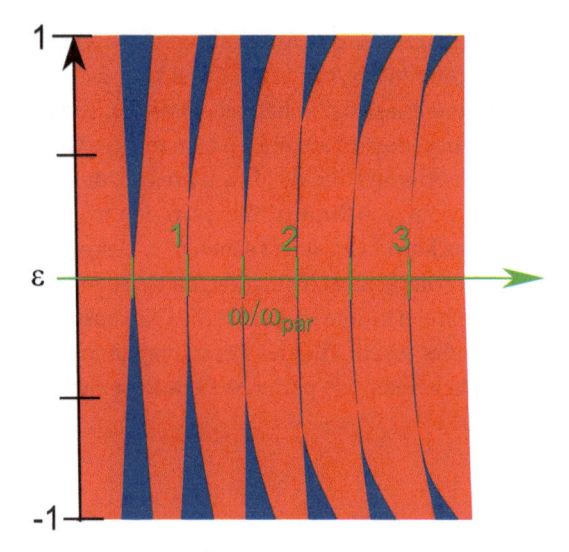

Abb. 3.8: Regionen parametrischer Resonanz (blau) im $\epsilon\,\omega/\omega_{\text{par}}$-Diagramm für den Fall verschwindender Dämpfung.

In Abbildung 3.8 sind die Regionen parametrischer Resonanz als blaue Resonanzzungen eingezeichnet. Die breitesten Resonanzregionen sind diejenigen, bei denen beim Schaukeln jede Halbperiode der Schaukelperiode die Länge des Schwerpunkts durch Ausstrecken der Beine verlängert wird.

Mit Dämpfung lautet die parametrische Oszillatorgleichung

$$\ddot{x} = -\frac{\omega}{Q}\dot{x} - \omega^2(1 + \epsilon \cos(\omega_{\text{par}} t))x \,. \tag{3.45}$$

Die endliche Güte des Oszillators bewirkt, dass nun ein Mindestantrieb $\epsilon > \epsilon_c$ notwendig ist, um die Regionen parametrischer Resonanz zu erreichen. In Abbildung 3.9 ist gezeigt, wie sich die Resonanzzungen aus der Region $\epsilon \approx 0$ zurückziehen und die parametrische Resonanz dadurch erschweren.

3.5 Schwingungsmoden bei mehreren Freiheitsgraden

Bisher haben wir nur die Schwingung eines Freiheitsgrades betrachtet. Um zu verstehen, welche neuartigen Phänomene auftreten, wenn wir mehrere schwingungsfähige Freiheitsgrade haben, betrachten wir ein schwingendes Federsystem mit zwei Massen (Abbildung 3.10).

Die Positionen der beiden Massen seien x_1 und x_2. Wir schreiben die potenziellen Energien der drei Federn der Federkonstanten k_1, k_2 und k_3 und Gleichgewichtslängen l_1, l_2 und l_3 auf:

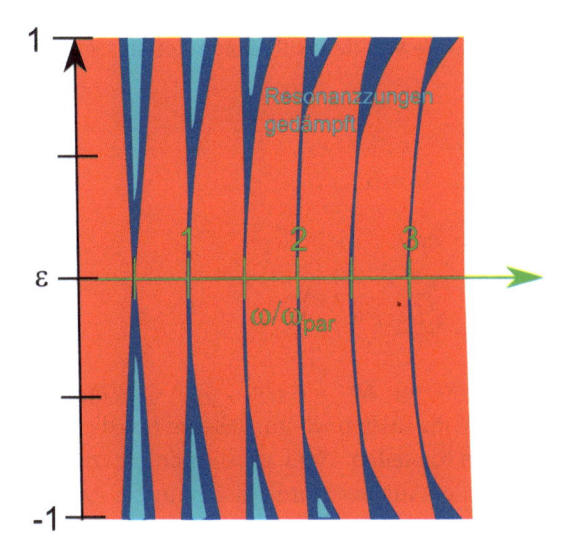

Abb. 3.9: Regionen parametrischer Resonanz im $\epsilon\,\omega/\omega_{\text{par}}$-Diagramm für den Fall verschwindender (blau) und endlicher (cyan) Dämpfung.

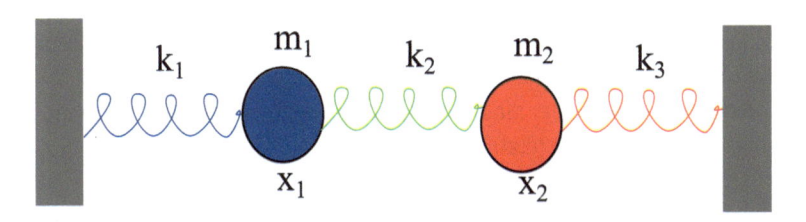

Abb. 3.10: Ein gekoppeltes System aus zwei Massen und drei Federn als Modell für ein System mit mehreren Freiheitsgraden.

$$\begin{aligned}\text{Feder 1:} \quad & U_1(x_1) = \frac{k_1}{2}(x_1 - l_1)^2, \\ \text{Feder 2:} \quad & U_2(x_1 - x_2) = \frac{k_2}{2}(x_1 - x_2 - l_2)^2, \\ \text{Feder 3:} \quad & U_3(x_2) = \frac{k_3}{2}(x_2 - l_3)^2.\end{aligned} \quad (3.46)$$

Wir erhalten daraus die Bewegungsgleichungen der beiden Massen

$$\begin{aligned}\text{Masse 1:} \quad & m_1 \ddot{x}_1 = -\partial(U_1 + U_2 + U_3)/\partial x_1, \\ \text{Masse 2:} \quad & m_2 \ddot{x}_2 = -\partial(U_1 + U_2 + U_3)/\partial x_2.\end{aligned} \quad (3.47)$$

Woraus folgt:

$$m_1 \ddot{x}_1 = -(k_1 + k_2)x_1 + k_2 x_2 + (k_1 l_1 + k_2 l_2), \quad (3.48)$$
$$m_2 \ddot{x}_2 = k_2 x_1 - (k_2 + k_3)x_2 + (k_3 l_3 + k_2 l_2). \quad (3.49)$$

Wir definieren alle Koordinaten so um, dass sie von den Ruhelagen der Massen aus gemessen werden. Dann gilt:

$$m_1 \ddot{x}_1 = -(k_1 + k_2)x_1 + k_2 x_2 , \tag{3.50}$$

$$m_2 \ddot{x}_2 = k_2 x_1 - (k_2 + k_3)x_2 . \tag{3.51}$$

Wir formulieren beide Gleichungen in Matrixform

$$\begin{pmatrix} \ddot{x}_1 \\ \ddot{x}_2 \end{pmatrix} = \begin{pmatrix} -\frac{k_1+k_2}{m_1} & \frac{k_2}{m_1} \\ \frac{k_2}{m_2} & -\frac{k_2+k_3}{m_2} \end{pmatrix} \cdot \begin{pmatrix} x_1 \\ x_2 \end{pmatrix} . \tag{3.52}$$

Wir vergeben die folgenden Namen $\Omega_1^2 = k_1/m_1$, $\Omega_2^2 = k_3/m_2$, $\omega_1^2 = k_2/m_1$ und $\omega_2^2 = k_2/m_2$. Mit der Groß- und Kleinschreibung deuten wir an, dass wir uns die mittlere Feder schwächer als die äußeren Federn vorstellen. Wenn wir die mittlere (zweite) Feder als Kopplungsfeder bezeichnen, so lautet die Bewegungsgleichung für das ungekoppelte System aus zwei Federn:

$$\begin{pmatrix} \ddot{x}_1 \\ \ddot{x}_2 \end{pmatrix} = \begin{pmatrix} -\Omega_1^2 & 0 \\ 0 & -\Omega_2^2 \end{pmatrix} \cdot \begin{pmatrix} x_1 \\ x_2 \end{pmatrix} . \tag{3.53}$$

Dieses System hat natürlich die einfachen Lösungen, dass die Masse m_1 mit der Kreisfrequenz Ω_1 schwingt und dass die Masse m_2 mit der Kreisfrequenz Ω_2 schwingt. Mit Kopplung sind die Schwingungen der Masse m_1 und Masse m_2 nicht mehr unabhängig. Die Bewegungsgleichung lautet jetzt:

$$\begin{pmatrix} \ddot{x}_1 \\ \ddot{x}_2 \end{pmatrix} = \begin{pmatrix} -\Omega_1^2 & 0 \\ 0 & -\Omega_2^2 \end{pmatrix} \cdot \begin{pmatrix} x_1 \\ x_2 \end{pmatrix} + \begin{pmatrix} -\omega_1^2 & \omega_1^2 \\ \omega_2^2 & -\omega_2^2 \end{pmatrix} \cdot \begin{pmatrix} x_1 \\ x_2 \end{pmatrix} . \tag{3.54}$$

Wir versuchen eine Lösung mit dem Ansatz:

$$\begin{pmatrix} x_1 \\ x_2 \end{pmatrix} = \begin{pmatrix} \hat{x}_1 \\ \hat{x}_2 \end{pmatrix} e^{i\Omega t} \tag{3.55}$$

und setzen diesen in Gleichung (3.54) ein und erhalten

$$\begin{pmatrix} -\Omega^2 & 0 \\ 0 & -\Omega^2 \end{pmatrix} \cdot \begin{pmatrix} \hat{x}_1 \\ \hat{x}_2 \end{pmatrix} = \begin{pmatrix} -\Omega_1^2 & 0 \\ 0 & -\Omega_2^2 \end{pmatrix} \cdot \begin{pmatrix} \hat{x}_1 \\ \hat{x}_2 \end{pmatrix} + \begin{pmatrix} -\omega_1^2 & \omega_1^2 \\ \omega_2^2 & -\omega_2^2 \end{pmatrix} \cdot \begin{pmatrix} \hat{x}_1 \\ \hat{x}_2 \end{pmatrix} \tag{3.56}$$

und nach Zusammenfassen aller Matrizen

$$\begin{pmatrix} \Omega^2 - \Omega_1^2 - \omega_1^2 & \omega_1^2 \\ \omega_2^2 & \Omega^2 - \Omega_2^2 - \omega_2^2 \end{pmatrix} \cdot \begin{pmatrix} \hat{x}_1 \\ \hat{x}_2 \end{pmatrix} = \mathbf{0} . \tag{3.57}$$

Gleichung (3.57) hat nur dann eine Lösung mit endlicher Amplitude, wenn die Matrix in (3.57) nicht invertierbar ist und deshalb eine verschwindende Determinante hat:

$$\det \begin{bmatrix} \Omega^2 - \Omega_1^2 - \omega_1^2 & \omega_1^2 \\ \omega_2^2 & \Omega^2 - \Omega_2^2 - \omega_2^2 \end{bmatrix} = 0 , \tag{3.58}$$

d. h., wenn

$$(\Omega^2)^2 - \Omega^2\left(\Omega_1^2 + \Omega_2^2 + \omega_1^2 + \omega_2^2\right) - \omega_1^2\omega_2^2 + \left(\Omega_1^2 + \omega_1^2\right)\left(\Omega_2^2 + \omega_2^2\right) = 0 \qquad (3.59)$$

gilt. Gleichung (3.59) ist eine quadratische Gleichung in Ω^2 und nach Auflösen derselben erhalten wir die Schwingungskreisfrequenzen des Systems:

$$\Omega^2 = \frac{\Omega_1^2 + \Omega_2^2 + \omega_1^2 + \omega_2^2}{2} \pm \sqrt{\frac{\left(\Omega_1^2 + \omega_1^2 - \Omega_2^2 - \omega_2^2\right)^2}{4} + \omega_1^2\omega_2^2}. \qquad (3.60)$$

Wir sind im Speziellen an dem Fall schwacher Kopplung ($|\omega_1|, |\omega_2| \ll |\Omega_1|, |\Omega_2|$) der beiden Schwinger interessiert und würden deshalb gerne eine Taylorentwicklung der Gleichung (3.60) nach den kleinen Frequenzen durchführen, um zu sehen, wie sich die Frequenzen der ursprünglich unabhängigen Schwinger durch die Kopplungsfeder verändern. Die Wurzelfunktion $y = \sqrt{x}$ lässt sich aber um die Position $x = 0$ nicht in eine Taylorreihe entwickeln. Wir haben deshalb zu unterscheiden, ob für $\omega_1 = \omega_2 = 0$ das Argument unter der Wurzel in Gleichung (3.60) verschwindet oder nicht. Der erste Fall lautet $\Omega_1^2 - \Omega_2^2 \gg \omega_1^2, \omega_2^2$, bei dem wir keine Probleme bei der Taylorentwicklung bekommen. Der zweite Fall lautet $\Omega_1^2 = \Omega_2^2$ und muss gesondert betrachtet werden.

1. Fall: $\Omega_1^2 - \Omega_2^2 \gg \omega_1^2, \omega_2^2$: Wir schreiben Gleichung (3.57) nochmals auf

$$\begin{pmatrix} \Omega^2 - \Omega_1^2 - \omega_1^2 & \omega_1^2 \\ \omega_2^2 & \Omega^2 - \Omega_2^2 - \omega_2^2 \end{pmatrix} \cdot \begin{pmatrix} \hat{x}_1 \\ \hat{x}_2 \end{pmatrix} = \mathbf{0}, \qquad (3.61)$$

setzen darin die Schwingungsfrequenz auf

$$\Omega^2 \approx \Omega_1^2 + \omega_1^2 \qquad (3.62)$$

und erhalten

$$\begin{pmatrix} 0 & \cancel{\omega_1^2} \\ \cancel{\omega_2^2} & \Omega_1^2 - \Omega_2^2 + \cancel{(\omega_1^2 - \omega_2^2)} \end{pmatrix} \cdot \begin{pmatrix} \hat{x}_1 \\ \hat{x}_2 \end{pmatrix} = \mathbf{0}, \qquad (3.63)$$

wobei wir uns erlauben, Terme proportional den Frequenzen $\propto \omega_1, \omega_2$ zu streichen. Gleichung (3.63) wird durch

$$\begin{pmatrix} \hat{x}_1 \\ \hat{x}_2 \end{pmatrix} = \begin{pmatrix} \hat{x}_1 \\ 0 \end{pmatrix} e^{i\sqrt{\Omega_1^2 + \omega_1^2}\,t} \qquad (3.64)$$

gelöst. Die Kopplung lässt die Masse m_2 im Wesentlichen unbeeindruckt, und die Masse m_1 schwingt mit leicht erhöhter Frequenz. Setzen wir hingegen in (3.61) die Schwingungsfrequenz auf

$$\Omega^2 \approx \Omega_2^2 + \omega_2^2, \qquad (3.65)$$

erhalten wir

$$\begin{pmatrix} \Omega_2^2 - \Omega_1^2 + \cancel{(\omega_2^2 - \omega_1^2)} & \cancel{\omega_1^2} \\ \cancel{\omega_2^2} & 0 \end{pmatrix} \cdot \begin{pmatrix} \hat{x}_1 \\ \hat{x}_2 \end{pmatrix} = \mathbf{0}. \qquad (3.66)$$

Gleichung (3.66) wird durch

$$\begin{pmatrix} \hat{x}_1 \\ \hat{x}_2 \end{pmatrix} = \begin{pmatrix} 0 \\ \hat{x}_2 \end{pmatrix} e^{i\sqrt{\Omega_2^2 + \omega_2^2}\, t} \qquad (3.67)$$

gelöst. Die Kopplung lässt hierbei die Masse m_1 im Wesentlichen unbeeindruckt, und die Masse m_2 schwingt mit leicht erhöhter Frequenz. Wir sehen daraus, dass beide Federschwinger sich durch die Kopplung nicht beeindrucken lassen und weiterhin unabhängig voneinander mit etwas angehobener Frequenz weiter schwingen, da das System ja steifer geworden ist.

Wir wenden uns nun dem zweiten Fall $\Omega_1^2 = \Omega_2^2$ zu: Wir finden mithilfe von (3.60) die beiden Frequenzen

$$\Omega^2 = \frac{2\Omega_1^2 + \omega_1^2 + \omega_2^2}{2} \pm \sqrt{\frac{\left(\omega_1^2 - \omega_2^2\right)^2}{4} + \omega_1^2 \omega_2^2} \qquad (3.68)$$

$$= \Omega_1^2 + \begin{cases} (\omega_1^2 + \omega_2^2) \\ 0 \end{cases}, \qquad (3.69)$$

Setzen wir in (3.61) die Schwingungsfrequenz auf

$$\Omega^2 = \Omega_1^2 + \omega_1^2 + \omega_2^2, \qquad (3.70)$$

erhalten wir

$$\begin{pmatrix} \omega_2^2 & \omega_1^2 \\ \omega_2^2 & \omega_1^2 \end{pmatrix} \cdot \begin{pmatrix} \hat{x}_1 \\ \hat{x}_2 \end{pmatrix} = \mathbf{0}. \qquad (3.71)$$

Gleichung (3.71) wird durch

$$\begin{pmatrix} x_1 \\ x_2 \end{pmatrix}(t) \propto \begin{pmatrix} \omega_1^2 \\ -\omega_2^2 \end{pmatrix} e^{i\sqrt{\Omega_1^2 + \omega_1^2 + \omega_2^2}\, t} \qquad (3.72)$$

gelöst. Wir bezeichnen diese Schwingungsmode als asymmetrische Schwingungsmode, da die eine Masse in die entgegengesetzte Richtung schwingt als die andere (Abbildung 3.11). Die asymmetrische Mode schwingt mit leicht erhöhter Frequenz, da die Koppelfeder bei dieser Schwingungsmode belastet wird.

Setzen wir in (3.61) die Schwingungsfrequenz auf

$$\Omega^2 = \Omega_1^2, \qquad (3.73)$$

erhalten wir

$$\begin{pmatrix} -\omega_1^2 & \omega_1^2 \\ \omega_2^2 & -\omega_2^2 \end{pmatrix} \cdot \begin{pmatrix} \hat{x}_1 \\ \hat{x}_2 \end{pmatrix} = \mathbf{0}. \qquad (3.74)$$

Gleichung (3.74) wird durch

$$\begin{pmatrix} x_1 \\ x_2 \end{pmatrix}(t) \propto \begin{pmatrix} 1 \\ 1 \end{pmatrix} e^{i\Omega_1 t} \qquad (3.75)$$

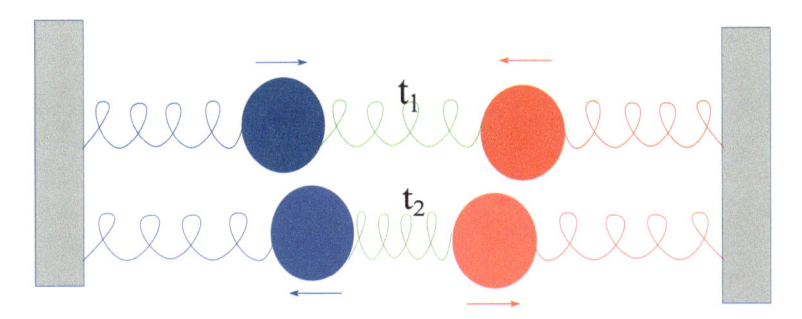

Abb. 3.11: Bewegungsablauf der Massen in der asymmetrischen Schwingungsmode.

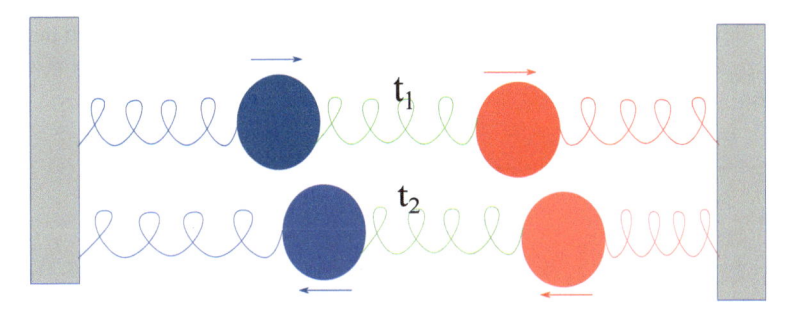

Abb. 3.12: Bewegungsablauf der Massen in der symmetrischen Schwingungsmode.

gelöst. Wir bezeichnen diese Schwingungsmode als symmetrische Schwingungsmode, da beide Massen in dieselbe Richtung schwingen (Abbildung 3.12). Die symmetrische Mode schwingt mit unveränderter Frequenz, da die Koppelfeder bei dieser Schwingungsmode nicht belastet wird.

Im Gegensatz zum Fall, dass beide nicht gekoppelten Schwinger stark unterschiedliche, ungekoppelte Frequenzen haben, führt der entartete Fall auf unterschiedliche, kollektive Schwingungsmoden, an denen alle Schwinger beteiligt sind.

3.6 Schwebung

Wir betrachten die allgemeine Lösung des entarteten Schwingungsproblems. Dieses ist durch eine Superposition der Lösungen (3.72) und (3.75)

$$\begin{pmatrix} x_1 \\ x_2 \end{pmatrix}(t) = A_{\text{sym}} \begin{pmatrix} 1 \\ 1 \end{pmatrix} e^{i\Omega_1 t} + A_{\text{asym}} \begin{pmatrix} \omega_1^2 \\ -\omega_2^2 \end{pmatrix} e^{i\sqrt{\Omega_1^2 + \omega_1^2 + \omega_2^2}\, t} \qquad (3.76)$$

beschrieben. Wir betrachten den Spezialfall $\omega_1 = \omega_2$ und $A_{\text{sym}} = A_{\text{asym}}/\omega_1^2 = A$:

$$\begin{pmatrix} x_1 \\ x_2 \end{pmatrix}(t) = A \begin{pmatrix} e^{i\Omega_1 t} + e^{i\sqrt{\Omega_1^2 + 2\omega_1^2} t} \\ e^{i\Omega_1 t} - e^{i\sqrt{\Omega_1^2 + 2\omega_1^2} t} \end{pmatrix} \tag{3.77}$$

$$= 2A e^{i\bar{\Omega} t} \begin{pmatrix} \cos(\Delta\Omega t) \\ i\sin(\Delta\Omega t) \end{pmatrix}. \tag{3.78}$$

An Gleichung (3.78) erkennt man, dass bei dieser Superposition beide Massen ungefähr mit einer mittleren Frequenz $\bar{\Omega} = (\Omega_1 + \sqrt{\Omega_1^2 + 2\omega_1^2})/2$ schwingen, aber die Amplitude beider Massen sich mit der Schwebungsfrequenz $\Delta\Omega = (\Omega_1 - \sqrt{\Omega_1^2 + 2\omega_1^2})$ periodisch so ändert, dass einmal nur die Masse m_1 hin und her schwingt, nicht die Masse m_2, und später die Masse m_2, nicht jedoch die Masse m_1. Es findet also ein periodischer Energieaustausch zwischen beiden Massen mit der Schwebungsfrequenz $\Delta\Omega$ statt (Abbildung 3.13).

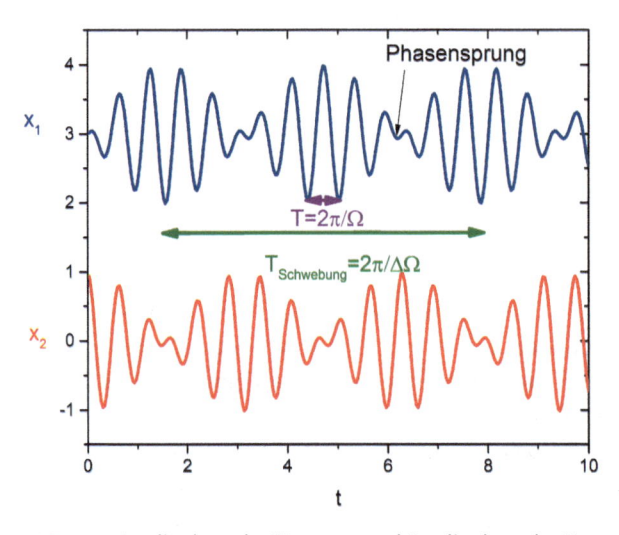

Abb. 3.13: Amplitude x_1 der Masse m_1 und Amplitude x_2 der Masse m_2 als Funktion der Zeit.

3.7 Schwingungsmoden bei adiabatischen Veränderungen

Die Kopplung zweier Schwinger ist also eine Möglichkeit, den Austausch von Energie zwischen den Schwingern zu bewirken. Im Folgenden wollen wir eine Methode vorstellen, die Energie eines Schwingers permanent auf einen anderen Schwinger zu übertragen, ohne dass die Energie wieder zum ursprünglichen Schwinger zurückkehrt. Wir betrachten zunächst zwei ungekoppelte Schwinger stark unterschiedlicher Frequenz $\Omega_1 \gg \Omega_2(t_1)$. Wir wissen bereits aus dem vorherigen Abschnitt, dass in diesem Fall eine schwache Kopplung keinen signifikanten Energieübertrag bewirkt. Wir wollen nun die Frequenz einer der beiden Schwinger $\Omega_2(t)$ kontinuierlich, aber möglichst langsam (adiabatisch, d. h. auf einer Zeitskala, die langsam gegenüber allen sonst auftretenden Schwingungsperioden ist, aber immer noch schnell gegenüber der Relaxationszeit in die Bewegungslosigkeit des Systems) der Frequenz des anderen Schwingers anpassen $\Omega_1 \approx \Omega_2(t_2)$ und anschließend so weiter verändern, dass zum Schluss beide Frequenzen der Schwinger wieder nicht zusammenpassen $\Omega_1 \ll \Omega_2(t_3)$, diesmal aber mit umgekehrtem Frequenzverhältnis. Es wird also der ursprünglich niederfrequente Schwinger zum letztendlich hochfrequenten Schwinger oder umgekehrt. Abbildung 3.14 zeigt den Frequenzverlauf eines solchen Experimentes als Funktion der Zeit für den Fall, dass beide Schwinger nicht gekoppelt sind. Eine mögliche Realisierung eines derartigen Experiments ist in Abbildung 3.15 gezeigt, bei dem eine der schwingenden Massen aus einem gefüllten Flüssigkeitsbehälter besteht, der langsam an Flüssigkeit verliert.

Wir wollen verstehen, wohin die Energie des Systems bei diesem Prozess transferiert wird[1], wenn wir die beiden Schwinger mit einer schwachen Feder koppeln. Ohne Kopplung ist die Antwort auf diese Frage völlig klar. Ohne Kopplung wissen beide Schwinger nichts voneinander und die Energie bleibt in dem Schwinger, der auch zu Beginn die Energie trug. Die Situation ändert sich vollständig, wenn die beiden Schwinger gekoppelt werden. Zu jeder Zeit des Experiments entstehen durch die Kopplung eine hochfrequente und eine niederfrequente Mode. Zu Beginn des Experiments

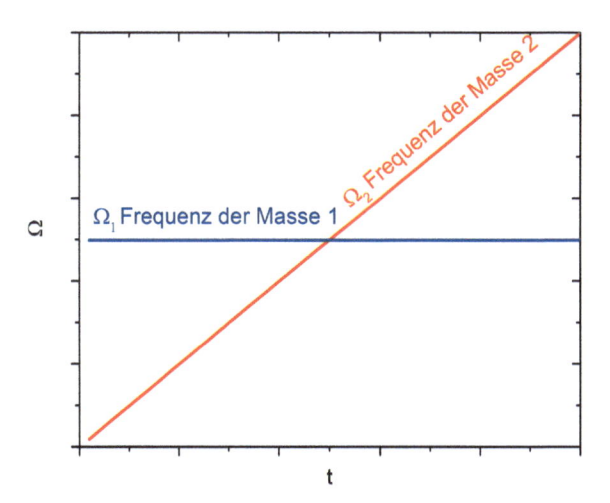

Abb. 3.14: Die Frequenz des zweiten ungekoppelten Schwingers durchfährt die Frequenz des ersten Schwingers.

---

[1] Den Auslauf der Flüssigkeit gestalten wir so, dass auf die auslaufende Flüssigkeit keine Energie transferiert wird, z. B. durch Öffnung des Auslaufs nur an den Umkehrpunkten des Schwingers 2.

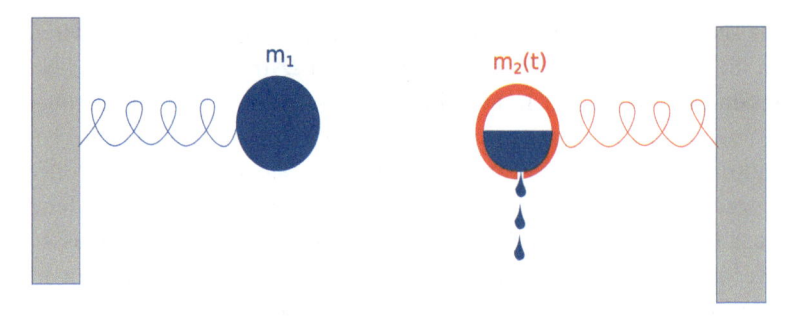

Abb. 3.15: Realisierung einer sich zeitlich verändernden Frequenz.

ist die Kopplung beider Schwinger ineffizient und die hochfrequente und niederfrequente Kopplungsmode unterscheiden sich nur unwesentlich von den individuellen ungekoppelten Schwingungsmoden. Die Situation ändert sich, wenn wir in den Bereich kommen, wo beide ungekoppelten Frequenzen aneinander angepasst sind. Die hochfrequente Mode mutiert dadurch zu einer kollektiven (asymmetrischen) Schwingungsmode, an der jetzt beide Massen beteiligt sind. Die niederfrequente Mode verändert sich ebenfalls von einer individuellen zu einer symmetrischen, kollektiven Mode. Die hochfrequente, asymmetrische, kollektive Mode bleibt auch im Bereich angepasster ungekoppelter Frequenzen durch die Schwebungsfrequenz von der niederfrequenten, symmetrischen Mode separiert.

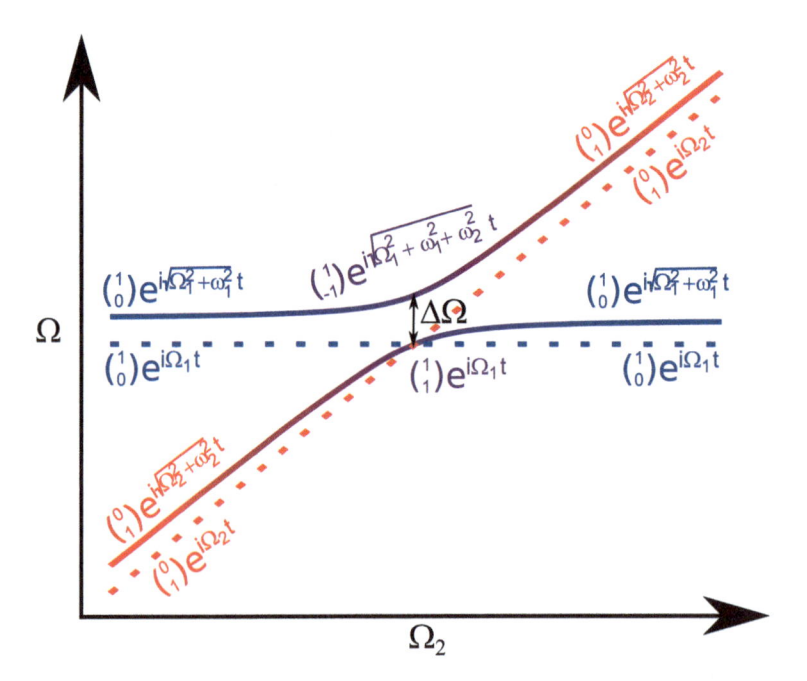

Abb. 3.16: Neuverknüpfung der Modenäste bei Kopplung beider Schwinger.

Wird die Frequenz weiter erhöht, verschwindet der kollektive Charakter beider Moden wieder. Da sich aber das Frequenzverhältnis beider Schwinger während des Prozesses umdreht, ist zu späteren Zeiten der ursprünglich niederfrequente Schwinger der dann hochfrequente Schwinger. Folgt man der hochfrequenten Mode, so ist die individuelle hochfrequente Anfangsmode die Mode einer anderen Masse als die der hochfrequenten individuellen Endmode. Die Verknüpfung von Anfangsmoden und Endmoden hat sich durch die Koppelfeder beim Durchfahren des frequenzangepassten Bereiches umgedreht (Abbildung 3.16). Die Energie des Systems bleibt beim adiabatischen Durchfahren auf dem sich kontinuierlich verändernden Modenast. Durch die gegenüber der ungekoppelten Situation veränderten Verknüpfung wird so die Energie vom ersten Schwinger auf den zweiten übertragen.

3.8 Verhalten bei abruptem Ändern der Frequenz

Wir wollen das Experiment des vorherigen Abschnittes noch einmal wiederholen, diesmal jedoch den Bereich angepasster Frequenzen abrupt, also schneller als die Schwingungsdauer der Schwebung des Systems, durchfahren. Die Frequenzen der beiden ungekoppelten Schwinger sind für diese Situation als Funktion der Zeit in Abbildung 3.17 aufgetragen.

Diese neue Situation ist physikalisch relativ einfach zu verstehen. In dieser neuen Situation ist während des Kreuzens beider Frequenzen keine Zeit, durch die Schwebung Energie von der ersten Masse auf die zweite Masse zu übertragen. Die Energie verbleibt deshalb auf dem ursprünglichen individuellen Schwinger. Es ist in Zeiten,

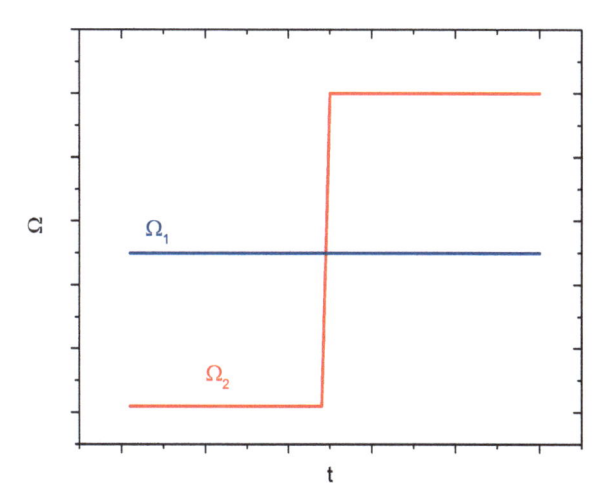

Abb. 3.17: Abruptes Durchfahren der Frequenz des zweiten Schwingers durch die Frequenz des ersten.

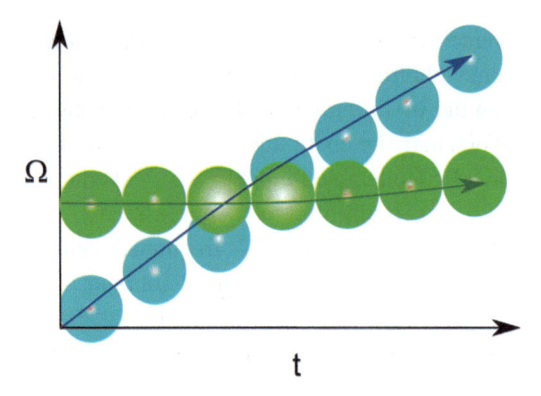

Abb. 3.18: Beim schnellen Durchfahren des kollektiven Bereiches bleiben die Frequenzen so unscharf, dass die Verknüpfung der Moden unklar bleibt und die Energie auf dem ursprünglich individuellen Schwinger verharrt.

die kürzer sind als die Schwingungsdauer der Schwebung, nicht möglich, die Schwingungsfrequenzen der Moden präziser zu bestimmen als die Schwebungsfrequenz. Die Modenfrequenzen bleiben deshalb unschärfer als der Modenabstand im angepassten Bereich (Abbildung 3.18). Auch die Frequenz des ungekoppelten zweiten Federpendels mit sich zeitlich ständig verändernder Frequenz Ω_2 ist infolge der Veränderung mit einer Frequenzunschärfe $\Delta\Omega_2 > 2\pi/\Delta t$ behaftet. Es ist für das System in dieser kurzen Zeit nicht zu erkennen, wie die beiden Modenäste verknüpft sind. Die Energie des Systems bekommt vom System sozusagen keine klare Anweisung, auf welchen Modenast sie sich begeben soll. So verharrt sie einfach auf dem Schwinger, auf dem sie auch zu Beginn des Prozesses war.

Eine Frequenz-Zeit-Unschärfe

$$\Delta t \Delta\Omega > 2\pi \tag{3.79}$$

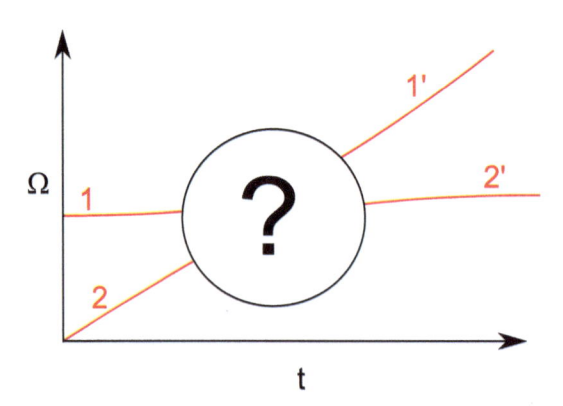

Abb. 3.19: Das Ergebnis des Energietransfers wird durch die Frequenz-Zeit-Unschärfe bestimmt.

bestimmt also letztendlich darüber, ob die Energie von der Mode 1 auf die Mode 1' oder von der Mode 1 auf die Mode 2' transferiert wird (Abbildung 3.19). Geschieht das Durchfahren des kollektiven Bereiches auf Zeitskalen kürzer als die inverse Schwebungsfrequenz, so endet die Energie in einer anderen Mode, als wenn das Durchfahren wesentlich langsamer als die Schwebungsperiode erfolgt.

3.9 Über die Vorhersagbarkeit von mechanischen Systemen

Für den angehenden Physikstudenten ist das Erlernen von mathematischen Methoden zur Lösung physikalischer Probleme zu Anfang besonders wichtig. Wir haben deshalb eine Reihe lösbarer Probleme in diesem Buch besprochen. Es könnte leicht der Eindruck entstehen, dass wir mit den Newton'schen Bewegungsgleichungen jegliches mechanische Problem letztendlich mit genügend mathematischem Aufwand berechnen können. Zum Glück gibt es in unserer Welt eine Vielzahl von Problemen, bei denen die Vorhersagbarkeit von sich entwickelnden Ergebnissen sehr begrenzt ist. Wie schnell man an die Grenzen der Vorhersagbarkeit stößt, wollen wir anhand eines scheinbar einfachen Systems, dem Doppelpendel, veranschaulichen.

Das Doppelpendel ist in Abbildung 3.20 skizziert. Zwei Massen m_1 und m_2 hängen an zwei masselosen festen Stäben der Längen l_1 und l_2. Der erste Stab ist frei drehbar aufgehängt und der zweite Stab hängt an der Masse m_1. Das Doppelpendel sei der Gravitation der Erde, also der Erdbeschleunigung g, ausgesetzt. Das Problem ist also abhängig von den fünf Systemparametern: m_1, l_1, m_2, l_2 und g. Die dynamischen Variablen des Doppelpendels sind die beiden Winkel $\varphi(t)$ und $\psi(t)$, die die beiden Stäbe mit der Vertikalen einnehmen. Als frei wählbare Anfangsbedingungen haben wir die beiden Winkel und die beiden Winkelgeschwindigkeiten $\varphi(t=0)$, $\dot\varphi(t=0)$, $\psi(t=0)$ und $\dot\psi(t=0)$. Insgesamt hat das System also vier Freiheitsgrade. Die Dynamik des Doppel-

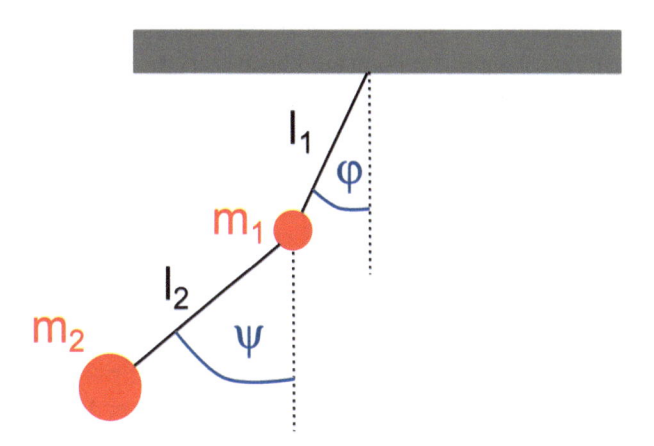

Abb. 3.20: Skizze eines Doppelpendels.

pendels kann deshalb im vierdimensionalen Raum der Variablen $\varphi(t)$, $\dot\varphi(t)$, $\psi(t)$ und $\dot\psi(t)$ beschrieben werden. Alle höheren Zeitableitungen der Winkel sind nicht mehr unabhängig von den anderen, da sie durch die hier nicht genauer spezifizierten Bewegungsgleichungen

$$\ddot\varphi = f(\varphi, \dot\varphi, \psi, \dot\psi), \qquad (3.80)$$

$$\ddot\psi = g(\varphi, \dot\varphi, \psi, \dot\psi) \qquad (3.81)$$

mit den vier Freiheitsgraden zusammenhängen. Das Doppelpendel ist ein konservatives System, und es gilt die Energieerhaltung. Für eine feste Energie sind wegen

$$E = E(\varphi, \dot\varphi, \psi, \dot\psi) \qquad (3.82)$$

auch die vier Freiheitsgrade φ, $\dot\varphi$, ψ, $\dot\psi$ nicht unabhängig, d. h., wir können die Winkelgeschwindigkeit des zweiten Pendels als Funktionen der anderen Freiheitsgrade und der konstanten Energie

$$\dot\psi = \dot\psi_\pm(\varphi, \dot\varphi, \psi, E) \qquad (3.83)$$

mit in unserem Fall zwei Lösungszweigen für positive $\dot x_2 > 0$ und negative $\dot x_2 < 0$ Horizontalgeschwindigkeit des zweiten Pendels ausdrücken. Für eine feste Energie sagt die Gleichung (3.82) aus, dass die vier Variablen φ, $\dot\varphi$, ψ, $\dot\psi$ auf einer dreidimensionalen *Hyperfläche* im vierdimensionalen φ, $\dot\varphi$, ψ, $\dot\psi$-Raum variieren. Es gibt vier stationäre Lösungen des Doppelpendels, bei dem das Doppelpendel ruhen kann: In diesen stationären Konformationen hängt oder steht jedes der beiden Pendel. Die niederenergetischste (hängend, hängende) Konformation definieren wir als Nulllage $E_a = 0$. Die anderen stationären Zustände haben dann die Energien $E_b = 2m_2 l_2 g$, $E_c = 2(m_1 + m_2) l_1 g$ und $E_d = 2m_1 l_1 g + 2m_2(l_1 + l_2)g$. Die Darstellung der Trajektorie der frei variierenden ersten drei Freiheitsgrade im φ, $\dot\varphi$, ψ-Raum führt bereits zu sehr komplexen Figuren, die schwer aufzumalen sind. Man beschränkt sich deshalb oft auf den Poincaré-Schnitt, der nur die positiven Durchstoßpunkte der Trajektorien durch die Nulllage des zweiten Pendels ($\psi = 0$) mit positiver Horizontalgeschwindigkeit $\dot x_2 > 0$ in der $\psi = 0$ Ebene darstellt. In Abbildung 3.21 ist eine Trajektorie mit positiven (gelb) und negativen (violett) Durchstoßpunkten in der Poincaré-Ebene gezeigt.

Wir wollen den Poincaré-Schnitt zunächst für kleine Energien $E \ll E_b$ besprechen. Für kleine Energien sind die Auslenkungen aus der Ruhelage klein, und wir können die potenzielle Energie um die Ruhelage bis hin zu quadratischen Gliedern entwickeln. Als Resultat bekommen wir eine Schwingungsgleichung zweier gekoppelter Schwinger, wie in den vorherigen Abschnitten besprochen.

Das Doppelpendel schwingt dann in der Superposition zweier Normalmoden des Doppelpendels. Nehmen wir an, nur eine dieser Moden sei angeregt. Dann ist die Schwingung voll periodisch mit der Frequenz der Normalmode, und die Trajektorie dieser Mode durchstößt die Poincaré-Ebene pro Periode genau einmal mit positiver Kreisfrequenz des zweiten Pendels – und zwar jede Periode immer wieder an derselben Stelle. Die zwei Normalmoden erkennen wir an den zwei Fixpunkten des Poincaré-Schnittes. Für ein symmetrisches Doppelpendel $m_1 = m_2$ und $l_1 = l_2$ sind die

3.9 Über die Vorhersagbarkeit von mechanischen Systemen — 103

feste Gesamtenergie E = 0.9E$_b$

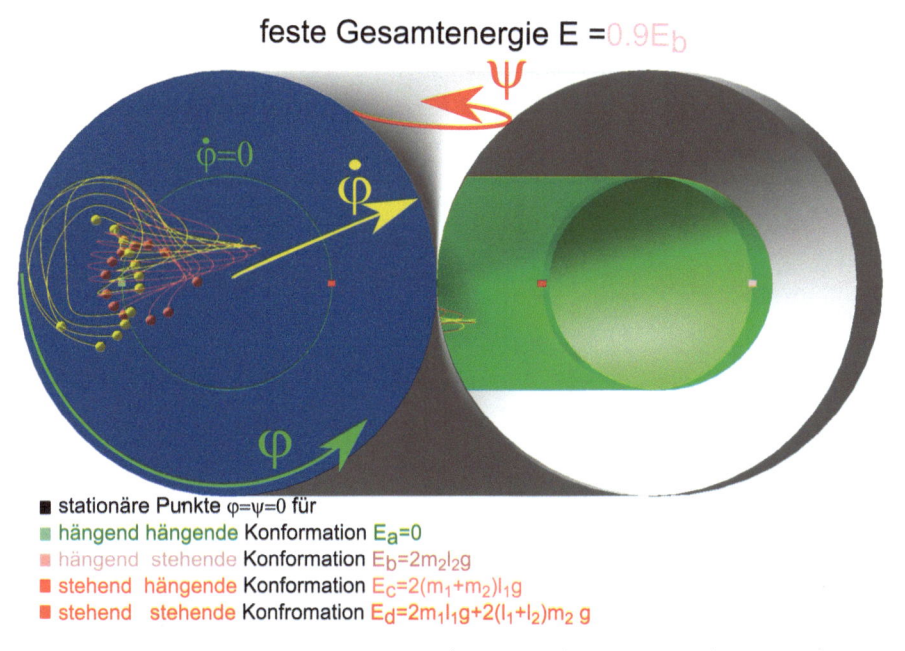

- ■ stationäre Punkte φ=ψ=0 für
- ■ hängend hängende Konformation $E_a=0$
- ■ hängend stehende Konformation $E_b=2m_2l_2g$
- ■ stehend hängende Konformation $E_c=2(m_1+m_2)l_1g$
- ■ stehend stehende Konfromation $E_d=2m_1l_1g+2(l_1+l_2)m_2g$

Abb. 3.21: Skizze einer Trajektorie mit positiven ($\dot{x}_2 > 0$: gelb) und negativen ($\dot{x}_2 < 0$: rosa) Durchstoßpunkten durch die Poincaré-Ebene (blau). Die Trajektorien liegen in einem Torus (grau). Punkte mit entgegengesetzter Winkelgeschwindigkeit $\dot{\phi} < 0$ ($\dot{\phi} > 0$) liegen innerhalb bzw. außerhalb des grünen Torus. Der Poincaré-Schnitt $\psi = 0$ ist die Poincaré-Ebene mit den positiven Durchstoßpunkten.

Frequenzen angepasst und wir haben einen symmetrischen Schwingungsmodenfixpunkt bei positiver Winkelgeschwindigkeit des ersten Pendels an der Stelle $\varphi = 0$, $\dot{\varphi} > 0$ und einen asymmetrischen Schwingungsmodenfixpunkt bei $\varphi = 0$, $\dot{\varphi} < 0$ (Abbildung 3.22). Ist der Hauptbetrag der Energie in der symmetrischen Mode und nur wenig Energie in der asymmetrischen Mode, liegen die Durchstoßpunkte in der Nähe des symmetrischen Fixpunktes. Da die Bewegung des Doppelpendels mit zwei in der Regel inkommensurablen Frequenzen der beiden Normalmoden erfolgt, ist der Durchstoßpunkt nach einer Schwingung des zweiten Pendels aber nicht mehr an derselben Stelle wie der erste. Die Durchstoßpunkte umkreisen den symmetrischen Fixpunkt mit der Schwebungsfrequenz, sodass sich die Durchstoßpunkte bei Kommensurabilität der Frequenzen nach jeder Schwebungsperiode wiederholen. Sind die Frequenzen jedoch inkommensurabel, liegen die Durchstoßpunkte dicht auf einer Kurve, die den Fixpunkt umkreist. Der Poincaré-Schnitt bei kleinen Energien besteht also aus zwei Fixpunkten und Kurven zeitlich konstanten Modenanteils um jeweils einen dieser Fixpunkte, auf denen die Durchstoßpunkte einer bestimmten Trajektorie dicht liegen. Da der Modenanteil neben der Energie für die quadratische Näherung ebenfalls eine Erhaltungsgröße ist, zerfällt die Poincaré-Ebene in separierbare Kurven konstanten Modenanteils. Bereits bei den kleinsten Nichtlinearitäten gilt die Erhaltung des Moden-

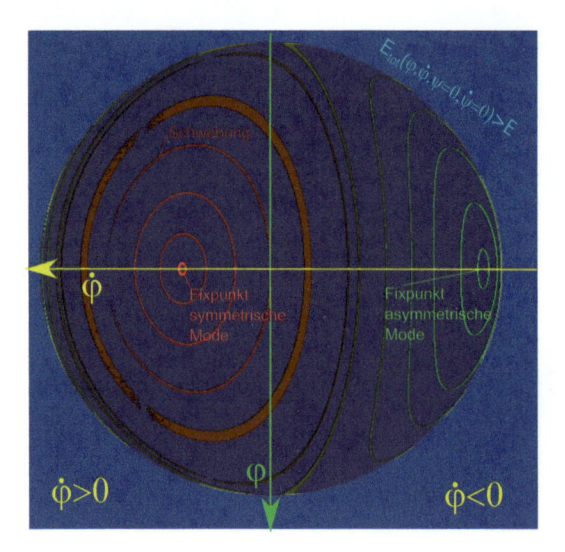

Abb. 3.22: Poincaré-Schnitt des Doppelpendels bei kleinen Energien $E \ll E_b$ und symmetrischem Doppelpendel, mit den zu den Normalmoden korrespondierenden Fixpunkten und den auf den Schwebungskurven dicht liegenden Durchstoßpunkten einer Trajektorie. In der hellblauen Region überschreitet die Energie des ersten Pendels bereits die Gesamtenergie, weshalb dort keine Trajektorien die Poincaré-Ebene durchstoßen.

anteils nur ungefähr, und aus den unterschiedlichen Trajektorien zu einem Modenanteil wird eine einzige Trajektorie, die den gesamten energetisch erlaubten Bereich abtastet. Wir sehen dies in den braunen Durchstoßpunkten durch die Poincaré-Ebene in Abbildung 3.22, die über einen längeren Zeitraum erfolgt und deshalb den Modenanteil langsam zu immer größeren asymmetrischen Modenanteilen verschiebt. Es gibt eine Poincaré'sche Wiederkehrzeit, die sehr lang ist und bei der die Trajektorie beliebig nahe zu ihrem Anfangswert zurückkehrt.

Für größere Energien können linearisierte Gleichungen und harmonische Näherungen das Geschehen nicht mehr beschreiben und im Poincaré-Schnitt tauchen neuartige Strukturen auf. Als erstes neues Phänomen treten zusätzliche Tripelfixpunkte neben den ursprünglichen Normalmodenfixpunkten (Abbildung 3.23) auf. Dabei durchstößt eine Trajektorie sukzessive den einen, den anderen und den dritten Teil des Tripelfixpunktes. Für Anfangsbedingungen leicht neben diesen Fixpunkten hüpfen die Durchstoßpunkte neben diesen Tripelfixpunkten ebenfalls von der Umgebung des einen Fixpunktes zur Umgebung des zweiten und dritten Fixpunktes und umkreisen diese Tripelfixpunkte auf einer dichten Tripelkreiskurve um die drei Fixpunkte.

Bei noch höheren Energien treten immer mehr multiple Fixpunkte auf, die abwechselnd durchlaufen werden, mit immer größeren Subhierarchien an Subfixpunkten (Abbildung 3.24).

Überschreitet die Energie den Wert $E > E_b$, so werden Überschläge des zweiten Pendels möglich. Trajektorien, die sonst parallel zueinander verlaufen, können in

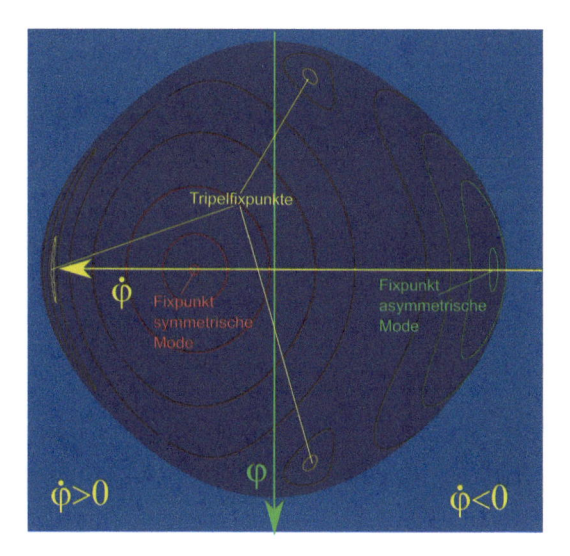

Abb. 3.23: Poincaré-Schnitt des Doppelpendels bei höheren Energien $E = 0{,}5E_b$. Es treten neben den Normalmodenfixpunkten periodenverdreifachte Tripelfixpunkte auf.

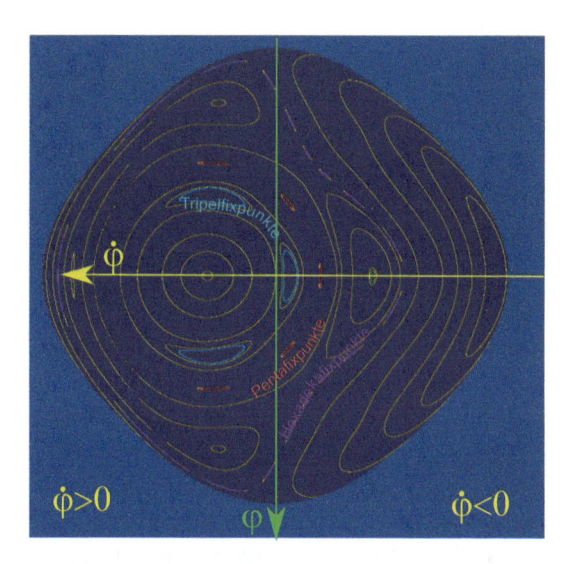

Abb. 3.24: Poincaré-Schnitt des Doppelpendels bei noch höheren Energien ($E = 0{,}9E_b$). Es treten neben den Normalmodenfixpunkten multiple Fixpunkte und Fixpunkthierarchien auf.

der Nähe des hängend stehenden Fixpunktes völlig verschieden mit und ohne Überschlag verlaufen. Dadurch tauchen erste chaotische Regionen im Poincaré-Schnitt auf, die aber noch durch nicht chaotische Regionen unterbrochen werden. Schließlich geht das System bei einer Schwellenergie über ins vollständige Chaos, bei dem die Durchstoßpunkte vollkommen unvorhersagbar die Poincaré-Ebene durchstoßen

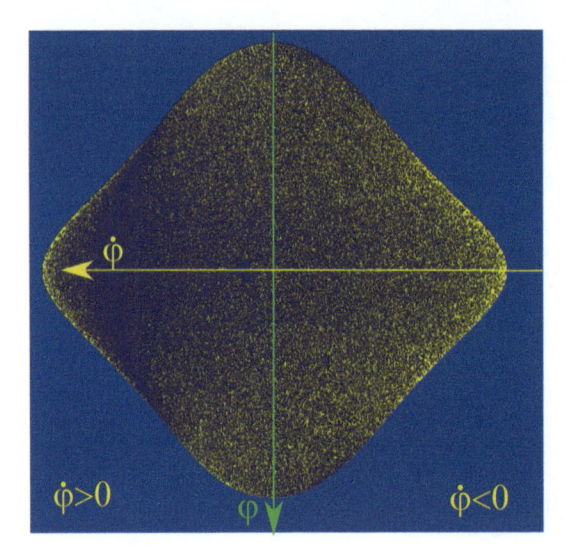

Abb. 3.25: Poincaré-Schnitt des Doppelpendels bei sehr hohen Energien $E = (E_b + E_c)/2$. Es tritt deterministisches Chaos auf.

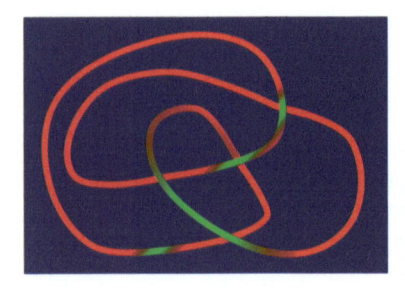

Abb. 3.26: Bild einer verknoteten Trajektorie.

(Abbildung 3.25). Bereits kleinste Abweichungen der Anfangsbedingungen resultieren nach kurzer Zeit in völlig anderen Trajektorien, die nicht mehr in der Nähe der Trajektorien mit ähnlichen Anfangsbedingungen liegen. Das System wird dadurch vollkommen unvorhersagbar, obwohl die Bewegungsgleichungen vollkommen deterministisch sind. Wir sprechen vom deterministischen Chaos.

Wir sehen also, dass bereits ein relativ einfaches vierdimensionales konservatives System mit Energieerhaltung ausreicht, um chaotisches Verhalten zu erzeugen. Für dissipative Systeme, in denen die Energie nicht erhalten ist, reichen sogar drei Freiheitsgrade aus, um chaotische Trajektorien zu erzeugen. Der Grund, warum in zwei Dimensionen keine chaotischen Trajektorien auftreten, ist, dass zweidimensionale Trajektorien keine Knoten haben können. Verknotete Trajektorien, wie in Abbildung 3.26, gibt es zum ersten Mal in drei Dimensionen.

Wir haben in den Abschnitten 3.5–3.9 zwei gekoppelte lineare und nicht lineare Schwinger behandelt. Man kann sich fragen, ob die Vielfältigkeit an physikalischen Phänomenen noch komplexer wird, wenn mehr Schwinger miteinander gekoppelt werden. Dies ist selbstverständlich der Fall. Ein System aus N gekoppelten harmonischen Schwingern zeigt nicht zwei, sondern N Schwingungsmoden. Mehr als zwei gekoppelte, nicht lineare Schwinger führen ebenfalls ins Chaos. Qualitativ vollkommen neuartige Phänomene sind bisher aber wenig bekannt, sodass wir die Diskussion periodischer Phänomene von Punktmassen hier abschließen möchten.

3.10 Aufgaben

Gedämpfter Oszillator

Abb. 3.27: In Wasser getauchtes Federpendel.

Eine Masse m hängt an einer Feder der Federkonstante k in einen mit Wasser gefüllten Tank (Abbildung 3.27). Während ihrer Schwingung befindet sich die Masse stets unter Wasser. Das Wasser übt auf die Masse eine bremsende Kraft $\mathbf{F}_{viskos} = -b\mathbf{v}$ aus. Dabei ist $\mathbf{v}$ die Geschwindigkeit der Masse relativ zur Flüssigkeit und b eine positive Konstante.
a) Nun werde die Masse m in der Vertikalen aus ihrer Ruhelage ausgelenkt und losgelassen. Stellen Sie die Bewegungsgleichung dieser Schwingung auf.
b) Berechnen und skizzieren Sie den Verlauf der Schwingungsamplitude für diesen Fall.

Schwingungsmoden

Zwei Federpendel der Massen $M_1 = M_2$ und Federkonstanten K sind über eine schwächere Feder mit Federkonstante $k < K$ gekoppelt. Das Federsystem wird so präpariert, dass es in der symmetrischen Schwingungsmode mit Amplitude x schwingt. Durch einen Schuss aus einem Revolver mit einer Kugel der Masse $m < M_1 = M_2$ auf die Masse M_1 (Abbildung 3.28) soll die Schwingung abrupt so abgeändert werden, dass beide

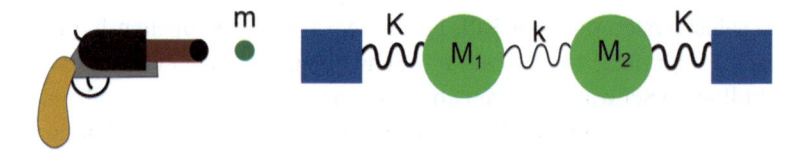

Abb. 3.28: Schießen ist in Mode.

Massen in unmittelbarer Folge auf den Schuss in der asymmetrischen Mode schwingen. Die Kugel der Masse m bleibt dabei in der Masse M_1 stecken.
a) Mit welcher Geschwindigkeit und wann muss der Schütze schießen, um diesen Effekt zu erreichen? Beschreiben Sie die physikalischen Bedingungen, die der Schütze erfüllen muss.
b) Beschreiben Sie, wie das Federsystem nach dem Schuss weiter schwingt, wenn es von außen keinen weiteren Einflüssen mehr unterliegt. Begründen Sie Ihre Beschreibung.
c) Nach einer Weile kann durch einen eingebauten Mechanismus die Masse m wieder von der Masse M_1 gelöst werden. Beschreiben Sie, wie und wo es möglich ist, die Masse m so abfallen zu lassen, dass das System danach wieder für immer in der symmetrischen Schwingungsmode schwingt.

Schwingungssysteme

Finden Sie vier Systeme, die oszillieren, und schreiben Sie die Bewegungsgleichung der vier Systeme mit den für das System relevanten Variablen auf.

Seien Sie kreativ und erfinden Sie ein fünftes eigenes System, wofür Sie ebenfalls die Bewegungsgleichung aufstellen.

2D-Schwingung

Gegeben sei eine Masse m, die von einem System aus drei Federn in der Mitte eines gleichseitigen Dreieckes gehalten wird (Abbildung 3.29).
a) Alle drei Federn 1, 2, 3 haben dieselbe Federkonstante k. Bestimmen Sie die potenzielle Energie $U = U_1 + U_2 + U_3$ der Masse, wenn diese um $|\mathbf{r}| \ll l$ aus der Ruhelage ausgelenkt wird.
b) Was sind die Eigenfrequenzen des Systems? Welche Bahn beschreibt die Masse, wenn diese in Richtung der ersten Feder ausgelenkt wird und eine Anfangsgeschwindigkeit $\mathbf{v}$ senkrecht zur Feder 1 besitzt?

Abb. 3.29: Zweidimensionale Schwingungsanordnung.

Poincaré-Schnitte
Gehen Sie in die Bibliothek und leihen sich das Buch ‚Chaos' von H. J. Korsch und H.-J. Jodl aus. Öffnen Sie das Programm zum Doppelpendel in der beiliegenden CD und spielen Sie mit dem Programm. Erstellen Sie Poincaré-Schnitte für verschiedene Anfangsbedingungen und versuchen Sie zu verstehen, was diese aussagen.

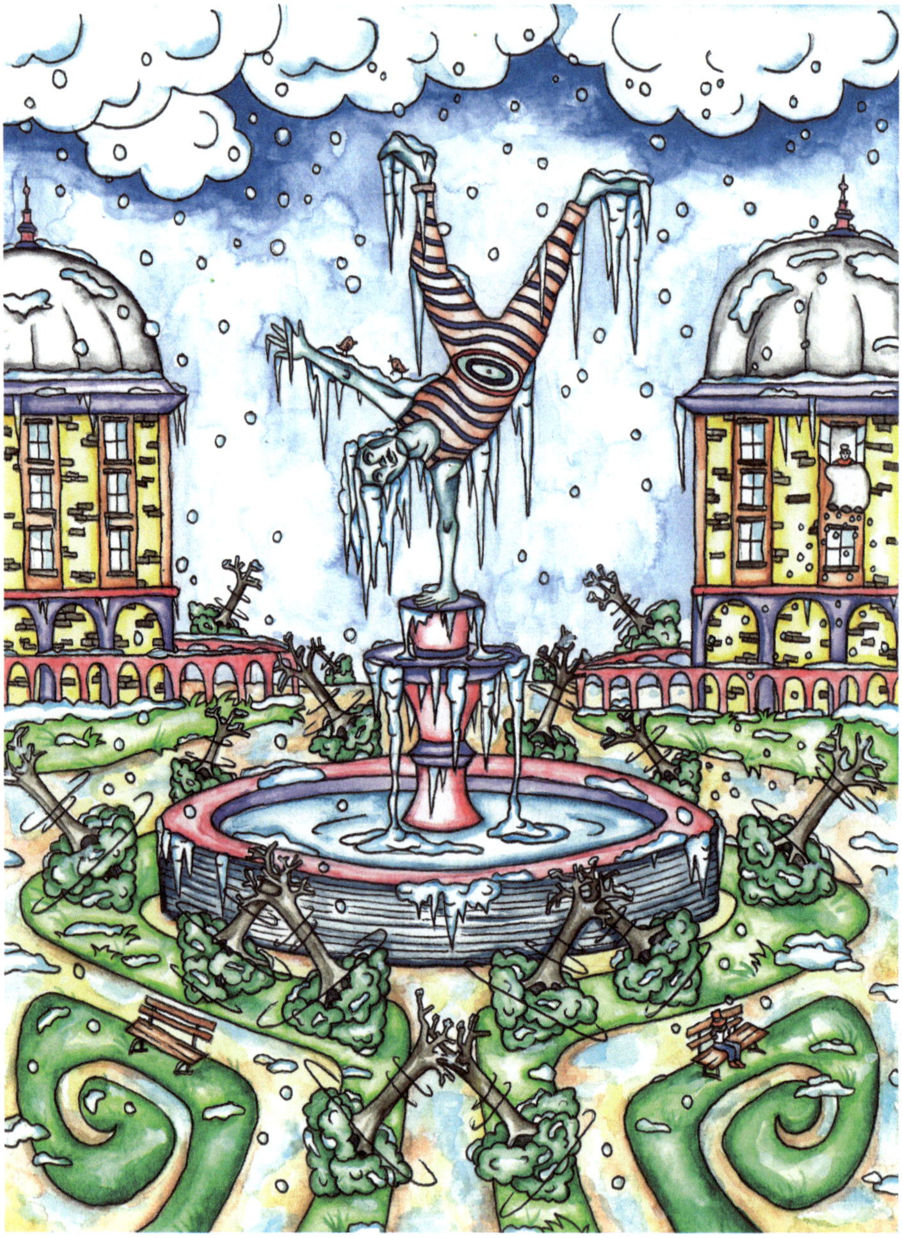

4 Der starre Körper

Ein starrer Körper ist interessanter als ein Punkt im Raum, denn er hat eine räumliche Ausdehnung. Seine Form hält er unter allen Umständen zu jeglicher Zeit wider jeglichen relativistischen Kausalitätsprinzipien ein und ist deshalb ein Geschöpf der klassischen nicht relativistischen Physik. Neben der Position des Körpers wird seine Orientierung im Raum wichtig. Ein starrer Körper lässt sich umplatzieren und umorientieren. Jeder starre Körper ist vollständig durch seine Masse und sein Trägheitsmomentenellipsoid charakterisiert. Ein starrer Elefant ist einem starren Ellipsoiden vollständig äquivalent, sofern er nicht mit anderen starren Körpern wechselwirkt.

4.1 Konstituierende Gleichung des starren Körpers

Wir haben in Abschnitt 2.3 die Dynamik zweier Massenpunkte mit festem Abstand betrachtet. Wir wollen dieses Thema hier wieder aufnehmen und ein ganzes Ensemble (typischerweise $N = 10^{23}$) an Massenpunkten betrachten, die zueinander einen festen Abstand halten. Die konstituierende Gleichung eines starren Körpers lautet deshalb

$$\frac{d|\mathbf{r}_i - \mathbf{r}_j|}{dt} = 0. \tag{4.1}$$

Ein System mit $N = 10^{23}$ Massenpunkten hat doppelt so viele Freiheitsgrade (die Positionen und ihre Geschwindigkeiten). Der feste Abstand zwischen den Massenpunkten reduziert die Anzahl der Freiheitsgrade auf zweimal sechs. Dies ist somit eine enorme Vereinfachung des Problems. Von diesen zweimal sechs Freiheitsgraden sind zweimal drei Freiheitsgrade translatorische Freiheitsgrade, also die Position und Geschwindigkeit des Körpers, die wir von den Massenpunkten auch schon kennen. Die anderen zweimal drei Freiheitsgrade sind Orientierungsfreiheitsgrade und ihre Zeitableitungen, die bei Massenpunkten nicht vorkommen. Die Beschreibung der Dynamik eines starren Körpers besteht darin, die Bewegungsgleichungen der Position und der Orientierung des Körpers zu verstehen. Es ist aus der Diskussion über die Relativität von Längen her klar, dass das Konzept eines starren Körpers nur im Rahmen der klassischen Newton'schen Mechanik Sinn hat. Einen starren, rotierenden, relativistischen Körper kann es schon deshalb nicht geben, weil bei ihm die Lichtgeschwindigkeit bei großen Radien überschritten werden würde. Ein beschleunigter, vom Bezugssystem des Körpers aus betrachteter, starrer Körper erscheint von einem nicht beschleunigten Beobachter aus als nicht mehr starr.

Wir beginnen mit den Newton'schen Bewegungsgleichungen für die einzelnen Massen m_i des starren Körpers, aus denen sich der Körper zusammensetzt:

$$m_i \frac{d^2 \mathbf{r}_i}{dt^2} = \mathbf{F}_{i,\text{ext}} + \sum_j \mathbf{F}_{ij}. \tag{4.2}$$

Dabei unterscheiden wir zwischen externen Kräften $\mathbf{F}_{i,\text{ext}}$, die von außen auf den Körper einwirken, und internen Kräften $\mathbf{F}_{ij} = -\mathbf{F}_{ji}$, die dafür sorgen, dass die einzelnen Massen einen konstanten Abstand zu den anderen Massen halten. In völliger Analogie zu den Bewegungsgleichungen eines Massenpaares im Zentralfeld aus Abschnitt 2.10 summieren wir die Gleichung (4.2) über alle Massen auf und erhalten so für die linke Seite der aufsummierten Gleichung (4.2):

$$\sum_i m_i \frac{d^2 \mathbf{r}_i}{dt^2} = \left(\sum_j m_j \right) \frac{\sum_i m_i \frac{d^2 \mathbf{r}_i}{dt^2}}{\sum_j m_j} \tag{4.3}$$

$$= M_{\text{ges}} \frac{d^2}{dt^2} \left(\frac{\sum_i m_i \mathbf{r}_i}{\sum_j m_j} \right). \tag{4.4}$$

Wir definieren die Gesamtmasse

$$M_{\text{ges}} = \sum_i m_i \tag{4.5}$$

sowie den Massenmittelpunkt

$$\mathbf{r}_s = \frac{\sum_i m_i \mathbf{r}_i}{\sum_j m_j} \tag{4.6}$$

des starren Körpers und erhalten so die Bewegungsgleichung

$$M_{\text{ges}} \frac{d^2 \mathbf{r}_s}{dt^2} = \sum_i \mathbf{F}_{i,\text{ext}} + \sum_{ij} \cancel{\mathbf{F}_{ij}} = \mathbf{F}_{\text{ges,ext}} \tag{4.7}$$

für den Massenmittelpunkt des starren Körpers. Dabei heben sich sämtliche internen Kräfte, die den starren Körper zusammenhalten, aufgrund des dritten Newton'schen Gesetzes weg und es verbleibt ausschließlich die Gesamtkraft aller extern angreifenden Kräfte. Dies hat den großen Vorteil, dass wir für eine korrekte Beschreibung der Bewegungen des Massenmittelpunktes des starren Körpers nicht verstehen müssen, wie der starre Körper zusammengehalten wird. Andererseits führt das umgekehrt zu dem Nachteil, dass wir aus der Bewegung des starren Körpers auch nichts darüber lernen, wie er zusammengehalten wird. Natürlich können wir jedoch aus der Tatsache, dass der starre Körper trotz extern angreifender Kräfte zusammenhält, zumindest schließen, dass die internen Kräfte offensichtlich die externen Kräfte deutlich übersteigen. Zum Beispiel können wir für einen rotierenden, starren Körper in das im Körper ruhende, gegenüber einem Inertialsystem rotierende, nicht inertiale Bezugssystem wechseln, und die Zentrifugalkräfte, die am Körper angreifende externe Scheinkräfte sind, auf die einzelnen Massen ausrechnen, um abzuschätzen, welche interne Kräfte den Körper zusammenhalten. Wir gehen im Weiteren immer davon aus, dass der starre Körper tatsächlich zusammenhält. Dann lesen wir aus Gleichung (4.7) ab, dass sich der Massenmittelpunkt des Körpers unter dem Einfluss äußerer Kräfte genauso bewegt, wie ein Massenpunkt derselben Gesamtmasse wie der starre Körper.

Das ist ein beruhigendes Ergebnis. Hätten wir ein anderes Ergebnis gefunden, so wäre der gesamte erste Teil dieses Buches über Massenpunkte hinfällig, da es diese ja gar nicht gibt. Wir können aufgrund der Gleichung (4.7) aber für jeden starren Körper, bei dem uns nur die Position des Massenmittelpunktes und nicht die Orientierung des Körpers interessiert, so tun, als sei er ein Massenpunkt.

In Abschnitt 2.10 über Zentralpotenziale hatten wir die relative Position eines Partikels in Bezug auf den zweiten Partikel $\mathbf{r}_{12}$ als dynamische Variable verwendet. Der zweite Partikel diente als Referenzpunkt bezüglich des ersten Partikels. Bei mehr als zwei Partikeln stellt sich die Frage, welcher Punkt als Referenzpunkt für alle anderen Punkte des starren Körpers dienen soll. Klarerweise kommt hierfür der Massenmittelpunkt $\mathbf{r}_s$ des Körpers in Frage. Es zeigt sich aber, dass auch andere Referenzpunkte sinnvoll sein können. Wir greifen uns einen beliebigen Referenzpunkt $\mathbf{r}_{\text{ref}}$ des starren Körpers heraus, durch den wir uns eine virtuelle momentane Drehachse vorstellen.

Aus der Konstanz des Abstandes dieses Punktes zu einem anderen Punkt $\mathbf{r}_i$ schließen wir mittels (2.44) darauf, dass die Geschwindigkeiten der beiden Punkte durch

$$\mathbf{v}_i = \mathbf{v}_{\text{ref}} + \boldsymbol{\omega}_{i,\text{ref}} \times (\mathbf{r}_i - \mathbf{r}_{\text{ref}}) \tag{4.8}$$

verknüpft sind. Damit aber auch zwei Positionen $\mathbf{r}_i$ und $\mathbf{r}_j$ konstanten Abstand halten, kann die momentane Kreisfrequenz $\boldsymbol{\omega}_{i,\text{ref}}$ nicht von der Position $\mathbf{r}_i$ abhängen. Wir schreiben für die Geschwindigkeit am Punkte $\mathbf{r}_i$ des starren Körpers bezüglich eines Referenzpunktes $\mathbf{r}_{\text{ref},1}$

$$\mathbf{v}_i = \mathbf{v}_{\text{ref},1} + \boldsymbol{\omega}_{\text{ref},1} \times (\mathbf{r}_i - \mathbf{r}_{\text{ref},2} + \mathbf{r}_{\text{ref},2} - \mathbf{r}_{\text{ref},1}) \tag{4.9}$$
$$= (\mathbf{v}_{\text{ref},1} + \boldsymbol{\omega}_{\text{ref},1} \times (r_{\text{ref},2} - \mathbf{r}_{\text{ref},1})) + \boldsymbol{\omega}_{\text{ref},1} \times (\mathbf{r}_i - \mathbf{r}_{\text{ref},2}), \tag{4.10}$$

wobei wir einen anderen Referenzpunkt $\mathbf{r}_{\text{ref},2}$ eingeschoben haben und in Gleichung (4.8) und (4.10) die Gleichung in Anteile, die vom Abstand des i-ten Punktes zum zweiten Referenzpunkt abhängen und i-unabhängige Anteile aufteilen. Aus Gleichung (4.10) lesen wir ab, dass

$$\boldsymbol{\omega}_{\text{ref},1} = \boldsymbol{\omega}_{\text{ref},2} = \boldsymbol{\omega} \tag{4.11}$$

die Kreisfrequenz des starren Körpers auch unabhängig vom Referenzpunkt ist, die Geschwindigkeit des neuen zweiten Referenzpunktes über

$$\mathbf{v}_{\text{ref},2} = \mathbf{v}_{\text{ref},1} + \boldsymbol{\omega} \times (\mathbf{r}_{\text{ref},2} - \mathbf{r}_{\text{ref},1}) \tag{4.12}$$

mit der des ersten Referenzpunktes zusammenhängt und die Geschwindigkeit des i-ten Massenpunktes bei Bezug auf den zweiten Referenzpunkt durch

$$\mathbf{v}_i = \mathbf{v}_{\text{ref},2} + \boldsymbol{\omega} \times (\mathbf{r}_i - \mathbf{r}_{\text{ref},2}) \tag{4.13}$$

gegeben ist. Ein Wechsel des Referenzpunktes bzw. der virtuellen momentanen Drehachse führt zu einer anderen Referenzgeschwindigkeit, aber nicht zu einer anderen Kreisfrequenz.

4.2 Abstandsquadrat zu einer Achse

Wir stellen uns eine virtuelle momentane Drehachse durch den Referenzpunkt $\mathbf{r}_{\text{ref}}$ vor (Abbildung 4.1), die in Richtung $\boldsymbol{\omega}/\omega$ durch den Referenzpunkt läuft. Wir ziehen vom Abstandsvektor $\mathbf{r} - \mathbf{r}_{\text{ref}}$ eines beliebigen Punktes zum Referenzpunkt die Projektion des Abstandsvektors auf die Achse ab, um den Abstand $\Delta \mathbf{r}_\perp$ des Punktes $\mathbf{r}$ zur virtuellen Drehachse zu erhalten:

$$\Delta \mathbf{r}_\perp = (\mathbf{r} - \mathbf{r}_{\text{ref}}) - \frac{\boldsymbol{\omega}\boldsymbol{\omega}}{\omega^2} \cdot (\mathbf{r} - \mathbf{r}_{\text{ref}}). \tag{4.14}$$

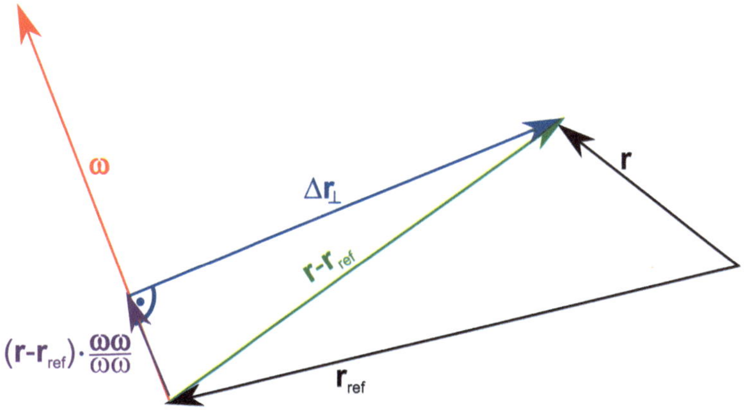

Abb. 4.1: Der Vektor **r** − **r**$_{\text{ref}}$, seine Projektion auf die Achse und sein Anteil senkrecht zur Achse.

Für das Quadrat des Abstandes zur Achse finden wir:

$$\begin{aligned}(\Delta \mathbf{r}_\perp)^2 &= (\mathbf{r}-\mathbf{r}_{\text{ref}})^2 - 2\left(\frac{\boldsymbol{\omega}}{\omega}\cdot(\mathbf{r}-\mathbf{r}_{\text{ref}})\right)^2 + \left(\frac{\boldsymbol{\omega}}{\omega}\cdot(\mathbf{r}-\mathbf{r}_{\text{ref}})\right)^2\left(\frac{\boldsymbol{\omega}}{\omega}\right)^2 \\ &= (\mathbf{r}-\mathbf{r}_{\text{ref}})^2\left(\frac{\boldsymbol{\omega}}{\omega}\right)^2 - \left(\frac{\boldsymbol{\omega}}{\omega}\cdot(\mathbf{r}-\mathbf{r}_{\text{ref}})\right)^2 \\ &= \frac{\boldsymbol{\omega}}{\omega}\cdot[(\mathbf{r}-\mathbf{r}_{\text{ref}})^2\mathbb{1} - (\mathbf{r}-\mathbf{r}_{\text{ref}})(\mathbf{r}-\mathbf{r}_{\text{ref}})]\cdot\frac{\boldsymbol{\omega}}{\omega}.\end{aligned} \quad (4.15)$$

An Gleichung (4.15) erkennt man, dass das Abstandsquadrat zu einer festen Achsenrichtung $\boldsymbol{\omega}/\omega$ berechnet werden kann, indem man die Matrix $(\mathbf{r}-\mathbf{r}_{\text{ref}})^2\mathbb{1} - (\mathbf{r}-\mathbf{r}_{\text{ref}})(\mathbf{r}-\mathbf{r}_{\text{ref}})$ von links und rechts mit der Achsenrichtung multipliziert. Damit beschreiben die sechs unabhängigen Zahlen der symmetrischen Matrix das Abstandsquadrat zu unendlich vielen verschiedenen Achsenrichtungen durch den Referenzpunkt. Die Matrix $(\mathbf{r}-\mathbf{r}_{\text{ref}})^2\mathbb{1} - (\mathbf{r}-\mathbf{r}_{\text{ref}})(\mathbf{r}-\mathbf{r}_{\text{ref}})$ ist ein Tensor. Wenn man diesen Tensor mit den Achsenrichtungen $\boldsymbol{\omega}/\omega$ füttert, spuckt er das Abstandsquadrat zu dieser Achse aus. Die Beschreibung unendlich vieler möglicher Abstandsquadrate zu möglichen Achsen durch den Referenzpunkt $\mathbf{r}_{\text{ref}}$ durch nur sechs Zahlen ist natürlich eine erhebliche Vereinfachung gegenüber der Auflistung von unendlich vielen Zahlen. Oft schreiben wir das links- und rechtsseitige Produkt einer Matrix mit zwei Vektoren auch als

$$\mathbf{a}\cdot\mathbf{M}\cdot\mathbf{b} = \mathbf{M}:\mathbf{ab}. \quad (4.16)$$

4.3 Kinetische Energie eines starren Körpers

Die kinetische Energie eines starren Körpers ist die Summe der kinetischen Energien der den Körper bildenden Einzelmassen:

$$E_{\text{kin}} = \frac{1}{2}\sum_i m_i v_i^2 \quad (4.17)$$

$$= \frac{1}{2} \sum_i m_i \left(\mathbf{v}_{\text{ref}} + \boldsymbol{\omega} \times (\mathbf{r}_i - \mathbf{r}_{\text{ref}}) \right)^2 \tag{4.18}$$

$$= \frac{1}{2} \sum_i m_i v_{\text{ref}}^2 + \mathbf{v}_{\text{ref}} \cdot \left(\boldsymbol{\omega} \times \left(\sum_i m_i \mathbf{r}_i - \sum_i m_i \mathbf{r}_{\text{ref}} \right) \right)$$

$$+ \frac{1}{2} \sum_i m_i \left(\boldsymbol{\omega} \times (\mathbf{r}_i - \mathbf{r}_{\text{ref}}) \right)^2 . \tag{4.19}$$

Wir benutzen die Identität

$$(\mathbf{a} \times \mathbf{b})^2 = (\mathbf{a} \times \mathbf{b}) \cdot (\mathbf{a} \times \mathbf{b}) = \mathbf{c} \cdot (\mathbf{a} \times \mathbf{b}) = \mathbf{b} \cdot (\mathbf{c} \times \mathbf{a})$$

$$= \mathbf{b} \cdot (\mathbf{b} \mathbf{a} \cdot \mathbf{a} - \mathbf{b} \cdot \mathbf{a}\mathbf{a}) = (a^2 \mathbb{1} - \mathbf{a}\mathbf{a}) : \mathbf{b}\mathbf{b} , \tag{4.20}$$

wobei wir zwischendurch die Abkürzung $\mathbf{c} = \mathbf{a} \times \mathbf{b}$ benutzt haben. Mithilfe der Definition der Gesamtmasse (4.5), der Definition des Massenmittelpunktes (4.6) und der Identität (4.20) erhalten wir

$$E_{\text{kin}} = \frac{1}{2} M_{\text{ges}} v_{\text{ref}}^2 + M_{\text{ges}} \mathbf{v}_{\text{ref}} \cdot (\boldsymbol{\omega} \times (\mathbf{r}_s - \mathbf{r}_{\text{ref}}))$$

$$+ \frac{1}{2} \sum_i m_i ((\mathbf{r}_i - \mathbf{r}_{\text{ref}})^2 \mathbb{1} - (\mathbf{r}_i - \mathbf{r}_{\text{ref}})(\mathbf{r}_i - \mathbf{r}_{\text{ref}})) : \boldsymbol{\omega}\boldsymbol{\omega} . \tag{4.21}$$

Wir definieren den Trägheitsmomententensor

$$\mathbf{I}_{\text{ref}} = \sum_i m_i ((\mathbf{r}_i - \mathbf{r}_{\text{ref}})^2 \mathbb{1} - (\mathbf{r}_i - \mathbf{r}_{\text{ref}})(\mathbf{r}_i - \mathbf{r}_{\text{ref}})) \tag{4.22}$$

bezüglich des Referenzpunktes $\mathbf{r}_{\text{ref}}$, der die Einzelmassen mit dem Abstandsquadrat (4.15) zur noch nicht spezifizierten Achsenrichtung gewichtet. Die kinetische Energie wird damit zu

$$E_{\text{kin}} = \frac{1}{2} M_{\text{ges}} v_{\text{ref}}^2 + M_{\text{ges}} \mathbf{v}_{\text{ref}} \cdot (\boldsymbol{\omega} \times (\mathbf{r}_s - \mathbf{r}_{\text{ref}})) + \frac{1}{2} \mathbf{I}_{\text{ref}} : \boldsymbol{\omega}\boldsymbol{\omega} . \tag{4.23}$$

Wir definieren den Bahndrehimpuls des Referenzpunktes

$$\mathbf{L}_{\text{ref},s}^{\text{Bahn}} = (\mathbf{r}_{\text{ref}} - \mathbf{r}_s) \times M_{\text{ges}} \mathbf{v}_{\text{ref}} \tag{4.24}$$

analog zu Gleichung (2.134), sortieren das Spatprodukt in Gleichung (4.23) entsprechend um und finden:

$$E_{\text{kin}} = \frac{1}{2} M_{\text{ges}} v_{\text{ref}}^2 - \mathbf{L}_{\text{ref},s}^{\text{Bahn}} \cdot \boldsymbol{\omega} + \frac{1}{2} \mathbf{I}_{\text{ref}} : \boldsymbol{\omega}\boldsymbol{\omega} . \tag{4.25}$$

Der erste Term in Gleichung (4.25) ist die kinetische Energie des die Gesamtmasse mitnehmenden Referenzpunktes. Der dritte Term ist die Rotationsenergie bezüglich des Referenzpunktes. Den zweiten Term kennen wir als Coriolisenergie oder Drehungs-Bahn-Kopplung (2.168). Dass dieser zweite Term auftritt, sollte uns nicht verwundern, führt ein beliebiger Referenzpunkt doch gegenüber dem Massenmittelpunkt keine gleichförmige geradlinige Bewegung aus und stellt kein Inertialsystem dar. Das Wegfallen der Coriolisenergie bei Wahl des Massenmittelpunktes ist eine Konsequenz der Gleichung (4.7), die besagt, dass der Massenmittelpunkt eine Bewegung ohne Scheinkräfte ausführt.

Für den Spezialfall, dass als Referenzpunkt der Massenmittelpunkt gewählt wird, finden wir

$$E_{\text{kin}} = \frac{1}{2}M_{\text{ges}}v_s^2 + \frac{1}{2}\mathbf{I}_s : \boldsymbol{\omega}\boldsymbol{\omega} \,. \tag{4.26}$$

Wir betrachten den Trägheitsmomententensor $\mathbf{I}$ noch etwas genauer. Oft interessiert es uns nicht, wo die einzelnen Elementarmassen m_i genau sitzen, und wir stellen uns eine verschmierte Dichteverteilung an Stelle der an den Positionen der Atome konzentrierte Massen vor. Wir tun dies in der Hoffnung, dass die hochpräzise Position der Massen keine große Rolle spielt. Der physikalische Begriff für diese Näherung heißt Kontinuumslimes und geschieht durch die Ersetzung von Summen durch Integrale:

$$\sum_i m_i X_i \to \int \rho(\mathbf{r}) X(\mathbf{r}) \mathrm{d}^3\mathbf{r} \,, \tag{4.27}$$

wobei $\rho(\mathbf{r})$ die Massendichte an der Stelle $\mathbf{r}$ angibt. Mit diesem Kontinuumslimes wird der Trägheitsmomententensor zu

$$\mathbf{I}_{\text{ref}} = \int \rho(\mathbf{r})((\mathbf{r}-\mathbf{r}_{\text{ref}})^2 \mathbb{1} - (\mathbf{r}-\mathbf{r}_{\text{ref}})(\mathbf{r}-\mathbf{r}_{\text{ref}}))\mathrm{d}^3\mathbf{r} \,. \tag{4.28}$$

Wählen wir als Referenzpunkt den Ursprung $\mathbf{r}_{\text{ref}} = \mathbf{0}$, dann lautet der Trägheitsmomententensor in Komponentenform

$$\mathbf{I}_{\text{ref}} = \int \rho(\mathbf{r}) \left[r^2 \begin{pmatrix} 1 & 0 & 0 \\ 0 & 1 & 0 \\ 0 & 0 & 1 \end{pmatrix} - \begin{pmatrix} xx & yx & zx \\ xy & yy & zy \\ xz & yz & zz \end{pmatrix} \right] \mathrm{d}x\,\mathrm{d}y\,\mathrm{d}z \,. \tag{4.29}$$

Im Allgemeinen hängt der Trägheitsmomententensor von der Dichteverteilung $\rho(\mathbf{r})$ im Körper, der Orientierung des Körpers im Raum sowie von der Wahl des Referenzpunktes im Körper, durch den die momentane Drehachse gehen soll, ab. Wir finden

$$\mathbf{I}_{\text{ref}} = \int \rho(\mathbf{r}) \Big((\mathbf{r}-\mathbf{r}_s+\mathbf{r}_s-\mathbf{r}_{\text{ref}})^2 \mathbb{1}$$
$$- (\mathbf{r}-\mathbf{r}_s+\mathbf{r}_s-\mathbf{r}_{\text{ref}})(\mathbf{r}-\mathbf{r}_s+\mathbf{r}_s-\mathbf{r}_{\text{ref}}) \Big) \mathrm{d}^3\mathbf{r} \tag{4.30}$$

$$= \mathbf{I}_s + \left(\int \rho(\mathbf{r})\mathrm{d}^3\mathbf{r}\right)((\mathbf{r}_s-\mathbf{r}_{\text{ref}})^2 \mathbb{1} - (\mathbf{r}_s-\mathbf{r}_{\text{ref}})(\mathbf{r}_s-\mathbf{r}_{\text{ref}}))$$
$$+ \text{Term} \propto (\mathbf{r}_s-\mathbf{r}_{\text{ref}})\int \rho(\mathbf{r})(\mathbf{r}-\mathbf{r}_s)\mathrm{d}^3\mathbf{r} \,. \tag{4.31}$$

Der letzte Term verschwindet wegen $\int \rho \mathrm{d}^3\mathbf{r} = M_{\text{ges}}$ (vergleiche mit (4.5) und (4.6)) und $\int \mathbf{r}\rho \mathrm{d}^3\mathbf{r} = M_{\text{ges}}\mathbf{r}_s$, und im mittleren Term können wir ebenfalls das Integral über die Dichte durch die Gesamtmasse ersetzen. Wir finden den Steiner'schen Satz:

$$\mathbf{I}_{\text{ref}} = \mathbf{I}_s + M_{\text{ges}}((\mathbf{r}_s-\mathbf{r}_{\text{ref}})^2 \mathbb{1} - (\mathbf{r}_s-\mathbf{r}_{\text{ref}})(\mathbf{r}_s-\mathbf{r}_{\text{ref}})) \,, \tag{4.32}$$

der den Trägheitsmomententensor für einen beliebigen Referenzpunkt durch den Trägheitsmomententensor bezüglich des Schwerpunktes und dem mit dem Gesamtgewicht gewichteten Abstandsquadrat des Schwerpunkts vom Referenzpunkt ausdrückt. Er gibt ein einfaches Rezept zur Umrechnung des Trägheitsmomentes beim Wechsel des Referenzpunktes.

Der Trägheitsmomententensor hängt nicht nur vom Referenzpunkt, sondern auch von der Orientierung des Körpers ab. Haben wir eine Matrix **I**, welche den Vektor **a** auf den Vektor **b** über die Beziehung

$$\mathbf{b} = \mathbf{I} \cdot \mathbf{a} \tag{4.33}$$

abbildet, und wir betrachten das Ganze aus einem gedrehten Bezugssystem, das aus dem ursprünglichen durch die Rotationsmatrix $\mathbf{R}(\phi)$ hervorgeht, für das gemäß (2.150) gilt $\mathbf{a} = \mathbf{R}(\phi) \cdot \mathbf{a}'$ bzw. $\mathbf{b} = \mathbf{R}(\phi) \cdot \mathbf{b}'$, so suchen wir die entsprechend gedrehte Matrix $\mathbf{I}'$, für die gilt

$$\mathbf{b}' = \mathbf{I}' \cdot \mathbf{a}' . \tag{4.34}$$

Wir drücken die ursprünglichen Vektoren **a** und **b** durch die gedrehten Vektoren aus und erhalten

$$\mathbf{R}(\phi) \cdot \mathbf{b}' = \mathbf{I} \cdot \mathbf{R}(\phi) \cdot \mathbf{a}' . \tag{4.35}$$

Wenn wir (4.35) von links mit der inversen Drehung $\mathbf{R}^{-1}(\phi)$ multiplizieren, sehen wir durch Vergleich mit (4.34), dass die gedrehte Matrix durch

$$\mathbf{I}' = \mathbf{R}^{-1}(\phi) \cdot \mathbf{I} \cdot \mathbf{R}(\phi) \tag{4.36}$$

gegeben ist. Der Trägheitsmomententensor verändert sich also, wenn wir ihn aus einer gedrehten Perspektive betrachten. Genauso ändert sich der Trägheitsmomententensor, wenn wir das Bezugssystem beibehalten, aber den starren Körper drehen. Die Orientierungsabhängigkeit des Trägheitsmomententensors macht die dynamischen Gleichungen für die Orientierung des starren Körpers wesentlich komplizierter als die Gleichungen für die Position des Schwerpunktes, bei dem die träge Masse sich nicht verändert, wenn wir den Körper drehen. Mathematisch lässt sich zeigen, dass es für jeden beliebig geformten starren Körper Perspektiven gibt, aus denen der Trägheitsmomententensor eine besonders einfache, nämlich diagonale Gestalt

$$\mathbf{I}_{\text{Hauptachse}} = \begin{pmatrix} I_1 & 0 & 0 \\ 0 & I_2 & 0 \\ 0 & 0 & I_3 \end{pmatrix} \tag{4.37}$$

annimmt. In diesem Fall liegen die Trägheitshauptachsen entlang der x-, y- und z-Richtung. In welche Richtungen die Trägheitshauptachsen eines starren Körpers liegen, ist bei symmetrischen Körpern offensichtlich. Für einen unförmigen Körper müssen wir diese Hauptachsen über Rechnung bestimmen.

Wir wollen den Trägheitsmomententensor eines einfachen starren Körpers, nämlich den eines Quaders mit Kantenlängen a, b und c berechnen. Der Quader ist symmetrisch und die Hauptachsen sind klarerweise entlang der Kanten. Wir orientieren

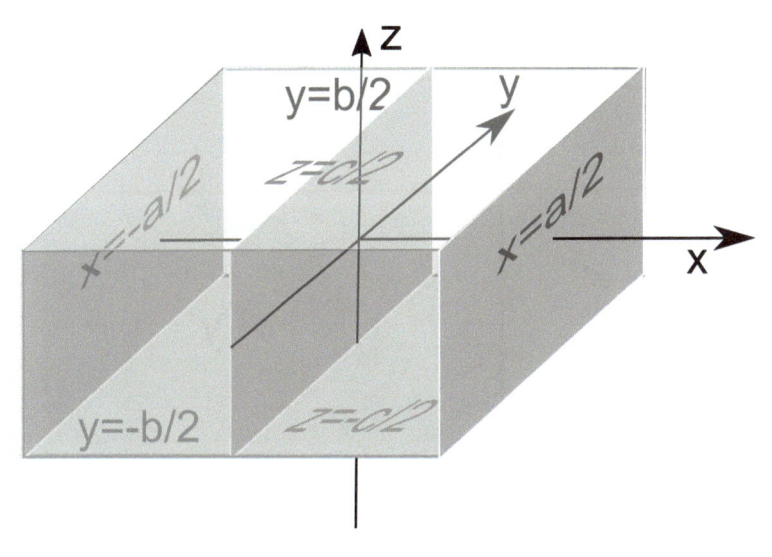

Abb. 4.2: Entlang der Koordinatenachsen orientierte Hauptachsen eines Quaders.

die Koordinatenachsen entlang der Kantenachsen und zentrieren den Ursprung des Koordinatensystems im Massenmittelpunkt (Abbildung 4.2).

Wir berechnen den Trägheitsmomententensor gemäß Gleichung (4.29):

$$\begin{aligned}
\mathbf{I}_{\text{Quader}} &= \int_{-a/2}^{a/2} dx \int_{-b/2}^{b/2} dy \int_{-c/2}^{c/2} dz \rho \begin{bmatrix} y^2 + z^2 & -xy & -xz \\ -xy & x^2 + z^2 & -yz \\ -xz & -yz & x^2 + y^2 \end{bmatrix} \\
&= \int_{-a/2}^{a/2} dx \int_{-b/2}^{b/2} dy \rho \begin{bmatrix} y^2 z + \frac{1}{3} z^3 & -xyz & -\frac{1}{2} xz^2 \\ -xyz & x^2 z + \frac{1}{3} z^3 & -\frac{1}{2} yz^2 \\ -\frac{1}{2} xz^2 & -\frac{1}{2} yz^2 & x^2 z + y^2 z \end{bmatrix}_{-c/2}^{c/2} \\
&= \int_{-a/2}^{a/2} dx \int_{-b/2}^{b/2} dy \rho \begin{bmatrix} y^2 c + \frac{1}{12} c^3 & -xyc & 0 \\ -xyc & x^2 c + \frac{1}{12} c^3 & 0 \\ 0 & 0 & (x^2 + y^2) c \end{bmatrix} \\
&= \int_{-a/2}^{a/2} dx \rho \begin{bmatrix} \frac{1}{12} b^3 c + \frac{1}{12} bc^3 & 0 & 0 \\ 0 & x^2 bc + \frac{1}{12} bc^3 & 0 \\ 0 & 0 & \left(x^2 b + \frac{1}{12} b^3\right) c \end{bmatrix} \\
&= \frac{1}{12} abc \rho \begin{bmatrix} c^2 + b^2 & 0 & 0 \\ 0 & a^2 + c^2 & 0 \\ 0 & 0 & a^2 + b^2 \end{bmatrix} \\
&= \frac{M_{\text{ges}}}{12} \begin{bmatrix} c^2 + b^2 & 0 & 0 \\ 0 & a^2 + c^2 & 0 \\ 0 & 0 & a^2 + b^2 \end{bmatrix}, \quad (4.38)
\end{aligned}$$

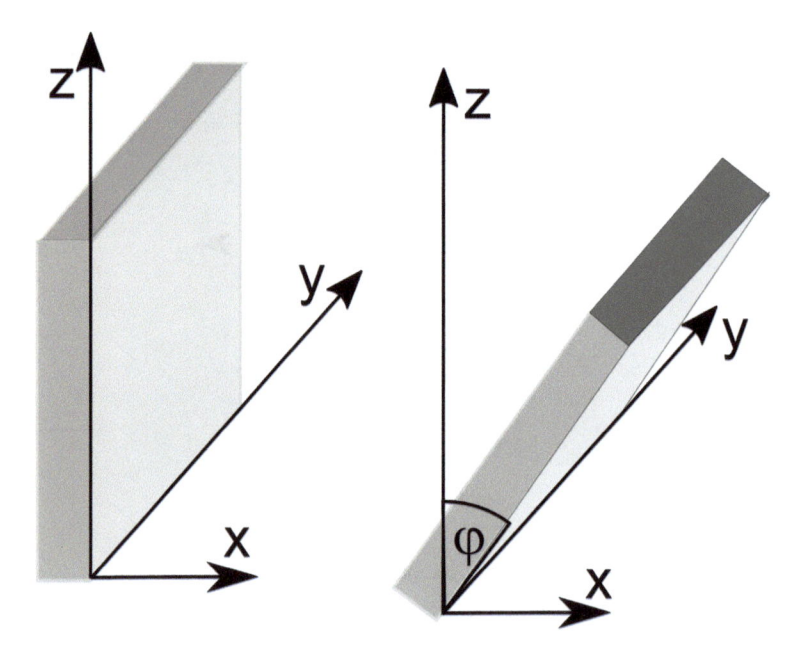

Abb. 4.3: Kippen des Quaders entspricht einer Drehung um die y-Achse.

wobei wir im letzten Schritt benutzt haben, dass die Gesamtmasse des Quaders $M_{\text{ges}} = abc\rho$ beträgt. Wir sehen also, dass die Hauptachsen des Quaders tatsächlich entlang der Kanten liegen. Wir wollen jetzt sehen, wie sich der Trägheitsmomententensor verändert, wenn wir den Quader um die y-Achse drehen (Abbildung 4.3).

Wir finden:

$$\begin{aligned}
\mathbf{I}' &= \begin{pmatrix} \cos\phi & & \sin\phi \\ & 1 & \\ -\sin\phi & & \cos\phi \end{pmatrix} \cdot \mathbf{I}_{\text{Hauptachse}} \cdot \begin{pmatrix} \cos\phi & & -\sin\phi \\ & 1 & \\ \sin\phi & & \cos\phi \end{pmatrix} \\
&= \begin{pmatrix} \cos\phi & & \sin\phi \\ & 1 & \\ -\sin\phi & & \cos\phi \end{pmatrix} \cdot \begin{pmatrix} I_1\cos\phi & & -I_1\sin\phi \\ & I_2 & \\ I_3\sin\phi & & I_3\cos\phi \end{pmatrix} \\
&= \begin{pmatrix} I_1\cos^2\phi + I_3\sin^2\phi & 0 & (I_3-I_1)\sin\phi\cos\phi \\ 0 & I_2 & 0 \\ \frac{I_3-I_1}{2}\sin 2\phi & 0 & \frac{I_3+I_1}{2} + \frac{I_3-I_1}{2}\cos 2\phi \end{pmatrix} \\
&= \begin{pmatrix} \frac{I_1+I_3}{2} + \frac{I_1-I_3}{2}\cos 2\phi & 0 & -\frac{I_1-I_3}{2}\sin 2\phi \\ 0 & I_2 & 0 \\ -\frac{I_1-I_3}{2}\sin 2\phi & 0 & \frac{I_1+I_3}{2} - \frac{I_1-I_3}{2}\cos 2\phi \end{pmatrix}.
\end{aligned} \qquad (4.39)$$

Wir sehen an Gleichung (4.39), dass die Werte I_1 und I_3 nach einer Drehung um $\pi/2$ vertauscht erscheinen. Dies muss so sein, denn die Drehung bringt die vormals entlang der x-Richtung liegende Kante in die z-Richtung und umgekehrt. Beachten Sie, dass man am Trägheitsmomententensor nicht wie bei einem Vektor entscheiden kann, ob etwas in die positive oder negative x-Richtung liegt. Eine Drehung um den Winkel π führt nämlich zu keiner Veränderung des Trägheitsmomententensors. Ein um π gedrehter Quader ist von dem ursprünglichen Quader anhand seiner Dichteverteilung nicht zu unterscheiden.

4.4 Einige Bemerkungen zu Tensoren

Ein symmetrischer Tensor ist durch sechs Zahlen gekennzeichnet (die drei Zahlen unter der Diagonale unterscheiden sich nicht von den drei Zahlen über der Diagonale):

$$\mathbf{A} = \begin{pmatrix} a_{11} & a_{12} & a_{13} \\ a_{12} & a_{22} & a_{23} \\ a_{13} & a_{23} & a_{33} \end{pmatrix}. \tag{4.40}$$

Im Hauptachsensystem ist die Matrix durch drei Eigenwerte a_1, a_2 und a_3 gekennzeichnet:

$$\mathbf{A} = \begin{pmatrix} a_1 & 0 & 0 \\ 0 & a_2 & 0 \\ 0 & 0 & a_3 \end{pmatrix}. \tag{4.41}$$

Um wieder auf sechs unabhängige Zahlen zu kommen, ist klar, dass die restlichen drei Zahlen drei Orientierungswinkel sein müssen, die wir benötigen, um die Matrix so zu drehen, dass sie die Diagonalgestalt einnimmt. Die Eigenwerte der Matrix sind invariant unter Drehungen, während die Orientierungswinkel sich mit den Drehungen ändern. So gilt, dass die Determinante der Matrix det $\mathbf{A} = a_1 a_2 a_3$ immer das Produkt der drei Eigenwerte, unabhängig von der Orientierung der Matrix, ist. Genauso gilt, dass die Spur der Matrix (die Summe der Diagonalelemente) immer die Summe der Eigenwerte ergibt: Sp $\mathbf{A} = a_{11} + a_{22} + a_{33} = a_1 + a_2 + a_3$. Wir können das Transformationsverhalten unter Drehungen von einem Vektor mit dem entsprechenden Verhalten einer Matrix vergleichen. Ein Vektor im Raum hat drei Komponenten. Die Länge des Vektors ist invariant unter Drehungen, und es gibt zwei Orientierungswinkel, die die Lage des Vektors im Raum beschreiben. Die Länge ist invariant, die Orientierungswinkel nicht. Oft schreibt man eine Matrix als eine Summe eines isotropen (dreh-invarianten) Anteils und eines anisotropen Anteils, der unter Drehungen nicht invariant ist:

$$\mathbf{A} = \underbrace{\frac{1}{3} \text{Sp}(\mathbf{A}) \mathbb{1}}_{\text{isotroper Anteil}} + \underbrace{\left[\mathbf{A} - \frac{1}{3} \text{Sp}(\mathbf{A}) \mathbb{1} \right]}_{\text{anisotroper spurfreier Anteil}}. \tag{4.42}$$

Wir wollen die Orientierung eines Tensors beschreiben. Dazu starten wir mit dem Hauptachsensystem. Die Hauptachsen des Tensors bezeichnen wir mit $\mathbf{e}_1$, $\mathbf{e}_2$ und $\mathbf{e}_3$. Zunächst liegen diese Achsen entlang der x-, y- und z-Achse des Laborkoordinatensystems (Abbildung 4.4). Unser Tensor hat Diagonalgestalt:

$$\mathbf{A} = \begin{pmatrix} a_1 & 0 & 0 \\ 0 & a_2 & 0 \\ 0 & 0 & a_3 \end{pmatrix}. \tag{4.43}$$

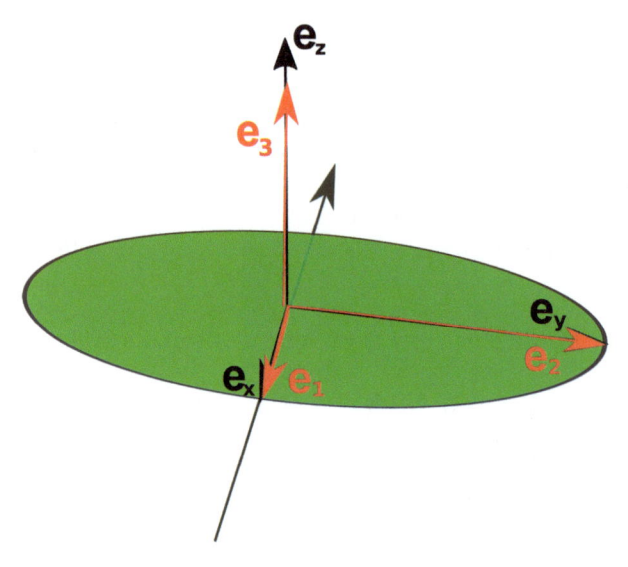

Abb. 4.4: Orientierung der Hauptachsen entlang der Koordinatenachsen.

Wir drehen den Körper nun um den ersten Euler-Winkel ψ um die z-Achse (Abbildung 4.5).

Die Transformation (4.36) wirbelt die Komponenten im xy-Block der Matrix durcheinander, sodass die gedrehte Matrix die Gestalt

$$\mathbf{A} = \begin{pmatrix} a_{11} & a_{12} & 0 \\ a_{12} & a_{22} & 0 \\ 0 & 0 & a_3 \end{pmatrix} \tag{4.44}$$

annimmt. Nach der Drehung liegt $\mathbf{e}_3$ entlang der z-Achse. Der erste Hauptachsenvektor $\mathbf{e}_1$ liegt in der xy-Ebene um den Winkel ψ gegenüber $\mathbf{e}_x$ verdreht. Der zweite Hauptachsenvektor $\mathbf{e}_2$ liegt in der xy-Ebene um den Winkel $\psi + \pi/2$ gegenüber $\mathbf{e}_x$ verdreht.

Den so verdrehten Körper kippen wir jetzt um die x-Achse um den zweiten Euler-Winkel ϑ (Abbildung 4.6).

Die Drehung befördert die ersten beiden Hauptachsen aus der xy-Ebene (der Ekliptik) in die Äquatorebene. Die dritte Hauptachse $\mathbf{e}_3$ ist damit um den zweiten Euler-Winkel oder Ekliptikwinkel in der yz-Ebene gegenüber der z-Richtung geneigt. Die erste Hauptachse $\mathbf{e}_1$ liegt jetzt in der Äquatorebene um den Winkel ψ von der

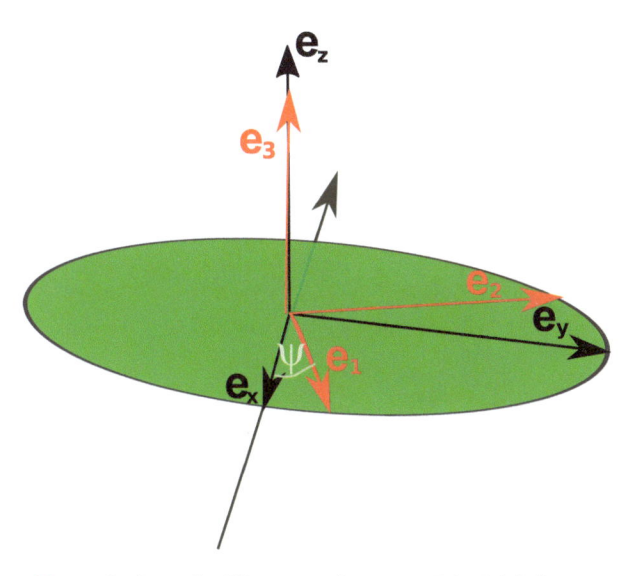

Abb. 4.5: Drehung des Körpers um den ersten Euler-Winkel.

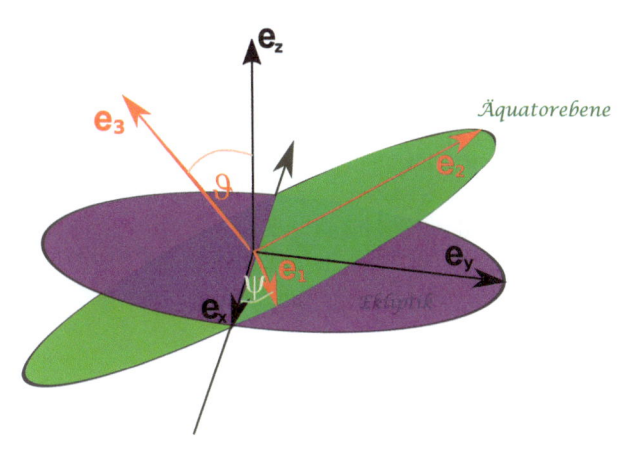

Abb. 4.6: Kippung der beiden ersten Hauptachsen in die Äquatorebene um den zweiten Euler-Winkel ϑ.

Frühlings-Herbst-Richtung (der Schnittlinie zwischen Ekliptik und Äquatorebene) entfernt. Die Gestalt der Matrix A enthält jetzt Einträge in allen Komponenten:

$$\mathbf{A} = \begin{pmatrix} a_{11} & a_{12} & a_{13} \\ a_{12} & a_{22} & a_{23} \\ a_{13} & a_{23} & a_{33} \end{pmatrix}. \qquad (4.45)$$

Schließlich drehen wir den Körper noch einmal um die z-Achse um einen Winkel ϕ (Abbildung 4.7).

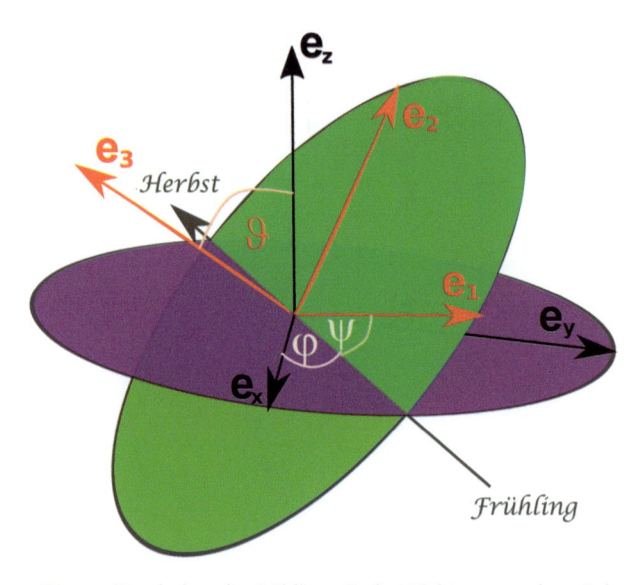

Abb. 4.7: Wegdrehen der Frühlings-Herbst-Richtung von der x-Achse durch eine Drehung um den Winkel ϕ um die z-Achse.

Die Frühlings-Herbst-Richtung ist nun um den Winkel ϕ in der Ekliptik gedreht. Die erste und zweite Hauptachse $\mathbf{e}_1$ und $\mathbf{e}_2$ liegen in der Äquatorebene um die Winkel ψ und $\psi+\pi/2$ in der Äquatorebene verdreht gegenüber der Frühlings-Herbst-Richtung. Die dritte Hauptachse $\mathbf{e}_3$ ist gegenüber der Normalen auf die Ekliptik $\mathbf{e}_z$ um den Winkel ϑ geneigt und steht senkrecht auf der Frühlings-Herbst-Linie. Ihre Projektion entlang der z-Richtung auf die Ekliptik schließt mit $\mathbf{e}_y$ den Winkel ϕ ein. Die Gestalt der Matrix A enthält Einträge in allen Komponenten und hat die allgemeinste Gestalt einer symmetrischen Matrix:

$$\mathbf{A} = \begin{pmatrix} a_{11} & a_{12} & a_{13} \\ a_{12} & a_{22} & a_{23} \\ a_{13} & a_{23} & a_{33} \end{pmatrix}. \tag{4.46}$$

Multiplizieren wir diese Matrix mit den Hauptachsenvektoren, so finden wir

$$\mathbf{A} \cdot \mathbf{e}_1 = a_1 \mathbf{e}_1, \qquad \mathbf{A} \cdot \mathbf{e}_2 = a_2 \mathbf{e}_2, \qquad \mathbf{A} \cdot \mathbf{e}_3 = a_3 \mathbf{e}_3. \tag{4.47}$$

Mithilfe der Euler-Winkel kann ein beliebig orientierter Tensor geschrieben werden als

$$\mathbf{I}(\phi, \vartheta, \psi) = \mathbf{R}_z(\phi) \cdot \mathbf{R}_x(\vartheta) \cdot \mathbf{R}_z(\psi) \cdot \mathbf{I}_{\text{Hauptachsen}} \cdot \mathbf{R}_z(-\psi) \cdot \mathbf{R}_x(-\vartheta) \cdot \mathbf{R}_z(-\phi), \tag{4.48}$$

wobei

$$\mathbf{I}_{\text{Hauptachsen}} = \begin{pmatrix} I_1 & 0 & 0 \\ 0 & I_2 & 0 \\ 0 & 0 & I_3 \end{pmatrix} \tag{4.49}$$

und
$$\mathbf{I}(\phi, \vartheta, \psi) = \begin{pmatrix} I_{xx} & I_{xy} & I_{xz} \\ I_{xy} & I_{yy} & I_{yz} \\ I_{xz} & I_{yz} & I_{zz} \end{pmatrix} \quad (4.50)$$

ist. Der Tensor (4.50) ist eine verborgene Schönheit. Seine Schönheit tritt zutage, wenn wir ihn entlang der Hauptachsen orientieren. Mathematisch bleibt diese Schönheit für eine Orientierung außerhalb der Hauptachsen verborgen. Sie kann aber durch Drehung um die richtigen Euler-Winkel wieder sichtbar gemacht werden. Es gehört zu einer der fantastischen Fähigkeiten unseres Gehirns, dass wir einen Menschen schön finden können, obwohl dieser nicht entlang der Hauptachsen gegenüber unserem eigenen Koordinatensystem orientiert ist. Die invariante Schönheit transformiert unser Gehirn automatisch so zurück, dass diese bei beliebiger Orientierung erkannt wird.

4.5 Der Drehimpuls des starren Körpers

Völlig analog zu (2.134) definieren wir den Drehimpuls des starren Körpers als

$$\begin{aligned} \mathbf{L} &= \sum_i (\mathbf{r}_i - \mathbf{r}_{\text{ref}}) \times \mathbf{p}_i \\ &= \sum_i (\mathbf{r}_i - \mathbf{r}_{\text{ref}}) \times m_i \mathbf{v}_i \\ &= \int \rho(r) \mathrm{d}^3 \mathbf{r} (\mathbf{r} - \mathbf{r}_{\text{ref}}) \times \dot{\mathbf{r}} \,. \end{aligned} \quad (4.51)$$

Wir benutzen
$$\dot{\mathbf{r}} = \mathbf{v} = \mathbf{v}_s + \boldsymbol{\omega} \times (\mathbf{r} - \mathbf{r}_s) \quad (4.52)$$

und erhalten

$$\mathbf{L} = \underbrace{\int \rho(r) \mathrm{d}^3 \mathbf{r} (\mathbf{r} - \mathbf{r}_{\text{ref}}) \times \mathbf{v}_s}_{\text{Bahndrehimpuls}} + \underbrace{\int \rho(r) \mathrm{d}^3 \mathbf{r} (\mathbf{r} - \mathbf{r}_{\text{ref}}) \times (\boldsymbol{\omega} \times (\mathbf{r} - \mathbf{r}_s))}_{\text{Eigendrehimpuls}} \,. \quad (4.53)$$

Der Bahndrehimpuls ist der Drehimpuls des Massenmittelpunkts bezüglich des Referenzpunktes. Wir sehen dies, indem wir schreiben

$$\begin{aligned} \mathbf{L}_{s,\text{ref}}^{\text{Bahn}} &= \underbrace{\int \rho(r) \mathrm{d}^3 \mathbf{r} (\mathbf{r} - \mathbf{r}_s}_{=\mathbf{0}} + \mathbf{r}_s - \mathbf{r}_{\text{ref}}) \times \mathbf{v}_s \\ &= M_{\text{ges}} (\mathbf{r}_s - \mathbf{r}_{\text{ref}}) \times \mathbf{v}_s \\ &= (\mathbf{r}_s - \mathbf{r}_{\text{ref}}) \times \mathbf{p}_s^{\text{ges}} \,, \end{aligned} \quad (4.54)$$

wobei wir den Gesamtimpuls des starren Körpers als $p_s^{\text{ges}} = M_{\text{ges}} \mathbf{v}_s$ eingeführt haben. Damit stimmt der Bahndrehimpuls vollständig mit unserer Definition des Drehimpulses für Massenpunkte (2.134) überein. Der Bahndrehimpuls hängt sowohl vom

Massenmittelpunkt als auch vom Referenzpunkt ab. Wir betrachten jetzt den Eigendrehimpuls

$$\mathbf{L}_s^{\text{Eigen}} = \int \rho(r) d^3 \mathbf{r} (\mathbf{r} - \mathbf{r}_{\text{ref}}) \times (\boldsymbol{\omega} \times (\mathbf{r} - \mathbf{r}_s))$$

$$= \int \rho(r) d^3 \mathbf{r} \left[(\mathbf{r} - \mathbf{r}_s) \cdot (\mathbf{r} - \mathbf{r}_{\text{ref}}) \mathbb{1} - (\mathbf{r} - \mathbf{r}_s)(\mathbf{r} - \mathbf{r}_{\text{ref}}) \right] \cdot \boldsymbol{\omega}$$

$$= \int \rho(r) d^3 \mathbf{r} \left[(\mathbf{r} - \mathbf{r}_s) \cdot (\mathbf{r} - \mathbf{r}_s) \mathbb{1} - (\mathbf{r} - \mathbf{r}_s)(\mathbf{r} - \mathbf{r}_s) \right] \cdot \boldsymbol{\omega}$$

$$+ \int \rho(r) d^3 \mathbf{r} \left[(\mathbf{r}_s - \mathbf{r}_{\text{ref}}) \cdot (\mathbf{r} - \mathbf{r}_s) \mathbb{1} - (\mathbf{r}_s - \mathbf{r}_{\text{ref}})(\mathbf{r} - \mathbf{r}_s) \right] \cdot \boldsymbol{\omega} \,. \quad (4.55)$$

Der letzte Term verschwindet aufgrund der Definition der Gesamtmasse (4.5) und des Massenmittelpunktes (4.6), sodass wir finden, dass der Eigendrehimpuls

$$\mathbf{L}_s^{\text{Eigen}} = \mathbf{I}_s \cdot \boldsymbol{\omega} \quad (4.56)$$

das Produkt des Trägheitsmomententensors um den Massenmittelpunkt mit der Kreisfrequenz ist. Der Gesamtdrehimpuls des starren Körpers ist damit

$$\mathbf{L} = \mathbf{L}_{s,\text{ref}}^{\text{Bahn}} + \mathbf{L}_s^{\text{Eigen}} = \mathbf{I}_s \cdot \boldsymbol{\omega} + (\mathbf{r}_s - \mathbf{r}_{\text{ref}}) \times \mathbf{p}_s^{\text{ges}} \,. \quad (4.57)$$

Anstatt die Geschwindigkeit des Schwerpunktes zu benutzen, können wir auch die Geschwindigkeit des Referenzpunktes benutzten und finden

$$\mathbf{L} = \mathbf{I}_s \cdot \boldsymbol{\omega} + M_{\text{ges}}(\mathbf{r}_s - \mathbf{r}_{\text{ref}}) \times (\mathbf{v}^{\text{ref}} + \boldsymbol{\omega} \times (\mathbf{r}_s - \mathbf{r}_{\text{ref}}))$$
$$= \mathbf{I}_s \cdot \boldsymbol{\omega} + M_{\text{ges}} \left[(\mathbf{r}_s - \mathbf{r}_{\text{ref}})^2 \mathbb{1} - (\mathbf{r}_s - \mathbf{r}_{\text{ref}})(\mathbf{r}_s - \mathbf{r}_{\text{ref}}) \right] \cdot \boldsymbol{\omega}$$
$$+ M_{\text{ges}}(\mathbf{r}_s - \mathbf{r}_{\text{ref}}) \times \mathbf{v}_{\text{ref}} \,. \quad (4.58)$$

Wir benutzen den Steiner'schen Satz (4.32) sowie $\mathbf{p}_{\text{ref}} = M_{\text{ges}} \mathbf{v}_{\text{ref}}$ und erhalten

$$\mathbf{L} = +\mathbf{L}_{\text{ref}}^{\text{Eigen}} - \mathbf{L}_{\text{ref},s}^{\text{Bahn}} = \mathbf{I}_{\text{ref}} \cdot \boldsymbol{\omega} - (\mathbf{r}_{\text{ref}} - \mathbf{r}_s) \times \mathbf{p}_{\text{ref}} \quad (4.59)$$

und bekommen so eine neue Aufteilung in einen Eigendrehimpuls bezüglich des Referenzpunktes und des Bahndrehimpulses des Referenzpunktes bezüglich des Schwerpunkts.

4.6 Drehimpulserhaltung

Wir betrachten die Zeitableitung des Drehimpulses des starren Körpers und wählen hierfür einen im Laborsystem fixierten Referenzpunkt $\mathbf{r}_{\text{ref}}$, dessen Zeitableitung somit verschwindet:

$$\begin{aligned}
\frac{d\mathbf{L}}{dt} &= \sum_i \frac{d\mathbf{r}_i}{dt} \times \mathbf{p}_i + \sum_i (\mathbf{r}_i - \mathbf{r}_{\text{ref}}) \times \frac{d\mathbf{p}_i}{dt} \\
&= \sum_i (\mathbf{r}_i - \mathbf{r}_{\text{ref}}) \times \left[\mathbf{F}_{i,\text{ext}} + \sum_j \mathbf{F}_{ij} \right] \\
&= \int d^3\mathbf{r}(\mathbf{r} - \mathbf{r}_{\text{ref}}) \times \mathbf{f}_{\text{ext}}(\mathbf{r}) + \sum_{ij} (\mathbf{r}_i \times \mathbf{F}_{ij}) - \mathbf{r}_{\text{ref}} \times \sum_{ij} \mathbf{F}_{ij} \\
&= \mathbf{M}_{\text{ext}} + \sum_{ij} \mathbf{r}_i \times \left(\frac{1}{2} \mathbf{F}_{ij} - \frac{1}{2} \mathbf{F}_{ji} \right) \\
&= \mathbf{M}_{\text{ext}} + \frac{1}{2} \sum_{ij} \mathbf{r}_i \times \mathbf{F}_{ij} - \frac{1}{2} \sum_{ij} \mathbf{r}_i \times \mathbf{F}_{ji} \\
&= \mathbf{M}_{\text{ext}} + \frac{1}{2} \sum_{ij} \mathbf{r}_i \times \mathbf{F}_{ij} - \frac{1}{2} \sum_{ij} \mathbf{r}_j \times \mathbf{F}_{ij} \\
&= \mathbf{M}_{\text{ext}} + \frac{1}{2} \sum_{ij} (\mathbf{r}_i - \mathbf{r}_j) \times \mathbf{F}_{ij} \\
&= \mathbf{M}_{\text{ext}}.
\end{aligned} \qquad (4.60)$$

Hierbei bezeichnet

$$\mathbf{M}_{\text{ext}} = \int d^3\mathbf{r}(\mathbf{r} - \mathbf{r}_{\text{ref}}) \times \mathbf{f}_{\text{ext}}(\mathbf{r}) \qquad (4.61)$$

das extern angelegte Drehmoment und $\mathbf{f}_{\text{ext}}(\mathbf{r})$ die externe Kraftdichte (Kraft pro Volumeneinheit). Der Term $\frac{1}{2} \sum_{ij} (\mathbf{r}_i - \mathbf{r}_j) \times \mathbf{F}_{ij}$ verschwindet, da das Zusammenhalten des starren Körpers über Zentralkräfte $\mathbf{F}_{ij}$ entlang der Verbindungslinie der beiden jeweils beteiligten Massen erfolgt.

Wir finden, dass externe Drehmomente eine Änderung des Drehimpulses bewirken

$$\frac{d\mathbf{L}}{dt} = \mathbf{M}_{\text{ext}}. \qquad (4.62)$$

Im Falle, dass keine externen Drehmomente auf den Körper wirken, ist der Drehimpuls erhalten:

$$\frac{d\mathbf{L}}{dt} = \mathbf{0}. \qquad (4.63)$$

In sämtlichen für die Drehbewegungen hergeleiteten Gleichungen sind $\mathbf{I}, \mathbf{L}, \mathbf{M}, \mathbf{v}_{\text{ref}}$ abhängig von der Wahl des Referenzpunktes, die Kreisfrequenz $\boldsymbol{\omega}$ ist aber unabhängig von der Wahl der Achse. Die freie Wählbarkeit des Referenzpunktes kann man dazu ausnutzen, die Bewegungsgleichungen zu vereinfachen. Eine vernünftige Wahl des Referenzpunktes ist, diesen in den Massenmittelpunkt $\mathbf{r}_{\text{ref}} = \mathbf{r}_s$ zu legen, aber auch die Wahl $\mathbf{p}_{\text{ref}} = 0$ des Referenzpunktes als momentanen Ruhepunkt kann sinnvoll sein.

4.7 Freie Rotationen um eine Hauptachse

Wir betrachten einen kräftefreien und drehmomentfreien starren Körper, dessen Massenmittelpunkt ruht:

$$\mathbf{p}_s = \mathbf{0}, \tag{4.64}$$

$$\mathbf{M}_{\text{ext}} = \mathbf{0}, \tag{4.65}$$

$$\frac{d\mathbf{L}_s}{dt} = \frac{d}{dt}(\mathbf{I}_s \cdot \boldsymbol{\omega}) = \mathbf{0}. \tag{4.66}$$

Es folgt, dass der Eigendrehimpuls

$$\mathbf{L}_s = \mathbf{I}_s(\text{Orientierung}(t)) \cdot \boldsymbol{\omega}(t) \tag{4.67}$$

zeitunabhängig sein muss. Die Lösung der Bewegungsgleichung ist dann einfach, wenn sowohl $\boldsymbol{\omega}$ als auch $\boldsymbol{\omega}/\omega \cdot \mathbf{I} \cdot \boldsymbol{\omega}/\omega$ zeitunabhängig sind. Dies ist dann der Fall, wenn $\boldsymbol{\omega}$ entlang einer Hauptträgheitsachse des Körpers zeigt. Wir wählen als diese Hauptachse die z-Richtung, sodass

$$\boldsymbol{\omega} = \begin{pmatrix} 0 \\ 0 \\ \omega \end{pmatrix} \tag{4.68}$$

gilt. Der Trägheitsmomententensor wird durch die feste Kreisfrequenz um den Winkel ωt als Funktion der Zeit um die z-Achse (Abbildung 4.8) gedreht:

$$\begin{aligned}
\mathbf{I} &= \begin{pmatrix} \cos\omega t & -\sin\omega t & 0 \\ \sin\omega t & \cos\omega t & 0 \\ 0 & 0 & 1 \end{pmatrix} \cdot \begin{pmatrix} I_1 & 0 & 0 \\ 0 & I_2 & 0 \\ 0 & 0 & I_3 \end{pmatrix} \cdot \begin{pmatrix} \cos\omega t & \sin\omega t & 0 \\ -\sin\omega t & \cos\omega t & 0 \\ 0 & 0 & 1 \end{pmatrix} \\
&= \begin{pmatrix} \cos\omega t & -\sin\omega t & 0 \\ \sin\omega t & \cos\omega t & 0 \\ 0 & 0 & 1 \end{pmatrix} \cdot \begin{pmatrix} I_1\cos\omega t & I_1\sin\omega t & 0 \\ -I_2\sin\omega t & I_2\cos\omega t & 0 \\ 0 & 0 & I_3 \end{pmatrix} \\
&= \begin{pmatrix} \frac{I_1+I_2}{2} + \frac{I_1-I_2}{2}\cos 2\omega t & \frac{I_1-I_2}{2}\sin 2\omega t & 0 \\ \frac{I_1-I_2}{2}\sin 2\omega t & \frac{I_1+I_2}{2} - \frac{I_1-I_2}{2}\cos 2\omega t & 0 \\ 0 & 0 & I_3 \end{pmatrix} \\
&= \begin{pmatrix} \frac{I_1+I_2}{2} & 0 & 0 \\ 0 & \frac{I_1+I_2}{2} & 0 \\ 0 & 0 & I_3 \end{pmatrix} + \frac{I_1-I_2}{2}\begin{pmatrix} \cos 2\omega t & \sin 2\omega t & 0 \\ \sin 2\omega t & -\cos 2\omega t & 0 \\ 0 & 0 & 0 \end{pmatrix} \\
&= \underbrace{\frac{I_1+I_2+I_3}{3}\mathbb{1}}_{\text{isotrop}} + \underbrace{\frac{I_1+I_2-2I_3}{6}\begin{pmatrix} 1 & 0 & 0 \\ 0 & 1 & 0 \\ 0 & 0 & -2 \end{pmatrix} + \frac{I_1-I_2}{2}\begin{pmatrix} \cos 2\omega t & \sin 2\omega t & 0 \\ \sin 2\omega t & -\cos 2\omega t & 0 \\ 0 & 0 & 0 \end{pmatrix}}_{\text{spurfrei anisotrop}}.
\end{aligned} \tag{4.69}$$

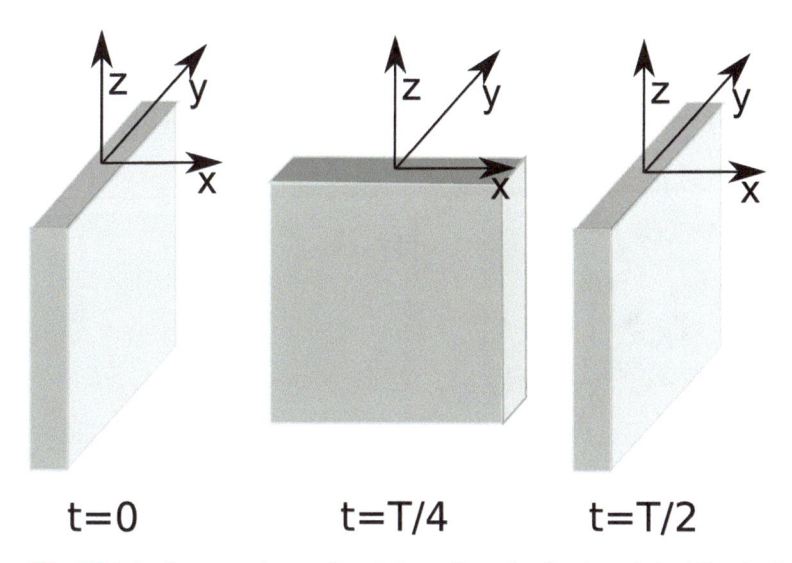

Abb. 4.8: Orientierungen des um die z-Achse rotierenden Quaders als Funktion der Zeit.

Wir sehen an (4.69), dass die Struktur des Trägheitsmomententensors sich jede halbe Periode der Rotation wiederholt. Bei einer Vierteldrehung vertauschen die x-Achse und y-Achse ihre Rollen. Es gilt

$$\mathbf{I} \cdot \boldsymbol{\omega} = I_3 \omega = \text{const}. \tag{4.70}$$

Der isotrope Teil des Trägheitsmomententensors ist zeitunabhängig, aber auch der uniaxiale (nur eine Achse auszeichnende) Tensor

$$\frac{I_1 + I_2 - 2I_3}{6} \begin{pmatrix} 1 & 0 & 0 \\ 0 & 1 & 0 \\ 0 & 0 & -2 \end{pmatrix} \tag{4.71}$$

ist zeitunabhängig, da die (x, y)- und z- Komponenten nicht koppeln und der Tensor isotrop im Unterraum der Drehebene ist.

4.8 Drehung um die Hauptachse mit Drehmoment

Wir betrachten einen axisymmetrischen, starren Körper mit dem Radius R, der eine schiefe Ebene der Neigung α ohne Schlupf herabrollt (Abbildung 4.9).

Der Rollkörper hat für uns zwei interessante Punkte: Den Massenmittelpunkt $\mathbf{r}_s$ und den Kontaktpunkt $\mathbf{r}_{\text{Kontakt}}$ mit der schiefen Ebene. Beide ausgezeichneten Punkte kommen als Referenzpunkt infrage. Wählen wir zunächst den Massenmittelpunkt als Referenzpunkt aus:

$$\mathbf{r}_{\text{ref}} = \mathbf{r}_s. \tag{4.72}$$

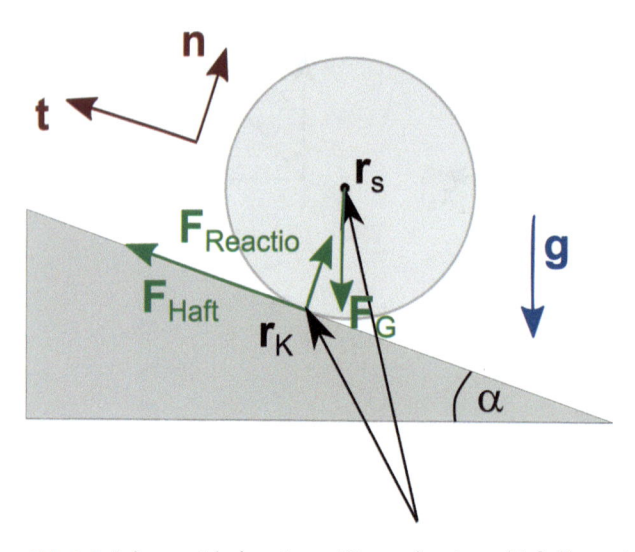

Abb. 4.9: Axisymmetrischer starrer Körper, der eine schiefe Ebene der Neigung α ohne Schlupf herab rollt.

Dann erklärt sich das Herunterrollen des Körpers wie folgt:
a) Auf den Massenmittelpunkt wirkt die Gewichtskraft $\mathbf{F}_G = m\mathbf{g}$.
b) In $\mathbf{r}_{\text{Kontakt}}$ wirkt der Normalkomponente der Gewichtskraft $\mathbf{F}_N = \mathbf{nn} \cdot \mathbf{F}_G$ auf die Unterlage eine Gegenkraft $\mathbf{F}_{\text{reactio}} = -\mathbf{nn} \cdot \mathbf{F}_G$ der Unterlage auf den Körper entgegen, sodass keine Normalenbeschleunigung des Körpers auftritt.
c) In Tangentialrichtung wirkt auf den Körper infolge der Haftreibung eine Tangentialkraft $\mathbf{F}_{t,\text{Haft}}$ entgegen, sodass keine Relativgeschwindigkeit zwischen der Unterlage und dem Kontaktpunkt des Körpers auftritt. Also gilt

$$\mathbf{v}_{\text{Kontakt}} = \mathbf{v}_s + \boldsymbol{\omega} \times (\mathbf{r}_{\text{Kontakt}} - \mathbf{r}_s) = 0 \,. \tag{4.73}$$

Wir schließen daraus, dass die Tangentialkomponente der Massenmittelpunktsgeschwindigkeit

$$v_{s,\text{tang}} = -\omega_y R \tag{4.74}$$

betragen muss. Die Tangentialkraft $\mathbf{F}_{t,\text{Haft}}$ greift am Kontaktpunkt $\mathbf{r}_{\text{Kontakt}}$ an und wir zerlegen diese Kraft in dieselbe Kraft, aber angreifend am Massenmittelpunkt plus ein Drehmoment $\mathbf{M} = (\mathbf{r}_{\text{Kontakt}} - \mathbf{r}_s) \times \mathbf{F}_{t,\text{Haft}}$ um den Referenzpunkt $\mathbf{r}_s$. Das Drehmoment versetzt den Körper in Drehbewegung.

Die Gesamttangentialkraft lautet

$$\mathbf{F}_{t,\text{ges}} = \mathbf{F}_{t,\text{Haft}} + \mathbf{tt} \cdot \mathbf{F}_G \tag{4.75}$$
$$= (F_{t,\text{Haft}} + mg \sin \alpha)\mathbf{t} \,. \tag{4.76}$$

Wir folgern, dass

$$RF_{t,\text{Haft}}\mathbf{e}_y = (\mathbf{r}_{\text{Kontakt}} - \mathbf{r}_s) \times \mathbf{F}_{t,\text{Haft}} = \mathbf{M}$$
$$\stackrel{(4.62)}{=} \frac{d\mathbf{L}}{dt} = \mathbf{I} \cdot \dot{\boldsymbol{\omega}} = I_3 \dot{\omega}_3 \mathbf{e}_y \stackrel{(4.74)}{=} -I_3 \dot{v}_{s,\text{tang}} R^{-1} \mathbf{e}_y \quad (4.77)$$

gilt und finden so aus (4.77) den Zusammenhang

$$F_{t,\text{Haft}} = -I_3 a_{s,t}/R^2, \quad (4.78)$$

wobei $a_{s,t}$ die Tangentialkomponente der Beschleunigung des Massenmittelpunktes des Körpers ist. Das zweite Newton'sche Gesetz für die Tangentialkomponente aller Kräfte lautet

$$ma_{s,t} = F_{t,\text{ges}} = -I_3 a_{s,t}/R^2 + mg \sin \alpha. \quad (4.79)$$

Wir lösen die Gleichung (4.79) auf nach der Tangentialbeschleunigung des Massenmittelpunktes und erhalten

$$a_{s,t} = \frac{g \sin \alpha}{\frac{I_3}{mR^2} + 1}. \quad (4.80)$$

Der Körper rollt mit einer Tangentialbeschleunigung $a_{s,t} < g \sin \alpha$, die kleiner ist als die Tangentialbeschleunigung $g \sin \alpha$, mit der ein Körper dieselbe schiefe Ebene reibungsfrei herunterrutschen würde. Beachten Sie auch hier, dass die Haftreibung, die hier zum Tragen kommt, keine dissipative Kraft ist, und der Körper nur deshalb langsamer beschleunigt wird, da ein Teil der Leistung am Körper zum Aufbau von kinetischer Rotationsenergie benutzt wird und nur die verbleibende Leistung zum Aufbau translatorischer Energie. Die höchste Beschleunigung erzielt man mit einem Rollkörper, dessen Masse auf der Drehachse durch das Zentrum des Körpers konzentriert ist und einen masselosen Mantel mit dem Radius R besitzt. Die geringste Beschleunigung erzielt man mit einem Jojo minimalen Innenradius, auf dem das Jojo abrollt, und maximalen Außenradius $R' \gg R$.

Wir wollen die gerade abgeleitete Lösung des Problems eines rollenden Körpers mit dem Lösungsweg bei Benutzung des Kontaktpunktes – anstatt des Massenmittelpunktes als Referenzpunkt – vergleichen. Bei diesem neuen Lösungsweg argumentieren wir wie folgt:

Infolge der Normalgegenkraft und der Gesamttangentialkraft bleibt der Kontaktpunkt $\mathbf{r}_{\text{Kontakt}}$ (momentan) in Ruhe. Es gilt also $\mathbf{v}_{\text{ref}} = \mathbf{p}_{\text{ref}} = \mathbf{0}$ und wir benötigen keine translatorischen Freiheitsgrade. Das Problem ist ein reines Rotationsproblem, bei dem der Körper um die momentane Drehachse durch den Kontaktpunkt rotiert. Dabei spürt der Körper ein Drehmoment, das ausschließlich von der Gewichtskraft herrührt

$$\mathbf{M} = (\mathbf{r}_s - \mathbf{r}_{\text{Kontakt}}) \times \mathbf{F}_G, \quad (4.81)$$

da die am Kontaktpunkt angreifenden Kräfte keinen Hebelarm haben. Wir finden

$$mgR \sin \alpha \stackrel{(4.61)}{=} M_y \stackrel{(4.62)}{=} \dot{L}_y \stackrel{(4.56)}{=} \frac{d}{dt}(\mathbf{I}_K \cdot \boldsymbol{\omega})_3$$
$$= I_{3,K} \dot{\omega}_3 \stackrel{(4.32)}{=} (I_{3,s} + mR^2)\dot{\omega}_3. \quad (4.82)$$

Wir folgern, dass die Winkelbeschleunigung

$$\dot{\omega}_3 = \frac{1}{R} \frac{g \sin \alpha}{\frac{I_3}{mR^2} + 1} \qquad (4.83)$$

beträgt und erhalten die Beschleunigung des Schwerpunkts über

$$\mathbf{a}_s = \mathbf{a}_{\text{ref}} + \dot{\boldsymbol{\omega}} \times (\mathbf{r}_s - \mathbf{r}_{\text{Kontakt}}) \, . \qquad (4.84)$$

Die Beschleunigung des Referenzpunktes verschwindet bei dieser Ableitung dadurch, dass wir den Referenzpunkt als Funktion der Zeit ständig wechseln und keinen auf dem Rollkörper permanent fixierten Punkt betrachten. Wir erhalten, wie bei der ersten Ableitung,

$$a_{s,t} = \frac{g \sin \alpha}{\frac{I_3}{mR^2} + 1} \, . \qquad (4.85)$$

4.9 Freie Orientierungsbewegung eines anisotropen Körpers

Für einen im Inertialsystem frei rotierenden Körper, der keinen Drehmomenten ausgesetzt ist, ist die Rotationsenergie

$$E_{\text{Rot}} = \frac{1}{2} \boldsymbol{\omega} \cdot \mathbf{I} \cdot \boldsymbol{\omega} \qquad (4.86)$$

erhalten. Wir drücken die momentane Kreisfrequenz durch die zeitabhängigen Hauptachsenvektoren $\mathbf{e}_1(t)$, $\mathbf{e}_2(t)$ und $\mathbf{e}_3(t)$ (der Körper dreht sich) als

$$\boldsymbol{\omega} = \omega_1(t)\mathbf{e}_1(t) + \omega_2(t)\mathbf{e}_2(t) + \omega_3(t)\mathbf{e}_3(t) \qquad (4.87)$$

aus. Die Komponenten $\omega_1(t)$, $\omega_2(t)$ und $\omega_3(t)$ beschreiben die sich relativ zu den sich bewegenden Hauptachsen zeitlich veränderte Richtung in Bezug auf die Hauptachsen. Der Trägheitsmomententensor ist in Hauptachsenform (4.37) und damit diagonal. Die Rotationsenergie (4.86) lautet deshalb

$$E_{\text{rot}} = \frac{1}{2} I_1 \omega_1^2(t) + \frac{1}{2} I_2 \omega_2^2(t) + \frac{1}{2} I_3 \omega_3^2(t) \, . \qquad (4.88)$$

Aus Gleichung (4.88) folgt, dass der Vektor $\boldsymbol{\omega}$ auf einem Ellipsoid, dem Energieellipsoid, mit den Halbachsen $\sqrt{2E_{\text{rot}}/I_1}$, $\sqrt{2E_{\text{rot}}/I_2}$ und $\sqrt{2E_{\text{rot}}/I_3}$ läuft (Abbildung 4.10).

Der Drehimpuls des Körpers lautet

$$\mathbf{L} = I_1 \omega_1(t)\mathbf{e}_1(t) + I_2 \omega_2(t)\mathbf{e}_2(t) + I_3 \omega_3(t)\mathbf{e}_3(t) \qquad (4.89)$$

und ist ebenfalls erhalten. Das Betragsquadrat des Drehimpulses

$$L^2 = I_1^2 \omega_1^2(t) + I_2^2 \omega_2^2(t) + I_3^2 \omega_3^2(t) \qquad (4.90)$$

4.9 Freie Orientierungsbewegung eines anisotropen Körpers

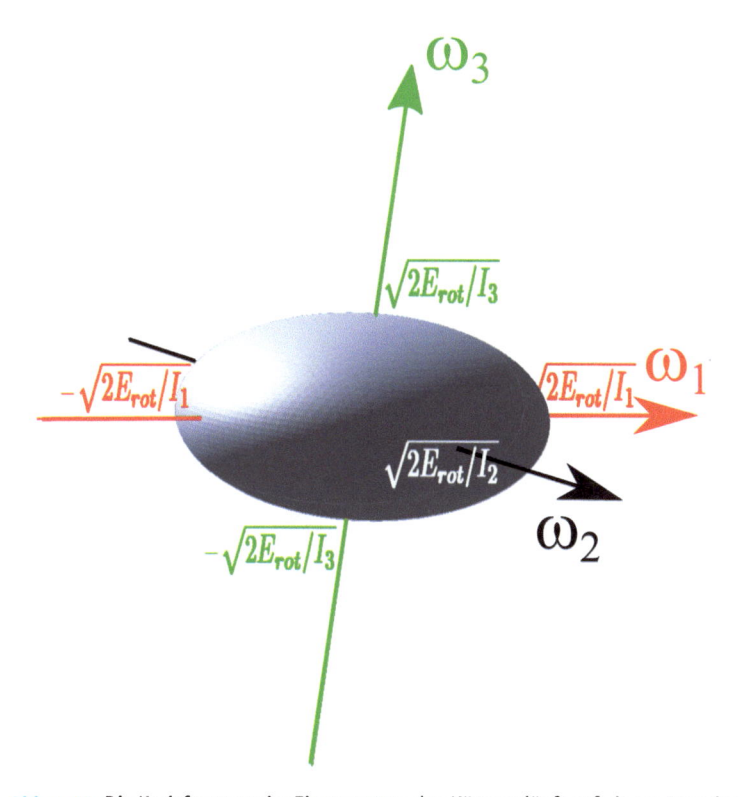

Abb. 4.10: Die Kreisfrequenz im Eigensystem des Körpers läuft auf einem Energieellipsoiden.

enthält, im Gegensatz zum Drehimpuls selber, die zeitlich veränderlichen Hauptachsenvektoren nicht mehr und wir sehen, dass der Vektor $\boldsymbol{\omega}$ auf einem weiteren Ellipsoid, dem Drehimpulsellipsoid mit den Halbachsen L/I_1, L/I_2 und L/I_3, läuft. Das Drehimpulsellipsoid ist im Vergleich mit dem Energieellipsoiden exzentrischer (weiter weg von der Kugel). Die Trajektorie der Kreisfrequenz $\boldsymbol{\omega}$ muss also auf der Schnittlinie der beiden Ellipsoide laufen. Wir sortieren die Hauptträgheitsmomente der Größe nach:

$$I_1 < I_2 < I_3 \,, \tag{4.91}$$

drücken die Rotationsenergie durch Drehimpulse und Trägheitsmomente aus

$$E_{\text{Rot}} = \frac{1}{2}\frac{L_1^2}{I_1} + \frac{1}{2}\frac{L_2^2}{I_2} + \frac{1}{2}\frac{L_3^2}{I_3} \tag{4.92}$$

und sehen, dass bei fester Energie der Betrag des Drehimpulses im Intervall

$$L_{\min} = \sqrt{2E_{\text{Rot}}I_1} < L < \sqrt{2E_{\text{Rot}}I_3} = L_{\max} \tag{4.93}$$

liegen muss. Fahren wir den Betrag des Drehimpulses durch das Intervall erlaubter Werte, so vergrößert sich das Drehimpulsellipsoid ohne Änderung der Achsenverhält-

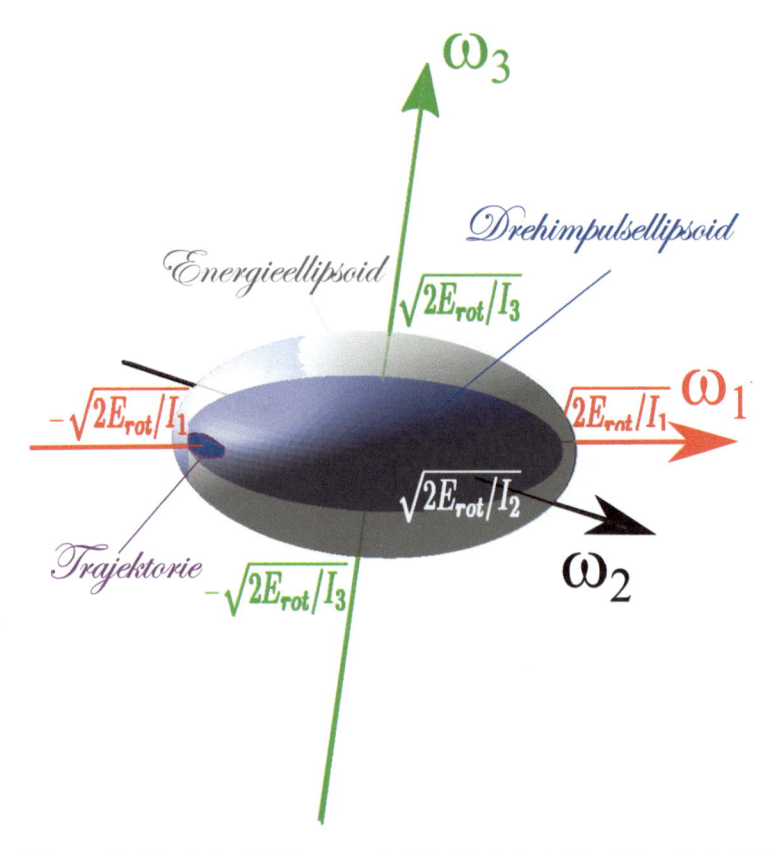

Abb. 4.11: Trajektorie der Kreisfrequenz als Schnittlinie der beiden Ellipsoide bei kleinem Drehimpuls.

nisse. Bei minimalem Drehimpuls ist das Drehimpulsellipsoid klein und wird umso größer, je mehr sich der Drehimpuls dem Maximalwert annähert.

Für kleine Drehimpulse $L_{max} \gg L \gtrsim L_{min}$ ergibt sich eine Schnittlinie, die die ω_1-Achse nahe der Pole beider Ellipsoide umkreist (Abbildung 4.11). Das Drehimpulsellipsoid liegt fast überall innerhalb des Energieellipsoiden und ragt nur an beiden Polen über diesen hinaus. Das umgekehrte Bild ergibt sich für große Drehimpulse $L_{min} \ll L \lesssim L_{max}$ (Abbildung 4.12).

Das Drehimpulsellipsoid verläuft fast überall außerhalb des Energieellipsoiden und taucht nur in den Regionen um die ω_3-Achse in diesen ein. Die Trajektorien umkreisen jetzt die ω_3-Achse. Beide zeitlichen Variationen der momentanen Kreisfrequenz bezeichnet man als Nutation des Körpers oder im nicht physikalischen Sprachgebrauch als *Eiern*.

Wir betrachten nun den Fall, dass das Drehimpulsellipsoid den Energieellipsoiden in der mittleren Halbachse $L_{mittel} = \sqrt{2E_{Rot}I_2}$ schneidet. Das Drehimpulsellipsoid ragt in der gesamten Region um die ω_1-Achse über den Energieellipsoiden hinaus (Ab-

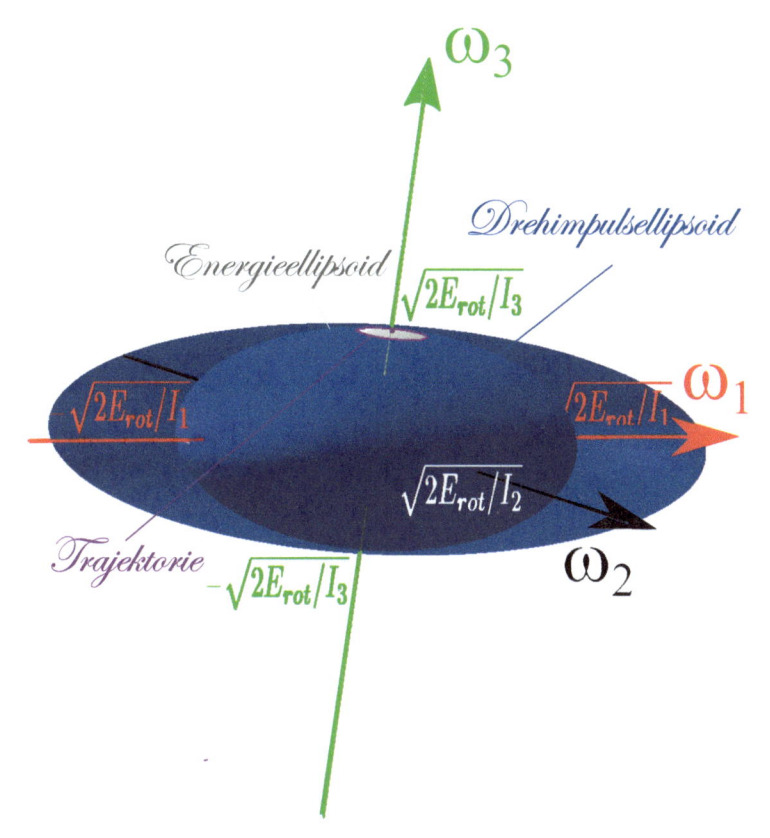

Abb. 4.12: Trajektorie der Kreisfrequenz als Schnittlinie der beiden Ellipsoide bei großem Drehimpuls.

bildung 4.13). In der Region um die ω_3-Achse ist das Energieellipsoid aber freigelegt, da dort das Drehimpulsellipsoid im Energieellipsoiden abtaucht. Der Rand zwischen frei liegender Energieellipsoidenzone und bedeckter Energieellipsoidenzone verläuft durch die beiden mittleren Pole beider Ellipsoide auf der ω_2-Achse. Die Situation ähnelt der zurzeit(?) herrschenden Mode, bauchnabelfreie T-Shirts zu tragen, die sich an den Hüften mit den Hosen verbinden. Der Bauchnabel und die Rückenpartien in der Nähe der Nieren liegen frei, die anderen Zonen sind bedeckt. Die Schnittlinie zwischen Drehimpulsellipsoid und Energieellipsoid bezeichnet man als die Separatrix, die die Bahnen, die um e_1 kreisen, von den Bahnen, die um e_3 kreisen, separiert.

Wir tragen die Trajektorien der Kreisfrequenz auf dem sich nicht verändernden Energieellipsoiden auf (Abbildung 4.14).

Wir sehen, dass die Trajektorien entweder die Richtungen der kleinen oder großen Trägheitsmomente umkreisen. Trajektorien nahe dieser beiden Hauptachsen bleiben immer in der Nähe derselben. Es folgt, dass ein anisotroper Körper, wie dieses Lehrbuch, um die kleine und große Hauptachse stabil rotiert, auch wenn die Hauptach-

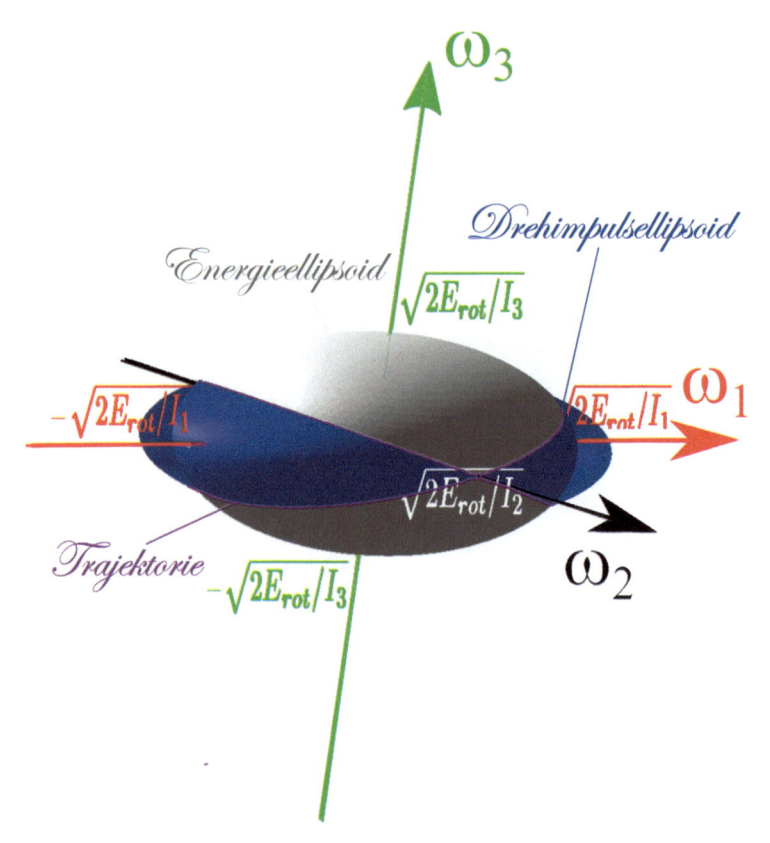

Abb. 4.13: Separatrix der beiden Ellipsoide beim Drehimpuls $L_{\text{mittel}} = \sqrt{2E_{\text{Rot}} I_2}$.

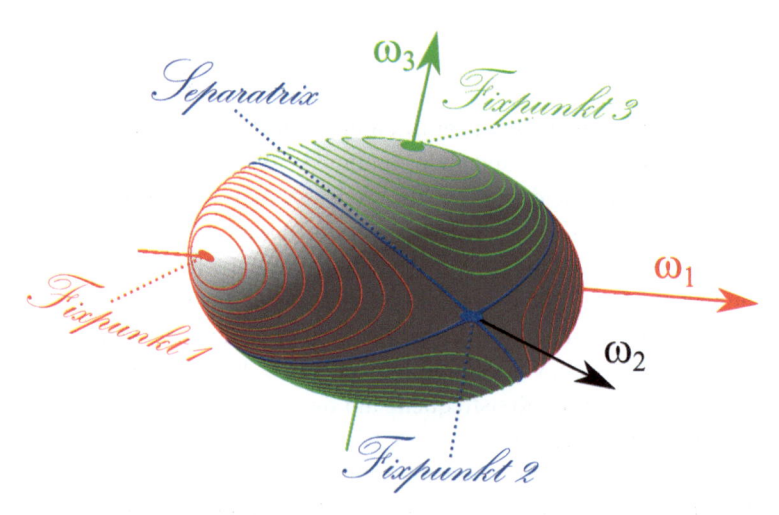

Abb. 4.14: Trajektorien der Kreisfrequenz auf dem Energieellipsoiden, Fixpunkte der Kreisfrequenz und Separatrix.

senrichtung nicht exakt getroffen wird. Anders ist dies für Rotationen um die mittlere Trägheitsachse. Dort läuft die Trajektorie auf der Separatrix. Als Funktion der Zeit ändert sich $\boldsymbol{\omega}(t)$ entlang der Separatrix zunächst langsam, wenn wir uns noch in der Nähe des Fixpunktes auf der ω_2-Achse befinden. Exakt im Fixpunkt ändert sich die Kreisfrequenz natürlich gar nicht, aber es ist beliebig unwahrscheinlich, diese exakt zu treffen. Befinden wir uns auf der Separatrix zwischen beiden Fixpunkten, erfolgen die Kreisfrequenzänderungen schneller. Die Folge ist, dass der Körper eine Weile lang um $\mathbf{e}_2$ rotiert, aber dann so kippt, dass sich die Rotationsachse um 180° dreht und schließlich um $-\mathbf{e}_2$ rotiert. Es findet ein Achsenflip statt. Wenn Sie dieses Buch nicht mehr brauchen, werfen Sie es so in die Luft, dass der Rücken des Buches auf der linken Seite liegt und das Buch um die Zeile in der Mitte einer Seite rotiert. Je nach dem, ob ein oder kein Achsenflip vor dem Auffangen erfolgt ist, wird der Rücken des Buches beim Auffangen auf der rechten bzw. linken Seite zu liegen kommen. Besonders eindrucksvoll kann man die freie Rotation eines anisotropen Körpers in der Schwerelosigkeit beobachten. Es gibt einen schönen Videoclip des Astronauten Thomas Reiter, der einen Quader auf der internationalen Raumstation rotieren lässt. Die Instabilität ist umso ausgeprägter, je ähnlicher die Anteile der Flächen des Energieellipsoides sind, die mit Trajektorien um $\boldsymbol{\omega}_1$ und $\boldsymbol{\omega}_3$ bedeckt sind. Entarten zwei Trägheitshauptachsen zu einem prolaten ($I_2 = I_1$) oder oblaten ($I_2 = I_3$) Energie- und Drehimpulsellipsoid, so verschwindet die Instabilität. Die volle Anisotropie des Körpers ist also ein notwendiges Element der Achseninstabilität.

4.10 Ein paar mathematische Spielereien zu Drehungen

Wir definieren den vollständig antisymmetrischen Levy-Civita-Tensor $\boldsymbol{\epsilon}$, für den gilt:

$$\epsilon_{ijk} = \begin{cases} 1 & \text{für } i, j, k \text{ eine gerade Permutation von 1, 2, 3,} \\ 0 & \text{für } i, j, k \text{ keine Permutation von 1, 2, 3,} \\ -1 & \text{für } i, j, k \text{ eine ungerade Permutation von 1, 2, 3.} \end{cases} \quad (4.94)$$

Im Gegensatz zu einer Matrix hat der dreistufige Tensor Zeilen, Spalten und Schubladen. Den Inhalt der verschiedenen nicht verschwindenden Einträge dieses Tensors haben wir in Abbildung 4.15 eingetragen.

Multiplikation des Levy-Civita-Tensors mit der Kreisfrequenz führt auf

$$\boldsymbol{\epsilon} \cdot \boldsymbol{\omega} = \begin{pmatrix} 0 & \omega_z & -\omega_y \\ -\omega_z & 0 & \omega_x \\ \omega_y & -\omega_x & 0 \end{pmatrix}, \quad (4.95)$$

sodass folgt

$$(\boldsymbol{\epsilon} \cdot \boldsymbol{\omega}) \cdot \mathbf{b} = \mathbf{b} \times \boldsymbol{\omega} \quad (4.96)$$

oder kürzer

$$(\boldsymbol{\epsilon} \cdot \boldsymbol{\omega}) \cdot = \times \boldsymbol{\omega} \,. \quad (4.97)$$

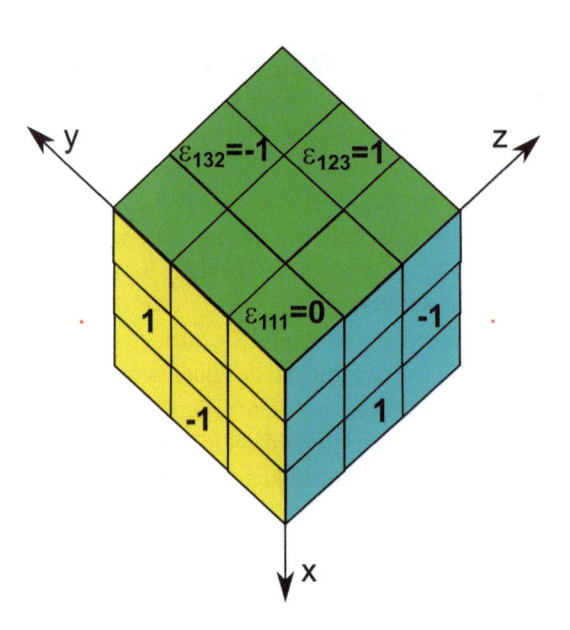

Abb. 4.15: Zeilen, Spalten und Schubladen des dreistufigen, vollständig antisymmetrischen Levy-Civita-Tensors.

Die nullte Potenz jeder Matrix ist die Einheitsmatrix, sodass

$$(\boldsymbol{\epsilon} \cdot \boldsymbol{\omega})^0 = \mathbb{1} = \left(\mathbb{1} - \frac{\boldsymbol{\omega}\boldsymbol{\omega}}{\omega^2}\right) + \frac{\boldsymbol{\omega}\boldsymbol{\omega}}{\omega^2} \tag{4.98}$$

gilt. Wir berechnen die zweite Potenz

$$(\boldsymbol{\epsilon} \cdot \boldsymbol{\omega})^2 = \begin{pmatrix} 0 & \omega_z & -\omega_y \\ -\omega_z & 0 & \omega_x \\ \omega_y & -\omega_x & 0 \end{pmatrix} \cdot \begin{pmatrix} 0 & \omega_z & -\omega_y \\ -\omega_z & 0 & \omega_x \\ \omega_y & -\omega_x & 0 \end{pmatrix}$$

$$= \begin{pmatrix} -\omega_z^2 - \omega_y^2 & \omega_x\omega_y & \omega_x\omega_z \\ \omega_x\omega_y & -\omega_x^2 - \omega_z^2 & \omega_y\omega_z \\ \omega_x\omega_z & \omega_y\omega_z & -\omega_y^2 - \omega_x^2 \end{pmatrix}$$

$$= \omega^2\left(\frac{\boldsymbol{\omega}\boldsymbol{\omega}}{\omega^2} - \mathbb{1}\right) = (-1)^{2/2}\omega^2\left(\mathbb{1} - \frac{\boldsymbol{\omega}\boldsymbol{\omega}}{\omega^2}\right) \tag{4.99}$$

und schließlich die dritte Potenz

$$(\boldsymbol{\epsilon} \cdot \boldsymbol{\omega})^3 = \omega^2\left(\frac{\boldsymbol{\omega}\boldsymbol{\omega}}{\omega^2} - \mathbb{1}\right) \cdot (\boldsymbol{\epsilon} \cdot \boldsymbol{\omega}) = \omega^2 \frac{\boldsymbol{\omega}}{\omega^2}\boldsymbol{\omega} \times \boldsymbol{\omega} - \omega^2(\boldsymbol{\epsilon} \cdot \boldsymbol{\omega})$$

$$= -\omega^2(\boldsymbol{\epsilon} \cdot \boldsymbol{\omega}) = (-1)^{(3-1)/2}\omega^3\left(\boldsymbol{\epsilon} \cdot \frac{\boldsymbol{\omega}}{\omega}\right). \tag{4.100}$$

Gerade und ungerade Potenzen von $(\boldsymbol{\epsilon} \cdot \boldsymbol{\omega})$ reproduzieren die Matrizen $\mathbb{1} - \boldsymbol{\omega}\boldsymbol{\omega}/\omega^2$ und $(\boldsymbol{\epsilon} \cdot \boldsymbol{\omega}/\omega)$ mit gewissen Vorfaktoren. Wir definieren uns die Exponentialfunktion der

Matrix:

$$\mathbf{R}_{\omega t} = e^{(\boldsymbol{\epsilon}\cdot\boldsymbol{\omega})t} = \sum_{n=0}^{\infty} \frac{((\boldsymbol{\epsilon}\cdot\boldsymbol{\omega})t)^n}{n!} \tag{4.101}$$

$$= \omega^2 \frac{\boldsymbol{\omega}\boldsymbol{\omega}}{\omega^2} + (\mathbb{1} - \boldsymbol{\omega}\boldsymbol{\omega}/\omega^2) \sum_{n=0}^{\infty} (-1)^n \frac{(\omega t)^{2n}}{(2n)!} + (\boldsymbol{\epsilon}\cdot\boldsymbol{\omega}/\omega) \sum_{n=0}^{\infty} (-1)^n \frac{(\omega t)^{2n+1}}{(2n+1)!}$$

$$= \underbrace{\omega^2 \frac{\boldsymbol{\omega}\boldsymbol{\omega}}{\omega^2}}_{\substack{\text{Projektor auf}\\\text{die Achse,}\\\text{zeitunabhängig}}} + \underbrace{(\mathbb{1} - \boldsymbol{\omega}\boldsymbol{\omega}/\omega^2)\cos\omega t}_{\substack{\text{Projektor senkrecht}\\\text{zur Achse,}\\\text{zeitlich variabel}}} + \underbrace{(\boldsymbol{\epsilon}\cdot\boldsymbol{\omega}/\omega)\sin\omega t}_{\substack{\text{Kopplung der beiden}\\\text{Richtungen senkrecht}\\\text{zur Achse, zeitlich variabel}}} .$$

Wir berechnen $\mathbf{R}_{\omega t}$ für den Spezialfall $\boldsymbol{\omega} = \omega_z \mathbf{e}_z$ und finden

$$\frac{\boldsymbol{\omega}\boldsymbol{\omega}}{\omega^2} = \begin{pmatrix} 0 & 0 & 0 \\ 0 & 0 & 0 \\ 0 & 0 & 1 \end{pmatrix}, \quad (\mathbb{1} - \boldsymbol{\omega}\boldsymbol{\omega}/\omega^2) = \begin{pmatrix} 1 & 0 & 0 \\ 0 & 1 & 0 \\ 0 & 0 & 0 \end{pmatrix},$$

$$(\boldsymbol{\epsilon}\cdot\boldsymbol{\omega}/\omega) = \begin{pmatrix} 0 & 1 & 0 \\ -1 & 0 & 0 \\ 0 & 0 & 0 \end{pmatrix} \tag{4.102}$$

und folglich

$$\mathbf{R}_{\omega t} = \begin{pmatrix} \cos\omega_z t & \sin\omega_z t & 0 \\ -\sin\omega_z t & \cos\omega_z t & 0 \\ 0 & 0 & 1 \end{pmatrix}. \tag{4.103}$$

Diesen Ausdruck haben wir bereits als Drehung um $\omega_z t$ um die z-Achse kennengelernt. Es folgt also, dass ganz allgemein

$$\mathbf{R}_{\omega t} = \omega^2 \frac{\boldsymbol{\omega}\boldsymbol{\omega}}{\omega^2} + (\mathbb{1} - \boldsymbol{\omega}\boldsymbol{\omega}/\omega^2)\cos\omega t + (\boldsymbol{\epsilon}\cdot\boldsymbol{\omega}/\omega)\sin\omega t \tag{4.104}$$

eine Drehung um den Winkel ωt um die Achse entlang $\boldsymbol{\omega}/\omega$ ist. Wir können die Zeitableitung der Drehmatrix jetzt leicht allgemein berechnen:

$$\dot{\mathbf{R}}_{\omega t} = -\omega(\mathbb{1} - \boldsymbol{\omega}\boldsymbol{\omega}/\omega^2)\sin\omega t + \omega(\boldsymbol{\epsilon}\cdot\boldsymbol{\omega}/\omega)\cos\omega t$$

$$= (\boldsymbol{\epsilon}\cdot\boldsymbol{\omega}) \cdot \left[\frac{\boldsymbol{\omega}\boldsymbol{\omega}}{\omega^2} + (\mathbb{1} - \boldsymbol{\omega}\boldsymbol{\omega}/\omega^2)\cos\omega t + (\boldsymbol{\epsilon}\cdot\boldsymbol{\omega}/\omega)\sin\omega t\right]$$

$$= (\boldsymbol{\epsilon}\cdot\boldsymbol{\omega}) \cdot \mathbf{R}_{\omega t} . \tag{4.105}$$

Wir interessieren uns jetzt wieder für den Trägheitsmomententensor, der als

$$\mathbf{I}(t) = \mathbf{R}(t) \cdot \mathbf{I}_{\text{Hauptachse}} \cdot \mathbf{R}^{-1}(t) \tag{4.106}$$

geschrieben werden kann[1], wobei $\mathbf{I}_{\text{Hauptachse}}$ nicht von der Zeit abhängt. Die Zeitableitung des rotierenden Trägheitsmomententensors lautet

$$\begin{aligned}\frac{d\mathbf{I}}{dt} &= \dot{\mathbf{R}}(t) \cdot \mathbf{I}_{\text{Hauptachse}} \cdot \mathbf{R}^{-1}(t) + \mathbf{R}(t) \cdot \mathbf{I}_{\text{Hauptachse}} \cdot \dot{\mathbf{R}}^{-1}(t) \\ &= (\boldsymbol{\epsilon} \cdot \boldsymbol{\omega}) \cdot \mathbf{R}(t) \cdot \mathbf{I}_{\text{Hauptachse}} \cdot \mathbf{R}^{-1}(t) + \mathbf{R}(t) \cdot \mathbf{I}_{\text{Hauptachse}} \cdot \mathbf{R}^{-1}(t) \cdot (-\boldsymbol{\epsilon} \cdot \boldsymbol{\omega}) \\ &= (\boldsymbol{\epsilon} \cdot \boldsymbol{\omega}) \cdot \mathbf{I}(t) - \mathbf{I}(t) \cdot (\boldsymbol{\epsilon} \cdot \boldsymbol{\omega}) \,. \end{aligned} \quad (4.107)$$

Wir können aus (4.107) den infinitesimal gedrehten, späteren Trägheitsmomententensor berechnen

$$\mathbf{I}(t + dt) = [(\boldsymbol{\epsilon} \cdot \boldsymbol{\omega}) \cdot \mathbf{I}(t) - \mathbf{I}(t) \cdot (\boldsymbol{\epsilon} \cdot \boldsymbol{\omega})] \, dt + \mathbf{I}(t) \,. \quad (4.108)$$

Integration von Gleichung (4.62) liefert den geänderten Drehimpuls zu einer späteren Zeit

$$\mathbf{L}(t + dt) = \mathbf{M} dt + \mathbf{L}(t) \,. \quad (4.109)$$

Auch zur späteren Zeit $t + dt$ gilt die Beziehung (4.56), sodass wir die spätere Kreisfrequenz durch

$$\boldsymbol{\omega}(t + dt) = \mathbf{I}^{-1}(t + dt) \cdot \mathbf{L}(t + dt) \quad (4.110)$$

erhalten. Gleichung (4.108) besagt, dass eine Drehung um $\boldsymbol{\omega} dt$ ein neues gedrehtes Trägheitsmoment erzeugt. Die Komponenten von $\mathbf{I}$ verändern sich aufgrund der Drehung. Die Hauptträgheitsmomente I_1, I_2 und I_3 bleiben invariant. Der Drehimpuls (4.109) verändert sich aufgrund externer Drehmomente. Schließlich erhält man die neue Kreisfrequenz durch Inversion der Relation $\mathbf{L} = \mathbf{I} \cdot \boldsymbol{\omega}$, die für jede Zeit gilt.

Die Schritte (4.108), (4.109) und (4.110) können als numerische Vorschrift für einen endlichen Zeitschritt $dt \to \Delta t$ benutzt werden. Dabei ist Δt so klein zu wählen, dass die Veränderungen klein sind.

4.11 Freie Rotation axisymmetrischer Körper

In Abschnitt 4.9 haben wir die freie Rotation eines voll anisotropen Körpers betrachtet. Diese Bewegungen waren, wie wir gesehen haben, bereits sehr komplex. Ein voll anisotroper Körper unter dem Einfluss eines externen Drehmomentes führt natürlich noch komplexere Bewegungsmuster aus. Wir wollen die Bewegung eines anisotropen Körpers unter dem Einfluss eines externen Drehmomentes für den Spezialfall betrachten, dass der Körper axisymmetrisch ist und damit nur eine uniaxiale Anisotropie aufweist und so die Instabilität der mittleren Hauptachse unterdrückt wird. Wir beginnen mit der freien (drehmomentfreien) Bewegung eines axisymmetrischen Körpers. Ein

---

[1] In Gleichung (4.36) hatten wir den Tensor $\mathbf{I}' = \mathbf{R}^{-1} \cdot \mathbf{I} \cdot \mathbf{R}$ in derselben Orientierung aus einem gedrehten Bezugsystem betrachtet, hier betrachten wir den gedrehten Tensor in demselben Bezugsystem.

4.11 Freie Rotation axisymmetrischer Körper

axisymmetrischer Körper ist ein Körper, bei dem zwei Trägheitsmomente

$$I_1 = I_2 = I_\perp \qquad I_3 = I_\parallel \qquad (4.111)$$

entartet sind. Ein Beispiel eines axisymmetrischen Körpers ist in hinreichender Präzision ein Mensch. Wir unterscheiden die Längsachse oder Pirouettenachse mit Trägheitsmoment I_3 von den fast entarteten Bauchnabelachsen und Tischfußballachsen $I_2 \approx I_1$ (Abbildung 4.16)

In der Physik bekommt die gegenüber den entarteten Hauptachsen ausgezeichnete Richtung $\mathbf{f} = \mathbf{e}_3$ den Namen Figurenachse. Den Körper bekommen wir im Gravitationsfeld der Erde drehmomentfrei, wenn wir ihn im Massenmittelpunkt $\mathbf{r}_s$ frei drehbar lagern. Für diese Lagerung bekommt der axisymmetrische Körper den Namen unbelasteter Kreisel.

Im Hauptachsensystem lautet der Trägheitsmomententensor:

$$\mathbf{I}_{\text{Hauptachse}} = \begin{pmatrix} I_\perp & 0 & 0 \\ 0 & I_\perp & 0 \\ 0 & 0 & I_\parallel \end{pmatrix} \qquad (4.112)$$

$$= \frac{2I_\perp + I_\parallel}{3} \begin{pmatrix} 1 & 0 & 0 \\ 0 & 1 & 0 \\ 0 & 0 & 1 \end{pmatrix} + \frac{I_\parallel - I_\perp}{3} \begin{pmatrix} -1 & 0 & 0 \\ 0 & -1 & 0 \\ 0 & 0 & 2 \end{pmatrix}$$

$$= \bar{I} \mathbb{1} + \frac{\Delta I}{3} \begin{pmatrix} -1 & 0 & 0 \\ 0 & -1 & 0 \\ 0 & 0 & 2 \end{pmatrix} = \frac{\mathrm{Sp}\,\mathbf{I}}{\mathrm{Sp}\,\mathbb{1}} \mathbb{1} + \frac{\Delta I}{3}(2\mathbf{ff} - (\mathbb{1} - \mathbf{ff}))$$

oder

$$\mathbf{I} = \frac{\mathrm{Sp}\,\mathbf{I}}{\mathrm{Sp}\,\mathbb{1}} \mathbb{1} + \Delta I \left(\mathbf{ff} - \frac{\mathbb{1}}{\mathrm{Sp}\,\mathbb{1}} \right). \qquad (4.113)$$

Der Ausdruck (4.113) gilt in beliebiger Orientierung, da $\mathrm{Sp}\,\mathbf{I}$ und ΔI invariant gegenüber Rotationen sind. Insbesondere ist der axisymmetrische Trägheitsmomententensor invariant unter Drehungen um die Figurenachse. Dies vereinfacht die Bewegungsgleichungen erheblich.

Wir berechnen den Drehimpuls

$$\mathbf{L} = \mathbf{I} \cdot \boldsymbol{\omega} = \frac{\mathrm{Sp}\,\mathbf{I}}{3} \boldsymbol{\omega} + \Delta I \left(\mathbf{f}(\mathbf{f} \cdot \boldsymbol{\omega}) - \frac{\mathrm{Sp}\,\mathbf{I}}{3} \boldsymbol{\omega} \right) \qquad (4.114)$$

und sehen, dass dieser durch die Basisvektoren $\boldsymbol{\omega}$ und $\mathbf{f}$ aufgespannt

$$\mathbf{L} = \alpha \boldsymbol{\omega} + \beta \mathbf{f} \qquad (4.115)$$

wird. Der Drehimpuls $\mathbf{L}$, die Kreisfrequenz $\boldsymbol{\omega}$ und die Figurenachse $\mathbf{f}$ liegen also immer in einer Ebene (Abbildung 4.17).

Abb. 4.16: Der Mensch als Beispiel eines axisymmetrischen Körpers.

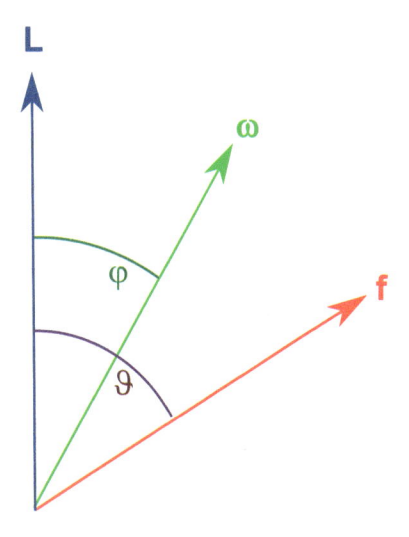

Abb. 4.17: Relative Lage des erhaltenen Drehimpulses, der Kreisfrequenz und der Figurenachse.

Die Rotationsenergie beträgt

$$E_{\text{Rot}} = \frac{1}{2}\mathbf{L}\cdot\boldsymbol{\omega} = \frac{1}{6}\operatorname{Sp}\mathbf{I}\omega^2 + \frac{\Delta I}{2}\left((\mathbf{f}\cdot\boldsymbol{\omega})^2 - \frac{1}{3}\omega^2\right)$$
$$= \frac{\omega^2}{2}\left(\frac{1}{3}\operatorname{Sp}\mathbf{I} - \frac{\Delta I}{3} + \Delta I\frac{(\mathbf{f}\cdot\boldsymbol{\omega})}{\omega^2}\right). \tag{4.116}$$

Für das Betragsquadrat des Drehimpulses finden wir

$$L^2 = \left(\frac{1}{3}(\operatorname{Sp}\mathbf{I} - \Delta I)\boldsymbol{\omega} + \Delta I(\mathbf{f}\cdot\boldsymbol{\omega})^2\mathbf{f}\right)^2$$
$$= \frac{1}{9}(\operatorname{Sp}\mathbf{I} - \Delta I)^2\omega^2 + \frac{2}{3}(\operatorname{Sp}\mathbf{I} - \Delta I)\Delta I(\mathbf{f}\cdot\boldsymbol{\omega})^2 + \Delta I^2(\mathbf{f}\cdot\boldsymbol{\omega})^2$$
$$= \omega^2\left(\frac{1}{9}(\operatorname{Sp}\mathbf{I} - \Delta I)^2 + \frac{2}{3}\left(\operatorname{Sp}\mathbf{I} + \frac{1}{2}\Delta I\right)\Delta I\frac{(\mathbf{f}\cdot\boldsymbol{\omega})^2}{\omega^2}\right). \tag{4.117}$$

Wir teilen (4.116) durch (4.117) und finden

$$\frac{E_{\text{Rot}}}{L^2} = \text{const} = g\left(\frac{(\mathbf{f}\cdot\boldsymbol{\omega})}{\omega}\right). \tag{4.118}$$

Es gilt aber

$$\frac{(\mathbf{f}\cdot\boldsymbol{\omega})}{\omega} = \cos(\vartheta - \phi) = \text{const}. \tag{4.119}$$

Setzen wir (4.119) in (4.116) ein, folgt, dass ω^2 = const ist und somit auch wegen (4.114), dass ϑ, ϕ = const sind. Die Neigungswinkel und Beträge der Figurenachse und der Kreisfrequenz sind konstant.

Wir schreiben die Kreisfrequenz als

$$\boldsymbol{\omega} = \boldsymbol{\omega}_f + \boldsymbol{\omega}_{\text{nut}} = \omega_f \mathbf{f} + \omega_{\text{nut}}\frac{\mathbf{L}}{L}. \tag{4.120}$$

Die Figur rotiert also mit ω_f um ihre Figurenachse und mit ω_{nut} um die Achse des erhaltenen Drehmoments (Abbildung 4.18). Man sagt, die Figurenachse *nutiert* um die Drehmomentachse. Der gesamte Bewegungsprozess heißt Nutation.

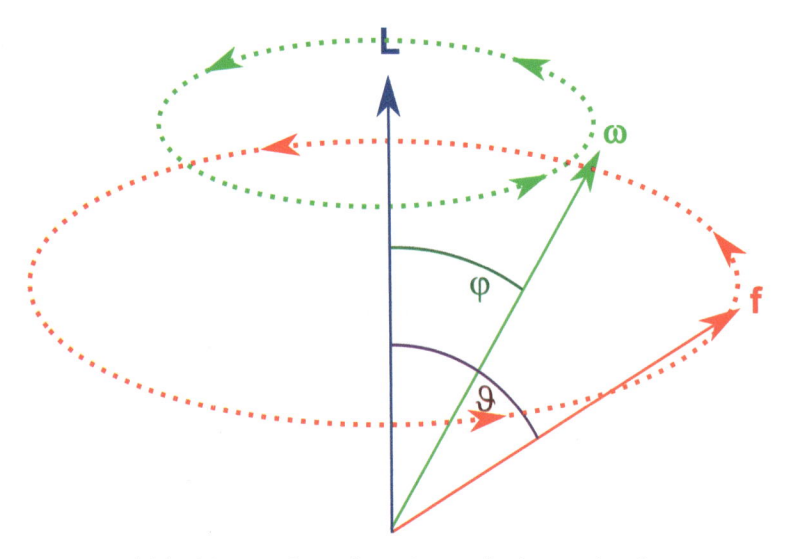

Abb. 4.18: Gleichzeitige Nutation und Rotation um die Figurenachse des Körpers.

4.12 Rotation axisymmetrischer Körper mit Drehmoment

Lagern wir den axisymmetrischen Körper mit Figurenachse $\mathbf{f}$ an einem Referenzpunkt, der auf der Figurenachse liegt

$$\Delta \mathbf{r} = \mathbf{r}_s - \mathbf{r}_{\text{ref}} \| \mathbf{f} \,, \tag{4.121}$$

aber nicht mit dem Massenmittelpunkt $\mathbf{r}_{\text{ref}} \neq \mathbf{r}_s$ identisch ist, so nennen wir den Körper einen belasteten Kreisel (Abbildung 4.19). Infolge der im Massenmittelpunkt angreifenden Schwerkraft $\mathbf{F}_G = M_{\text{ges}} \mathbf{g}$ wirkt ein Drehmoment

$$\mathbf{M}_G = (\mathbf{r}_s - \mathbf{r}_{\text{ref}}) \times \mathbf{F}_G \tag{4.122}$$

auf den belasteten Kreisel. Das Drehmoment $\mathbf{M}$ liegt wegen Gleichung (4.122) und Gleichung (4.121) senkrecht zur Figurenachse $\mathbf{f}$ und senkrecht zum Einheitsvektor in Richtung der Erdbeschleunigung $\hat{\mathbf{g}}$.

Da der Vektor $\mathbf{f}$ ein Einheitsvektor ist, kann sich dieser nur senkrecht zu sich selbst verändern und wir schreiben

$$\frac{d\mathbf{f}}{dt} = \boldsymbol{\omega}(t) \times \mathbf{f}(t) \,. \tag{4.123}$$

Wir betrachten den Spezialfall, dass $\boldsymbol{\omega}$ in der Ebene von $\mathbf{f}$ und $\mathbf{g}$ liegt, und schreiben

$$\boldsymbol{\omega} = \omega_g \hat{\mathbf{g}} + \omega_f \mathbf{f} \,. \tag{4.124}$$

4.12 Rotation axisymmetrischer Körper mit Drehmoment

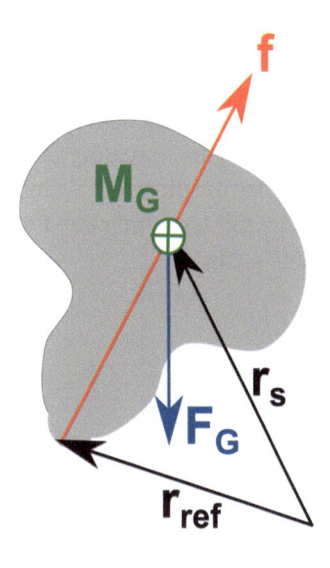

Abb. 4.19: Skizze eines belasteten Kreisels mit Lagerpunkt r_{ref}, Massenmittelpunkt r_s, Figurenachse **f** sowie den angreifenden Kräften und Drehmomenten.

Für diesen Spezialfall finden wir eine Lösung des Problems, bei der auch der jetzt nicht mehr erhaltene Drehimpuls in der Ebene der Figurenachse und der Gravitation liegt:

$$\mathbf{L} = L_z \hat{\mathbf{g}} + L_f \mathbf{f} \qquad (4.125)$$

und bei der die Drehimpulskomponenten L_z und L_f zeitunabhängig sind. Wir finden, dass unter diesen Bedingungen die Zeitableitung des Drehimpulses (das Drehmoment) durch

$$\mathbf{M}_G = L_f \boldsymbol{\omega} \times \mathbf{f} = L_f \omega_g (\hat{\mathbf{g}} \times \mathbf{f}) \qquad (4.126)$$

gegeben ist. Andererseits folgt aus Gleichung (4.122), dass

$$\mathbf{M}_G = (M_{ges} \Delta r g) \hat{\mathbf{g}} \times \mathbf{f} \qquad (4.127)$$

gilt. Ein Vergleich von (4.126) mit (4.127) führt auf

$$\omega_g = \frac{M_{ges} \Delta r g}{L_f} . \qquad (4.128)$$

Wenn die Kreisfrequenz um die Figurenachse groß im Vergleich zur Kreisfrequenz um die Vertikale ist ($\omega_f \gg \omega_g$), so folgt, dass der Drehimpuls um die Figurenachse als $L_f = I_3 \omega_f + I_3 \mathbf{f} \cdot \hat{\mathbf{g}} \omega_g = I_3 \omega_f$ geschrieben werden kann. Wir bekommen so die Präzessionsfrequenz ω_g als Funktion der Kreisfrequenz der Figurenachse

$$\omega_g = \frac{M_{ges} \Delta r g}{I_3 \omega_f} . \qquad (4.129)$$

Der belastete Kreisel rotiert mit ω_f um seine Figurenachse und präzessiert mit ω_g um die Vertikale. Die Präzession ist umso langsamer, je schneller die Rotation um die Figurenachse ist.

Wir haben hier nur den Spezialfall behandelt, dass die Kreisfrequenz in der von der Figurenachse und der Vertikalen aufgespannten Ebene liegt. Ist dies nicht der Fall, kommt es neben der Präzession des belasteten Kreisels zu einer zusätzlichen Nutation, die ja bereits beim unbelasteten Kreisel aufgetreten ist. Die Gesamtbewegung setzt sich dann zusammen aus einer Präzession der Präzessionsachse um die Vertikale mit ω_g, einer Nutation der Figurenachse um die Präzessionsachse mit ω_{nut} und einer Rotation des Körpers um seine Figurenachse mit ω_f (Abbildung 4.20).

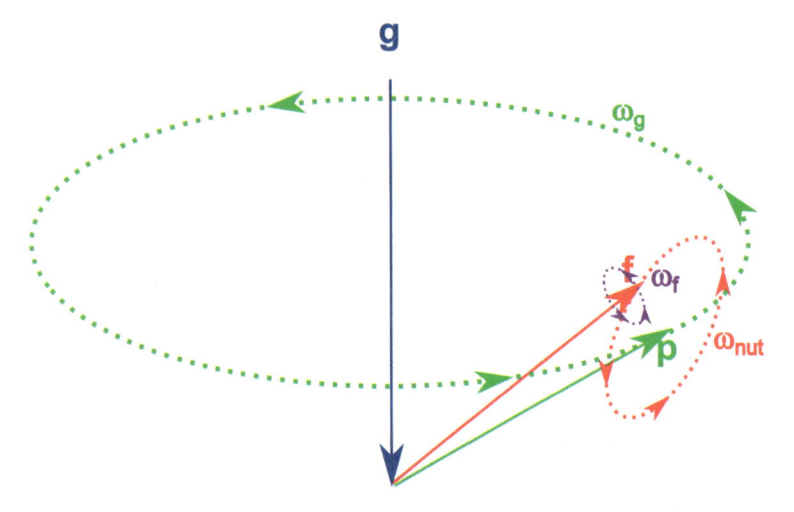

Abb. 4.20: Präzession, Nutation und Rotation um die Figurenachse als allgemeine Bewegung eines belasteten Kreisels.

4.13 Das physikalische Pendel

Die Kreiselgleichungen werden ebenfalls einfach für den Fall, dass die Kreisfrequenz senkrecht zur Vertikalen $\hat{\mathbf{g}}$ und senkrecht zur Figurenachse $\mathbf{f}$ liegt (Abbildung 4.21). Wir setzen also an

$$\boldsymbol{\omega} = \omega(t)\frac{\mathbf{f}\times\hat{\mathbf{g}}}{|\mathbf{f}\times\hat{\mathbf{g}}|}.\qquad(4.130)$$

Wir legen $\mathbf{f}$ in die xz-Ebene und $\mathbf{g}$ in die z-Richtung

$$\mathbf{f} = \begin{pmatrix}\sin\phi\\0\\\cos\phi\end{pmatrix},\quad \hat{\mathbf{g}} = \begin{pmatrix}0\\0\\1\end{pmatrix},\quad \Rightarrow \boldsymbol{\omega} = \omega(t)\begin{pmatrix}0\\1\\0\end{pmatrix}.\qquad(4.131)$$

Wir berechnen die Zeitableitung von $\mathbf{f}$

$$\frac{d\mathbf{f}}{dt} = \dot{\phi}\begin{pmatrix}\cos\phi\\0\\-\sin\phi\end{pmatrix} = \dot{\phi}\begin{pmatrix}0\\1\\0\end{pmatrix}\times\begin{pmatrix}\sin\phi\\0\\\cos\phi\end{pmatrix}.\qquad(4.132)$$

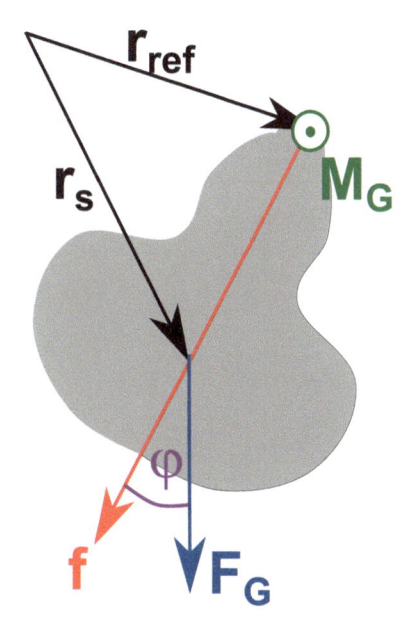

Abb. 4.21: Definition des Winkels ϕ und Lage der Figurenachse beim Pendel.

Der Vergleich von (4.132) mit (4.123) zeigt uns, dass

$$\boldsymbol{\omega} = \dot{\phi} \begin{pmatrix} 0 \\ 1 \\ 0 \end{pmatrix}. \tag{4.133}$$

Die Kreisfrequenz $\boldsymbol{\omega}$ zeigt entlang einer Hauptachse des Körpers, und wir können den Drehimpuls des Körpers, welcher deshalb in die gleiche Richtung zeigt, ausrechnen über

$$\mathbf{L} = I_{1,\text{ref}} \omega \begin{pmatrix} 0 \\ 1 \\ 0 \end{pmatrix}. \tag{4.134}$$

Beachten Sie, dass der Trägheitsmomententensor nicht entartet ist $I_{1,\text{ref}} = I_{1,s} + M_{\text{ges}}(\Delta r)^2 \neq I_{1,s} = I_{2,s} = I_{2,\text{ref}}$, da der Körper nicht im Schwerpunkt gelagert ist. Für die Zeitableitung des Drehimpulses erhalten wir

$$I_{1,\text{ref}} \ddot{\phi} \begin{pmatrix} 0 \\ 1 \\ 0 \end{pmatrix} = I_{1,\text{ref}} \dot{\omega} \begin{pmatrix} 0 \\ 1 \\ 0 \end{pmatrix} = \frac{d\mathbf{L}}{dt} = \mathbf{M}_G = M_{\text{ges}} g \Delta r \mathbf{f} \times \hat{\mathbf{g}}$$

$$= M_{\text{ges}} g \Delta r \begin{pmatrix} \sin\phi \\ 0 \\ \cos\phi \end{pmatrix} \times \begin{pmatrix} 0 \\ 0 \\ 1 \end{pmatrix} = -M_{\text{ges}} g \Delta r \sin\phi \begin{pmatrix} 0 \\ 1 \\ 0 \end{pmatrix}. \tag{4.135}$$

Aus (4.135) lesen wir ab, dass

$$\ddot{\phi} = -\frac{M_{\text{ges}} g \Delta r}{I_{1,\text{ref}}} \sin\phi = -\frac{M_{\text{ges}} g \Delta r}{I_{1,s} + M_{\text{ges}} \Delta r^2} \sin\phi \tag{4.136}$$

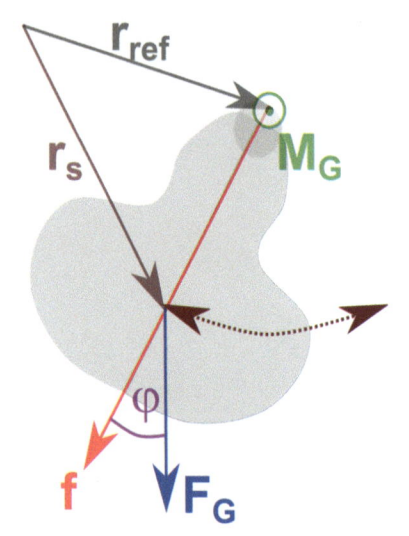

Abb. 4.22: Ein physikalisches Pendel pendelt im Schwerefeld der Erde um den Referenzpunkt.

gilt. Für kleine Winkel $\phi \ll 1$ geht diese Gleichung über in eine Oszillatorgleichung:

$$\ddot{\phi} = -\frac{g}{\Delta r} \frac{1}{I_{1,s}/M_{\text{ges}}\Delta r^2 + 1} \phi \, . \tag{4.137}$$

Gleichung (4.137) ist die Schwingungsgleichung für ein physikalisches Pendel der Länge $l = \Delta r$. Wir schreiben die Kreisfrequenz der Schwingung

$$\omega = \sqrt{\frac{g}{l_{\text{eff}}}} \tag{4.138}$$

und finden, dass die effektive Pendellänge durch

$$l_{\text{eff}} = l \left(I_{1,s}/M_{\text{ges}} l^2 + 1 \right) \tag{4.139}$$

gegeben ist. Ist der Körper ein Massenpunkt, so verschwindet das Trägheitsmoment $I_{1,s} = 0$ und die Kreisfrequenz $\omega = \sqrt{g/l}$ ist durch die echte Pendellänge gegeben. Wir sprechen dann von einem mathematischen Pendel. Für ein physikalisches Pendel mit ausgedehntem, starren Pendler (Abbildung 4.22) ist die effektive Pendellänge $l_{\text{eff}} > l$ länger als die echte Pendellänge. Das physikalische Pendel pendelt langsamer als das mathematische Pendel, da nur ein Teil der potenziellen Energie in translatorische kinetische Energie umgewandelt wird. Ein anderer Teil geht in Rotationsenergie. Das Pendeln eines physikalischen Pendels ist ein Spezialfall der Nutation in der Abwesenheit von Präzession und Rotation um die Figurenachse.

4.14 Nichtvertauschbarkeit von Drehungen

Drehungen sind komplizierter als Translationen, da zwei Drehungen um verschiedene Achsen nicht miteinander vertauschen. Wir können uns davon durch ein einfaches

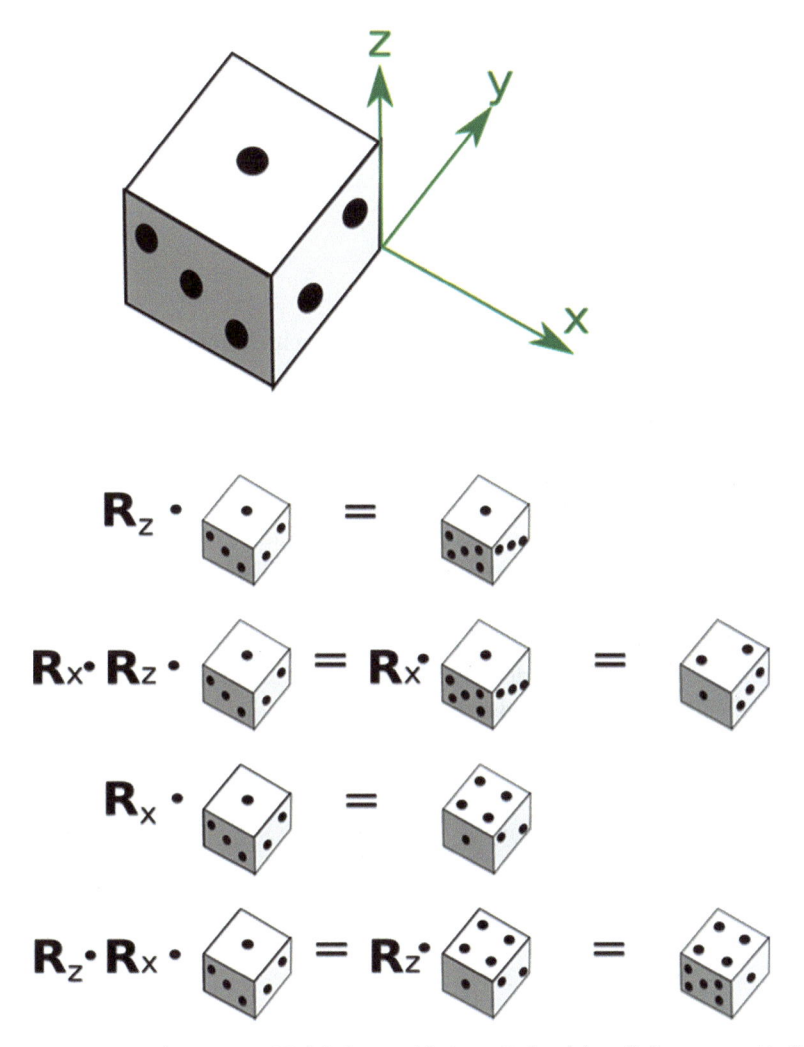

Abb. 4.23: Drehungen von Würfeln in verschiedenen Reihenfolgen liefern unterschiedliche Ergebnisse.

Experiment mit Spielwürfeln überzeugen. Wir orientieren den Würfel so wie in der Abbildung 4.23 skizziert und drehen ihn anschließend um einen rechten Winkel um die z-Achse, dann um einen rechten Winkel um die x-Achse, notieren uns die so erzielte Orientierung und wiederholen das ganze Experiment, indem wir die Reihenfolge der Drehungen umdrehen. Das komplizierte an den Drehungen ist, dass beide Resultate sich unterscheiden.

Bei den Translationen konnten wir die Position des Körpers als Integral der Geschwindigkeit schreiben

$$\int_0^t \mathbf{v}(t')\mathrm{d}t' = \mathbf{r}(t) \,. \tag{4.140}$$

Eine entsprechende Formel:

$$\int_0^t \boldsymbol{\omega}(t')\mathrm{d}t' \neq \boldsymbol{\phi}(t) \,, \tag{4.141}$$

wobei $\boldsymbol{\phi}(t)$ der zeitabhängige Gesamtdrehwinkel ist, gilt nicht. Vielmehr gilt

$$\boldsymbol{\phi}(t) = \mathcal{T}(\tau) \prod_{\text{Zeitintervalle}} [\mathbb{1} + (\boldsymbol{\epsilon} \cdot \boldsymbol{\omega}(t_i)\Delta t_i)] \cdot \boldsymbol{\phi}(t_0)$$

$$= [\mathbb{1} + (\boldsymbol{\epsilon} \cdot \boldsymbol{\omega}(t_n)\Delta t_n)] \cdot \ldots \cdot [\mathbb{1} + (\boldsymbol{\epsilon} \cdot \boldsymbol{\omega}(t_1)\Delta t_1)] \cdot \boldsymbol{\phi}(t_0) \,, \tag{4.142}$$

wobei $\mathcal{T}(\tau)$ der Zeitordnungsoperator ist, der die einzelnen infinitesimalen Drehungen $(\mathbb{1} + (\boldsymbol{\epsilon} \cdot \boldsymbol{\omega}(t_i)\Delta t_i))$ nach ihrer zeitlich erfolgenden Reihenfolge $t_n > t_{n-1} > \cdots > t_0$ sortiert und wir die Anzahl der Zwischenzeiten n gegen unendlich gehen lassen müssen. Könnten wir die einzelnen Matrizen einfach vertauschen, würde tatsächlich das Ergebnis (4.141) mit einem Gleichheitszeichen resultieren. Die einzelnen Matrizen dürfen aber nicht beliebig vertauscht werden, da die Drehungen nun mal die Eigenschaft haben, auf die Reihenfolge, mit der sie durchgeführt werden, Rücksicht zu nehmen.

Es gilt

$$e^{t_1(\mathbf{v}_1 \cdot \nabla)} e^{t_2(\mathbf{v}_2 \cdot \nabla)} = e^{(t_1\mathbf{v}_1 + t_2\mathbf{v}_2) \cdot \nabla} \,, \tag{4.143}$$

$$e^{t_1(\boldsymbol{\omega}_1 \cdot \boldsymbol{\epsilon})} e^{t_2(\boldsymbol{\omega}_2 \cdot \boldsymbol{\epsilon})} \neq e^{(t_1\boldsymbol{\omega}_1 + t_2\boldsymbol{\omega}_2) \cdot \boldsymbol{\epsilon}} \,. \tag{4.144}$$

Verschiebungsoperatoren vertauschen miteinander, Rotationen vertauschen nicht miteinander!

4.15 Dynamik starrer Körper mit Reibung

Auch dissipative Reibungskräfte werden für einen anisotropen Körper auf komplexe Art und Weise anisotrop. Im einfachsten Fall eines laminaren hydrodynamischen Reibungswiderstands können wir die auftretenden Kräfte und Drehmomente linear mit den Geschwindigkeiten und Kreisfrequenzen verbinden:

$$\begin{pmatrix} \mathbf{F} \\ \mathbf{M} \end{pmatrix} = \begin{pmatrix} \gamma_{\text{trans}} & \gamma_{\text{koppel}} \\ \gamma_{\text{koppel}} & \gamma_{\text{rot}} \end{pmatrix} \cdot \begin{pmatrix} \mathbf{v} \\ \boldsymbol{\omega} \end{pmatrix} \,. \tag{4.145}$$

Die hydrodynamische Reibungswiderstandsmatrix ist eine 6×6-Matrix, die sich in vier 3 × 3-Matrizen unterteilt, die entweder die translatorische Bewegung mit Reibungskräften, die translatorische Bewegung mit Reibungsdrehmomenten oder die Kreisfrequenzen mit Kräften bzw. Drehmomenten verbindet.

Die Reibungskräfte und Drehmomente verursachen komplizierte Kopplungen zwischen Translation und Rotation der starren Körper, die zu komplexen Bewegungsmustern führen. Im Herbst können wir das beim Fallen von Blättern (die steif genug sind) beobachten. Ein Ahornsamen fällt und rotiert bei Windstille. Die Komplexität des Fallprozesses eines Ahornsamens (Abbildung 4.24) führt dazu, dass solche Prozesse auch heute noch Gegenstand aktueller Forschung sind.

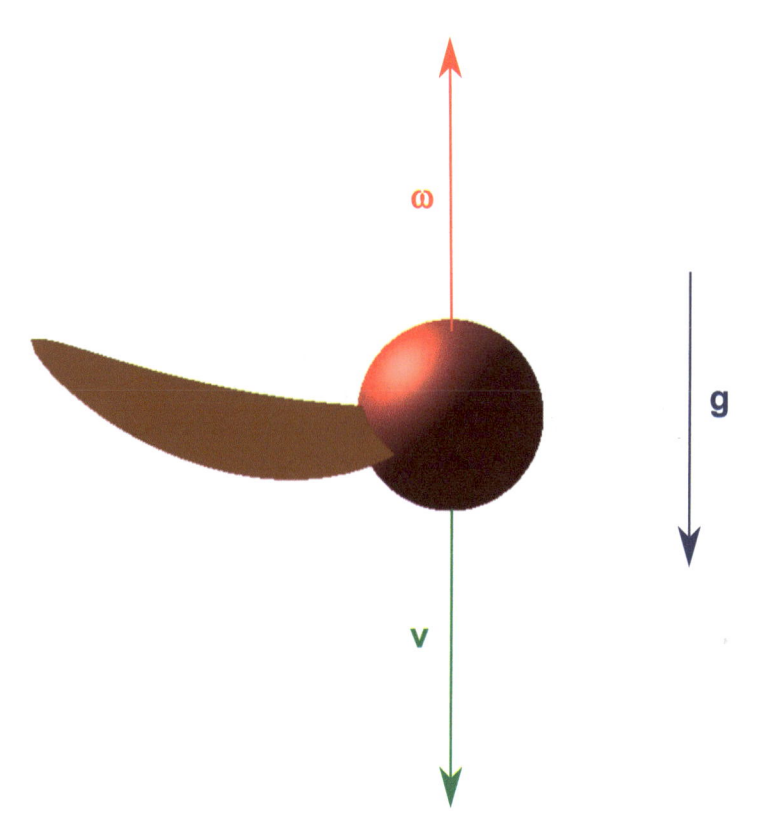

Abb. 4.24: Ein Ahornsamen fällt, indem er rotiert.

4.16 Aufgaben

Trägheitsmoment, Integration im Raum

Berechnen Sie das Volumen und das Trägheitsmoment I_{zz} entlang der Symmetrieachse (z-Achse) eines ebenen Prismas der Höhe h, dessen Grundfläche aus einem gleichseitigen Dreieck der Länge a besteht. Benutzen Sie Zylinderkoordinaten und wählen Sie eine geschickte Integrationsreihenfolge. Hinweis: $\int \frac{dx}{\cos^4 x} = \frac{1}{3}\tan^3 x + \tan x$.

Rollzylinder

Ein Hohlzylinder mit Radius R und ein Vollzylinder mit Radius R rollen (rollreibungsfrei) auf einem Zylinder mit demselben Radius (Abbildung 4.25). φ sei der Winkel, bei dem der Zylinder den Bodenkontakt verliert.

Abb. 4.25: Hohl- oder Vollzylinder?

a) Für welchen Körper ist dieser Winkel größer?
b) Benutzen Sie den Energiesatz, um den Winkel φ zu berechnen.
c) Schreiben Sie die Bewegungsgleichung des Körpers auf für den Bereich, in dem der Körper rollt, und für den Bereich, in dem der Körper den Bodenkontakt verliert. (Die Bewegungsgleichung muss nicht gelöst werden.)

Unwucht

Ein Zylinder der Masse M und des Trägheitsmomentes I_S bezüglich des Schwerpunktes mit unsymmetrischer Massenverteilung habe seinen Schwerpunkt im Punkt S. S sei um ϵ vom Mittelpunkt M entfernt (Abbildung 4.26). Der Zylinder rolle eine schiefe Ebene mit der Neigung α hinunter; der Kontaktpunkt soll als Referenzpunkt verwendet werden.

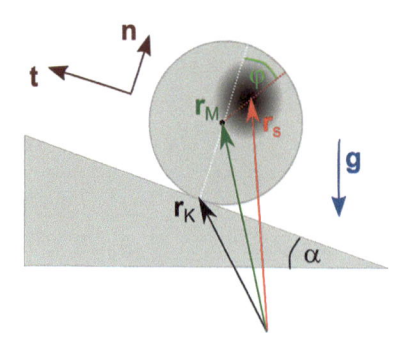

Abb. 4.26: Schiefer-Ebenen-Roller mit Unwucht.

a) Berechnen Sie das Drehmoment, das auf den Zylinder wirkt als Funktion der Orientierung des Zylinders.
b) Benutzen Sie den Steiner'schen Satz, um das Trägheitsmoment des Zylinders bezüglich des Kontaktpunktes als Funktion der Orientierung und des Trägheitsmomentes bezüglich des Schwerpunktes auszudrücken.

c) Wie lautet die Bewegungsgleichung für die Orientierung?
d) Mit welcher Normalkraft drückt der Zylinder auf die Unterlage?
e) Schätzen Sie ab, bei welcher Kreisfrequenz der Zylinder von der schiefen Ebene abhebt.

Bahn-Roll-Variationen Variation 1

Ein Körper rollt aus der Höhe h_A unter einem Winkel α zur Horizontalen eine ideale, rollreibungsfreie, schiefe Asphaltebene hinunter und trifft anschließend auf eine, symmetrisch zur Asphaltbahn liegende, ideale, reibungsfreie Eisbahn, die unter dem gleichen Winkel zur Horizontalen geneigt ist wie die Asphaltbahn (Abbildung 4.27).

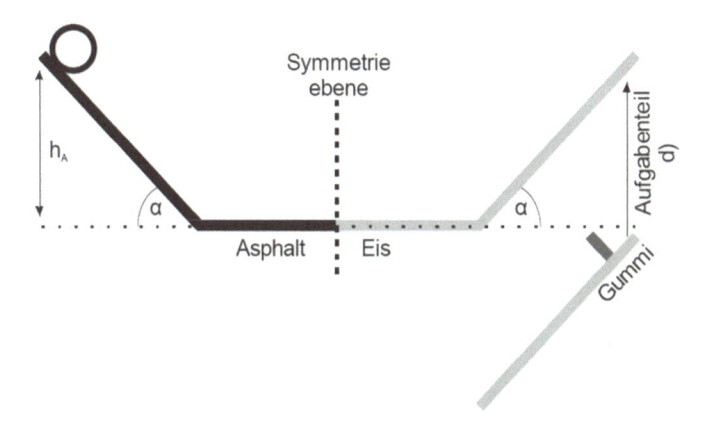

Abb. 4.27: Bahn-Roll-Variation 1.

a) Bestimmen und begründen Sie, ob der Körper auf der Eisseite die gleiche Höhe $h_B = h_A$ erreicht wie die Ausgangshöhe auf der Asphaltseite.
b) Die Zeit, die der Körper benötigt, um aus dem Stillstand die Eisgrenze zu erreichen, sei t_A. Die Zeit von der Eisgrenze bis zum Umkehrpunkt auf der Eisseite sei t_E. Begründen Sie, welche der beiden Zeiten länger ist als die andere.
c) Am Umkehrpunkt auf der Eisseite kehrt der Körper wieder um. Begründen Sie, ob der Körper wieder dieselbe Ausgangshöhe auf der Asphaltseite erreicht oder nicht.
d) Am Umkehrpunkt auf der Eisseite wird eine elastische Gummiwand angebracht (siehe Skizze in Abbildung 4.27), sodass der Körper diese beim Umkehren noch berührt. Begründen Sie, welchen Einfluss diese Gummiwand auf die Steighöhe auf der Asphaltseite hat.
e) Begründen Sie, in welchen Bereichen der Bewegung des Körpers dessen Impuls, Drehimpuls und Energie erhalten bzw. nicht erhalten ist.

Variation 2

Eine Spindel mit Radius r_1 und r_2 rollt auf den äußeren Stegen mit Radius r_1 eine Bahn herab. An der Stelle x_1, h_1 endet die Bahn unter einem Winkel α_1 zur Horizontalen und die Spindel fliegt durch die Luft, bevor eine weitere Bahn die Spindel auf ihrer Achse mit Radius r_2 an der Stelle x_2, h_2 unter dem Winkel α_2 auffängt (Abbildung 4.28). Die Höhenunterschiede der Bahn sind groß gegen die Radien der Spindel, und Höhendifferenzen infolge der Radien $|r_1 - r_2| \ll |h_2 - h_1|$ seien zu vernachlässigen.

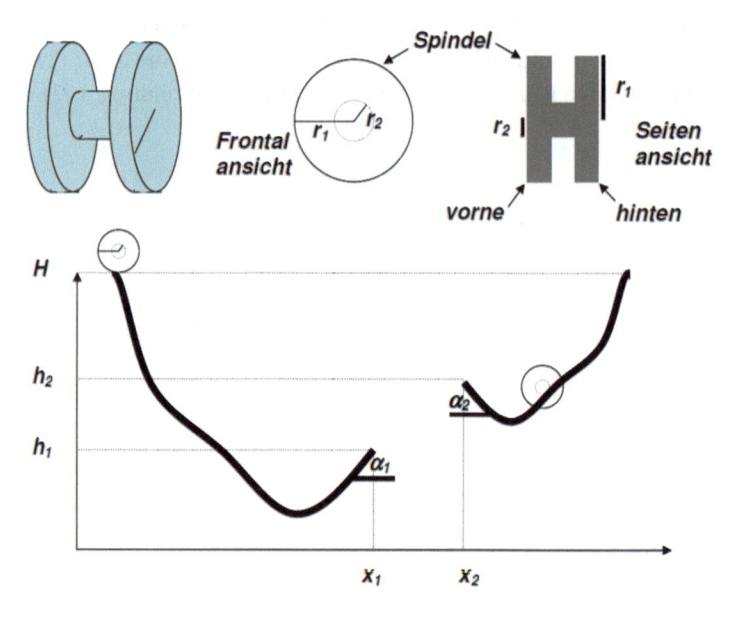

Abb. 4.28: Bahn-Roll-Variation 2.

1) Die erste Bahn ist bereits konstruiert. Bestimmen Sie, wie x_2, h_2 und α_2 zu wählen sind, dass die Spindel auf der zweiten Bahn wieder die Ausgangshöhe H erreichen kann. Überprüfen Sie Ihr allgemeines Resultat, indem Sie den Spezialfall $r_1 = r_2$ betrachten.
2) Die Spindel sei aus einem homogenen Material niedriger Dichte gefertigt. Sie wollen erreichen, dass die Spindel nach dem Flug so aufkommt, dass die Vorderseite der Spindel vor dem Flug jetzt auf der Rückseite liegt. Hierzu bringen Sie vor dem Losrollen der Spindel vier Bleigewichte an der Spindel an. Die Bleigewichte fallen bei der Landung auf der zweiten Bahn wieder ab. Wie müssen Sie die Bleigewichte anordnen, um den gewünschten Effekt zu erzielen und auf der ersten Bahn trotzdem ein einigermaßen ruhiges Rollen zu gewährleisten? Begründen Sie Ihre Antwort.
3) Die Landung auf der zweiten Bahn klappt nur bedingt, weil die Figurenachse der Spindel bei der Landung etwas zur Horizontalen geneigt ist. Wie muss die zweite Bahn abgeändert werden, um ein reibungsfreies Rollen zu ermöglichen? Begründen Sie ihre Antwort.

Variation 3

Eine Walze der Masse m und des Trägheitsmomentes I_1 mit Radius r rollt eine Bahn herab. An der Stelle x_1, h_1 endet die Bahn unter einem Winkel α_1 zur Horizontalen und die Walze fliegt reibungsfrei durch die Luft, bevor eine weitere Bahn die Walze an der Stelle x_2, h_2 unter dem Winkel α_2 auffängt. Während des Fluges durch die Luft werden im Inneren der Walze befestigte Massen durch eine interne Vorrichtung zum Zentrum der Walze gezogen, sodass sich das Trägheitsmoment der Walze von I_1 nach I_2 ändert (Abbildung 4.29).

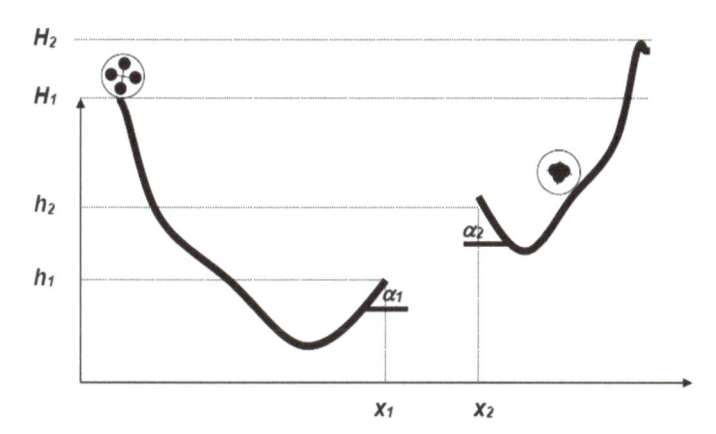

Abb. 4.29: Bahn-Roll-Variation 3.

1) Bestimmen Sie den Drehimpuls der Walze bezüglich seiner Symmetrieachse beim Abheben von der ersten Bahn.
2) Welche maximale Höhe H_2 kann die Walze auf der zweiten Bahn erreichen?
3) Die erste Bahn ist bereits konstruiert. Bestimmen Sie, wie h_2 und α_2 zu wählen sind, dass die Walze auf der zweiten Bahn die maximale Höhe H_2 erreichen kann. Überprüfen Sie Ihr allgemeines Resultat, indem Sie den Spezialfall $I_1 = I_2$ betrachten.

Alles Rotation

Zwei Zylinder mit unterschiedlichen Trägheitsmomenten I_l und I_r, aber mit derselben Masse m und Radius R, sind frei drehbar um ihre Symmetrieachsen gelagert und schweben schwerelos im All. Zunächst sind beide Zylinder durch eine masselose Halterung um eine Distanz $d = 2R + \epsilon$ ($\epsilon \ll R$) getrennt, sodass diese sich nicht berühren (Abbildung 4.30). Beide Achsen ruhen, der linke Zylinder rotiert nicht, während der rechte Zylinder mit ω_r um seine Achse rotiert.

a) Wählen Sie den gemeinsamen Massenmittelpunkt als Referenzpunkt. Bestimmen sie die Eigendrehimpulse und Bahndrehimpulse beider Zylinder.
   Nun werden beide Zylinder durch die masselose Halterung mit der Kraft F aufeinander gedrückt und passen ihre Bewegung infolge der Gleitreibung (Gleitreibungskoeffizient μ_{gl}) so an, dass beide Zylinder aufeinander abrollen.

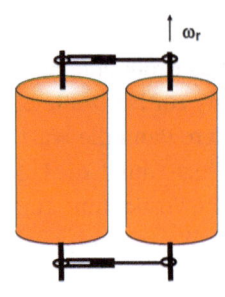

Abb. 4.30: Skizze der beiden Zylinder.

b) Bestimmen Sie das auf die jeweiligen Zylinder wirkende Drehmoment bezüglich ihrer Symmetrieachsen.
c) Wie ändern sich die Rotationsfrequenzen beider Zylinder als Funktion der Zeit?
d) Drücken Sie die Rollbedingung durch die Kreisfrequenzen der beiden Zylinder aus.
e) Zu welchem Zeitpunkt verschwinden beide Drehmomente und welche Kreisfrequenzen haben beide Zylinder zu diesem Zeitpunkt?
f) Beschreiben Sie qualitativ die Bewegung beider Zylinder nach der Anpassung.
g) Bestimmen sie die Eigendrehimpulse und Bahndrehimpulse beider Zylinder bezüglich des gemeinsamen Massenmittelpunktes nach der Anpassung.
h) Bestimmen Sie sämtliche kinetischen Größen nach der Anpassung.
    Ein masseloser Tropfen fällt in den Berührungspunkt der Zylinder, sodass beide Zylinder sofort aneinander festfrieren.
i) Beschreiben Sie qualitativ die Bewegung beider Zylinder nach dem Anfrieren.
j) Bestimmen Sie sämtliche kinetischen Größen nach dem Anfrieren.

Planetenspaziergänge

Ein als Massenpunkt der Masse m (die Masse des Bewohners und des Planeten seien von vergleichbarer Größenordnung) beschreibbarer Planetenbewohner lebt auf einem Miniplaneten der Dichte ρ mit dem Radius R in einem quaderförmigen klimatisierten Raum vernachlässigbarer Dichte der Kantenlängen $a > b > c$, welcher im Inneren des Planeten zentriert ist (Skizze) und einen beträchtlichen Anteil des Volumens des Planeten ausmacht. Entlang der Hauptachsen des Raumes führen Gänge vernachlässigbarer Weite an die Oberfläche des Planeten. Die Ausgänge seien mit $A_- A_+ B_- B_+ C_- C_+$ bezeichnet, so wie diese in Abbildung 4.31 eingetragen sind. Zu Beginn sitzt der Bewohner im Zentrum des Raumes, der Planet führt keinerlei Drehbewegung aus und die massefreie Sonne scheint freundlich genau durch den Eingang C_- hinein. Der Bewohner des Planeten teilt eine Woche in drei Tage ein. Während jeder Stunde eines Tages macht der Bewohner genau einen Spaziergang über die Oberfläche des Planeten, wobei am Tag A der Weg von C_- über B_+, entlang eines Großkreises über C_+ und B_- zurück nach C_- führt. Am nächsten Tag B müssen die Spaziergänge jede Stunde über den Großkreis $A_-C_+A_+C_-A_-$ erfolgen und am Tag C nach demselben Muster über den Großkreis $B_-A_+B_+A_-B_-$.

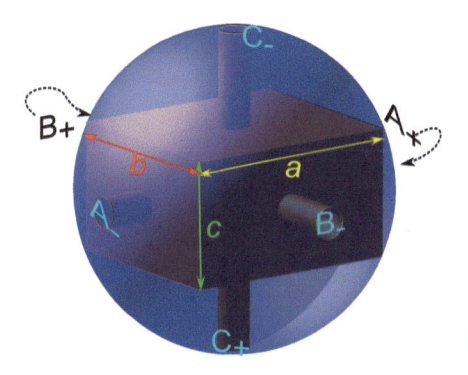

Abb. 4.31: Heimatplanet unseres Spaziergängers.

a) Berechnen Sie den Trägheitsmomententensor des Planeten (ohne Bewohner!).
b) Begründen Sie, warum der Planet, immer wenn unser Bewohner sich in seinem klimatisierten Raum ausruht, in Ruhe ist.
c) Wie viele Spaziergänge macht unser Bewohner am Tag A, Tag B und Tag C und welche Bedingungen müssen die geometrischen Abmessungen des Raumes und die Masse unseres Bewohners erfüllen, dass mit Ende eines Tages die Sonne wieder schön in den Eingang C_- hinein scheint?
    Die immer in Ruhe befindlichen Teleskope auf der Oberfläche des Planeten kontrollieren die Gewohnheiten unseres Bewohners streng, indem sie die Sterne am Himmel beobachten. Unser Bewohner trinkt gerne etwas über den Durst, was die Präzision seines Spazierganges negativ beeinflusst.
d) Begründen Sie, an welchem Wochentag und warum unser Bewohner besonders darauf achten sollte, abstinent zu bleiben, damit die Teleskope keinen Fehler registrieren? Wie können die Astronomen in den Teleskopen auf die Form des Raumes schließen, ohne diesen jemals betreten zu haben?

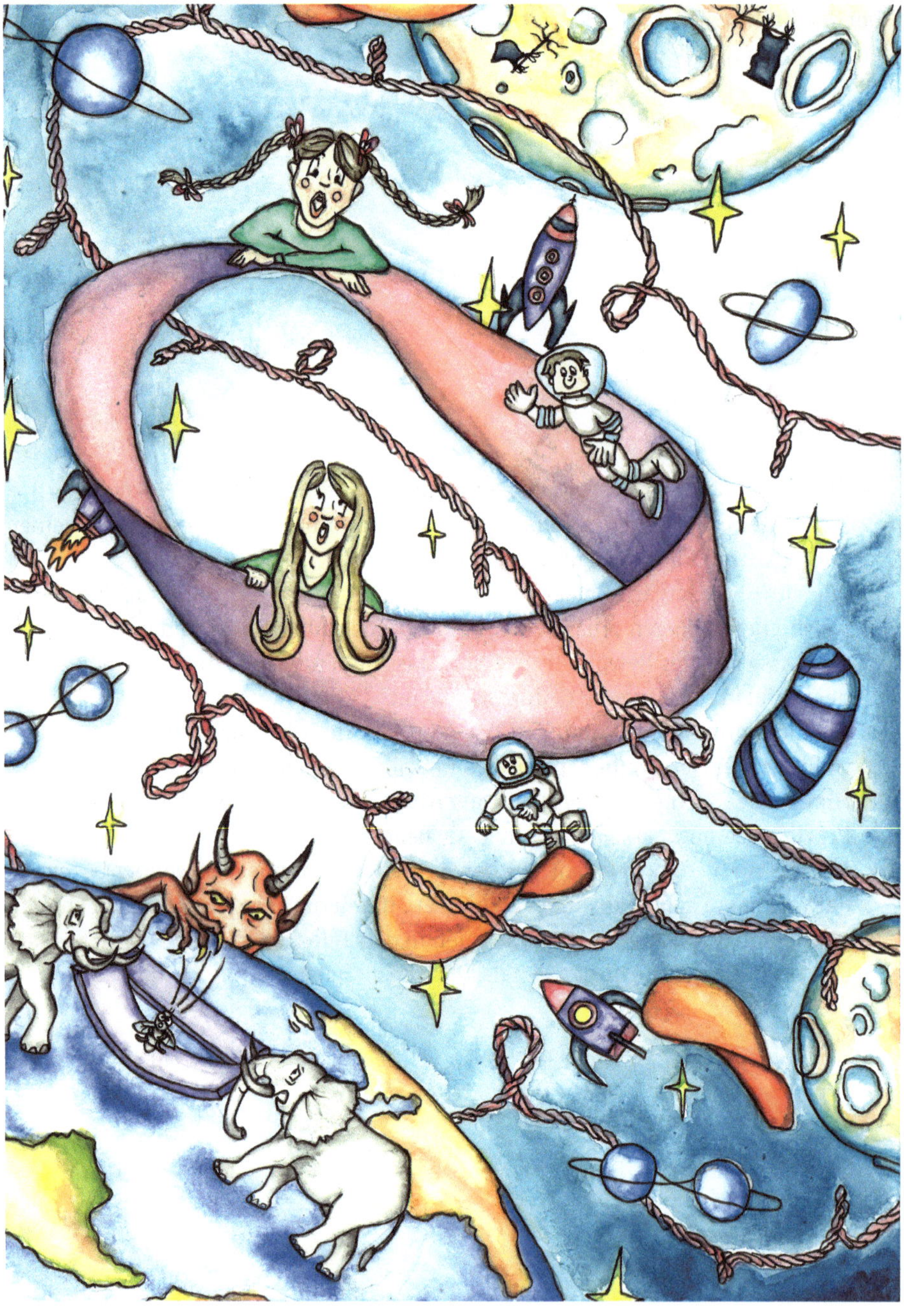

5 Der deformierbare Körper

Wird ein Körper durch externe Kräfte oder durch topologische Zwänge misshandelt, die zumindest einen Bruchteil der den Körper zusammenhaltenden Kräfte ausmacht, nimmt der Körper eine signifikant andere Form ein als welche er ohne diese Nebenbedingungen üblicherweise hat. Der äußere Zwang wird durch eine mechanische Spannung ins Innere übertragen, die dort proportional dieser mechanischen Spannung lokale Veränderungen der Geometrie des Körpers hervorruft.

5.1 Materialeigenschaften und der thermodynamische Limes

In vielen Situationen manipulieren wir die Form und Geometrie eines Materials auf Längenskalen, die viel größer sind als die Reichweite der das Material zusammenhaltenden Wechselwirkungen. Es liegt eine Längenskalentrennung vor, sodass die Geometrie des Materials nicht die Materialeigenschaften beeinflusst. Als Beispiel verweisen wir auf Stahl. Ein Stahlwürfel und eine Stahlfeder haben zwar unterschiedliche Federkonstanten, aber jedes Massenelement der beiden unterschiedlichen Körper verhält sich prinzipiell gleich. Die Federkonstanten D_1 und D_2 beider Körper können geschrieben werden als

$$D_i = \text{Geometriefaktor}_i \times \text{Materialeigenschaft}, \quad i = 1, 2, \tag{5.1}$$

wobei die Materialeigenschaft, unabhängig von der Form in beiden Situationen, gleich ist. Wir bekommen also eine Gleichung der Form

$$\text{Körpereigenschaft} = \text{Geometriefaktor} \times \text{Materialeigenschaft}. \tag{5.2}$$

Die Materialeigenschaft ist eine Eigenschaft pro Massenelement (Volumenelement), wobei wir uns jedes Massenelement infinitesimal klein gegenüber den Längenskalen, auf denen die Geometrie variiert, vorstellen. Gleichzeitig muss dieses Massenelement aber sehr viel größer als die Reichweite der die Substanz zusammenhaltenden Wechselwirkungen sein. Beide Forderungen bekommen wir nur dann in Einklang miteinander, wenn eine Längenskalentrennung zwischen Geometrie und Reichweite der Wechselwirkungen vorliegt. Wir wollen das Konzept an einem Beispiel, dem elektrischen Widerstand R, verdeutlichen. Den elektrischen Widerstand können wir schreiben als

$$R = \frac{l}{A}\rho, \tag{5.3}$$

wobei l die Länge des Widerstands in Stromrichtung und A der Querschnitt des Widerstands ist. Mit ρ bezeichnen wir den spezifischen Widerstand des den Widerstand aufbauenden Materials. Wenn wir einen elektrischen Schaltplan umsetzen wollen, interessieren wir uns natürlich mehr für den Widerstand R, für den wir einen im Schaltplan spezifizierten Wert einhalten müssen. Wir haben eine anwendungsorientierte Fragestellung, die den Ingenieur natürlich sehr interessiert. Ein Physiker interessiert sich mehr dafür, warum (aus welchen physikalischen Gründen heraus) der Widerstand den gemessenen Wert hat. Er ist an den Materialeigenschaften (ρ) interessiert, die wir unabhängig von der Geometrie des Körpers hoffen, verstehen zu können.

Da jedes infinitesimale Massenelement praktisch aufgrund der Längenskalentrennung immer noch aus $N \approx \infty$ vielen wechselwirkenden Teilen besteht, hat das Massenelement genau dieselben Eigenschaften, wie unendlich viele wechselwirkende Teilchen. Wir sagen, das Massenelement befindet sich im thermodynamischen Limes.

Wir wollen nicht verschweigen, dass es genügend Beispiele gibt, bei denen eine Längenskalentrennung nicht möglich ist. Ein erstes Gegenbeispiel ist unsere Sonne. Unsere Sonne ist ein fusionierendes Plasma, das durch die Gravitation am Auseinanderfliegen gehindert wird. Jedes Massenelement spürt die Gravitation jedes anderen Massenelementes der Sonne. Die Gravitationswechselwirkung ist langreichweitiger als der Radius (die Geometrie) der Sonne.

Ein fusionierendes Plasma auf der Erde kann in einem Fusionsreaktor nicht durch Gravitation zusammengehalten werden. Der Einschluss des Plasmas in einem Fusionsreaktor ist ein schwieriges Problem, das sich bisher hartnäckig einer Lösung verweigert. Ein Fusionsreaktorplasma ist nicht das Gleiche wie ein Sonnenplasma.

Ein anderes Beispiel sind die optischen Eigenschaften von Nanoteilchen. Die Farbe der Nanoteilchen hängt von deren Größe ab. Es folgt also, dass die optischen Eigenschaften nicht unabhängig von der Geometrie der Nanoteilchen sind.

Wir fassen unsere Überlegungen damit zusammen, dass ein Material mit formunabhängigen Materialeigenschaften nur kurzreichweitige Wechselwirkungen haben kann.

5.2 Deformierbare Körper

Körper sind nicht vollkommen starr; wenn wir einen Körper schwach deformieren, gibt es elastische Rückstellkräfte, die die ursprüngliche Form des Körpers wieder herstellen wollen. Wir machen die Annahme, dass diese Kräfte lokal sind und nur Massenelemente in unmittelbarer Nachbarschaft voneinander Kräfte aufeinander über ihre gemeinsame Grenzfläche ausüben können (Abbildung 5.1).

Auch ein Massenelement dm spürt die Kraft anderer benachbarter Massenelemente nur über die gemeinsame Oberfläche (Abbildung 5.2).

Zerschneiden wir ein Material mit kurzreichweitiger Wechselwirkung in zwei Teile A und B, gibt es nach dem Zerschneiden keine Wechselwirkungen zwischen A und B mehr (Abbildung 5.3). Zerschneiden wir einen Magneten in zwei Teile, wechselwir-

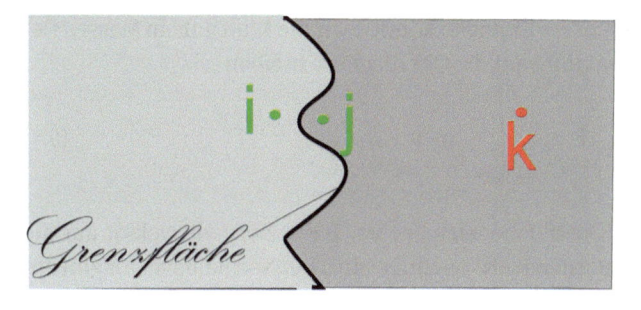

Abb. 5.1: Das Teilchen k spürt keine direkte Kraft von Teilchen i.

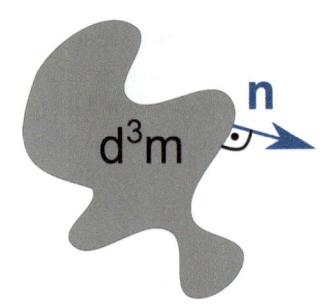

Abb. 5.2: Ein Massenelement mit Normalenvektor **n** auf die Oberfläche.

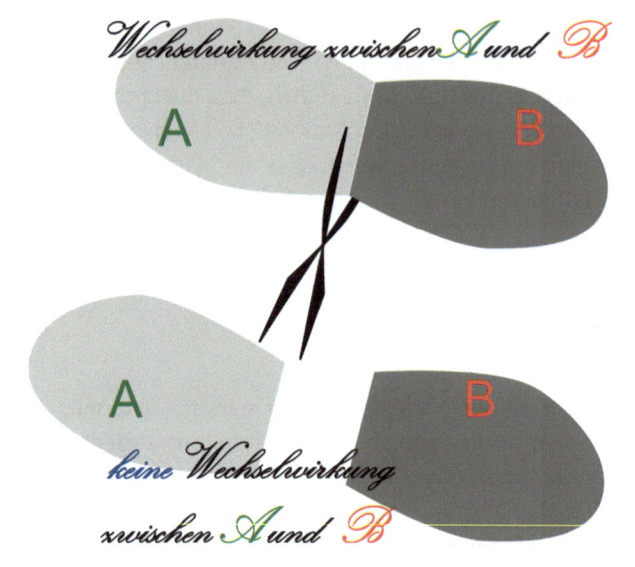

Abb. 5.3: Ein Material vor und nach dem Zerschneiden.

ken beide Teile auch nach dem Zerschneiden noch über langreichweitige magnetische Kräfte (Abbildung 5.4).

5.3 Der Spannungstensor

Im Falle kurzreichweitiger Wechselwirkungen können wir die Kraft auf ein Massenelement als Integral über alle Teilkräfte auf die Oberfläche schreiben

$$\mathbf{F} = \int_{\text{Oberfläche}} \boldsymbol{\sigma} \cdot \mathbf{n} \, \mathrm{d}^2 S \,, \tag{5.4}$$

wobei dS ein infinitesimales Oberflächenelement ist, **n** der Normalenvektor auf die Grenzfläche und $\boldsymbol{\sigma}$ als Spannungstensor bezeichnet wird. Der Normalenvektor gibt an, dass eine gedachte Grenzfläche zwischen zwei Massenelementen in eine bestimmte Richtung (senkrecht zum Normalenvektor) verläuft. Damit das Produkt aus Spannung

Wechselwirkung zwischen A und B

Magnet A

Magnet B

weiterhin Wechselwirkung zwischen A und B

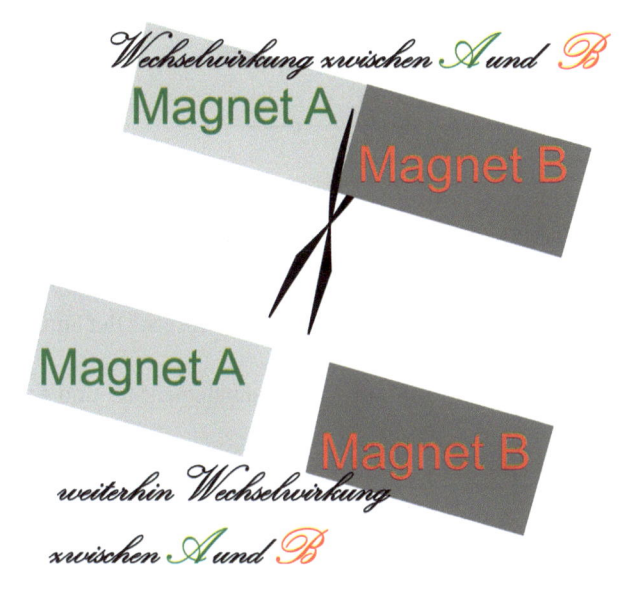

Magnet A

Magnet B

Abb. 5.4: Die beiden Teile eines Magneten wechselwirken auch nach dem Zerschneiden.

und Normalenvektor eine Kraft sein kann, die auch in andere Richtungen zeigen kann als der Normalenvektor, muss die Spannung ein Tensor, also eine Matrix sein.

Wir erinnern an den Hauptsatz der Differenzial- und Integralrechnung

$$\int_a^b f'(x)\mathrm{d}x = f(b) - f(a) \tag{5.5}$$

und formulieren diesen etwas um:

$$\int_a^b f'(x)\mathrm{d}x = f(\text{oberer Rand}) - f(\text{unterer Rand})$$

$$= f(b)n_b + f(a)n_a = \sum_{\text{Rand}} f(\text{Rand})n_{\text{Rand}}, \tag{5.6}$$

wobei wir die eindimensionalen Normalenvektoren $n_b = +1$ und $n_a = -1$ an das Intervall $[a, b]$ definiert haben (Abbildung 5.5). Die mehrdimensionale Verallgemeinerung dieses Satzes heißt Satz von Gauß und lautet

$$\underbrace{\iiint \nabla \cdot \mathbf{f}(\mathbf{x})\mathrm{d}^3\mathbf{x}}_{\text{Volumen}} = \underbrace{\iint \mathbf{n} \cdot \mathbf{f}(\mathbf{x})\mathrm{d}^2 S}_{\text{Oberfläche}}. \tag{5.7}$$

Die Summation über den Rand wird zu einer, gegenüber dem dreidimensionalen Volumenintegral, niedriger dimensionalen Integration über den Rand. Die Multiplikationen werden durch Matrixprodukte ersetzt. Die Funktion $\mathbf{f}(\mathbf{x})$ muss eine vektorwertige Funktion derselben Dimension wie der Vektor $\mathbf{x}$ sein. Das Skalarprodukt zwischen

Abb. 5.5: Intervall [a, b] und eindimensionale Normalenvektoren auf den Rand.

dem Nabla-Operator und der Funktion $\nabla \cdot \mathbf{f}$ bezeichnen wir als die Divergenz der Funktion $\mathbf{f}$.

Wir wenden den Satz von Gauß auf die Kraft auf ein Massenelement an und erhalten so

$$\mathbf{F} = \int_{\text{Oberfläche}} \boldsymbol{\sigma} \cdot \mathbf{n} \mathrm{d}^2 S = \int_{\text{Volumen}} \nabla \cdot \boldsymbol{\sigma} \mathrm{d}^3 \mathbf{x} \,. \tag{5.8}$$

Wir können aus (5.8) ablesen, dass

$$\mathbf{f} = \nabla \cdot \boldsymbol{\sigma} \tag{5.9}$$

die Kraftdichte, also die Kraft pro Volumeneinheit, darstellt. Wir lernen ferner daraus, dass Kraftdichten, die als Divergenz eines Tensors geschrieben werden können, kurzreichweitige Kraftdichten sind. Der Spannungstensor ist die Kraft pro Oberfläche, unabhängig davon, in welche Richtung die eventuell virtuelle Grenzfläche verläuft. Wenn wir $\boldsymbol{\sigma}$ mit der Richtung $\mathbf{n}$ der Grenzfläche füttern, erhalten wir die Kraft pro Flächeneinheit auf diese Oberfläche.

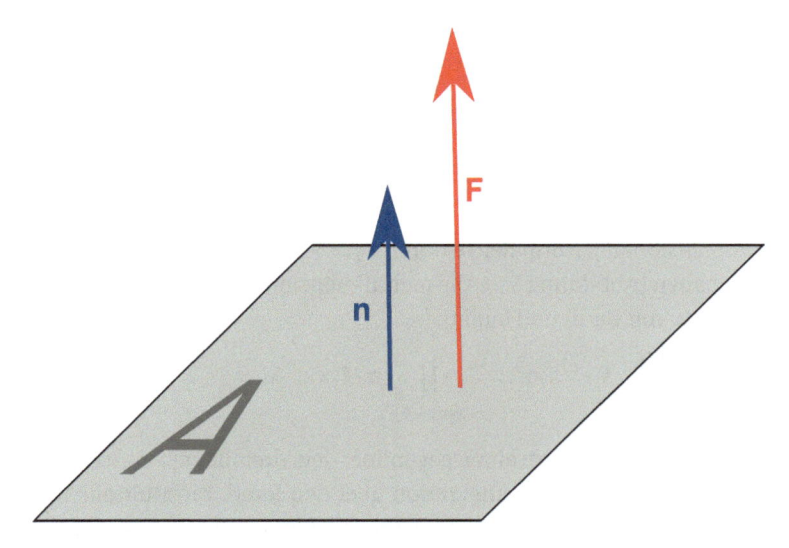

Abb. 5.6: Die Druckkraft steht stets senkrecht auf der Oberfläche.

Für den Spezialfall, dass der Spannungstensor isotrop ist, $\boldsymbol{\sigma} = -p\mathbb{1}$, steht die Kraft immer senkrecht auf der Oberfläche (Abbildung 5.6). Eine solche Kraft heißt Druckkraft. Die entsprechende Volumenkraftdichte ist

$$\mathbf{f} = \frac{\mathbf{F}}{V} = \nabla \cdot \boldsymbol{\sigma} = -\nabla p \, . \tag{5.10}$$

Die Größe p heißt Druck. Druckgradienten sind die Volumenkraftdichte, mit der ein Massenelement von einer Region hohen Druckes zu einer Region niedrigen Druckes gedrückt wird.

Im Allgemeinen ist der Spannungstensor nicht isotrop, und es gibt auch Kräfte, die tangential zur Grenzfläche wirken (Abbildung 5.7). Wir sagen dann, dass der Spannungstensor anisotrop ist. Ein symmetrischer anisotroper Tensor ist

$$\boldsymbol{\sigma}_{\text{anisotrop}} = \sigma_{\text{anisotrop}}(\mathbf{n}\mathbf{t}_1 + \mathbf{t}_1\mathbf{n} + \mathbf{n}\mathbf{t}_2 + \mathbf{t}_2\mathbf{n}) \, , \tag{5.11}$$

wobei $\mathbf{t}_1$ und $\mathbf{t}_2$ Tangentialvektoren an die Grenzfläche sind.

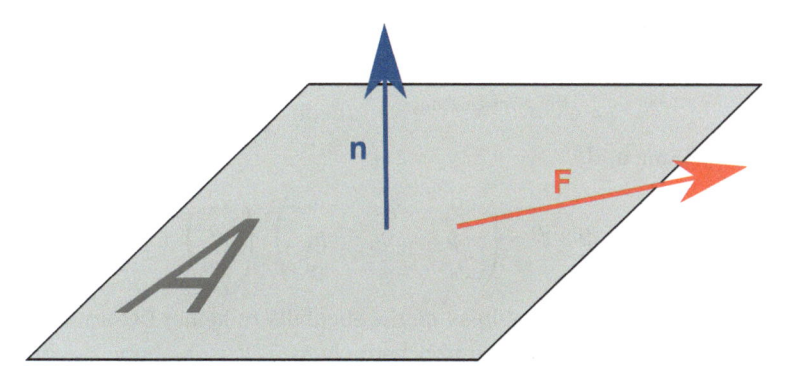

Abb. 5.7: Eine anisotrope Kraft kann in eine andere Richtung als der Normalenvektor auf der Grenzfläche stehen.

5.4 Deformationen

Wir stellen uns ein Ensemble an Teilchen vor, deren Positionen ursprünglich an den Stellen $\mathbf{r}_i^0$ waren und durch eine Deformation jetzt an den Stellen $\mathbf{r}_i$ sind (Abbildung 5.8). Wir definieren die Verschiebung der Teilchen als

$$\mathbf{u}_i = \mathbf{r}_i - \mathbf{r}_i^0 \, . \tag{5.12}$$

Die Verschiebung charakterisiert damit die Deformation. Nicht jede Verschiebung ist aber eine Deformation. Falls alle Verschiebungen $\mathbf{u}_i = \mathbf{u}$ unabhängig von i den gleichen Wert haben, ist mit der Verschiebung keine Deformation verbunden, sondern eine Verschiebung des gesamten Körpers. Im Allgemeinen setzt sich die Verschiebung

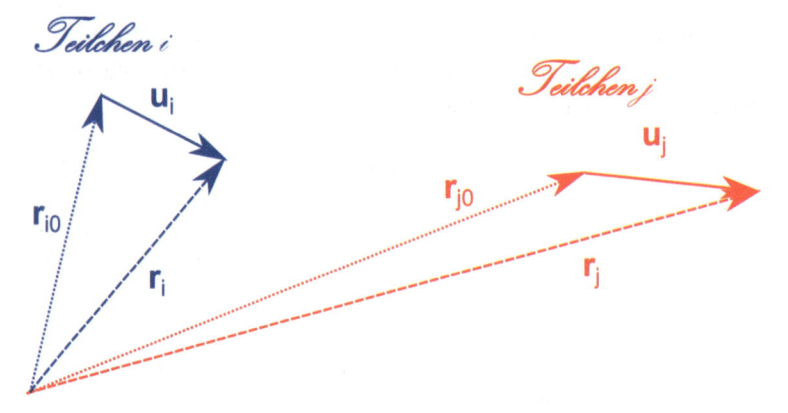

Abb. 5.8: Verschiebung $\mathbf{u}_i$ des i-ten und j-ten Teilchens.

aus starren Verschiebungen, starren Rotationen und echten Deformationen zusammen

$$\mathbf{r}_i = \mathbf{r}_i^0 + \mathbf{u}_i^{\text{starre Verschiebung}} + \mathbf{u}_i^{\text{starre Rotation}} + \mathbf{u}_i^{\text{echte Deformation}}, \qquad (5.13)$$

mit

$$\mathbf{u}_i^{\text{starre Verschiebung}} = \mathbf{u}^{\text{starre Verschiebung}} \qquad \text{unabhängig von } i, \qquad (5.14)$$

einer starren Verschiebung und

$$\mathbf{u}_i^{\text{starre Rotation}} = \boldsymbol{\phi} \times \mathbf{r}_i^0 = \begin{pmatrix} 0 & \phi_z & -\phi_y \\ -\phi_z & 0 & \phi_x \\ \phi_y & -\phi_x & 0 \end{pmatrix} \cdot \begin{pmatrix} x_i^0 \\ y_i^0 \\ z_i^0 \end{pmatrix} \qquad (5.15)$$

einer starren Drehung um den festen Winkel $\boldsymbol{\phi}$, die ebenfalls zu keiner Deformation führt. Wir führen einen Kontinuumslimes durch, betrachten die Verschiebung als eine kontinuierliche Funktion der unverschobenen Positionen $\mathbf{r}^0$ und lassen in allem, was folgt, den Index 0 für die unverschobene Position weg. Der Gradient der Verschiebung eliminiert die Beiträge der starren Verschiebung:

$$\nabla \mathbf{u}(\mathbf{r})^{\text{starre Verschiebung}} = \mathbf{0}. \qquad (5.16)$$

Bilden wir den Gradienten der Verschiebung einer starren Rotation, so finden wir

$$\nabla \mathbf{u}(\mathbf{x})^{\text{starre Rotation}} = \nabla \begin{pmatrix} 0 & \phi_z & -\phi_y \\ -\phi_z & 0 & \phi_x \\ \phi_y & -\phi_x & 0 \end{pmatrix} \cdot \mathbf{r}$$

$$= \begin{pmatrix} 0 & \phi_z & -\phi_y \\ -\phi_z & 0 & \phi_x \\ \phi_y & -\phi_x & 0 \end{pmatrix} \cdot \mathbb{1}$$

$$= \begin{pmatrix} 0 & \phi_z & -\phi_y \\ -\phi_z & 0 & \phi_x \\ \phi_y & -\phi_x & 0 \end{pmatrix}, \qquad (5.17)$$

dass das Resultat eine antisymmetrische Matrix ist. Wir definieren die Symmetrisierung einer Matrix als

$$\mathbf{A}_{\text{sym}} = \frac{1}{2}(\mathbf{A} + \mathbf{A}^t) \,. \tag{5.18}$$

Es folgt, dass

$$\boldsymbol{\epsilon}(\mathbf{r}) = (\nabla \mathbf{u})_{\text{sym}} = \frac{1}{2}(\nabla \mathbf{u} + (\nabla \mathbf{u})^t) \tag{5.19}$$

weder starre Verschiebungen noch starre Rotationen enthält. Wir bezeichnen $\boldsymbol{\epsilon}$ als den Deformationstensor. Dieser ist nur dann von Null verschieden, wenn echte Deformationen vorliegen. Wir zerlegen den Deformationstensor in seinen isotropen und anisotropen Anteil:

$$\begin{aligned}\boldsymbol{\epsilon}(\mathbf{r}) &= \frac{1}{3}\text{Sp}(\boldsymbol{\epsilon})\mathbb{1} + \left(\boldsymbol{\epsilon} - \frac{1}{3}\text{Sp}(\boldsymbol{\epsilon})\mathbb{1}\right) \\ &= \underbrace{\frac{1}{3}(\nabla \cdot \mathbf{u})\mathbb{1}}_{\substack{\text{isotrope Deformation} \\ = \text{Volumenänderung}}} + \underbrace{\frac{1}{2}\left(\nabla \mathbf{u} + (\nabla \mathbf{u})^t - \frac{2}{3}(\nabla \cdot \mathbf{u})\mathbb{1}\right)}_{\substack{\text{anisotrope Deformation} \\ = \text{Scherdeformation}}}. \end{aligned} \tag{5.20}$$

Wir sehen in Abbildung 5.9, dass bei einer isotropen Deformation der Gradient der Verschiebung (die Richtung der Veränderung von **u**) entlang der Richtung von **u** erfolgt, während bei einer Scherdeformation der Gradient senkrecht zu **u** verläuft. Auch der anisotrope Anteil des Deformationstensors ist symmetrisch und lässt sich deshalb diagonalisieren. Wir entwickeln eine Verschiebung in eine Taylorreihe um den Punkt **r** = 0 und erhalten

$$\mathbf{u}(\mathbf{r}) = \mathbf{u}_0 (1 + \mathbf{gr} \cdot \mathbf{r}) \,. \tag{5.21}$$

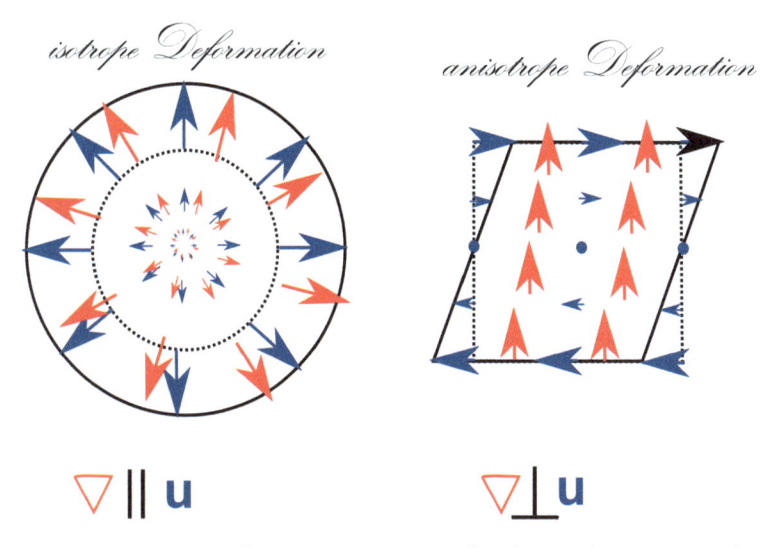

Abb. 5.9: Kompressions-/Expansionsdeformation (links) und Scherdeformation (rechts).

Der Gradient der Verschiebung ist dann

$$\nabla \mathbf{u}(\mathbf{r}) = \mathbf{gr}\, \mathbf{u}_0 \,.\tag{5.22}$$

Wir berechnen den Deformationstensor

$$\begin{aligned}\boldsymbol{\epsilon} &= \frac{1}{2}(\nabla \mathbf{u} + (\nabla \mathbf{u})^t) = \frac{1}{2}(\mathbf{gr}\,\mathbf{u}_0 + \mathbf{u}_0\,\mathbf{gr}) \\ &= \left(\frac{\mathbf{gr}+\mathbf{u}_0}{2}\frac{\mathbf{gr}+\mathbf{u}_0}{2} - \frac{\mathbf{gr}-\mathbf{u}_0}{2}\frac{\mathbf{gr}-\mathbf{u}_0}{2}\right)\,.\end{aligned}\tag{5.23}$$

Am letzten Ausdruck in (5.23) erkennen wir, dass die Hauptachsen der Deformation entlang $(\mathbf{gr}+\mathbf{u}_0)/2$ und $(\mathbf{gr}-\mathbf{u}_0)/2$ liegen, also unter einem Winkel von 45° Grad zur Verschiebung und zum Gradienten. In den Hauptachsen wird in einer Hauptachse gedehnt, in der anderen gestaucht, was wir als eine Extension bezeichnen (Abbildung 5.10). Eine Scherung ist also eine um 45 Grad gedrehte Extension.

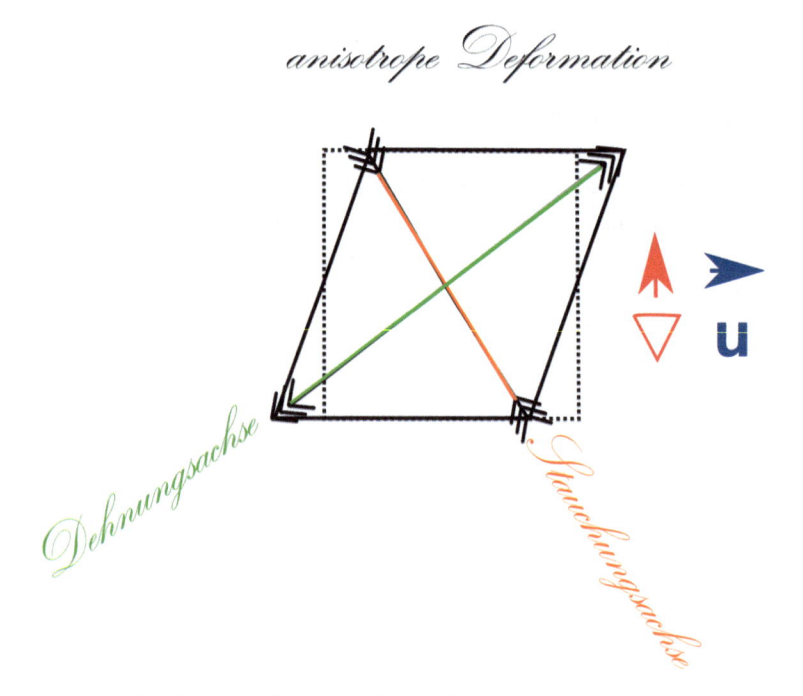

Abb. 5.10: Stauchungs- und Dehnungshauptachsen einer Scherung.

5.5 Das Hooke'sche Gesetz für isotrope Medien

Im Allgemeinen führen externe Kräfte, die an der Oberfläche eines Körpers angreifen, zu Deformationen des Körpers, die wiederum interne Spannungen verursachen, die versuchen, die ursprüngliche Situation wiederherzustellen, dies aber nicht können, da die externen Kräfte sie daran hindern. Unter dem Einfluss der an den Oberflächen angreifenden Kräfte stellen sich neue Positionen der Massenelemente ein, bei denen der Körper schließlich wieder in Ruhe, aber in deformierter Form mit internen Spannungen vorliegt. Da sämtliche Massenelemente im neuen deformierten Zustand in Ruhe sind, also nichts beschleunigt wird, wirken auf jedes der Massenelemente keinerlei Gesamtkräfte. Der Körper ist kräftefrei, aber unter mechanischer Spannung. Auch die externen, an der Oberfläche angreifenden Kräfte müssen in der Summe verschwinden, da der Gesamtkörper nicht beschleunigt wird. Wir einigen uns darauf, den undeformierten Zustand eines Körpers als denjenigen zu bezeichnen, der herrscht, wenn der Körper bei Normaldruck p_0 vorliegt. Wir erlauben also der Atmosphäre unserer Erde, den Körper durch externe Druckkräfte in seine *undeformierte* Gestalt zu drücken. Sobald jedoch andere externe Kräfte angreifen, weichen die Bedingungen von den Normalbedingungen ab, und der Körper wird deformiert. Isotrope Tensoren bleiben unter Rotationen invariant, während anisotrope spurfreie (keine isotropen Anteile enthaltende) Tensoren sich separat transformieren. In einem isotropen Material (ein Material, das in alle Richtungen gleich aussieht, kein Kristall, der Vorzugsrichtungen besitzt) muss die konstituierende Gleichung eines deformierbaren Körpers invariant unter Rotationen sein. Dies ist dann der Fall, wenn isotrope Deformationen ausschließlich isotrope Spannungen und anisotrope spurfreie Deformationen entsprechende anisotrope spurfreie Spannungen hervorrufen. Eine Volumenänderung führt zu einem Druck, und umgekehrt verursacht eine anisotrope Deformation wie eine Scherung oder eine Torsion eine anisotrope Spannung. Die Reaktion eines Materials auf beide Sorten von Deformationen kann sehr unterschiedlich sein und wird durch zwei unterschiedliche elastische Konstanten beschrieben. Für die isotropen Spannungen erhalten wir isotrope Deformationen

$$\epsilon_{\text{isotrop}} = \frac{1}{K}\left(\sigma_{\text{isotrop}} + p_0 \mathbb{1}\right). \tag{5.24}$$

Der Körper ist also undeformiert, wenn er unter der mechanischen Spannung

$$\sigma^0_{\text{isotrop}} = -p_0 \mathbb{1} \tag{5.25}$$

steht. Die elastische Konstante K heißt Kompressionsmodul. Entsprechend hängt die anisotrope Deformation mit der anisotropen Spannung zusammen:

$$\epsilon_{\text{anisotrop}} = \frac{1}{G}\sigma_{\text{anisotrop}}, \tag{5.26}$$

wobei G als der Schermodul bezeichnet wird. Insgesamt erhalten wir so die konstituierende Gleichung eines elastischen isotropen Festkörpers:

$$\sigma = -p_0 \mathbb{1} + K(\nabla \cdot \mathbf{u})\mathbb{1} + G\left(\nabla \mathbf{u} + (\nabla \mathbf{u})^t - \frac{2}{3}(\nabla \cdot \mathbf{u})\mathbb{1}\right), \tag{5.27}$$

die als Hooke'sches Gesetz für ein Massenelement des Körpers bezeichnet wird. Setzen wir in die linke Seite des Hooke'schen Gesetzes (5.27) eine isotrope Spannung

$p = p_0 + \delta p$ ein, sehen wir, dass diese isotrope Spannung durch eine isotrope Deformation $\nabla \cdot \mathbf{u}$ hervorgerufen werden muss, für die gilt

$$\delta p = -K(\nabla \cdot \mathbf{u}) \,. \tag{5.28}$$

Wir integrieren die isotrope Spannung über das Volumen und erhalten

$$-\delta p V = K \int d^3 \mathbf{r} \nabla \cdot \mathbf{u} \stackrel{\text{Gauß}}{=} K \int \mathbf{n} \cdot \mathbf{u} \, d^2 S = KS\delta h = K\delta V \,. \tag{5.29}$$

Dass $\delta h = \mathbf{n} \cdot \mathbf{u}$ die Höhenänderung der Deformation ist, sieht man an Abbildung 5.11 und es folgt, dass

$$K^{-1} = -\frac{1}{V}\frac{\delta V}{\delta p} = -\frac{1}{V}\frac{\partial V}{\partial p} \tag{5.30}$$

der inverse Hooke'sche Kompressionsmodul mit der thermodynamischen Definition der Kompressibilität übereinstimmt. Sie beschreibt die relative Volumenänderung bei Erhöhung des Druckes.

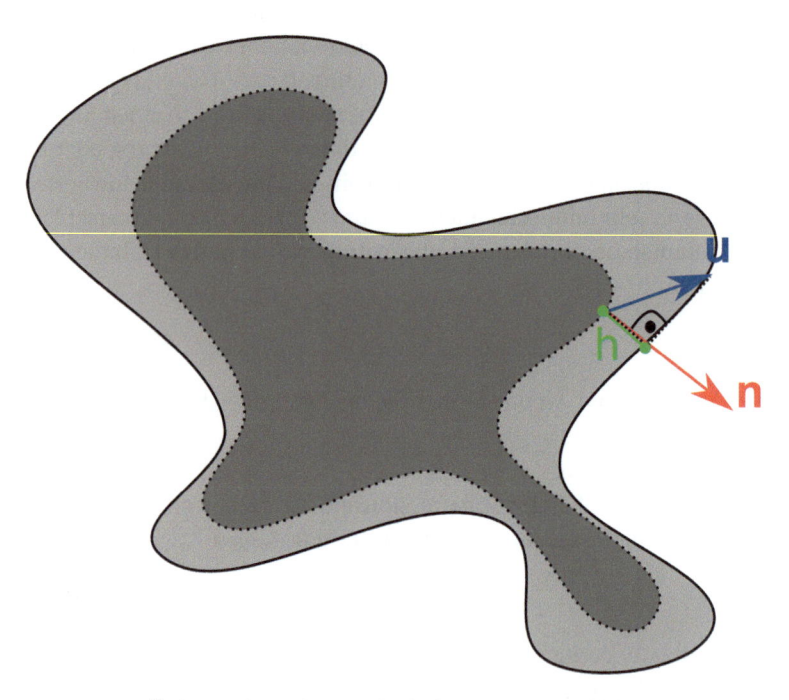

Abb. 5.11: Die Änderung des Volumens durch die isotrope Verschiebung **u**.

5.6 Bewegungsgleichungen eines elastischen isotropen Festkörpers

Wir formulieren das Newton'sche Gesetz

$$m\mathbf{a} = \mathbf{F} \tag{5.31}$$

so um, dass sämtliche Größen pro Volumeneinheit eines Massenelementes formuliert sind

$$\rho\mathbf{a} = \frac{m}{V}\mathbf{a} = \frac{\mathbf{F}}{V} = \mathbf{f}, \tag{5.32}$$

benutzen die Definition der Dichte sowie die Definition der Kraftdichte (5.9) und finden mit

$$\rho\ddot{\mathbf{u}} = \nabla \cdot \boldsymbol{\sigma} \tag{5.33}$$

die Bewegungsgleichung eines Festkörpers. Zusammen mit der konstituierenden Gleichung eines isotropen elastischen Festkörpers (5.27) folgt so, dass die partielle Differenzialgleichung

$$\begin{aligned}\rho\ddot{\mathbf{u}} &= K\nabla(\nabla \cdot \mathbf{u}) + G\left(\nabla^2 \mathbf{u} + \frac{1}{3}\nabla(\nabla \cdot \mathbf{u})\right) \\ &= \left(K + \frac{G}{3}\right)\nabla(\nabla \cdot \mathbf{u}) + G\nabla^2 \mathbf{u}\end{aligned} \tag{5.34}$$

die Dynamik des isotropen elastischen Festkörpers beschreibt.

Im mechanischen Gleichgewicht beschreibt die partielle Differenzialgleichung

$$\nabla \cdot \boldsymbol{\sigma} = \mathbf{0} \tag{5.35}$$

zusammen mit der Randbedingung

$$\boldsymbol{\sigma} \cdot \mathbf{n} = \mathbf{F}_{\text{ext}}/A, \tag{5.36}$$

die die an der Oberfläche angreifenden Kräfte beschreibt, die Gleichgewichtsdeformation des Körpers. Ein Beispiel für einen deformierten Körper ist ein verbogener Stab (Abbildung 5.12), bei dem entgegengesetzt gerichtete externe Kräfte angreifen, die den Stab verbiegen.

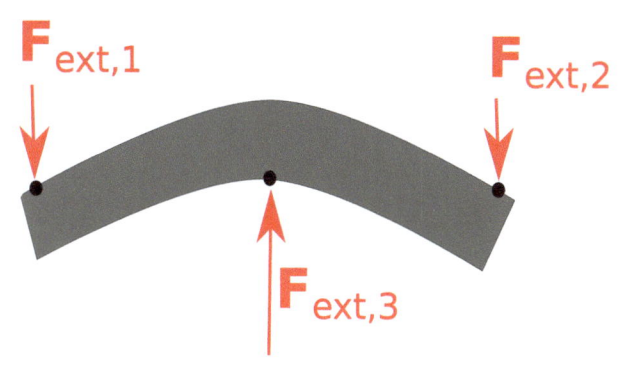

Abb. 5.12: Ein Stab wird durch am Rand angreifende externe Kräfte verbogen.

5.7 Der uniaxial gespannte Draht

Wir betrachten einen zylinderförmigen Draht, der an den beiden Deckeln des Zylinders mit konstanter externer Flächenkraftdichte in entgegengesetzte Richtungen $\mathbf{e}_z = \mathbf{n}_1 = -\mathbf{n}_2$ gezogen wird (Abbildung 5.13). Auf dem Mantel des Drahtes wirken keine externe Kräfte. Der Draht verläuft entlang der z-Achse.

Wir finden für die Flächenkraftdichten auf den Deckeln:

$$\mathbf{F}_1/A \cdot \mathbf{e}_z = \sum_i \sigma_{zi} n_{i,1} = -\sum_i \sigma_{zi} n_{i,2} = -\sigma_{zz}, \tag{5.37}$$

$$\mathbf{F}_2/A \cdot \mathbf{e}_z = \sum_i \sigma_{zi} n_{i,2} = \sigma_{zz}. \tag{5.38}$$

Alle anderen acht Komponenten des Spannungstensors verschwinden aus Symmetriegründen. Es gilt also mit dem Hooke'schen Gesetz und unter der Ausnutzung, dass die Dehnung $\epsilon_{xx} = \epsilon_{yy}$ in x- und y-Richtung gleich sein muss

$$0 = \sigma_{xx} = K(\epsilon_{xx} + \epsilon_{yy} + \epsilon_{zz}) + G\left(2\epsilon_{xx} - \frac{2}{3}(2\epsilon_{xx} + \epsilon_{zz})\right), \tag{5.39}$$

$$\sigma_{zz} = K(2\epsilon_{xx} + \epsilon_{zz}) + G\left(2\epsilon_{zz} - \frac{2}{3}(2\epsilon_{xx} + \epsilon_{zz})\right). \tag{5.40}$$

Wir lösen (5.39) nach ϵ_{xx} auf und erhalten

$$\epsilon_{xx} = -\frac{1}{2}\frac{K - \frac{2}{3}G}{K + \frac{1}{3}G}\epsilon_{zz} = -\mu\epsilon_{zz}, \tag{5.41}$$

wobei

$$\mu = -\frac{\epsilon_{xx}}{\epsilon_{zz}} = \frac{1}{2}\frac{3K - 2G}{3K + G} \tag{5.42}$$

das Poisson-Verhältnis oder das Verhältnis der Querkontraktion zur Elongation des uniaxial verspannten Drahtes ist. Setzen wir die Querkontraktion (5.41) in (5.40) ein, erhalten wir die uniaxiale Spannung als Funktion der Längsdehnung:

$$\begin{aligned}\sigma_{zz} &= \left(K + \frac{4}{3}G\right)\epsilon_{zz} + \left(2K - \frac{4}{3}G\right)\frac{3K - 2G}{2(3K + G)}\epsilon_{zz} \\ &= \frac{9KG}{3K + G}\epsilon_{zz} \\ &= E\epsilon_{zz}, \end{aligned} \tag{5.43}$$

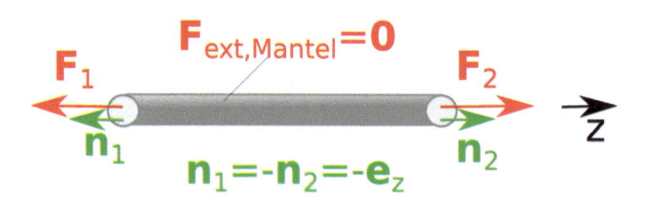

Abb. 5.13: Ein Draht wird in die Länge gezogen.

wobei wir im letzten Schritt den Elastizitätsmodul (Young-Modul)

$$E = \frac{9KG}{3K + G} \tag{5.44}$$

definiert haben. Beachten Sie, dass die uniaxiale Spannung rein longitudinal ist, während die Dehnung sowohl longitudinal als auch transversal ist (Abbildung 5.14) und durch den Deformationstensor

$$\boldsymbol{\epsilon} = \epsilon_{zz} \begin{pmatrix} -\mu & 0 & 0 \\ 0 & -\mu & 0 \\ 0 & 0 & 1 \end{pmatrix} \tag{5.45}$$

beschrieben wird.

Die Beschreibung des Hooke'schen Gesetzes mit dem Elastizitätsmodul E und dem Poisson-Verhältnis μ ist eine alternative Beschreibung, die äquivalent zu der Beschreibung mit Kompressions- und Schermodul ist. Allerdings zeichnen E und μ eine Achse (die uniaxiale Richtung) gegenüber den anderen Achsen aus. Kompressionsmodul und Schermodul behandeln alle Richtungen gleich und sind deshalb die in der Regel fundamentaleren Größen.

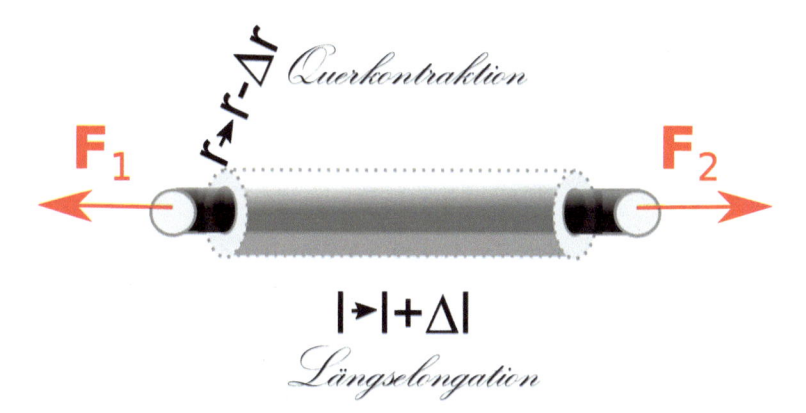

Abb. 5.14: Der Draht wird länger und schmaler.

5.8 Verbiegung eines Balkens

Ein ursprünglich gerader Balken werde auf der linken Seite fest eingespannt und durch eine, am Ende des Balkens angreifende externe Kraft verbogen (Abbildung 5.15). Die am Punkt $\mathbf{r}_L$ angreifende Kraft $\mathbf{F}_{ext}$ erzeugt an der Stelle $\mathbf{r}$ ein externes Drehmoment der Stärke

$$\mathbf{M}_{ext}(\mathbf{r}) = (\mathbf{r}_L - \mathbf{r}) \times \mathbf{F}_{ext} \approx (L - l)F_{ext}\mathbf{e}_x \,. \tag{5.46}$$

Das Problem ist ein uniaxiales Problem und wir benutzen den Elastizitätsmodul E und das Poisson-Verhältnis μ anstatt K und G. Dem externen Drehmoment muss ein elas-

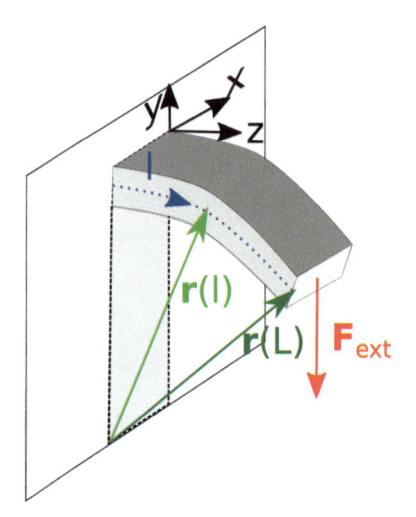

Abb. 5.15: Gleichgewicht des externen Drehmoments mit dem elastischen Drehmoment.

Abb. 5.16: Gedehnte und gestauchte Bereiche des Balkens und neutrale Faser.

tisches Drehmoment die Waage halten, das durch die Krümmung des Balkens an der Stelle **r** entsteht. In Abbildung 5.16 haben wir ein Stück des gekrümmten Balkens vergrößert.

Wir sehen, dass die Biegung des Balkens den Balken auf der oberen Seite longitudinal dehnt und auf der unteren Seite longitudinal staucht. Die Faser des Balkens, bei der der longitudinal gedehnte Bereich in den longitudinal gestauchten Bereich übergeht, bezeichnen wir als die neutrale Faser, für die die longitudinale Dehnung $\epsilon_{zz} = 0$ verschwindet. Wir messen den Abstand einer Faser von der neutralen Faser mit der y-Koordinate. An der neutralen Faser beträgt die Länge des Balkens $l(0) = \phi R$. Der Radius der Faser nimmt vom Krümmungskreismittelpunkt der Verbiegung linear nach außen zu (Abbildung 5.17), sodass

$$l(y) = \phi(R + y) \tag{5.47}$$

die Länge einer durch y laufenden Faser des Balkens ist. Die longitudinale Dehnung der Faser y beträgt also

$$\epsilon_{zz} = \frac{l(y)}{l(0)} - 1 = \frac{\phi(R + y)}{\phi R} - 1 = \frac{y}{R} . \tag{5.48}$$

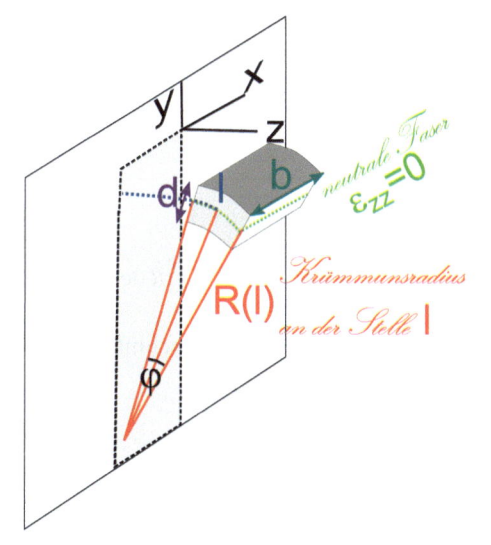

Abb. 5.17: Krümmungsradius des gebogenen Balkens.

Also beträgt die Spannung des Balkens

$$\sigma_{zz} = E\epsilon_{zz} = E\frac{y}{R}\,. \tag{5.49}$$

Der Balkenquerschnitt an der Stelle **r** spürt eine Kraftflächendichte

$$\mathbf{F}/A = \sigma_{zz}\mathbf{n}_z = \frac{Ey}{R}\mathbf{e}_z\,, \tag{5.50}$$

die über der neutralen Faser in die andere Richtung zeigt als unter der neutralen Faser. Auf den Querschnitt wirkt deshalb eine elastische Drehmomentflächendichte

$$\mathbf{M}_{\text{el}}/A = \mathbf{r} \times \sigma_{zz}\mathbf{e}_z = E\frac{y}{R}\begin{pmatrix}x\\y\\0\end{pmatrix} \times \begin{pmatrix}0\\0\\1\end{pmatrix} = \frac{E}{R}\begin{pmatrix}y^2\\xy\\0\end{pmatrix}\,. \tag{5.51}$$

Das gesamtelastische Drehmoment erhalten wir durch Integration der Drehmomentflächendichte über den Querschnitt an der Stelle **r**

$$\begin{aligned}\mathbf{M}_{\text{el}} &= \iint_{\text{Querschnitt}} \mathbf{r} \times \sigma_{zz}\mathbf{n}_z \mathrm{d}^2 S \\ &= \frac{E}{R} \int_{-b/2}^{b/2} \mathrm{d}x \int_{-d/2}^{d/2} \mathrm{d}y \begin{pmatrix}y^2\\xy\\0\end{pmatrix} \\ &= \frac{Eb}{R} \int_{-d/2}^{d/2} \mathrm{d}y \begin{pmatrix}y^2\\0\\0\end{pmatrix}\end{aligned}$$

$$= \frac{Eb}{R} \frac{y^3}{3}\bigg|_{-d/2}^{d/2} \begin{pmatrix} 1 \\ 0 \\ 0 \end{pmatrix}$$

$$= \frac{Ebd}{R} \frac{d^2}{12} \begin{pmatrix} 1 \\ 0 \\ 0 \end{pmatrix}. \tag{5.52}$$

Das elastische Drehmoment ist umso größer, je größer die Krümmung $1/R$ des Balkens ist.

Das externe und elastische Drehmoment halten sich in jedem Querschnitt des Balkens die Waage (Abbildung 5.18):

$$\mathbf{M}_{\text{ext}} + \mathbf{M}_{\text{el}} = \mathbf{0}. \tag{5.53}$$

An Gleichung (5.46) sehen wir, dass das externe Drehmoment umso größer ist, je größer der externe Hebelarm (von der Größenordnung $L - l$) ist. Setzen wir (5.46) und (5.52) in (5.53) ein, so finden wir

$$\mathbf{0} = (\mathbf{r}_L - \mathbf{r}) \times \mathbf{F}_{\text{ext}} + \frac{Ebd}{R} \frac{d^2}{12} \begin{pmatrix} 1 \\ 0 \\ 0 \end{pmatrix} \tag{5.54}$$

$$= (L - l)F_{\text{ext}} \begin{pmatrix} 1 \\ 0 \\ 0 \end{pmatrix} + \frac{EA}{R} I_{xx} \begin{pmatrix} 1 \\ 0 \\ 0 \end{pmatrix}, \tag{5.55}$$

wobei wir die Balkendicke d und Balkenbreite b durch den Balkenquerschnitt $A = bd$ ersetzt haben und anstatt $d^2/12$ die xx-Komponente des Flächenträgheitstensors

$$I_{xx} = \iint\limits_{\text{Querschnitt}} ((x^2 + y^2) - x^2) d^2S = \frac{d^2}{12} \tag{5.56}$$

schreiben, wobei der Flächenträgheitstensor durch

$$\mathbf{I} = \iint\limits_{\text{Querschnitt}} \left(\mathbb{1}_2 \begin{pmatrix} x \\ y \end{pmatrix}^2 - \begin{pmatrix} x \\ y \end{pmatrix} \begin{pmatrix} x \\ y \end{pmatrix} \right) d^2S \tag{5.57}$$

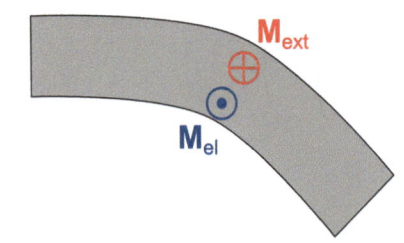

Abb. 5.18: Dem extern anliegenden Drehmoment in jedem Punkt des Balkens wird durch ein sich durch die Deformation aufbauendes elastisches Biegedrehmoment die Waage gehalten.

definiert ist. Der Tensor $\mathbb{1}_2$ bezeichnet die Einheitsmatrix in zwei Dimensionen. Wir erhalten so den Krümmungsradius

$$R(l) = -\frac{EAI_{xx}}{(L-l)F} \qquad (5.58)$$

des Balkens an der Stelle **r**, die um die Strecke l von der Einspannposition des Balkens entfernt ist. Die Krümmung ist an der Einspannstelle am größten und nimmt mit dem externen Hebelarm zum Ende des Balkens hin ab.

5.9 Strichmechanik

Zu Beginn des Buches haben wir sämtliche Körper als Massenpunkte approximiert und haben später diese Approximation mit der Gleichung (4.7) gerechtfertigt. Hier gehen wir einen ähnlichen Weg, indem wir dünne Balken als Striche approximieren. Wie die Massenpunkte auch, so sind unsere elastischen Striche in eine dreidimensionale Umgebung eingebettet, und unser Ziel ist die Beschreibung der geometrischen Form des Massenstrichs unter dem Einfluss äußerer Kräfte. Wir wollen den Balken als einen Strich in der Landschaft approximieren, also aus der dreidimensionalen Elastizitätstheorie eine eindimensionale machen. Dazu definieren wir die Kurve **r**(l) als die in der neutralen Faser laufende Kurve in der Mitte des Balkens und l als die Bogenlänge dieser Kurve.

Das begleitende Dreibein **t**, **n** und **b** der Kurve (Abbildung 5.19) wird durch den Tangentenvektor

$$\mathbf{t} = \frac{d\mathbf{r}}{dl}, \qquad (5.59)$$

den Normalenvektor in Richtung des Krümmungskreismittelpunktes

$$\frac{1}{R}\mathbf{n} = \frac{d\mathbf{t}}{dl} \qquad (5.60)$$

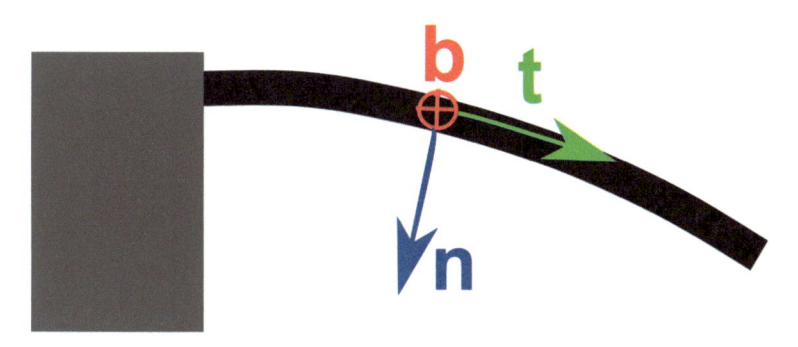

Abb. 5.19: Definition des begleitenden Dreibeins des Balkens.

und den Binormalenvektor senkrecht zum Krümmungskreis

$$\mathbf{b} = \mathbf{t} \times \mathbf{n} \tag{5.61}$$

aufgespannt. Im Rahmen dieser Strichmechanik gilt dann allgemein für die elastische Drehmomentflächendichte $\mathbf{M}_{el}/A$

$$\frac{\mathbf{M}_{el}}{A} = E\mathbf{I} \cdot \frac{\mathbf{b}}{R}, \tag{5.62}$$

oder wenn wir die Gleichung (5.62) invertieren

$$\frac{\mathbf{b}}{R} = (E\mathbf{I})^{-1} \cdot \frac{\mathbf{M}_{el}}{A}. \tag{5.63}$$

Das Produkt aus Elastizitätsmodul E und Flächenträgheitsmomententensor $\mathbf{I}$ bezeichnen wir als Biegesteifigkeitstensor des Balkens. Legen wir ein externes Drehmoment an, das nicht entlang einer Hauptachse des Biegesteifigkeitstensors angreift, findet die Verbiegung des Balkens nicht um die Achse des externen Drehmomentes statt und der Balken verwindet sich (Abbildung 5.20).

Wer sich nicht damit abfinden kann, dass Balken sich verwinden, muss isotrope Querschnitte, also runde Stäbe benutzen, die sich aufgrund der Entartung ihres Biegesteifigkeitstensors nicht verwinden. Aber auch runde Stäbe kann man verwinden (tordieren), indem man beide Enden gegeneinander durch externe Drehmomente entlang der Faserrichtung belastet.

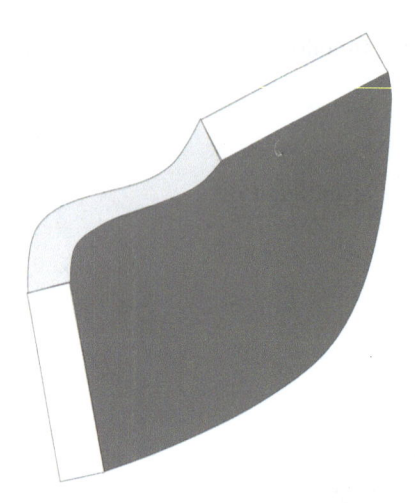

Abb. 5.20: Ein Balken verwindet sich, wenn die externe Kraft oder die Einspannorientierung nicht entlang der Hauptachsen des Biegesteifigkeitstensors angreift.

5.10 Torsion

Wir wollen uns die Torsion eines runden Stabes genauer betrachten. Wir markieren auf einem untordierten runden Stab auf dem Mantel des Stabes eine Linie B, die par-

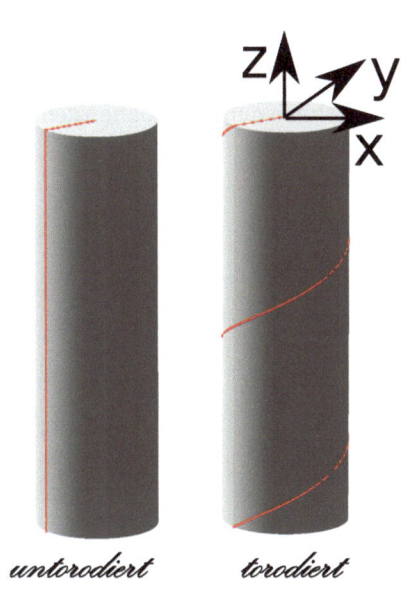

Abb. 5.21: Untordierter und tordierter Stab. Bei der Torsion beginnt sich die zuvor gerade rote Kurve um die Achse des Stabes zu winden.

allel zur Achse A des Stabes verläuft (Abbildung 5.21). Wenn wir den Stab tordieren, beginnt sich die Linie B um die von der Torsion unbeeindruckte Achse A zu winden.

Wir legen die Achse des Stabes entlang der z-Richtung. Die Verschiebung $\mathbf{u}(\mathbf{r})$ der Torsion können wir dann durch eine z-abhängige Verdrehung

$$\mathbf{u}(\mathbf{r}) = \boldsymbol{\phi}(z) \times \mathbf{r} \tag{5.64}$$

beschreiben, wobei der Drehwinkel

$$\boldsymbol{\phi}(z) = \tau z \begin{pmatrix} 0 \\ 0 \\ 1 \end{pmatrix} \tag{5.65}$$

linear entlang der z-Richtung zunimmt. Die Größe τ heißt Torsion und misst die Zunahme des Drehwinkels mit der Länge z entlang des Stabes. Wir setzen (5.65) in (5.64) ein und erhalten

$$\begin{aligned} u_x &= -\tau z y\,, \\ u_y &= \tau z x\,, \\ u_z &= 0\,. \end{aligned} \tag{5.66}$$

Wir berechnen die Divergenz der Verschiebung

$$\nabla \cdot \mathbf{u} = \partial_x u_x + \partial_y u_y + \partial_z u_z = 0 \tag{5.67}$$

und erkennen, dass bei der Torsion das Volumen des Drahtes nicht verändert wird. Der Kompressionsmodul spielt also bei der Torsion keine Rolle. Die Torsion ist eine lokale Scherung des Körpers, und wir machen uns das Leben einfacher, wenn wir mit dem Kompressionsmodul K und Schermodul G arbeiten und das Elastizitätsmodul und Poisson-Verhältnis hier nicht benutzen. Wir berechnen den Deformationstensor

$$\boldsymbol{\epsilon} = (\boldsymbol{\nabla u})_{\text{sym}} = \begin{pmatrix} 0 & -\tau z & -\tau y \\ \tau z & 0 & \tau x \\ 0 & 0 & 0 \end{pmatrix}_{\text{sym}}$$

$$= \frac{1}{2}\begin{pmatrix} 0 & -\tau z & -\tau y \\ \tau z & 0 & \tau x \\ 0 & 0 & 0 \end{pmatrix} + \frac{1}{2}\begin{pmatrix} 0 & \tau z & 0 \\ -\tau z & 0 & 0 \\ -\tau y & \tau x & 0 \end{pmatrix} \qquad (5.68)$$

$$= \frac{1}{2}\begin{pmatrix} 0 & 0 & -\tau y \\ 0 & 0 & \tau x \\ -\tau y & \tau x & 0 \end{pmatrix}. \qquad (5.69)$$

Wir setzen (5.67) und (5.68) in das Hooke'sche Gesetz (5.27) ein, und erhalten den Spannungstensor

$$\boldsymbol{\sigma} = 2G\boldsymbol{\epsilon} = G\begin{pmatrix} 0 & 0 & -\tau y \\ 0 & 0 & \tau x \\ -\tau y & \tau x & 0 \end{pmatrix} \qquad (5.70)$$

des tordierten Stabs. Wir berechnen die Divergenz des Spannungstensors

$$\boldsymbol{\nabla} \cdot \boldsymbol{\sigma} = \begin{pmatrix} \partial_x \\ \partial_y \\ \partial_z \end{pmatrix}^t \cdot G\begin{pmatrix} 0 & 0 & -\tau y \\ 0 & 0 & \tau x \\ -\tau y & \tau x & 0 \end{pmatrix} = \begin{pmatrix} 0 \\ 0 \\ 0 \end{pmatrix} \qquad (5.71)$$

und finden, dass diese verschwindet, der Stab also im mechanischen Gleichgewicht (siehe (5.35)) ist.

Der Normalenvektor auf den Mantel des Stabes (Abbildung 5.22) ist durch

$$\mathbf{n} = \begin{pmatrix} x/R \\ y/R \\ 0 \end{pmatrix} \qquad (5.72)$$

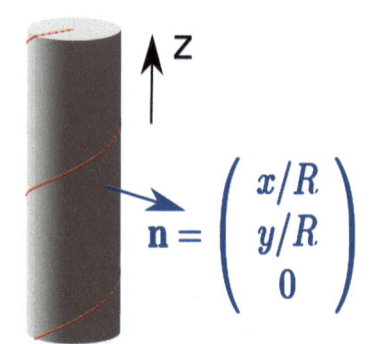

Abb. 5.22: Normalenvektor auf den Mantel des Stabes.

gegeben. Wir berechnen die Kraftflächendichte (5.36) auf dem Mantel des tordierten Stabes

$$\frac{\mathbf{F}_{ext}}{A} = \boldsymbol{\sigma} \cdot \mathbf{n} = G \begin{pmatrix} 0 & 0 & -\tau y \\ 0 & 0 & \tau x \\ -\tau y & \tau x & 0 \end{pmatrix} \cdot \begin{pmatrix} x/R \\ y/R \\ 0 \end{pmatrix} = \begin{pmatrix} 0 \\ 0 \\ 0 \end{pmatrix}. \quad (5.73)$$

An den Mantelflächen greifen keine externen Kräfte an.

Auf dem oberen Deckel ist der Normalenvektor identisch mit dem Einheitsvektor in z-Richtung $\mathbf{n} = \mathbf{e}_z$ (Abbildung 5.23). Die Kraftflächendichte auf dem Deckel ist

$$\frac{\mathbf{F}_{ext}}{A} = \boldsymbol{\sigma} \cdot \mathbf{n} = G \begin{pmatrix} 0 & 0 & -\tau y \\ 0 & 0 & \tau x \\ -\tau y & \tau x & 0 \end{pmatrix} \cdot \begin{pmatrix} 0 \\ 0 \\ 1 \end{pmatrix} = G \begin{pmatrix} -\tau y \\ \tau x \\ 0 \end{pmatrix}. \quad (5.74)$$

Abbildung 5.24 zeigt die Flächenkraftdichte auf dem Deckel des Stabes. Die Kraftflächendichte zeigt azimutal und nimmt nach außen hin zu. Die Drehmomentflächendichte beträgt

$$\frac{\mathbf{M}_{el}}{A} = \mathbf{r} \times \boldsymbol{\sigma} \cdot \mathbf{e}_z = \begin{pmatrix} x \\ y \\ 0 \end{pmatrix} \times G \begin{pmatrix} -\tau y \\ \tau x \\ 0 \end{pmatrix} = G \begin{pmatrix} 0 \\ 0 \\ \tau(x^2 + y^2) \end{pmatrix}. \quad (5.75)$$

Abb. 5.23: Normalenvektor auf den oberen Deckel des Stabes.

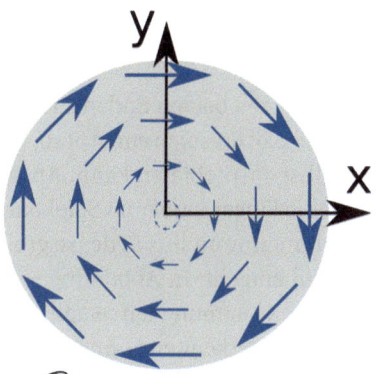

Abb. 5.24: Die Flächenkraftdichte auf dem Deckel ist ein Wirbelkraftfeld, das um die Achse wirbelt und nach außen hin linear zunimmt.

Das am Deckel extern zu balancierende Drehmoment erhalten wir durch Abintegration über den Deckel:

$$\mathbf{M}_{el} = \iint\limits_{\text{Deckelquerschnitt}} G\tau(x^2 + y^2) dx dy \begin{pmatrix} 0 \\ 0 \\ 1 \end{pmatrix}. \tag{5.76}$$

Wir wechseln zu Polarkoordinaten ρ, φ, sodass $dxdy = \rho d\rho d\varphi$ und finden

$$\mathbf{M}_{el} = G\tau \int_0^R \rho d\rho \int_0^{2\pi} d\varphi \rho^2 \begin{pmatrix} 0 \\ 0 \\ 1 \end{pmatrix} = 2\pi G\tau \begin{pmatrix} 0 \\ 0 \\ 1 \end{pmatrix} \int_0^R \rho^3 d\rho$$

$$= G\frac{\pi\tau}{2} R^4 \begin{pmatrix} 0 \\ 0 \\ 1 \end{pmatrix}. \tag{5.77}$$

Wir definieren mit

$$C = \frac{\pi}{2} G R^4 \tag{5.78}$$

die Torsionssteifigkeit des Stabes und es gilt

$$\mathbf{M}_{el} = C\tau \begin{pmatrix} 0 \\ 0 \\ 1 \end{pmatrix}. \tag{5.79}$$

Die Linienenergiedichte

$$W = \frac{1}{2}\left(\frac{\mathbf{b}}{R} \cdot (E\mathbf{I}) \cdot \frac{\mathbf{b}}{R} + C(\tau\mathbf{t})^2\right) \tag{5.80}$$

unseres im Rahmen der Strichmechanik beschriebenen, verbogenen und tordierten Stabes setzt sich aus der Verbiegeenergie und der Torsionsenergie zusammen.

5.11 Euler-Instabilität

Wir betrachten einen elastischen geraden Stab, den wir an den beiden Enden zusammendrücken (Abbildung 5.25). Ein Plastiklineal ist ein Beispiel für solch einen Stab, an dem man das hier beschriebene Phänomen schnell selbst ausprobieren kann. Angenommen der Teufel, der bei der Experimentalphysik seine Finger immer im Spiel hat, hat den Stab bereits etwas vorgekrümmt – mit einem Krümmungsradius R, der so groß ist, dass dieser unseren feinen Experimentierfähigkeiten entgeht. In Abbildung 5.26 haben wir den so vorgekrümmten Stab mit übertriebener Krümmung aufgemalt, damit wir die Konsequenzen der Gemeinheit des Teufels besser erkennen können.

Die Mitte des Stabes weicht von der Verbindungslinie der beiden Enden des Stabes um $(l/2)^2/2R$ ab und wir können den durch die Verbiegung entstehenden Betrag der

5.11 Euler-Instabilität

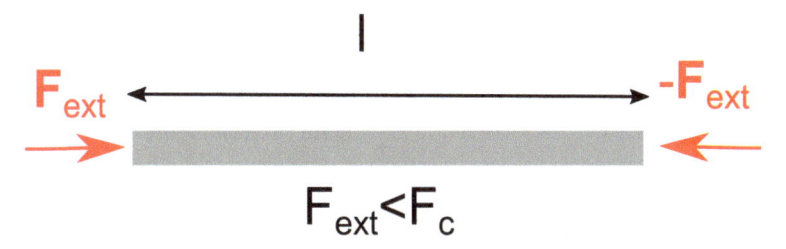

Abb. 5.25: Ein unter Stauchdruck befindlicher Stab bleibt zunächst (unterhalb eines kritischen Stauchdruckes) gerade.

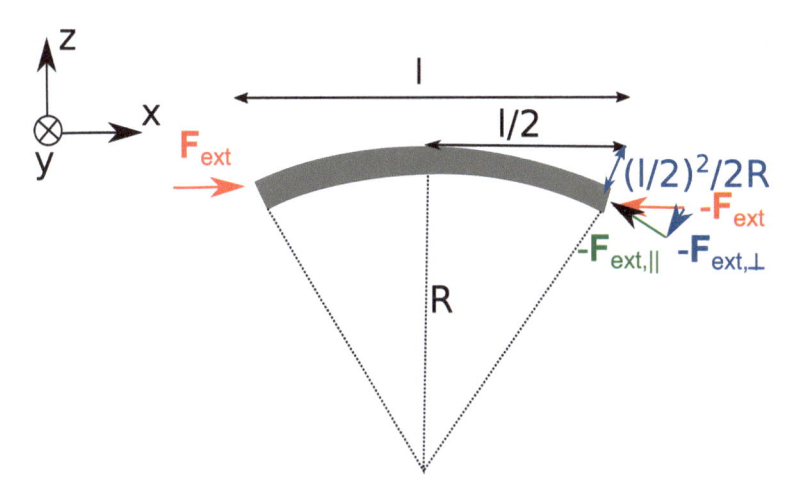

Abb. 5.26: Aufteilung der externen Kräfte am vorgekrümmten Stab in Longitudinal- und Transversalanteile.

Transversalkomponente der Kraft durch

$$F_\perp = F_{\text{ext}} \frac{\frac{(l/2)^2}{2R}}{\frac{l}{2}} = F_{\text{ext}} \frac{l}{4R} \tag{5.81}$$

abschätzen. Die Longitudinalkomponente der Kraft ist parallel zum Hebelarm und übt kein Drehmoment auf den Querschnitt des Stabes aus. Der Teufel bewirkt durch seine Vorkrümmung eine kleine Transversalkomponente der Kraft, die zu einem externen Biegedrehmoment

$$\mathbf{M}_{\text{ext}} \approx 2\mathbf{F}_{\text{ext}} \times \frac{l}{2} \approx F_{\text{ext}} \frac{l^2}{4R} \mathbf{e}_y \tag{5.82}$$

führt. Das elastische Biegemoment wehrt sich gegen des Teufels Gemeinheit mit einem rücktreibenden elastischen Biegedrehmoment

$$\mathbf{M}_{\text{el}} = -\frac{EAI}{R} \mathbf{e}_y \, . \tag{5.83}$$

Die Gemeinheit des Teufels besteht darin, dass er erkannt hat, dass das elastische Biegemoment klein ist (proportional der Krümmung $1/R$), wenn er nur wenig verbiegt. Das durch die externe Kraft wirkende Drehmoment hängt genauso von der Geometrie der Deformation ab, wie das rücktreibende elastische Drehmoment. Das Vorzeichen der Summe beider Drehmomente bestimmt, ob es dem elastischen Drehmoment gelingt, des Teufels Intention zu durchkreuzen und den Stab in die gerade Position zurückzubiegen, oder ob des Teufels Intention sich durchsetzt und das externe Drehmoment bewirkt, dass sich die Krümmung des Teufels verstärkt und zu einer makroskopischen Krümmung anwächst. Wir finden

$$\text{sign}(\mathbf{M}_{ges}/A \cdot \mathbf{e}_y) = \text{sign}\left(\frac{F_{ext}}{A}\frac{l^2}{4R} - \frac{EI}{R}\right) = \text{sign}\left(p_{ext} - \frac{4EI}{l^2}\right). \quad (5.84)$$

Bleibt der externe Stauchdruck $p_{ext} = F_{ext}/A$ unterhalb dem kritischen Stauchdruck

$$p_c = \frac{4EI}{l^2}, \quad (5.85)$$

so wird des Teufels Intention durchkreuzt und der Stab bleibt gerade. Überschreitet der externe Stauchdruck hingegen den kritischen Druck, wächst die Krümmung des Stabes solange an, bis unsere Näherungen kleiner Krümmung nicht mehr zutreffen und Nichtlinearitäten das weitere Wachstum der Krümmung begrenzen. Die wesentliche Gemeinheit des Teufels besteht darin, dass der kritische Stauchdruck gar nicht von der Vorkrümmung des Stabes abhängt und dadurch jede noch so beliebig kleine Abweichung des Stabes von seiner geraden Form ausreicht, um die plötzliche Verbiegung des Stabes oberhalb des kritischen Stauchdruckes zu bewirken. Wenn man den

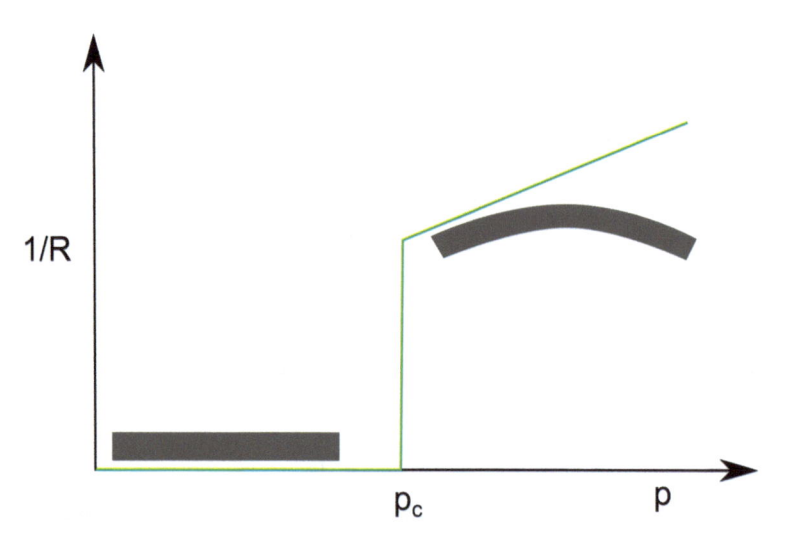

Abb. 5.27: Die Krümmung eines Stabes als Funktion des Stauchdruckes macht einen diskontinuierlichen Übergang von verschwindender Krümmung unterhalb p_c zu einer makroskopischen Krümmung oberhalb p_c, die als Euler-Instabilität bezeichnet wird.

Teufel aus dem Spiel lassen will, kann man auch sagen, dass winzige Details der Geometrie des Stabes bestimmen, in welche Richtung sich der Stab durchbiegen wird. Diese Aussage unterscheidet sich nur wenig davon, dass das personifizierte Böse an der Verbiegung des Stabes Schuld ist, steckt der Teufel doch bekanntlicherweise im Detail. Wir finden also, dass die Krümmung des Stabes einen diskontinuierlichen Übergang von verschwindender Krümmung unterhalb p_c zu einer makroskopischen Krümmung oberhalb p_c macht, der als Euler-Instabilität bezeichnet wird (Abbildung 5.27).

5.12 Gleichgewichtskonformation von zirkulärer DNA

Die Desoxyribonukleinsäure (DNA) enthält die Erbinformation bei allen Lebewesen. Sie besteht aus einem Doppelstrang. Eine detailliertere Struktur der DNA soll uns hier nicht interessieren. Wichtig für uns sind im Moment die beiden Stränge, die wir als Kurven als Funktion ihrer Bogenlänge betrachten wollen. Eine besondere Form von DNA ist die zirkuläre DNA, bei der es keinen Anfang und kein Ende des Doppelstranges gibt. Wir parametrisieren den ersten und zweiten Strang als Funktion der Bogenlänge des Stranges. Wir erhalten so die Kurven $\mathbf{a}(s)$ und $\mathbf{b}(s)$ (Abbildung 5.28). Der Einheitsvektor

$$\mathbf{c}_{AB}(s, s') = \frac{\mathbf{a}(s) - \mathbf{b}(s')}{|\mathbf{a}(s) - \mathbf{b}(s')|} \tag{5.86}$$

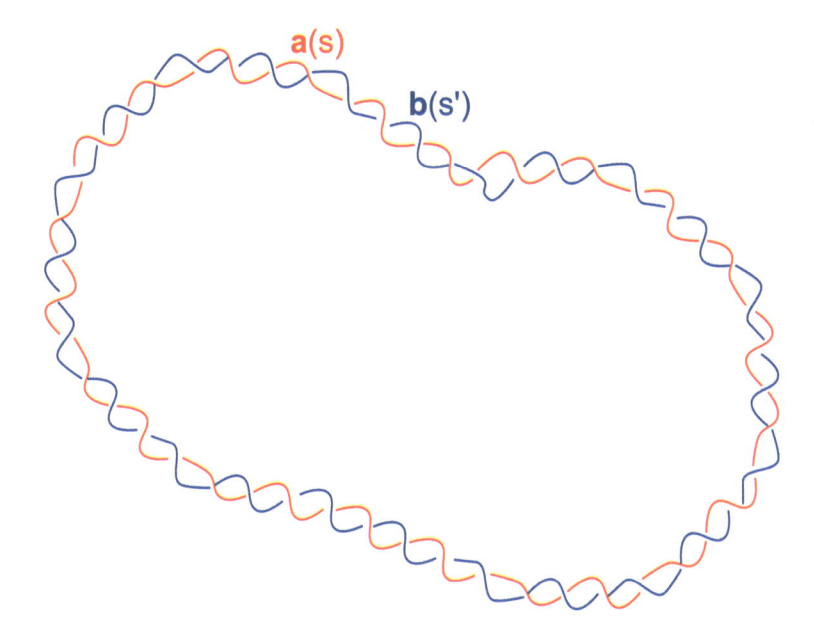

Abb. 5.28: Die beiden Kurven $\mathbf{a}(s)$ und $\mathbf{b}(s)$ als Modell für eine zirkuläre DNA.

zeigt von der Stelle $\mathbf{b}(s')$ zur Stelle $\mathbf{a}(s)$. Wir definieren die Verflechtungszahl

$$\mathcal{L}k = \frac{1}{4\pi} \int_A ds \int_B ds' [\partial_s \mathbf{c}_{AB} \times \partial'_s \mathbf{c}_{AB}] \cdot \mathbf{c}_{AB} . \qquad (5.87)$$

Die Verflechtungszahl zählt, wie oft beide Kurven miteinander verbunden sind, d. h., wie oft die Kurve A die Kurve B schneiden muss, um von ihr frei zu kommen. Wenn wir die Kurven etwas verbiegen, ohne dass sich beide Kurven dabei berühren, ändert sich an dieser Verflechtungszahl nichts, weshalb sie als eine topologische Invariante bezeichnet wird. Anstatt von einem Punkt der Kurve B zu einem Punkt der Kurve A zu zeigen, kann man auch von einem Punkt derselben Kurve zu einem anderen Punkt derselben Kurve zeigen. Wir definieren deshalb den Einheitsvektor

$$\mathbf{c}_A(s, s') = \frac{\mathbf{a}(s) - \mathbf{a}(s')}{|\mathbf{a}(s) - \mathbf{a}(s')|} \qquad (5.88)$$

sowie die Verwindungszahl

$$\mathcal{W}r = \frac{1}{4\pi} \int_A ds \int_A ds' [\partial_s \mathbf{c}_A \times \partial'_s \mathbf{c}_A] \cdot \mathbf{c}_A . \qquad (5.89)$$

Die Verwindungszahl $\mathcal{W}r$ ist eine geometrische Eigenschaft der Kurve A alleine und beschreibt deshalb die Konformation der DNA unabhängig davon, dass es sich bei der DNA um ein Band aus zwei Kurven A und B handelt. Ein endlicher Wert der Verwindung beschreibt eine bestimmte Verbiegung des Doppelstranges. Die Kurven A und B sind bei der DNA sehr nahe beieinander, sodass im Rahmen einer Strichmechanik der Unterschied beider Kurven klein wird und wir schreiben können

$$\mathbf{b}(s) = \mathbf{a}(s) + \epsilon \mathbf{u}(s) . \qquad (5.90)$$

Es braucht nur einen kleinen ($\epsilon \ll 1$) Schritt $\epsilon \mathbf{u}(s)$, um von dem einen Strang entlang der Basenpaare der DNA zum anderen Strang zu schreiten. Mit

$$\mathbf{t}(s) = \frac{d\mathbf{a}(s)}{ds} \qquad (5.91)$$

bezeichnen wir den Tangentenvektor an die Kurve A. Der Vektor $\mathbf{u}(s)$ steht senkrecht auf den Tangentenvektor und zeigt in Richtung der Kurve B. Wir definieren die Verdrillung (Torsion) der DNA als

$$\mathcal{T}w = \frac{1}{2\pi} \int_A ds (\mathbf{t} \times \mathbf{u}) \cdot \frac{d\mathbf{u}}{ds} . \qquad (5.92)$$

Die Verdrillung misst, wie oft sich die Kurve B lokal um die Kurve A wickelt. Sie ist ausschließlich mit einer Torsion, nicht einer Verbiegung, der DNA verknüpft. Mathematisch lässt sich zeigen, dass der Satz von Călugăreanu

$$\mathcal{L}k = \mathcal{T}w + \mathcal{W}r \qquad (5.93)$$

Tw groß, Wr klein

über torediert, nicht superverdrillt

Tw klein, Wr groß

gleichgewicht torediert,

nichtgleichgewicht superverdrillt

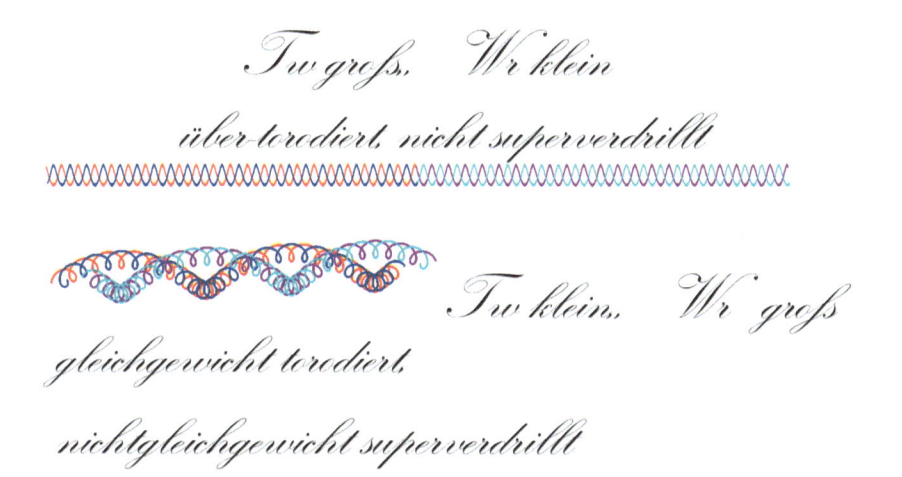

Abb. 5.29: Alternative Konformationen zirkulärer DNA unter der Nebenbedingung des topologischen Zwanges.

gilt. Die Anzahl der Verflechtungen beider Kurven A und B setzt sich zusammen aus der lokalen Verdrillung beider Kurven und der globalen Verwindung infolge einer dreidimensionalen Verbiegung der Konformation der Helixachse. Die Einzelstränge der DNA können sich nicht durchdringen, weshalb die Verflechtungszahl nicht geändert werden kann. Es besteht ein topologischer Zwang, entweder zu verbiegen oder zu verdrillen, um die entsprechende Verflechtungszahl einzuhalten. Die Verdrillung Tw kostet Torsionsenergie und ist aufgrund der hohen Torsionssteifigkeit relativ teuer. Die Verwindung Wr kostet Biegeenergie, die aufgrund der wesentlich geringeren Biegesteifigkeit billiger ist. Eine zirkuläre DNA hat also die Wahl, entweder durch Abweichung von einer entspannten Helixverdrillung viel Torsionsenergie auszugeben oder durch Superverdrillung von Doppelsträngen eine verbogene Konformation einzugehen, die nicht so viel Biegeenergie kostet (Abbildung 5.29).

Die DNA liegt deshalb als superverdrillte DNA vor. Superverdrillung lässt sich bei Gummibändern leicht beobachten. Man spanne ein Gummiband um zwei Bleistifte, verdrille die beiden Stränge des Gummibandes, indem man den einen Bleistift mehrmals um die Achse des Gummibandes drehe und vermindere den Abstand der Bleistifte. Das Gummiband beginnt sich über Superverdrillungen zu verknotteln, um die lästige, kostspielige Torsionsenergie loszuwerden.

5.13 Hooke'sches Gesetz in Kristallen

Auch in einem Kristall, also einem anisotropen Medium, sind die entstehenden Spannungen im Material proportional zu den Deformationen. Die Proportionalitätskonstanten sind aber jetzt auch verschieden für verschiedene Richtungen des Mediums.

Die konstituierende Gleichung ist nur dann invariant, wenn wir das Deformationsfeld, den Spannungstensor und das Medium selber drehen. Das heißt, dass die Proportionalitätskonstanten selbst Tensoren sind, die die Orientierung des Kristalls widerspiegeln. Der allgemeinste Tensor, der zwei zweistufige Tensoren (die Spannung und den Deformationstensor) miteinander verknüpft, ist ein vierstufiger Tensor mit Tensorelementen c_{ijkl} mit $i, j, k, l = x, y, z$, sodass das Hooke'sche Gesetz die Form

$$\sigma_{ij} = \sum_{kl} c_{ijkl} \epsilon_{kl} \tag{5.94}$$

annimmt. Die Konstanten c_{ijkl} heißen elastische Konstanten des Kristalls. Sie erfüllen die Symmetrien

$$c_{ijkl} = c_{jikl} = c_{ijlk} = c_{klij}, \tag{5.95}$$

woraus folgt, dass es 21 unabhängige Konstanten gibt. Hat der Kristall zusätzliche Symmetrien, verringert sich die Anzahl unabhängiger elastischer Konstanten. Ein kubischer Kristall hat die höchste Symmetrie unter den Kristallen. In ihm gibt es drei unabhängige elastische Konstanten, also eine mehr als in einem isotropen Material. In einem isotropen Material ist die Symmetrie noch höher, und es bleiben nur der Kompressionsmodul und der Schermodul als unabhängige elastische Konstanten übrig.

5.14 Rolle des Spannungstensors in der allgemeinen Relativitätstheorie

Wie wir bereits in Abschnitt 2.20 gesehen haben, verallgemeinern sich Vektoren in der relativistischen Beschreibung zu Vierervektoren. Entsprechend kombinieren sich relativistische Tensoren zu 4×4-Matrizen. Die Komponenten des relativistischen Spannungstensors kürzen wir mit $\sigma_{\nu\mu}$ ab, wobei die griechischen Indizes die Werte $\nu = 0, 1, 2, 3$ und $\mu = 0, 1, 2, 3$ durchlaufen. Mit den lateinischen Indizes bezeichnen wir die raumartigen Anteile σ_{ij} des normalen 3×3-Spannungstensors mit Indizes $i = 1, 2, 3$ und $j = 1, 2, 3$. In der allgemeinen Relativitätstheorie verschwindet die Viererdivergenz des Spannungstensors

$$\nabla_4 \cdot \boldsymbol{\sigma} = \mathbf{0}. \tag{5.96}$$

Dabei bedeuten $\sigma_{00} = \rho c^2$ die Energiedichte, σ_{0i} die Impulsdichte und σ_{ij} die Impulsstromdichte. Dem Deformationstensor entspricht ein 4×4-Tensor $\mathbf{G}$, der die intrinsische Krümmung des Raumes misst. Gilt $\mathbf{G} = 0$, ist der Raum minkowskiisch (nicht gekrümmt), während im Falle $\mathbf{G} \neq 0$ der Raum nicht minkowskiisch deformiert ist. Die allgemeine Relativitätstheorie lässt sich in den Gleichungen

$$\mathbf{G} = 8\pi \boldsymbol{\sigma} \tag{5.97}$$

und

$$\nabla_4 \cdot \boldsymbol{\sigma} = 0 \tag{5.98}$$

zusammenfassen. Gleichung (5.97) sagt aus, dass der Spannungstensor die Krümmung der Raumzeit bewirkt. Gleichung (5.98) ist eine Bewegungsgleichung für die Dichte. Diese Gleichungen sind im Detail sehr kompliziert, zum einen, weil Tensoren in krummen Koordinaten wesentlich schwieriger zu handhaben sind als in ebenen Koordinaten, zum anderen, weil das Koordinatensystem a priori nicht bekannt ist, sondern aus dem Tensor **G** erst konstruiert werden muss. **G** misst, wie krumm die Koordinaten sein müssen. Gleichung (5.98) sichert, dass die Energie und der Impuls lokal in den krummlinigen Koordinaten erhalten sind. Damit ähnelt die allgemeine Relativitätstheorie der Elastizitätstheorie. In beiden gilt, dass die Spannung proportional zur Deformation (Krümmung) ist.

5.15 Deformierbare Körper in Bewegung

Bisher haben wir die Elastizitätstheorie und das Hooke'sche Gesetz dazu ausgenutzt, deformierte Gleichgewichtskonformationen von Körpern zu berechnen, die externen Kräften ausgeliefert sind. In diesem Abschnitt wollen wir uns mit den Bewegungsvorgängen beschäftigen, die infolge elastischer Spannungen in den Körpern auftreten. Wir beginnen mit der Bewegungsgleichung (5.34)

$$\rho \ddot{\mathbf{u}} = \left(K + \frac{G}{3}\right) \nabla(\nabla \cdot \mathbf{u}) + G \nabla^2 \mathbf{u} \,, \tag{5.99}$$

die wir hier nochmals wiederholen. Es gilt allgemein

$$\operatorname{div} \operatorname{rot} \mathbf{f} = \nabla \cdot (\nabla \times \mathbf{f}) = (\nabla \times \nabla) \cdot \mathbf{f} = \mathbf{0} \,. \tag{5.100}$$

Wir machen den Lösungsansatz für die Gleichung (5.99)

$$\mathbf{u}_l(\mathbf{r}, t) = \nabla l \left[\mathbf{v} \cdot (\mathbf{r} - \mathbf{v}t)\right] = \mathbf{v} l' \left[\mathbf{v} \cdot (\mathbf{r} - \mathbf{v}t)\right] \,. \tag{5.101}$$

Die Zeitableitung der Verschiebung beträgt dann

$$\ddot{\mathbf{u}}_l(\mathbf{r}, t) = -v^2 \nabla l' = -v^2 \mathbf{v} l'' \,. \tag{5.102}$$

Einsetzen des Ansatzes (5.101) in Gleichung (5.99) führt auf

$$\rho v^4 \mathbf{v} l^{(3)} = \left(K + \frac{G}{3}\right) v^2 \mathbf{v} l^{(3)} + G v^2 \mathbf{v} l^{(3)} \,, \tag{5.103}$$

wobei $l^{(3)}$ die dritte Ableitung der Funktion l bedeutet oder

$$\left(v^2 - \frac{K + \frac{G}{3}}{\rho} - \frac{G}{\rho}\right) \mathbf{v} l^{(3)} = \mathbf{0} \,. \tag{5.104}$$

Es folgt daher, dass der Ansatz (5.101) genau dann eine Lösung von (5.99) ist, wenn wir die Geschwindigkeit v auf

$$v_l = \sqrt{\frac{K + \frac{4}{3}G}{\rho}} \tag{5.105}$$

setzen, und zwar unabhängig davon, wie die Funktion $l(y)$ im Detail aussieht. Eine mögliche Wahl für die Funktion $l(y)$ ist

$$l(y) = \text{Morgen kommt der Weihnachtsmann} \ldots \quad (5.106)$$

Wir stellen also fest, dass *Morgen kommt der Weihnachtsmann* ... in einem Festkörper mit der Geschwindigkeit v_l übertragen werden kann.

Anstelle des Ansatzes (5.101) können wir es auch mit dem Ansatz

$$\mathbf{u}_t(\mathbf{r}, t) = \nabla \times \mathbf{t} \left[\mathbf{v} \cdot (\mathbf{r} - \mathbf{v}t) \right] = \mathbf{v} \times \mathbf{t}' \quad (5.107)$$

probieren. Die Zeitableitung der Verschiebung wird zu

$$\ddot{\mathbf{u}}_t(\mathbf{r}, t) = -v^2 \mathbf{v} \times \mathbf{t}'' \quad (5.108)$$

und Einsetzen von (5.107) in (5.99) führt auf

$$\rho v^4 \mathbf{v} \times \mathbf{t}^{(3)} = \left(K + \frac{G}{3} \right) \underbrace{\mathbf{v}(\mathbf{v} \cdot (\mathbf{v} \times \mathbf{t}^{(3)}))}_{} + G v^2 \mathbf{v} \times \mathbf{t}^{(3)} \quad (5.109)$$

oder auf

$$\left(\rho v^2 - G \right) \mathbf{v} \times \mathbf{t}^{(3)} = \mathbf{0}. \quad (5.110)$$

Wieder kann durch Wahl der Geschwindigkeit

$$v_t = \sqrt{G/\rho} \quad (5.111)$$

die Funktion $\mathbf{t}(y)$ beliebig gewählt werden. Eine mögliche Wahl für $\mathbf{t}(y)$ ist (Abbildung 5.30)

$$\mathbf{t}(y) = \begin{pmatrix} \text{Morgen kommt der Weihnachtsmann} \ldots \\ 0 \\ 0 \end{pmatrix}. \quad (5.112)$$

Wir stellen also fest, dass *Morgen kommt der Weihnachtsmann* ... in einem Festkörper mit der Geschwindigkeit v_t übertragen werden kann. Bei der Lösung $\mathbf{u}_l = \mathbf{v}l'$ ist die Verschiebung $\mathbf{u}$ in Richtung $\mathbf{v}$ der Ausbreitungsrichtung von *Morgen kommt der Weihnachtsmann* .... Bei der Lösung $\mathbf{u}_t = \mathbf{v} \times \mathbf{t}'$ ist die Verschiebung senkrecht zur Ausbreitungsrichtung von *Morgen kommt der Weihnachtsmann* .... Die Lösung $\mathbf{u}_l$ heißt longitudinale Welle, die Lösung $\mathbf{u}_t$ heißt transversale Welle. v_l und v_t heißen longitudinale und transversale Schallgeschwindigkeit der Welle. Die longitudinale Geschwindigkeit ist schneller als die transversale Schallgeschwindigkeit. Ein einfaches Experiment zur Übertragung von *Morgen kommt der Weihnachtsmann* ... besteht in einem Drahttelefon aus zwei geöffneten Konservendosen, die an den geschlossenen Enden über einen gespannten Draht miteinander verbunden sind. Singt man vor der Konservendose das richtige Lied, kann der Partner des Sängers diesen in der zweiten Konservendose anhören.

Morgen kommt der Weihnachtsmann

Hoffmann von Fallersleben   aus Frankreich

Mor - gen kommt der Weih - nachts - mann, kommt mit sei - nen Ga - ben.
Doch du weist ja uns - ren Wunsch, kennst ja uns - re Her - zen.

Bun - te Lich - ter, Sil - ber - zier Kind mit Krip - pe Schaf und Stier,
Kin - der, Va - ter und Ma - ma, auch so - gar der Groß - pa - pa,

Zot - tel - bär und Pan - ther - tier möcht ich ger - ne ha - ben.
al, - le, al - le sind wir da, war - ten dein mit Schmer - zen.

Abb. 5.30: Bild einer typischen Funktion $l(y)$, die mit einem Festkörper übertragen werden kann.

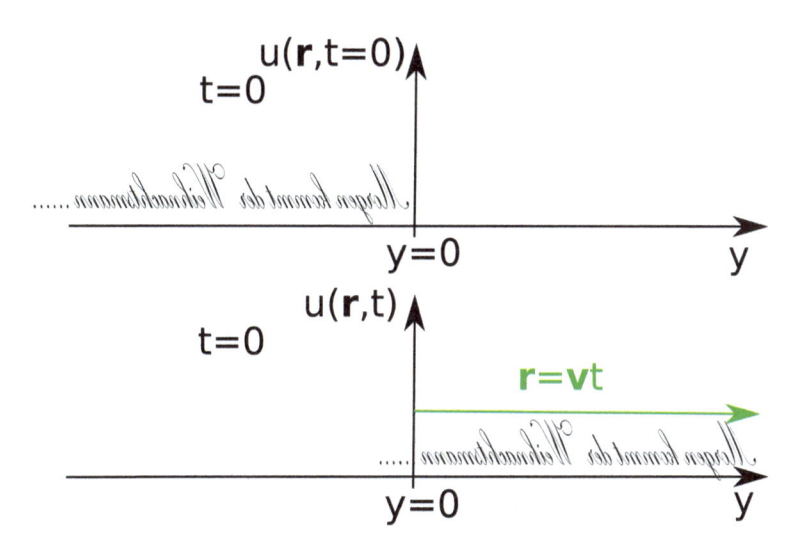

Abb. 5.31: Das Signal zur Zeit $t = 0$ an der Stelle $r = 0$ ist nach Zeit t an die Stelle $r = vt$ gewandert.

Betrachten wir die Verschiebung $\mathbf{u}_l$ an der Stelle $\mathbf{r} = 0$ zur Zeit $t = 0$ und vergleichen dies mit der Verschiebung an der Stelle $\mathbf{r} = \mathbf{v}t$ zur Zeit t, dann finden wir $\mathbf{u}_l(\mathbf{r}=0, t=0) = \mathbf{u}_l(\mathbf{r}=\mathbf{v}t, t) = \mathbf{v}l'(0)$, dass dieselbe Information, die zur Zeit $t = 0$ an der Stelle $\mathbf{r} = 0$ war, zur Zeit t an die Stelle $\mathbf{r} = \mathbf{v}t$ gewandert ist (Abbildung 5.31). Es hat sich das Signal also während der Übertragung nicht verändert. Wir werden in Abschnitt 7.2 sehen, dass die verzerrungsfreie Übertragung damit zu tun hat, dass Schallwellen keine Dispersion haben.

5.16 Aufgaben

Slinky

Ein *Slinky* ist eine sehr flexible Feder, die sich hervorragend zum Experimentieren eignet (Abbildung 5.32). Legen Sie einen Slinky mit seiner Symmetrieachse flach auf den Boden und bestimmen Sie den Azimutwinkel, den der Anfang des Slinkys mit seinem Ende einschließt.

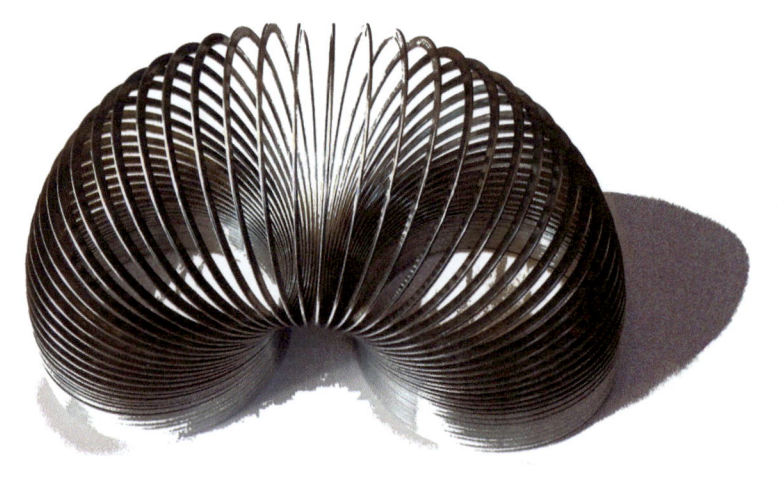

Abb. 5.32: Ein Slinky.

a) Wie verändert sich der Winkel zwischen Anfang und Ende, wenn Sie den Slinky an einem Ende aufhängen?
b) Berechnen Sie die Position eines Massenelementes des Slinkys als Funktion der Bogenlänge des Slinkys, wenn dieser im Gravitationsfeld der Erde hängt.
c) Der Slinky wird jetzt losgelassen und fällt im Gravitationsfeld der Erde herunter. Beschreiben und erklären Sie den Fallprozess sowie die Konformationsänderung des Slinkys nach Loslassen desselben.
d) Wenn Sie eine Masse zwischen zwei Slinkys befestigen und das Ganze gespannt mit der Symmetrieachse parallel zur Vertikalen oben und unten befestigt, führt die Masse gekoppelte Rotations- und Vertikalschwingungen aus. Können Sie erklären, warum?
e) Können Sie die Konformation des Slinkys erklären, wenn er wie in Abbildung 5.32 auf einer ebenen Fläche mit beiden Enden sitzt?

f) Können Sie erklären, warum es keine stabile Konformation des Slinkys auf einer Treppe gibt, bei der der Slinky ebenfalls wie in e) mit seinen beiden Enden auf verschiedenen Treppenstufen sitzt?

Möbiusband

Schneiden Sie einen Streifen Papier aus und kleben Sie dieses zu einem Möbiusband zusammen, indem Sie die Oberseite des einen Endes so an die andere Seite kleben, dass die Oberseite des einen Endes durch die Unterseite des anderen Endes fortgesetzt wird. Das Möbiusband wird, wenn Sie es loslassen, in seine Gleichgewichtskonformation gehen (siehe Abbildung 5.33). Versuchen Sie die Gleichgewichtsform zu erklären. Wie hängt die Form mit dem Verhältnis Länge zu Breite des Bandes zusammen? Welcher Form nähert sich die neutrale Faser für sehr dünne Bandbreiten (lange Bänder)? Durchlöchern Sie das Möbiusband jetzt in regelmäßigen Abständen an der neutralen Faser so, dass Sie einen elastischen Draht entlang der neutralen Faser abwechselnd auf der einen und auf der anderen Seite des Bandes einfügen können, und verhaken Sie die beiden Enden des Drahtes nach dem Durchführen. Wie verändert sich die Form des Möbiusbandes und warum?

Abb. 5.33: Ein Möbiusband.

Gekrümmtes Papier

Ein Papier (DIN A4) wird mit dem oberen Ende an einer Tischkante mit diesem Buch eingeklemmt, sodass der Rest des Blattes über die Tischkante hängt und sich unter dem Einfluss der Schwerkraft so verbiegt, das das freie Ende des Blattes mit dem eingeklemmten Ende einen Winkel von 80° einschließt (Abb. 5.34). Wie unterscheidet sich die Verbiegung des Papiers von der Form des Papiers, die dieses einnimmt, wenn es an einem Ende vertikal, wie in einem steifen Buch, eingespannt wird und mit der Hand am freien Ende senkrecht zur Einspannrichtung so gezogen wird, dass ebenfalls ein Winkel von 80° zwischen beiden Enden des Papiers entsteht? Skizzieren Sie beide Formen des Papiers und begründen Sie, wie und warum der Unterschied zustande kommt.

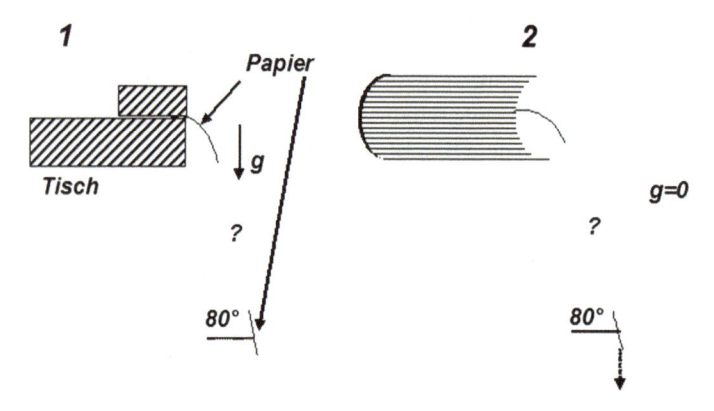

Abb. 5.34: Ein gekrümmtes Papier.

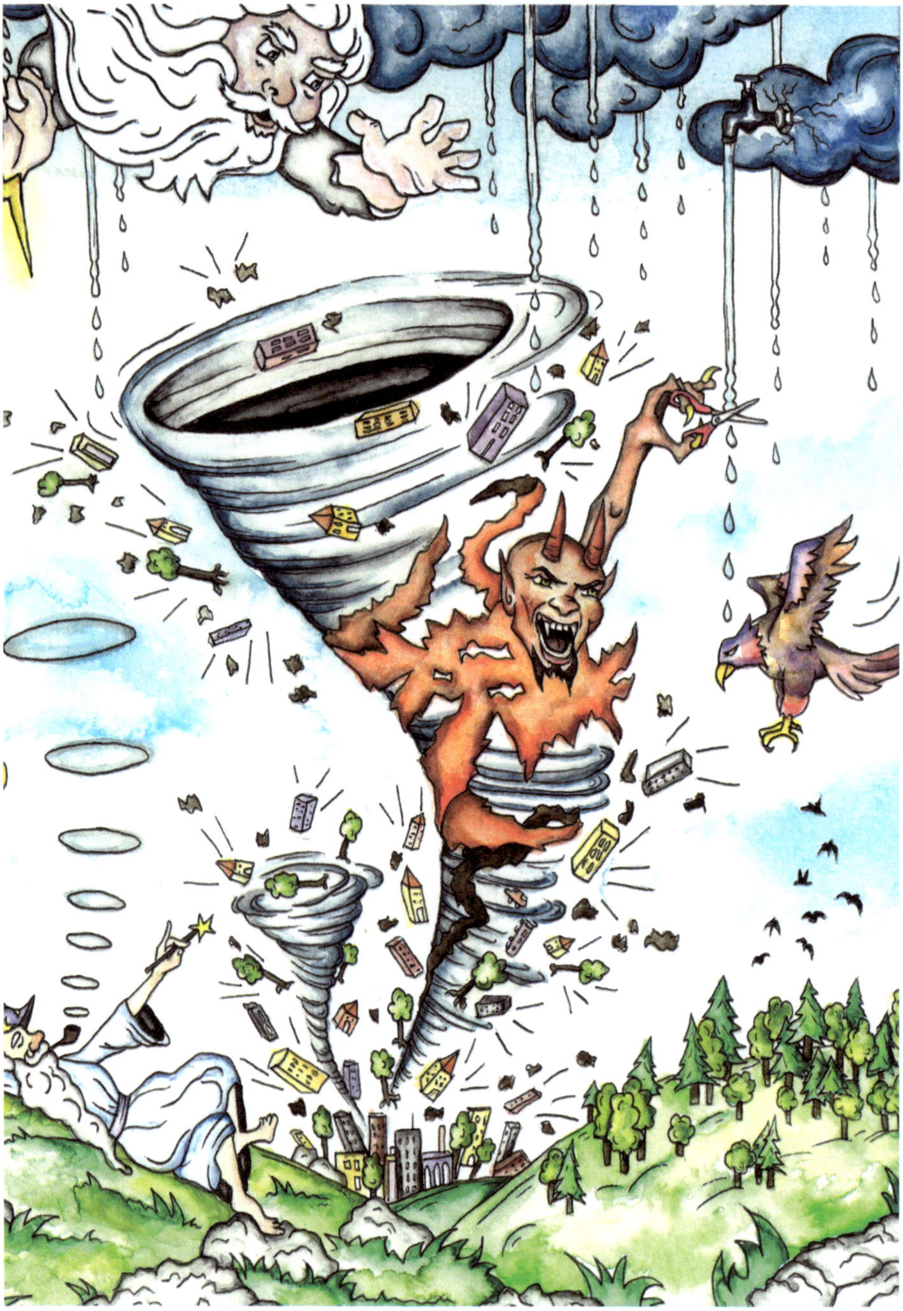

6 Hydrodynamik

Überschreiten die externen Kräfte die internen zusammenhaltenden Kräfte, kann ein Körper seine Form nicht mehr beibehalten und reagiert auf lokale Spannungen mit lokalen Deformationsraten, und die geometrische Form ändert sich ständig als Funktion der Zeit. Die Konkurrenz zwischen Trägheitskräften und dissipativen Kräften führt zu einer reichhaltigen Physik von Flüssigkeiten und Gasen in ihrem Inneren und zu einer noch komplexeren Vielzahl statischer und dynamischer Phänomene an deren Grenzflächen.

6.1 Grundgleichungen der Hydrodynamik

Die Hydrodynamik beschreibt Materie, bei der die internen Kräfte zwischen den einzelnen Massenelementen nicht stark genug sind, um diese in unmittelbarer Nachbarschaft zueinanderzuhalten. Externe Kräfte sind hier in der Lage, ursprünglich benachbarte Elemente letztendlich an vollkommen unterschiedliche Positionen zu verschieben. Der flüssige und der gasförmige Aggregatzustand sind Formen der Materie, bei der derartige Verschiebungen dauernd vorkommen. Wir könnten versuchen, die Gase und Flüssigkeiten so zu beschreiben, wie wir das für Massenpunkte getan haben, nämlich so, dass wir die einzelnen Flüssigkeits (Gas)-Volumina als Funktion der Zeit verfolgen. Ein derartig verfolgtes Volumen ist in Abbildung 6.1 gezeigt.

Alle Flüssigkeitsteilchen in dem Volumen bleiben stets in dem Volumen. Alle Flüssigkeitsteilchen außerhalb des Volumens bleiben stets außerhalb. Als Kinder haben wir alle am Bach gespielt und die Flüssigkeitsvolumina verfolgt, indem wir ein Schiffchen oder einen Stock mit unserem Spielkameraden um die Wette haben schwimmen lassen. Unsere Großmutter saß auf der Bank und verfolgte das Geschehen von dort aus. Die einzelnen Flüssigkeitsvolumina haben unsere Großmutter nicht interessiert, sie beobachtete lediglich die Geschwindigkeit des Baches an der Stelle ihrer Enkel, um sicherzustellen, dass nichts passierte. Zur Beschreibung der Bewegungsgleichungen der Flüssigkeit können wir beide Standpunkte vertreten. Es wird sich aber zeigen, dass der Standpunkt unserer Großmutter nicht so schlecht war.

Für das mitgeführte Volumen sind unsere Bewegungsgleichungen einfach. Da kein Teilchen das mitgeführte Volumen verlässt, ist die in dem Volumen enthaltene Masse erhalten:

$$m = \text{const.} \tag{6.1}$$

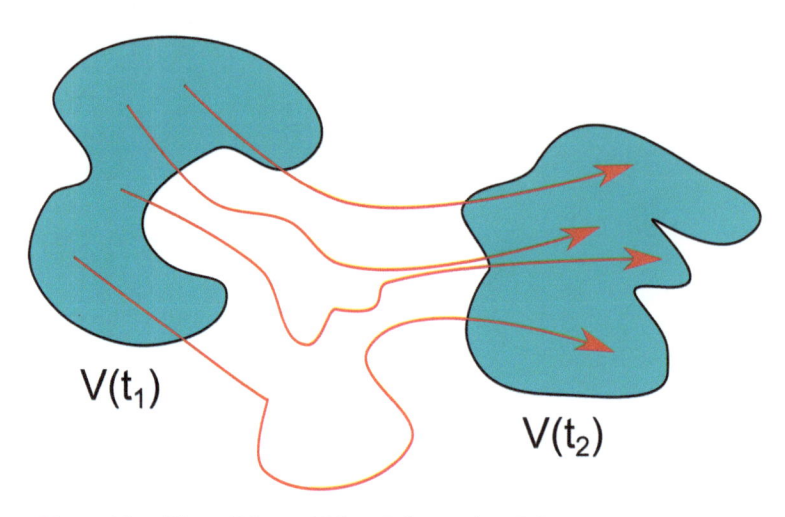

Abb. 6.1: Mitgeführtes Volumen $V(t)$ zur Zeit t_1 und zur Zeit t_2.

Die Beschleunigung des Volumenelementes ergibt sich aus dem zweiten Newton'schen Gesetz

$$\mathbf{F} = m\mathbf{a}. \tag{6.2}$$

Wir beginnen damit, die beiden Gleichungen (6.1) und (6.2) so umzuformen, dass sich Gleichungen für die lokalen Veränderungen der Massendichte und der Geschwindigkeiten ergeben. Wir starten mit der erhaltenen Masse

$$0 = \frac{dm}{dt} = \frac{d}{dt} \int_{V(t)} \rho(\mathbf{r}, t) d^3\mathbf{r}, \tag{6.3}$$

die wir über die Dichte $\rho(\mathbf{r}, t)$ ausdrücken. Beachten Sie, dass mit der Dichte dem Konzept der Großmutter gefolgt wird. Die Dichte wird als Funktion des festen Ortes $\mathbf{r}$ und der Zeit t angegeben. Es besteht hier nicht das Interesse, einzelne Flüssigkeitsteilchen zu verfolgen, sondern es werden Eigenschaftsveränderungen als Funktion der Zeit an einem bestimmten Ort beobachtet. Wir betrachten die mathematische Situation einer Differenziation des Ausdrucks

$$\frac{d}{dt} \int_0^t dt' f(t, t') = f(t, t'=t) + \int_0^t dt' \frac{\partial f(t, t')}{\partial t}. \tag{6.4}$$

Die Differenziation erzeugt hier zwei Terme, weil das Integral sowohl über die obere Grenze als auch in der Funktion selbst von der Variable t abhängt. Wenn wir nach der oberen Grenze differenzieren, erhalten wir über den Hauptsatz der Integralrechnung die Funktion an der oberen Grenze zurück. Hier hängt aber auch die Funktion selbst von der oberen Grenze ab und muss deshalb auch differenziert werden. In der Gleichung (6.3) hängen sowohl die Dichte als auch die Integrationsgrenzen, nämlich der Rand des Volumens $V(t)$, von der Zeit ab. Wir führen die Differenziation nach der Zeit in (6.3) durch und erhalten analog zum eindimensionalen Fall

$$0 = \int_{V(t)} d^3\mathbf{r} \frac{\partial \rho(\mathbf{r}, t)}{\partial t} + \int_{\partial V} d^2S \rho(\mathbf{r}, t) \mathbf{n} \cdot \frac{d\mathbf{r}_{\text{Rand}}}{dt}$$

$$= \int_{V(t)} \frac{\partial \rho}{\partial t} d^3\mathbf{r} + \int_{\partial V} (\rho \mathbf{v}) \cdot (\mathbf{n} d^2S). \tag{6.5}$$

Die Differenziation nach den Integrationsgrenzen ergibt die Funktion ρ multipliziert mit der Richtung (der Normalen), in die sich der Rand des Volumens ∂V verändert. Nach der Kettenregel muss der Randpunkt dann nach der Zeit nachdifferenziert werden, was die Randgeschwindigkeit ergibt. Weil das Volumen ein mitgeführtes Volumen ist, ist diese Randgeschwindigkeit identisch mit der Geschwindigkeit der Flüssigkeit an dieser Stelle.

Die Dichte kann sich also ändern ($\partial \rho / \partial t \neq 0$), indem Flüssigkeit mit der Stromdichte $\mathbf{j} = \rho \mathbf{v}$ durch den zur Zeit t fixierten Rand aus dem zur Zeit t fixierten Volumen abfließt. Sie kann aber nicht einfach im Inneren des Volumens verschwinden.

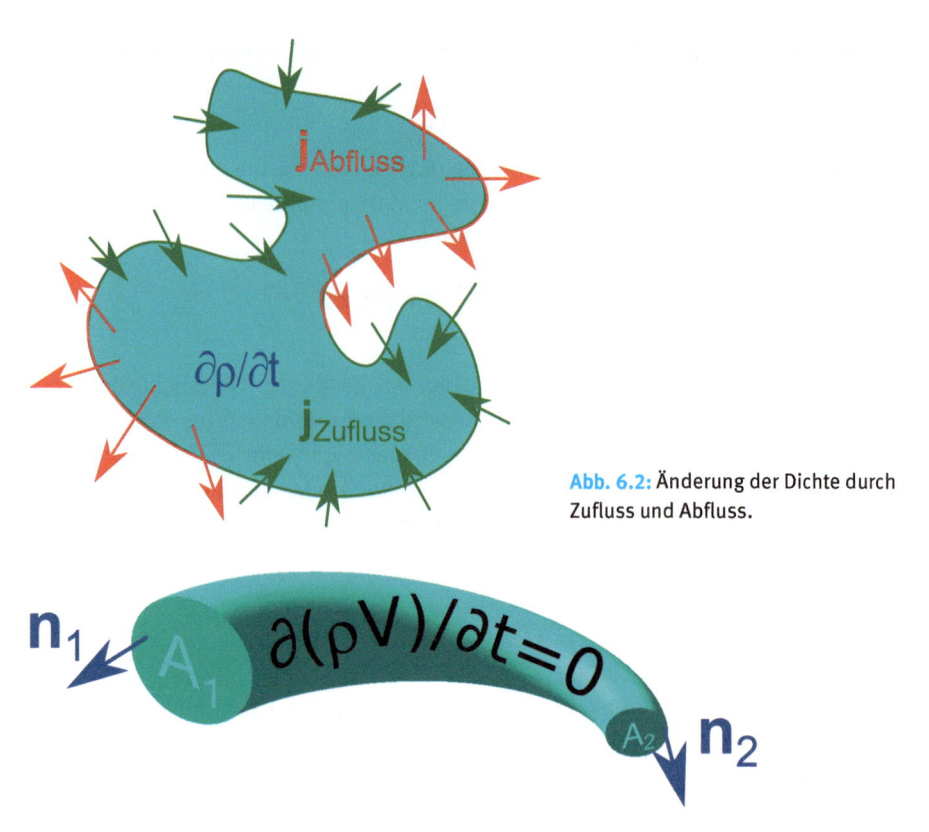

Abb. 6.2: Änderung der Dichte durch Zufluss und Abfluss.

Abb. 6.3: Zufluss und Abfluss bei einem stationär durchströmten Rohr.

Die in einem nicht mitgeführten Volumenelement dV sich ergebende Dichte (Abbildung 6.2) ist somit nach einem infinitesimalen Zeitschritt dt

$$\rho_{\text{nachher}} dV = \rho_{\text{vorher}} dV + \mathbf{j}_{\text{Zufluss}} \cdot \mathbf{A}_{\text{Zufluss}} dt - \mathbf{j}_{\text{Abfluss}} \cdot \mathbf{A}_{\text{Abfluss}} dt, \tag{6.6}$$

wobei wir mit $\mathbf{A} = A\mathbf{n}$ die mit dem Normalenvektor multiplizierte Fläche bezeichnen. Für ein Rohr wie in Abbildung 6.3, das von einem stationären (sich zeitlich nicht veränderndem) Fluss durchströmt wird, finden wir, dass der Zufluss durch die eine Öffnung

$$\rho_1 v_1 A_1 = \rho_2 v_2 A_2 \tag{6.7}$$

gleich dem Abfluss durch die andere Öffnung sein muss. Wir können den zweiten Term in (6.5) mittels des Satzes von Gauß (5.7) wieder in ein Volumenintegral umwandeln und finden

$$0 = \int_{V(t)} \left(\frac{\partial \rho}{\partial t} + \nabla \cdot (\rho \mathbf{v}) \right) d^3 \mathbf{r}. \tag{6.8}$$

Da (6.8) für beliebige zur Zeit t fixierte Volumina gilt, muss der Integrand identisch null sein und es gilt

$$0 = \frac{\partial \rho}{\partial t} + \nabla \cdot (\rho \mathbf{v}). \tag{6.9}$$

Die Gleichung (6.9) heißt Kontinuitätsgleichung und ist die differenzielle Form der Massenerhaltung aus Großmutters Perspektive.

Auf dieselbe Art und Weise, wie wir die Massenerhaltung aus Großmutters Perspektive umformuliert haben, gehen wir bei Newtons zweitem Gesetz vor. Zunächst zerlegen wir die an den Flüssigkeitsvolumina auftretenden Kräfte in externe und interne Kräfte:

$$\mathbf{F} = \mathbf{F}_{\text{ext}} + \mathbf{F}_{\text{int}} = m\mathbf{a}. \tag{6.10}$$

Die internen Kräfte approximieren wir als lokal kurzreichweitige Kräfte, die nur über gemeinsame Grenzflächen zwischen den Flüssigkeitsvolumina erfolgen und deshalb über einen Spannungstensor $\boldsymbol{\sigma}$ beschrieben werden können

$$\mathbf{F} = \mathbf{F}_{\text{ext}} + \int_{\partial V(t)} \boldsymbol{\sigma} \cdot \mathbf{n} \, d^2 S = m\mathbf{a} \tag{6.11}$$

und führen eine externe Volumenkraftdichte $\mathbf{f}_{\text{ext}}$ ein, bei der wir keine Aussage über die Reichweite der externen Kräfte machen. Mithilfe des Satzes von Gauß (5.7) verwandeln wir das Oberflächenintegral in ein Volumenintegral und finden

$$\int_{V(t)} \mathbf{f}_{\text{ext}} d^3 \mathbf{r} + \int_{V(t)} \nabla \cdot \boldsymbol{\sigma} \, d^3 \mathbf{r} = m\mathbf{a}. \tag{6.12}$$

Wir widmen uns der rechten Seite des zweiten Newton'schen Gesetzes und schreiben

$$m\mathbf{a} = \frac{d}{dt}(m\mathbf{v}) = \frac{d}{dt} \int_{V(t)} \rho \mathbf{v} \, d^3 \mathbf{r}$$

$$= \int_{V(t)} \frac{\partial (\rho \mathbf{v})}{\partial t} d^3 \mathbf{r} + \int_{\partial V} \rho \mathbf{v} \mathbf{v} \cdot \mathbf{n} \, d^2 S$$

$$= \int_{V(t)} \frac{\partial (\rho \mathbf{v})}{\partial t} d^3 \mathbf{r} + \int_{V(t)} \nabla \cdot \rho \mathbf{v} \mathbf{v} \, d^3 \mathbf{r}$$

$$= \int_{V(t)} \left(\rho \frac{\partial \mathbf{v}}{\partial t} + \underbrace{\mathbf{v} \frac{\partial \rho}{\partial t} + \mathbf{v}(\nabla \cdot \rho \mathbf{v})}_{\mathbf{v}\left(\frac{\partial \rho}{\partial t} + (\nabla \cdot (\rho \mathbf{v}))\right) = 0} + \rho \mathbf{v} \cdot \nabla \mathbf{v} \right) d^3 \mathbf{r}$$

$$= \int_{V(t)} \left(\rho \frac{\partial \mathbf{v}}{\partial t} + \rho \mathbf{v} \cdot \nabla \mathbf{v} \right) d^3 \mathbf{r}. \tag{6.13}$$

In den Gleichungen (6.12) und (6.13) ist das Volumen $V(t)$ wieder beliebig, sodass sich eine Gleichung für den Integranden beider Gleichungen ergibt

$$\rho \frac{\partial \mathbf{v}}{\partial t} + \rho \mathbf{v} \cdot \nabla \mathbf{v} = \mathbf{f}_{\text{ext}} + \nabla \cdot \boldsymbol{\sigma}. \tag{6.14}$$

Die Gleichungen (6.9) und (6.14) bilden die Grundgleichungen der Fluiddynamik. Um mit diesen weiter rechnen zu können, brauchen wir eine konstituierende Gleichung für die internen Kräfte in einer Flüssigkeit. Aufgrund der Kurzreichweitigkeit dieser internen Kräfte wird daraus eine konstituierende Gleichung für den Spannungstensor $\boldsymbol{\sigma}(\rho, \mathbf{v})$. Für eine Newton'sche Flüssigkeit lautet diese konstituierende Gleichung

$$\boldsymbol{\sigma} = -p\mathbb{1} + \kappa(\nabla \cdot \mathbf{v})\mathbb{1} + \eta \left(\nabla\mathbf{v} + (\nabla\mathbf{v})^t - \frac{2}{3}(\nabla \cdot \mathbf{v})\mathbb{1} \right), \tag{6.15}$$

wobei p der hydrodynamische Druck, η die Scherviskosität und κ die Dilatationsviskosität ist. Man beachte die Ähnlichkeit dieser konstituierenden Gleichung mit dem Hooke'schen Gesetz (5.27), welches wir nochmals wiederholen

$$\boldsymbol{\sigma} = -p_0\mathbb{1} + K(\nabla \cdot \mathbf{u})\mathbb{1} + G \left(\nabla\mathbf{u} + (\nabla\mathbf{u})^t - \frac{2}{3}(\nabla \cdot \mathbf{u})\mathbb{1} \right). \tag{6.16}$$

Die Bewegungsgleichungen für die Geschwindigkeit (6.14), für die Dichte (6.9) sowie die konstituierende Gleichung (6.15) sind noch nicht geschlossen. Wir brauchen noch konstituierende Gleichungen für den Druck $p(\rho, T)$, für die Scherviskosität $\eta(\rho, T)$ und die Dilatationsviskosität $\kappa(\rho, T)$, da sich diese über die Gleichung

$$\frac{\partial p}{\partial t} = \frac{\partial p}{\partial \rho}\frac{\partial \rho}{\partial t} + \frac{\partial p}{\partial T}\frac{\partial T}{\partial t} \tag{6.17}$$

ebenfalls mit der Zeit verändern. Macht man die Annahme, dass die Temperatur $T =$ const sich nicht verändert, dass die Viskositäten auch nicht von der Dichte abhängen, dann verbleibt ausschließlich eine konstituierende Gleichung für den Druck. Hier gibt es zwei zu unterscheidende wichtige Fälle. Für ein ideales Gas lautet die konstituierende Gleichung

$$p = \rho \frac{R}{M} T, \tag{6.18}$$

wobei $R = 8,3143$ J/Kmol die ideale Gaskonstante und M das Molekulargewicht in g/mol des Gasmoleküls ist.

Die konstituierende Gleichung für eine inkompressible Flüssigkeit lautet

$$\rho = \text{const}. \tag{6.19}$$

Setzt man die Spannungstensoren (6.15) und (6.19) in die Gleichungen (6.14) und (6.9) ein, erhält man die Navier-Stokes-Gleichungen für inkompressible Flüssigkeiten (manchmal kann man auch ein Gas als inkompressibel (6.19) statt (6.18) approximieren):

$$\rho \frac{\partial \mathbf{v}}{\partial t} + \rho \mathbf{v} \cdot \nabla \mathbf{v} = \mathbf{f}_{\text{ext}} - \nabla p + \eta \nabla^2 \mathbf{v}, \tag{6.20}$$

$$\nabla \cdot \mathbf{v} = 0. \tag{6.21}$$

Die Navier-Stokes'schen Gleichungen sind hochkomplizierte Gleichungen, die die Dynamik einer Flüssigkeit beschreiben. Wir wollen mit dem einfachsten Fall, nämlich einer ruhenden Flüssigkeit oder einem ruhenden Gas im Gravitationspotenzial der Erde, beginnen.

6.2 Hydrostatik

Die Gleichungen für ruhende Flüssigkeiten heißen die Gleichungen der Hydrostatik. Man erhält sie, indem man in den Navier-Stokes'schen Gleichungen (6.20) die Geschwindigkeit identisch null setzt

$$\mathbf{v} = \mathbf{0},\tag{6.22}$$

$$\mathbf{f}_{\text{ext}} = \nabla p.\tag{6.23}$$

Die Gleichung (6.23) sagt aus, dass sich die externe Kraftdichte mit dem Druckgradienten aufhebt. Für die Gravitationskraftdichte kann die externe Kraftdichte

$$\mathbf{f}_{\text{ext}} = -\rho \nabla U_{\text{grav}}(\mathbf{r}) \tag{6.24}$$

als Gradient des Gravitationspotenzials geschrieben werden. Wir finden

$$\rho \nabla U_{\text{grav}} + \nabla p = \mathbf{0} \tag{6.25}$$

bzw. für ein konstantes Gravitationsfeld in z-Richtung

$$\rho g + \frac{\mathrm{d}p}{\mathrm{d}z} = 0,\tag{6.26}$$

woraus

$$g\mathrm{d}z = -\frac{\mathrm{d}p}{\rho(p)} \tag{6.27}$$

folgt. Für eine inkompressible Flüssigkeit (6.19) gilt

$$\rho(p) = \rho_{\text{Fl}} = \text{const}.\tag{6.28}$$

Integration der Gleichung (6.27) liefert

$$gz = -\int_{p_0}^{p} \frac{\mathrm{d}p}{\rho_{\text{Fl}}} = \frac{p - p_0}{\rho_{\text{Fl}}}.\tag{6.29}$$

Wir lösen (6.29) nach dem Druck auf und finden mit

$$p = p_0 - \rho_{\text{Fl}} g z \tag{6.30}$$

den hydrostatischen Druck einer inkompressiblen Flüssigkeit, der mit der Wassertiefe $-z$ nach unten hin zunimmt. Für ein ideales Gas (6.18) gilt

$$\rho(p) = \frac{pM}{RT}.\tag{6.31}$$

Integration der Gleichung (6.27) liefert

$$gz = -\frac{RT}{M} \int_{p_0}^{p} \frac{\mathrm{d}p'}{p'} = -\frac{RT}{M} \ln(p/p_0).\tag{6.32}$$

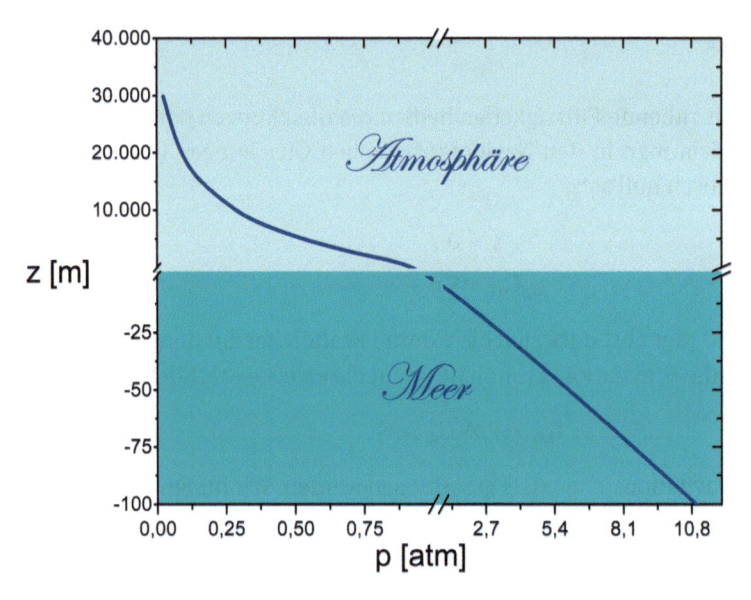

Abb. 6.4: Druck als Funktion der Höhe über und unter dem Meeresspiegel.

Wir lösen (6.32) nach dem Druck auf und finden mit

$$p = p_0 e^{-\frac{Mgz}{RT}} \tag{6.33}$$

die barometrische Höhenformel für den Gasdruck als Funktion der Höhe z über der Meereshöhe. Dabei bezeichnet p_0 den Druck auf Meereshöhe. In Abbildung 6.4 ist der Druck als Funktion der Höhe über und unter dem Meeresspiegel aufgetragen.

6.3 Auftrieb

Wir betrachten einen Körper im Schwerefeld der Erde in einem Gas oder in einer Flüssigkeit (Abbildung 6.5).

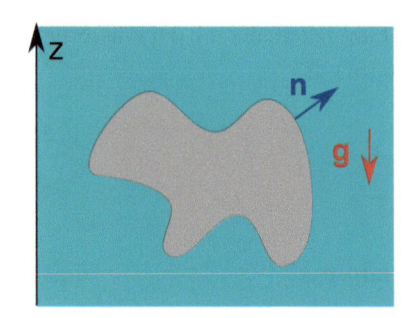

Abb. 6.5: Der Körper mit Normalenvektor **n** auf seine Oberfläche in der Flüssigkeit (dem Gas) in dem Gravitationspotenzial der Erde.

Die Kraft $\mathbf{F}_p$, die die Flüssigkeit auf den Körper ausübt, ist

$$\mathbf{F}_p = \int_{\partial V} \boldsymbol{\sigma} \cdot \mathbf{n} \mathrm{d}^2 S = -\int_{\partial V} p \mathbf{n} \mathrm{d}^2 S$$

$$\stackrel{\text{Gauß}}{=} -\int_{V_K} \nabla p \mathrm{d}^3 \mathbf{r} \qquad (6.34)$$

$$= \int_{V_K} \rho_{\text{Fl}} \nabla U_{\text{grav}} \mathrm{d}^3 \mathbf{r} = -\int_{V_K} \rho_{\text{Fl}} \mathbf{g} \mathrm{d}^3 \mathbf{r}$$

$$= -\mathbf{g} \int_{V_K} \rho_{\text{Fl}} \mathrm{d}^3 \mathbf{r} = -\mathbf{g} m_{\text{verdrängte Flüssigkeit}} \,. \qquad (6.35)$$

Beachten Sie, dass wir bei der Verwendung des Gauß'schen Satzes in (6.34) so getan haben, als herrsche an der Stelle des Körpers noch der Druck, der in Abwesenheit des Körpers an dieser Stelle in der Flüssigkeit herrschen würde. Auf den Körper wirkt also eine Druckkraft, die der negativen Gewichtskraft der verdrängten Flüssigkeit des Körpers entspricht. Diese Kraft heißt Auftriebskraft.

Wir berechnen das Drehmoment, welches von der Flüssigkeit auf den Körper ausgeübt wird:

$$\mathbf{M}_p = \int_{\partial V_K} (\mathbf{r} - \mathbf{r}_{\text{ref}}) \times \boldsymbol{\sigma} \cdot \mathbf{n} \mathrm{d}^2 S$$

$$= -\int_{\partial V_K} (\mathbf{r} - \mathbf{r}_{\text{ref}}) \times p \mathbf{n} \mathrm{d}^2 S$$

$$= \int_{V_K} \nabla \times (\mathbf{r} - \mathbf{r}_{\text{ref}}) p \mathrm{d}^3 \mathbf{r}$$

$$= -\int_{V_K} (\mathbf{r} - \mathbf{r}_{\text{ref}}) \times \nabla p \mathrm{d}^3 \mathbf{r}$$

$$= \int_{V_K} \rho_{\text{Fl}} (\mathbf{r} - \mathbf{r}_{\text{ref}}) \times \nabla U_{\text{grav}} \mathrm{d}^3 \mathbf{r}$$

$$= -\left[\int_{V_K} \rho_{\text{Fl}} (\mathbf{r} - \mathbf{r}_{\text{ref}}) \mathrm{d}^3 \mathbf{r} \right] \times \mathbf{g} \,. \qquad (6.36)$$

Wir erkennen, dass das Drehmoment genau dann verschwindet, wenn wir den Referenzpunkt so wählen, dass $\int_{V_K} \rho_{\text{Fl}} (\mathbf{r} - \mathbf{r}_{\text{ref}}) \mathrm{d}^3 \mathbf{r} = \mathbf{0}$ gilt. Dies ist genau dann der Fall, wenn $\mathbf{r}_{\text{ref}}$ der Schwerpunkt der verdrängten Flüssigkeit ist. Die Auftriebskraft auf den Körper kann also so betrachtet werden, als greife sie am Schwerpunkt der verdrängten Flüssigkeit an. In Wirklichkeit greift sie verteilt über die Oberfläche des Körpers an.

Bei einem Heißluftballon unterscheidet sich der Schwerpunkt des Ballons vom Schwerpunkt der verdrängten kalten Luft. Abbildung 6.6 zeigt zwei Situationen, in

Abb. 6.6: Schwerpunkt des Ballons und Schwerpunkt der verdrängten kalten Luft. Gemalt von Marie Basten (2015).

denen der starre Ballon insgesamt kräftefrei ist, d. h., dass Gewichtskraft und Auftriebskraft sich die Waage halten. Nur eine der beiden kräftefreien Orientierungen ist stabil gegen die Rotation des Ballons.

6.4 Terme der Navier-Stokes-Gleichung

Wir haben gesehen, dass die Hydrostatik die Schichtung einer Flüssigkeit und eines Gases im Schwerefeld sowie die Kräfte auf in die Flüssigkeit eingebettete Objekte erklären kann. Wir wollen uns jetzt den dynamischen Termen der Navier-Stokes-Gleichung (6.20) zuwenden, um deren physikalische Bedeutung zu verstehen.

Wir beginnen mit dem Term $\rho \frac{\partial \mathbf{v}}{\partial t}$. Dieser Term multipliziert mit einem infinitesimalen Volumenelement dV beschreibt schlichtweg die Beschleunigung des Volumenelementes, so wie wir das auch von Massenpunkten gewohnt sind.

Ein in der Dynamik von Massenpunkten nicht vorkommender Term ist der Advektionsterm $\rho \mathbf{v} \cdot \nabla \mathbf{v}$. Dieser Term ist eine Folge der Perspektive unserer Großmutter. Da sie die Flüssigkeit an einer festen Stelle beobachtet, kann diese Stelle eine höhere oder niedrigere Geschwindigkeit bekommen, indem langsamere Flüssigkeitselemente den Beobachtungsfleck unserer Großmutter verlassen und schnellere Flüssigkeitselemente zufließen. Kein einziges Flüssigkeitselement muss dabei beschleunigt werden, sondern jedes der Flüssigkeitselemente kann seine Geschwindigkeit beibehalten. Hier wird die Geschwindigkeit nicht durch Beschleunigung geändert, sondern es ändert sich die Identität der Flüssigkeitselemente im Beobachtungsfeld. Wesentlich für eine derartige Geschwindigkeitsänderung ist, dass ein Gradient in der Geschwindigkeit vorliegt. Nur dann haben die dem Beobachtungsfeld zufließenden Flüssigkeitselemente eine andere Geschwindigkeit als die abfließenden Flüssigkeitselemente.

Liegt ein Gradient ∇X einer beliebigen Eigenschaft X der Flüssigkeitselemente vor, so ist die Änderungsrate der Größe X im Beobachtungsfeld umso schneller, je schneller die Flüssigkeit durch das Beobachtungsfeld fließt. Die Änderungsrate von X als Funktion der Zeit am Ort $\mathbf{r}$ ist damit proportional $\mathbf{v} \cdot \nabla X$. In unserem Fall betrachten wir Änderungen der Geschwindigkeit. Die Größe X ist also ebenfalls die Geschwindigkeit. Der Advektionsterm ist nicht linear (quadratisch) in der Geschwindigkeit. Dies macht die Navier-Stokes-Gleichung mathematisch betrachtet zu einer nicht linearen partiellen Differenzialgleichung. Die Komplexität von fluiddynamischen Phänomenen hat ihren Ursprung zu einem großen Teil in dieser Nichtlinearität.

Der dritte und letzte geschwindigkeitsabhängige Term der Navier-Stokes-Gleichung (6.20) ist der viskose Reibungsterm $\eta \nabla^2 \mathbf{v}$. Dieser Term versucht, Geschwindigkeitsgradienten im Fluss zu unterdrücken oder auszugleichen, was nicht heißt, dass dies immer gelingt. Die Wahrscheinlichkeit des Gelingens eines Geschwindigkeitsausgleiches steigt mit der Stärke des Terms und ist für hochviskose Flüssigkeiten wahrscheinlicher als für niedrigviskose Flüssigkeiten.

Die Behandlung einer Flüssigkeit, in der alle drei geschwindigkeitsabhängigen Terme gleichberechtigt mitbeteiligt sind, ist sehr schwierig. Man unterteilt die Flüssigkeiten deshalb in Modellflüssigkeiten, in denen man einen der Terme jeweils vernachlässigen kann. Wir beginnen mit der Modellflüssigkeit verschwindender Viskosität.

6.5 Nicht viskose Flüssigkeit

Wir vernachlässigen viskose Reibungseffekte und lassen auch keine dissipativen externen Kräfte zu. In diesem Fall lässt sich die konservative externe Kraftdichte als der negative Gradient eines Potenzials schreiben. Die Navier-Stokes-Gleichungen vereinfachen sich zu

$$\frac{\partial \mathbf{v}}{\partial t} + \mathbf{v} \cdot \nabla \mathbf{v} = -\nabla U_{\text{ext}} - \frac{\nabla p}{\rho} \tag{6.37}$$

$$\nabla \cdot \mathbf{v} = 0, \quad (\rho = \text{const}). \tag{6.38}$$

Die entstandene Gleichung (6.37) hat den Charme, dass die Dichte konstant ist, und wir die Dichte auch in den Gradienten des Druckes hineinziehen können. Dann kann die rechte Seite als ein Gradient einer Funktion geschrieben werden. Bilden wir die Rotation der Gleichung, verschwindet aufgrund

$$\textbf{rot grad}\, f = \nabla \times \nabla f = \mathbf{0} \tag{6.39}$$

die gesamte rechte Seite der Gleichung (6.37). Damit sind wir aber noch nicht vollständig zufrieden. Wir würden gerne auch Terme der linken Seite als Gradienten schreiben, die dann bei Bildung der Rotation dasselbe Schicksal erleiden, und wir so bei einer einfacheren Gleichung landen.

Wir betrachten den Ausdruck

$$(\nabla \times \mathbf{v}) \times \mathbf{v} = \mathbf{v} \cdot (\nabla \mathbf{v}) - \mathbf{v} \cdot (\nabla \mathbf{v})^t$$
$$= \mathbf{v} \cdot (\nabla \mathbf{v}) - \frac{1}{2}\nabla(v^2) \tag{6.40}$$

und stellen die Terme so um, dass der Advektionsterm $\mathbf{v} \cdot (\nabla \mathbf{v})$ zur Linken des Gleichheitszeichen zu stehen kommt. Wir erhalten

$$\mathbf{v} \cdot (\nabla \mathbf{v}) = (\nabla \times \mathbf{v}) \times \mathbf{v} + \frac{1}{2}\nabla v^2. \tag{6.41}$$

Der Advektionsterm hat also zumindest Anteile, die als Gradient geschrieben werden können. Für die Rotation der Geschwindigkeit

$$\boldsymbol{\omega} = \nabla \times \mathbf{v} \tag{6.42}$$

vergeben wir den Namen Wirbel(flächen)dichte. Diesen Namen verstehen wir besser, wenn wir die mathematische Identität

$$\iint_{\text{Fläche}} \nabla \times \mathbf{B} \cdot d^2\mathbf{S} = \oint_{\text{Rand der Fläche}} \mathbf{B} \cdot d\mathbf{r}(s), \tag{6.43}$$

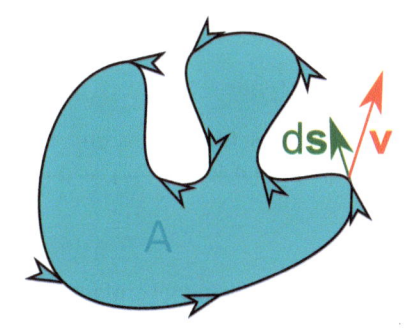

Abb. 6.7: Geschwindigkeit und Wegelement am Rand der Fläche. Die Zirkulation ist die Tangentialgeschwindigkeitskomponente abintegriert im mathematisch positiven Umlaufsinn über den Rand der Fläche.

die als Satz von Stokes bekannt ist und ebenfalls eine höherdimensionale Verallgemeinerung des Hauptsatzes der Integralrechnung darstellt, benutzen. Das infinitesimale Vektorflächenelement $d^2\mathbf{S} = \mathbf{n} d^2 S$ ist dabei das skalare Flächenelement multipliziert mit dem Normalenvektor auf die Fläche. Wir berechnen die Zirkulation Γ als das Integral der Wirbeldichte über eine ausgewählte Fläche

$$\Gamma = \underbrace{\iint \boldsymbol{\omega} \cdot d^2\mathbf{S}}_{\text{Fläche}} = \underbrace{\iint \nabla \times \mathbf{v} \cdot d^2\mathbf{S}}_{\text{Fläche}} = \underbrace{\oint \mathbf{v} \cdot d\mathbf{r}(s)}_{\text{Rand der Fläche}} \qquad (6.44)$$

und erkennen, dass die Zirkulation die Tangentialgeschwindigkeitskomponente des Flusses um den Rand der Fläche misst (Abbildung 6.7). Die Zirkulation ist die mittlere Umlaufgeschwindigkeit multipliziert mit dem Umfang der Fläche.

Wir benutzen Gleichung (6.41) und (6.42), setzen diese in (6.37) ein und bringen alle Gradiententerme auf die rechte Seite:

$$\frac{\partial \mathbf{v}}{\partial t} + \boldsymbol{\omega} \times \mathbf{v} = -\nabla \frac{p}{\rho} - \nabla U_{\text{ext}} - \frac{1}{2} \nabla v^2 \, . \qquad (6.45)$$

Jetzt werden wir die Gradiententerme los, indem wir die Rotation der Gleichung (6.45) bilden

$$\frac{\partial \boldsymbol{\omega}}{\partial t} + \nabla \times (\boldsymbol{\omega} \times \mathbf{v}) = \mathbf{0} \, , \qquad (6.46)$$

$$\boldsymbol{\omega} = \nabla \times \mathbf{v} \, , \qquad (6.47)$$

$$\nabla \cdot \mathbf{v} = 0 \qquad (\rho = \text{const}) \, . \qquad (6.48)$$

Die Gleichungen (6.46)–(6.48) sind die Fluiddynamikgleichungen einer inkompressiblen reibungsfreien Flüssigkeit.

Beachten Sie, dass die Gleichungen (6.47) und (6.48) keine Zeitableitungen enthalten. Bei bekannter Wirbeldichte $\boldsymbol{\omega}(\mathbf{r}, t_1)$ zur Zeit t_1 sind die beiden Gleichungen ein partielles Differenzialgleichungssystem, aus der das Geschwindigkeitsfeld $\mathbf{v}(\mathbf{r}, t_1)$ eindeutig bestimmt werden kann, ohne dass eine Information zur Wirbeldichte zu anderen Zeiten vorliegen muss. Wir können, nachdem wir so das Geschwindigkeitsfeld $\mathbf{v}(t_1)$ erhalten haben, die Wirbeldichte zu einem infinitesimal späteren Zeitpunkt

$t_2 = t_1 + dt$ mittels Gleichung (6.46) durch

$$\boldsymbol{\omega}(\mathbf{r}, t_1 + dt) = \boldsymbol{\omega}(\mathbf{r}, t_1) - \nabla \times (\boldsymbol{\omega}(t_1) \times \mathbf{v}(t_1))dt \qquad (6.49)$$

bekommen. Aus Gleichung (6.49) ziehen wir den wichtigen Schluss, dass eine zur Zeit t_1 überall wirbelfreie reibungsfreie inkompressible Flüssigkeit $\boldsymbol{\omega}(\mathbf{r}, t_1) = \mathbf{0}$ für alle Zeiten wirbelfrei bleibt, d. h.

$$\boldsymbol{\omega} = \mathbf{0} \qquad (6.50)$$

für alle Zeiten. Eine wirbel- und reibungsfreie Flüssigkeit hat die sehr viel einfacheren Bewegungsgleichungen

$$\nabla \cdot \mathbf{v} = 0 \quad \text{und} \quad \nabla \times \mathbf{v} = \mathbf{0}. \qquad (6.51)$$

6.6 Stationäre reibungsfreie Strömungen

Eine stationäre Strömung ist eine Strömung, bei der die Geschwindigkeiten zu jeder Zeit am gleichen Ort gleich sind, also wenn

$$\frac{\partial \mathbf{v}}{\partial t} = \mathbf{0} \qquad (6.52)$$

gilt. Es ist dann $\mathbf{v} = \mathbf{v}(\mathbf{r})$ unabhängig von der Zeit. Als Stromlinien bezeichnen wir die Linien, die stets parallel zur Geschwindigkeit $\mathbf{v}(\mathbf{r})$ verlaufen (Abbildung 6.8). In einer stationären Strömung sind die Stromlinien identisch mit den Trajektorien der Flüssigkeitsmoleküle. In einer nicht stationären Strömung sind die Stromlinien nicht identisch mit den Trajektorien der Flüssigkeitsmoleküle. Wir skalarmultiplizieren Gleichung (6.45) mit der Geschwindigkeit $\mathbf{v}$

$$0 = \mathbf{v} \cdot \nabla \left[\frac{p}{\rho} + U_{\text{ext}} + \frac{v^2}{2} \right] \qquad (6.53)$$

und eliminieren so die linke Seite von (6.45). Das Skalarprodukt $\mathbf{v} \cdot \nabla$ ist proportional zur Richtungsableitung entlang einer Stromlinie. Es folgt also, dass in stationären

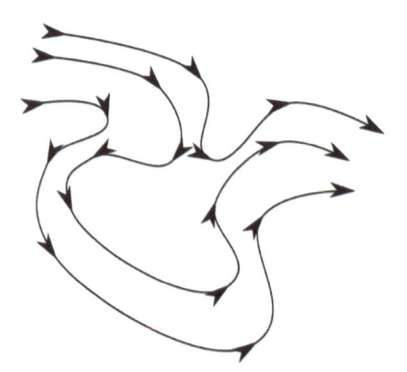

Abb. 6.8: Stromlinien einer stationär strömenden Flüssigkeit.

Strömungen der Ausdruck

$$H = \frac{p}{\rho} + U_{\text{ext}} + \frac{v^2}{2} = \text{const} \tag{6.54}$$

entlang einer Stromlinie konstant ist. Die Gleichung (6.54) heißt Bernoulli'sches Gesetz. Für eine wirbelfreie stationäre reibungsfreie Flüssigkeit hätten wir die Skalarmultiplikation von Gleichung (6.45) nicht gebraucht, um die linke Seite zum Verschwinden zu bringen. Der Gradient verschwindet in diesem Fall nicht nur in Stromrichtung, sondern in alle Richtungen und wir folgern

$$H = \frac{p}{\rho} + U_{\text{ext}} + \frac{v^2}{2} = \text{const}, \tag{6.55}$$

dass das Bernoulli'sche Gesetz für wirbelfreie Flüssigkeiten nicht nur entlang einer Stromlinie, sondern global gilt.

Wir wollen uns die Energiebilanz eines Flüssigkeitsteilchens beim Transfer durch eine Stromröhre, die von den Stromlinien gebildet wird, betrachten (Abbildung 6.9). Zunächst benutzen wir die Massenerhaltung. Aufgrund der Stationarität der Lösung kann die Masse in einer Stromröhre weder zu- noch abnehmen und wir finden

$$0 = dm = \rho A_1 \mathbf{v}_1 \cdot \mathbf{n}_1 dt + \rho A_2 \mathbf{v}_2 \cdot \mathbf{n}_2 dt. \tag{6.56}$$

Die Geschwindigkeit $\mathbf{v}_1$ bei dem Zufluss ist dem Normalenvektor $\mathbf{n}_1$ entgegengerichtet, beim Abfluss sind $\mathbf{v}_2$ und $\mathbf{n}_2$ gleichgerichtet. Wenn wir die Flächen A_1 und A_2 senkrecht zu den Stromlinien ausrichten, folgt $\mathbf{v}_1 \cdot \mathbf{n}_1 = -v_1$ und $\mathbf{v}_2 \cdot \mathbf{n}_2 = v_2$, sodass

$$A_1 v_1 = A_2 v_2 \tag{6.57}$$

gilt. Wir berechnen die am einfließenden und ausfließenden Volumenelement verrichtete Arbeit:

$$dW_1 = \mathbf{F}_1 \cdot d\mathbf{s}_1 = -p_1 A_1 \mathbf{n}_1 \cdot \mathbf{v}_1 dt = p_1 A_1 v_1 dt, \tag{6.58}$$

$$dW_2 = \mathbf{F}_2 \cdot d\mathbf{s}_2 = -p_2 A_2 \mathbf{n}_2 \cdot \mathbf{v}_2 dt = -p_2 A_2 v_2 dt. \tag{6.59}$$

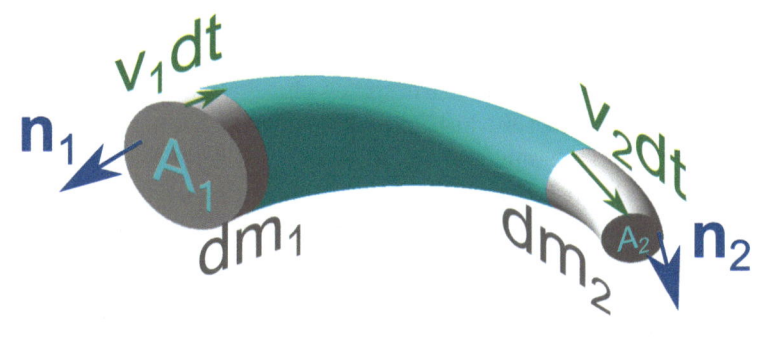

Abb. 6.9: Massenerhaltung in einem Rohr.

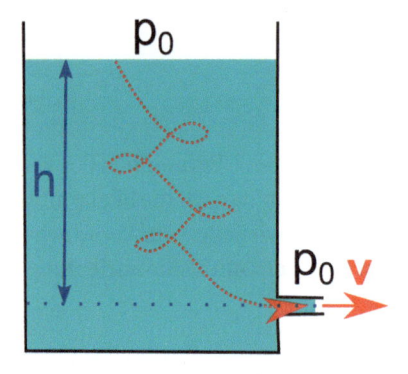

Abb. 6.10: Berechnung der Austrittsgeschwindigkeit einer Flüssigkeit aus einem Flüssigkeitsbehälter mithilfe des Gesetzes von Bernoulli.

Weil die Strömung stationär ist, kann sich die Energie in der Stromröhre nicht ändern und die Arbeit muss voll in den Energiezuwachs des Massenelementes, das von 1 nach 2 transferiert wird, gehen. Bezeichnen wir mit e_1 und e_2 die Energiedichten pro Masseneinheit, muss gelten:

$$dm(e_2 - e_1) = p_1 A_1 v_1 dt - p_2 A_2 v_2 dt \,. \tag{6.60}$$

Die Energiedichte pro Masseneinheit eines Flüssigkeitselementes ist die Summe aus kinetischer Energie, potenzieller Energie und innerer Energie:

$$e = \frac{1}{2}v^2 + U_{\text{ext}} + U_{\text{inner}} \,. \tag{6.61}$$

Damit erhalten wir erneut mit

$$\frac{p_1}{\rho} + U_{\text{ext},1} + U_{\text{inner},1} + \frac{v_1^2}{2} = \frac{p_2}{\rho} + U_{\text{ext},2} + U_{\text{inner},2} + \frac{v_2^2}{2} \tag{6.62}$$

die Bernoulli'sche Gleichung entlang einer Stromlinie und erkennen, dass diese nichts anderes als die Energieerhaltung in der Flüssigkeit ausdrückt.

Wir betrachten einen mit Flüssigkeit gefüllten Behälter mit einer Ausflussöffnung, die sich um die Höhe h tiefer befinde als der Wasserspiegel (Abbildung 6.10). Wir vernachlässigen die Änderung des Luftdruckes mit der Höhe des Behälters (vgl. (6.33)) und haben deshalb denselben Luftdruck p_0 an der oberen Wasser-Luft-Grenzfläche wie neben dem austretenden Wasserstrahl. Wir greifen eine Stromlinie heraus, die von der oberen Grenzfläche zunächst auf die Höhe der Austrittsöffnung hinunterführt und dann durch die Öffnung den Strahl erreicht. An der Wasser-Luft-Grenzfläche ist die Flüssigkeit infolge der Kleinheit der Austrittsöffnung im Vergleich zur Fläche der Wasser-Luft-Grenzfläche in Ruhe. Der Druck ist knapp unterhalb der Wasseroberfläche identisch mit dem Luftdruck (siehe Abschnitt 6.2). Der Gesamtwert von H setzt sich aus potenzieller Energiemassendichte gh und Druckenergie p_0/ρ zusammen. Die Situation ändert sich, wenn wir uns auf der Stromlinie auf Höhe der Austrittsöffnung,

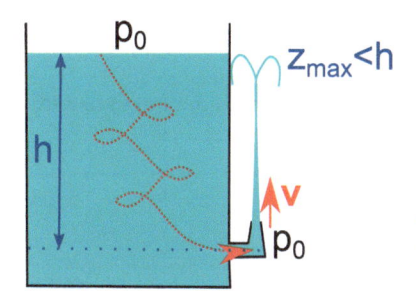

Abb. 6.11: In realen Flüssigkeiten bewirken viskose Reibungseffekte eine Spritzhöhe, die unter der Wasser-Luft-Grenzfläche im Behälter liegt.

aber noch weit genug von ihr entfernt befinden. Auch dort ist die Geschwindigkeit vernachlässigbar. Der Druck ist hier auf den hydrostatischen Druck $p_0 + \rho g h$ angestiegen, die potenzielle Energie aber auf null gesunken. In der Summe ergibt sich also wieder die gleiche Energiedichte. Je mehr wir uns der Austrittsöffnung annähern, umso mehr gewinnt die Flüssigkeit an Geschwindigkeit. Gleichzeitig muss der Druck abnehmen, denn die potenzielle Energie ändert sich nicht. Der Druck sinkt so stark, bis er außerhalb der Öffnung wieder den Luftdruck p_0 annimmt. Die Austrittsgeschwindigkeit erhalten wir dann über die Auswertung und Gleichsetzen der Größe H an den verschiedenen Stellen ($H = p_0/\rho + gh = p_0/\rho + v^2/2$). Wir sagen also eine Geschwindigkeit $v = \sqrt{2gh}$ voraus, die gerade so groß ist, um mit dem Wasserstrahl wieder auf die Höhe h spritzen zu können. In Wirklichkeit ist aber jede Flüssigkeit viskos, sodass wir die Ausgangshöhe bei realen Flüssigkeiten nicht vollständig erreichen (Abbildung 6.11).

In Abbildung 6.12 ist eine durchströmte Engstelle eines Rohres gezeigt. Im Rohr herrscht an den verschiedenen Stellen der Druck $p_i = p_0 + \rho g h_i$, der durch die Höhe h_i der Flüssigkeitssäulen angezeigt wird. Der Druck in der schnell durchströmten Engstelle ist um $\rho/2(v_2^2 - v_1^2)$ niedriger als an der Stelle 1. Viskose Reibungsunterschiede sind bei diesem Experiment nicht so bedeutsam und führen zu Druckverhältnissen $p_2 < p_3 \lesssim p_1$ mit einem leicht niedrigeren Druck an der Stelle 3 verglichen mit der Stelle 1. Der niedrigste Druck ist an der schnellsten, nicht an der letzten Stelle.

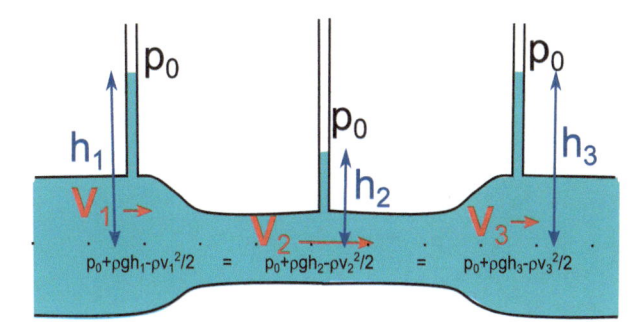

Abb. 6.12: Der dynamische Druck ist niedriger als der statische Druck.

6.7 Fluss um einen Zylinder

Wir betrachten eine stationäre wirbelfreie Strömung um einen Zylinder mit dem Radius a und beginnen deshalb mit den wirbelfreien Gleichungen (6.51)

$$\nabla \cdot \mathbf{v} = 0 \tag{6.63}$$

und

$$\nabla \times \mathbf{v} = \mathbf{0}. \tag{6.64}$$

Wir suchen nach einer Lösung, wie in Abbildung 6.13 angedeutet, bei der die Flüssigkeit nicht in den festen Zylinder eindringen kann und die Stromlinien ihm deshalb nach beiden Seiten hin ausweichen. Weit weg vom Zylinder wollen wir eine Strömung, die mit konstanter Geschwindigkeit

$$\mathbf{v}_\infty = \mathbf{v}(\mathbf{r} \to \infty) = v_\infty \mathbf{e}_x \tag{6.65}$$

in die x-Richtung strömt. Die Geschwindigkeit $\mathbf{v}_\infty$ nennen wir die Anströmgeschwindigkeit. Wir benutzen Zylinderkoordinaten $\rho = \sqrt{x^2 + y^2}$, $\phi = \arctan(y/x)$ und definieren den Vektor $\boldsymbol{\rho} = (x, y, 0) = (\mathbb{1} - \mathbf{e}_z \mathbf{e}_z) \cdot \mathbf{r}$ als die Projektion des Vektors $\mathbf{r}$ in die xy-Ebene. Die Einheitsvektoren entlang der Zylinderkoordinaten

$$\mathbf{e}_\rho = \boldsymbol{\rho}/\rho = \cos\phi \mathbf{e}_x + \sin\phi \mathbf{e}_y, \tag{6.66}$$
$$\mathbf{e}_\phi = -\sin\phi \mathbf{e}_x + \cos\phi \mathbf{e}_y \tag{6.67}$$

drücken wir durch die Einheitsvektoren in x- und y-Richtung aus. Die Dichte der Flüssigkeit bezeichnen wir zur Unterscheidung von der Radialkoordinate mit ρ_Fl. Da die Flüssigkeit nicht in den Zylinder eindringen darf, muss die Radialkomponente

$$\mathbf{e}_\rho \cdot \mathbf{v}\Big|_{\rho=a} = 0 \tag{6.68}$$

an der Wand $\rho = a$ des Zylinders verschwinden. Wir schreiben die Geschwindigkeit als Gradient einer Funktion

$$\mathbf{v} = \nabla \psi(\rho, \phi). \tag{6.69}$$

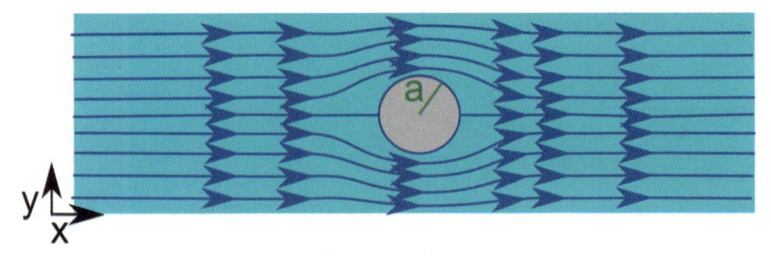

Abb. 6.13: Skizze eines symmetrisch umströmten Zylinders.

6.7 Fluss um einen Zylinder

Durch diesen Trick ist die Wirbelfreiheit (6.64)

$$\nabla \times \mathbf{v} = \nabla \times \nabla \psi = \mathbf{0} \tag{6.70}$$

automatisch garantiert. Da ψ in (6.69) nicht von der z-Koordinate abhängt, hat die Geschwindigkeit keine Komponente entlang der Längsachse des Zylinders. Aus der Divergenz der Geschwindigkeit wird

$$\nabla \cdot \mathbf{v} = \nabla^2 \psi = 0 \tag{6.71}$$

eine partielle Differenzialgleichung zweiter Ordnung (die Laplace-Gleichung) für die Funktion ψ. Wir machen den Ansatz

$$\psi = \mathbf{r} \cdot \mathbf{v}_\infty + a^2 \frac{\mathbf{v}_2 \cdot \boldsymbol{\rho}}{\rho^2} \tag{6.72}$$

und stellen durch Nachrechnen leicht fest, dass dieser Ansatz die partielle Differenzialgleichung (6.71) erfüllt, falls $\mathbf{v}_2$ in der xy-Ebene liegt. Wir berechnen die Geschwindigkeit, indem wir Gleichung (6.72) in (6.69) einsetzen:

$$\mathbf{v} = \mathbf{v}_\infty + a^2 \left(\frac{\mathbb{1}}{\rho^2} - \frac{2\boldsymbol{\rho}\boldsymbol{\rho}}{\rho^4} \right) \cdot \mathbf{v}_2 \tag{6.73}$$

$$= \mathbf{v}_\infty + a^2 \frac{\mathbf{v}_2}{\rho^2} - 2a^2 \frac{\boldsymbol{\rho}\boldsymbol{\rho} \cdot \mathbf{v}_2}{\rho^4} \,. \tag{6.74}$$

Die Radialkomponente der Geschwindigkeit erhalten wir durch Skalarmultiplikation von (6.74) mit $\mathbf{e}_\rho$. Wir finden:

$$\mathbf{e}_\rho \cdot \mathbf{v} = \mathbf{e}_\rho \cdot \mathbf{v}_\infty + \frac{a^2}{\rho^2} (\mathbf{e}_\rho \cdot \mathbf{v}_2) - 2 \frac{a^2}{\rho^2} (\mathbf{e}_\rho \cdot \mathbf{v}_2) \tag{6.75}$$

$$= \mathbf{e}_\rho \cdot \mathbf{v}_\infty - \frac{a^2}{\rho^2} \mathbf{e}_\rho \cdot \mathbf{v}_2 \,. \tag{6.76}$$

Wir wählen die Geschwindigkeit

$$\mathbf{v}_2 = \mathbf{v}_\infty \,, \tag{6.77}$$

sodass die Radialkomponente, wie gewünscht (Gleichung (6.68)), am Zylinder verschwindet und erhalten die Anströmlösung

$$\mathbf{v}_{\text{Anström}} = \left(\left(1 + \frac{a^2}{\rho^2} \right) \mathbb{1} - \frac{2a^2 \boldsymbol{\rho}\boldsymbol{\rho}}{\rho^4} \right) \cdot \mathbf{v}_\infty \tag{6.78}$$

für das Geschwindigkeitsfeld um den Zylinder. Wenn wir den Einheitstensor als

$$\mathbb{1} = \mathbf{e}_\rho \mathbf{e}_\rho + \mathbf{e}_\phi \mathbf{e}_\phi + \mathbf{e}_z \mathbf{e}_z \tag{6.79}$$

schreiben und $\mathbf{v}_\infty$ in x-Richtung gerichtet ist, vereinfacht sich die Geschwindigkeit in Gleichung (6.78) an der Zylinderwand zu

$$\mathbf{v}_{\text{Anström}} \Big|_{\rho=a} = (2\mathbf{v}_\infty \cdot \mathbf{e}_\phi) \mathbf{e}_\phi \,. \tag{6.80}$$

Die kinetische Energiedichte an der Wand des Zylinders beträgt dann

$$\left.\frac{\rho_{\text{fl}}}{2}v_{\text{Anström}}^2\right|_{\rho=a} = \frac{\rho_{\text{fl}}}{2}(2\mathbf{v}_\infty \cdot \mathbf{e}_\phi)^2 = 2\rho_{\text{fl}}v_\infty^2 \sin^2\phi\,. \tag{6.81}$$

Wir können uns fragen, welche Konsequenzen diese Strömung auf den Zylinder hat. Dazu müssen wir die Gesamtkraft, welche die Flüssigkeit auf den Zylinder ausübt, berechnen. Im Grenzfall der reibungsfreien Flüssigkeit sind dies ausschließlich Druckkräfte, die durch die Flächenkraftdichte $\boldsymbol{\sigma} \cdot \mathbf{n} = -p\mathbf{n}$ gegeben sind, wobei $\mathbf{n} = \mathbf{e}_\rho$ der radial nach außen gerichtete Normalenvektor auf den Mantel des Zylinders ist. Die Strömung ist wirbelfrei, und es gilt die globale Form des Bernoulli'schen Gesetzes (6.55). Wir finden

$$p = p_0 - \frac{1}{2}\rho_{\text{fl}}v_{\text{Anström}}^2 = p_0 - 2\rho_{\text{fl}}v_\infty^2\sin^2\phi\,. \tag{6.82}$$

Der Druck an der Vorder- und Rückseite des Zylinders ist höher, da dort ein Stagnationspunkt des Geschwindigkeitsprofils mit verschwindender Geschwindigkeit vorliegt, während an den senkrecht zur Anströmgeschwindigkeit liegenden Punkten ein niedrigerer Druck herrscht, da dort die Flüssigkeit mit höherer Geschwindigkeit (der doppelten Anströmgeschwindigkeit) an dem Zylinder vorbeiströmt. Dass die Geschwindigkeit an dieser Stelle höher ist als die Anströmgeschwindigkeit, liegt daran, dass ein Teil des Querschnittes durch den Zylinder blockiert ist und gemäß Gleichung (6.57) dieselbe Durchflussrate mit größerer Geschwindigkeit erreicht werden muss. Der Zylinder ist ein starrer Körper, dem unterschiedliche Drücke nur insofern etwas ausmachen, dass die über die Manteloberfläche abintegrierte Druckkraftflächendichte die Gesamtkraft auf den Zylinder ergibt. Wir finden mit

$$\mathbf{F}_{\text{Anström}} = \int\limits_{\text{Zylinderoberfläche}} \boldsymbol{\sigma} \cdot \mathbf{n}\,\mathrm{d}^2 S \tag{6.83}$$

$$= -\int_0^L \mathrm{d}z \int_0^{2\pi} a\,\mathrm{d}\phi\, p(\phi)\mathbf{e}_\rho \tag{6.84}$$

$$= -L\int_0^{2\pi} a\,\mathrm{d}\phi\left(p_0 - 2\rho_{\text{fl}}v_\infty^2\sin^2\phi\right)(\cos\phi\,\mathbf{e}_x + \sin\phi\,\mathbf{e}_y) = \mathbf{0}\,, \tag{6.85}$$

dass keine Kraft durch das Anströmen auf den Zylinder ausgeübt wird. Dies liegt an der Symmetrie der Lösung. Für jeden Punkt an der Zylinderwand ist der Betrag der Geschwindigkeit an dieser Stelle identisch mit dem Betrag der Geschwindigkeit auf der gegenüberliegenden Seite, und die Druckkräfte heben sich paarweise auf ($[\boldsymbol{\sigma}\cdot\mathbf{n}](\phi) = -[\boldsymbol{\sigma}\cdot\mathbf{n}](\phi+\pi)$).

Eine ebenfalls wirbelfreie Lösung bekommen wir, wenn der Zylinder kreisförmig umströmt wird wie in Abbildung 6.14. Es ist klar, dass die Zirkulation um den Zylinder einer solchen Lösung endlich ist. Wir machen den Ansatz

$$\mathbf{v} = \nabla \times \mathbf{e}_z f(\rho)\,. \tag{6.86}$$

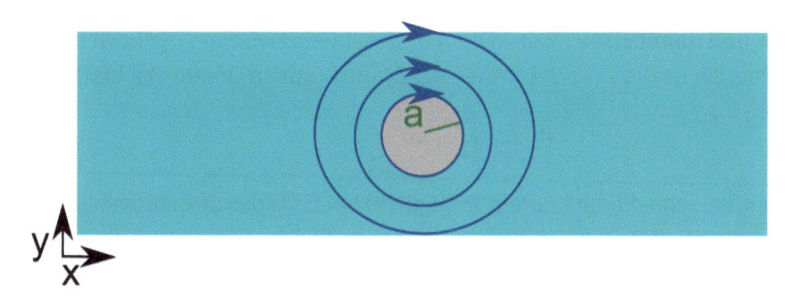

Abb. 6.14: Skizze eines azimutal umströmten Zylinders.

Der Gradient wirkt nur entlang des Radius ρ der Zylinderkoordinaten, wodurch die Geschwindigkeit **v** entlang $\mathbf{e}_\rho \times \mathbf{e}_z = \mathbf{e}_\phi$ liegt, wie wir das wünschen. Dadurch wird die Randbedingung (6.68)

$$\mathbf{e}_\rho \cdot \mathbf{v}\big|_{\rho=a} = \mathbf{0} \tag{6.87}$$

natürlich auch erfüllt. Des Weiteren erfüllt dieser Ansatz automatisch die Gleichung (6.63)

$$\nabla \cdot \mathbf{v} = \nabla \cdot \nabla \times (\ldots) = 0 \,. \tag{6.88}$$

Die Wirbelfreiheit der Strömung wird mit der Funktion $f(\rho)$ durch

$$\begin{aligned}\mathbf{0} = \nabla \times \mathbf{v} &= \nabla \times (\nabla \times \mathbf{e}_z f(\rho)) \\ &= (\nabla \nabla - \nabla^2 \mathbb{1}) \cdot \mathbf{e}_z f(\rho) \\ &= \nabla \frac{\mathrm{d}}{\mathrm{d}z} f(\rho) - \nabla^2 \mathbf{e}_z f(\rho) \\ &= -\mathbf{e}_z \nabla^2 f(\rho)\end{aligned} \tag{6.89}$$

ausgedrückt. Auch die Funktion $f(\rho)$ muss die Laplace-Gleichung erfüllen. Eine Lösung ist

$$f(\rho) = \frac{\Gamma}{2\pi} \ln(\rho/a) \,, \tag{6.90}$$

denn es gilt $\nabla^2 \ln(\rho) = 0$. Wir erhalten das Geschwindigkeitsfeld

$$\mathbf{v}_{\text{Zirkulation}} = \nabla \times \mathbf{e}_z \frac{\Gamma}{2\pi} \ln(\rho/a) = \frac{\Gamma}{2\pi\rho} \mathbf{e}_\phi \,. \tag{6.91}$$

Wir erkennen an dieser Lösung, dass die Benennung des Vorfaktors $\Gamma/2\pi$ in Gleichung (6.90) gut war. Die Geschwindigkeit ist tangential zu jeder Kreislinie um die Achse des Zylinders, und das Produkt aus konstantem Betrag dieser Geschwindigkeit mit dem Umfang des Kreises ergibt gerade die Zirkulation $\Gamma = 2\pi\rho v_{\text{Zirkulation}}$. Wie bei der Anströmlösung können wir fragen, welche Druckkräfte dieser Fluss auf den Zylinder ausübt. Die Antwort ist diesmal trivial, ist doch die Geschwindigkeit an der Wand überall dieselbe und damit gibt es keine Druckunterschiede zwischen irgendwelchen Stellen an der Oberfläche des Zylinders. Auch der Zylinder mit Zirkulation ist kräftefrei

$$F_{\text{Zirkulation}} = 0 \,. \tag{6.92}$$

Wir haben zwei unterschiedliche kräftefreie Möglichkeiten für das Strömungsfeld um einen Zylinder vorgestellt und betrachten nun nochmals den Ausgangspunkt unserer Lösungen. Dies waren die beiden Gleichungen (6.63) und (6.64) für die Geschwindigkeit einer wirbelfreien reibungsfreien Flüssigkeit sowie die globale Form des Bernoulli'schen Gesetzes (6.55). Beachten Sie nun, dass die beiden Gleichungen (6.63) und (6.64) lineare Differenzialgleichungen in der Geschwindigkeit sind. Es folgt daraus sofort, dass auch jede Superposition der beiden Lösungen ebenfalls eine Lösung der Gleichungen (6.63) und (6.64) ist. Aus der Inspektion der beiden Skizzen in den Abbildungen 6.13 und 6.14 erkennt man sofort, dass sich bei einer Superposition die Geschwindigkeiten auf der einen Seite zu einer höheren Geschwindigkeit addieren, während sie sich auf der anderen Seite kompensieren. Die Achsensymmetrie der beiden Einzellösungen wird dadurch gebrochen. Eine typische Superposition beider Lösungen ist in Abbildung 6.15 gezeigt. Eine allgemeine Superposition der beiden Geschwindigkeitsprofile können wir als

$$\mathbf{v}_{\text{Anström+Zirkulation}} = \mathbf{v}_{\text{Anström}} + \mathbf{v}_{\text{Zirkulation}} \tag{6.93}$$

schreiben.

Wir benutzen das Bernoulli'sche Gesetz, um den Druck auf den Zylinder zu berechnen:

$$\begin{aligned} p &= p_0 - \frac{1}{2}\rho_{\text{fl}}\mathbf{v}_{\text{Anström+Zirkulation}}^2 = p_0 - \frac{1}{2}\rho_{\text{fl}}\left(\mathbf{v}_{\text{Anström}} + \mathbf{v}_{\text{Zirkulation}}\right)^2 \\ &= p_0 - \frac{1}{2}\rho_{\text{fl}}\left(v_{\text{Anström}}^2 + 2\mathbf{v}_{\text{Anström}}\cdot\mathbf{v}_{\text{Zirkulation}} + v_{\text{Zirkulation}}^2\right) \,. \end{aligned} \tag{6.94}$$

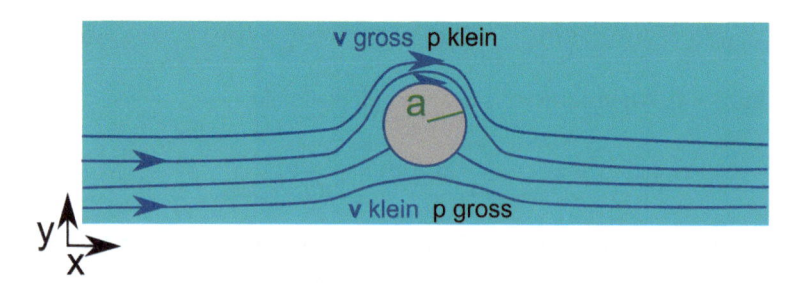

Abb. 6.15: Skizze einer Superposition eines zirkulierenden und eines anströmenden Geschwindigkeitsfeldes zu einem achsensymmetriegebrochenen Strömungsprofil um den Zylinder.

Integrieren wir die Druckkräfte über die Oberfläche des Zylinders, finden wir die Gesamtkraft auf den Zylinder für die superponierte Lösung

$$\mathbf{F}_{\text{Anström+Zirkulation}} = \mathbf{F}_{\text{Anström}} + \mathbf{F}_{\text{Zirkulation}} + \int\limits_{\text{Oberfläche}} \rho_\text{fl} \mathbf{v}_{\text{Anström}} \cdot \mathbf{v}_{\text{Zirkulation}}(a \text{d}\phi\, \text{d}z\, \mathbf{e}_\rho)$$

$$= \int\limits_{\text{Oberfläche}} \rho_\text{fl}(2\mathbf{v}_\infty \cdot \mathbf{e}_\phi)\frac{\Gamma}{2\pi a}(a\text{d}\phi\,\text{d}z)(\cos\phi\,\mathbf{e}_x + \sin\phi\,\mathbf{e}_y)$$

$$= L\rho_\text{fl}v_\infty\Gamma\frac{1}{\pi}\left(\int_0^{2\pi} \text{d}\phi\, \sin^2\phi\right)\mathbf{e}_y$$

$$= L\rho_\text{fl}v_\infty\Gamma\,\mathbf{e}_y$$

$$= L\rho_\text{fl}\mathbf{v}_\infty \times \mathbf{\Gamma}\,. \tag{6.95}$$

Die superponierte Lösung führt nicht zu einer Superposition der Kräfte der Einzellösungen, da der Druck eine quadratische (nicht lineare) Funktion der Geschwindigkeit ist. Erst die Interferenz der anströmenden Lösung mit der zirkulierenden Lösung führt zu einer endlichen Kraft. Gleichung (6.95) firmiert unter dem Namen Kutta-Shukowski-Gleichung und beschreibt den Magnus-Effekt. Wenn ein Objekt gleichzeitig angeströmt wird und eine Zirkulation entsteht, sodass die Geschwindigkeiten auf der einen Seite anders werden als auf der anderen, kommt es über das Bernoulli'sche Gesetz zu einem Druckunterschied zwischen beiden Seiten, der den Körper senkrecht zur Anströmrichtung und senkrecht zur Zirkulation beschleunigt.

Dasselbe Prinzip funktioniert auch bei nicht zylindrischen Körpern und führt zum Auftrieb bei den Flügeln eines Flugzeuges (Abbildung 6.16). Auch hier kann die Strömung als Superposition eines um den Flügel zirkulierenden und eines an dem Flügel symmetrisch vorbeistreichenden Geschwindigkeitsprofils aufgefasst werden. Der Effekt kommt ebenfalls im Sport zum tragen, wenn man dem Ball einen Spin mitgibt, um gekrümmte Flugbahnen zu ermöglichen. Von meinen Studenten wurde ich darauf

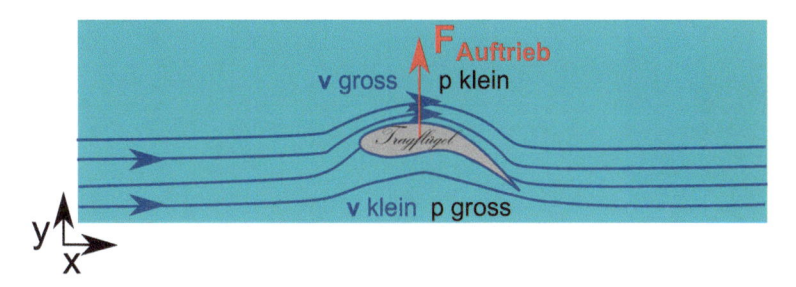

Abb. 6.16: Skizze eines Tragflügelquerschnittes eines Flugzeuges. Die unterschiedlichen Strömungsgeschwindigkeiten unterhalb und oberhalb des Flügels führen zu einer Kraft, die die Gewichtskraft des Flugzeuges kompensiert.

aufmerksam gemacht, dass sich die Magnus-Kraft bei billigen Plastikbällen während der Flugbahn umdreht: Der Ball wird zuerst in die intuitiv richtige Richtung senkrecht zur Flugbahn abgelenkt, im Endstadium aber in die entgegengesetzte Richtung. Um dies zu verstehen, muss verstanden werden, wie die Luft um den Ball zirkuliert. In der Nähe des Balles bricht aber die Beschreibung der Luft als reibungsfreies Fluid zusammen. Die später zu besprechenden viskosen Reibungseffekte bestimmen aber, welche Superposition an Lösungen sich einstellt. Intuitiv würde man erwarten, dass die Zirkulation mit der Drehrichtung des Balles übereinstimmen sollte. Dass dies bei billigen Plastikbällen nicht immer der Fall ist, wird in einigen Veröffentlichungen zwar festgestellt, der Grund für die anomale Zirkulation und damit anomale Ablenkung ist aber bisher nicht klar erklärt.

6.8 Der Badewannenwirbel

Jeder kennt den Abflusstrichter, der sich bildet, wenn Wasser durch eine schmale Öffnung nach unten abfließt. Wir wollen verstehen, wie es zur Form eines solchen Abflusstrichters kommt. Dazu betrachten wir einen Abflusstrichter, wie er in Abbildung 6.17 skizziert ist.

Die Höhe der Flüssigkeit des Abflusstrichters ist eine Funktion des radialen Abstands $\rho = \sqrt{x^2 + y^2}$ von der zentralen Achse des Abflusses. Wieder starten wir mit den Gleichungen einer wirbelfreien reibungsfreien Flüssigkeit (6.51).

Wir betrachten eine Fläche A, die vollständig im Wasser liegt und das Zentrum des Abflusses mit einschließt. Die Fläche hat deshalb einen inneren und einen äußeren Rand (Abbildung 6.18). Wenden wir den Satz von Stokes (6.43) auf die Wirbelfreiheit der Strömung (6.64) an, so finden wir

$$0 = \int_A \nabla \times \mathbf{v} \cdot \mathbf{n} d^2 S = \oint_{\text{äußerer Rand}} \mathbf{v} \cdot d\mathbf{r}(s) - \oint_{\text{innerer Rand}} \mathbf{v} \cdot d\mathbf{r}(s) \qquad (6.96)$$

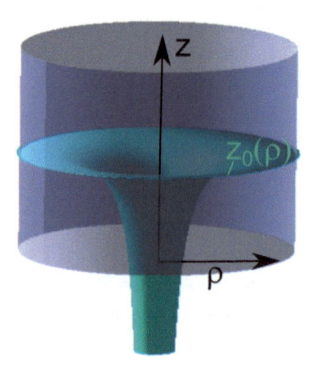

Abb. 6.17: Skizze eines Abflusstrichters. Die Höhe der Flüssigkeit ist eine Funktion des radialen Abstandes von der zentralen Achse des Abflusstrichters.

6.8 Der Badewannenwirbel

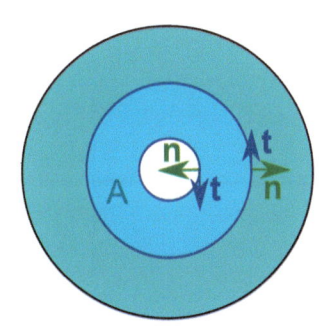

Abb. 6.18: Schnitt bei konstanter Höhe des Abflusstrichters: Es gibt einen äußeren und inneren Rand, über den die Zirkulation bei einer wirbelfreien Flüssigkeit gleich groß sein muss.

und folgern, dass die Zirkulation

$$\Gamma = \oint_{\text{Kreis mit Radius } \rho} \mathbf{v} \cdot d\mathbf{r}(s) = 2\pi\rho v_\phi \tag{6.97}$$

in der Flüssigkeit konstant sein muss, genau wie bei unserem umströmten Zylinder. Wir betrachten den Abfluss bei großen Abständen von der Achse. Dort können wir die vertikale Abflussgeschwindigkeit v_z und deren Veränderung entlang der Vertikalen $\partial v_z/\partial z$ gegenüber der radialen Abflussgeschwindigkeit zum Abflusszentrum vernachlässigen. Der Abfluss ist achsensymmetrisch, sodass sämtliche Ableitungen bezüglich der Koordinate ϕ verschwinden. Wir formulieren die Inkompressibilität der Strömung (6.63) in Zylinderkoordinaten und finden

$$0 = \nabla \cdot \mathbf{v} = \frac{1}{\rho}\frac{\partial \rho v_\rho}{\partial \rho} + \frac{1}{\rho}\frac{\partial \cancel{v_\phi}}{\cancel{\partial \phi}} + \cancel{\frac{\partial \rho v_z}{\partial z}}, \tag{6.98}$$

woraus wir schließen, dass die radiale Geschwindigkeitskomponente

$$v_\rho \propto \frac{1}{\rho} \propto v_\phi \tag{6.99}$$

genauso mit dem Radius skaliert, wie die azimutale Geschwindigkeitskomponente v_ϕ (6.97). Wir benutzen die globale Form des Bernoulli'schen Gesetzes (6.55) für zwei Flüssigkeitselemente an der Wasser-Luft-Grenzfläche und erhalten:

$$gz_0(\rho_1) + \frac{1}{2}v_1^2 = gz_0(\rho_2) + \frac{1}{2}v_2^2 \tag{6.100}$$

und folgern daraus, dass die asymptotische Gestalt der Wasser-Luft-Grenzfläche des Trichters durch

$$z_0(\infty) - z_0(\rho) \propto \frac{1}{\rho^2} \tag{6.101}$$

gegeben ist. Ein $1/\rho^2$ Profil des Trichters haben wir in Abbildung 6.19 skizziert.

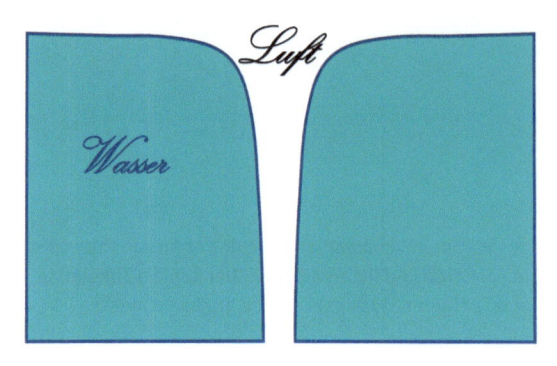

Abb. 6.19: Die Wasser-Luft-Grenzfläche folgt für große Abstände von der Achse einem $1/\rho^2$-Profil.

6.9 Nicht wirbelfreie Flüssigkeit

Wir wollen jetzt Fluide (in der Regel Gase) betrachten, die nicht wirbelfrei sind, und kehren deshalb zurück zu den Gleichungen einer nicht wirbelfreien reibungsfreien Flüssigkeit (6.46)–(6.48), die wir hier nochmals wiederholen

$$\frac{\partial \boldsymbol{\omega}}{\partial t} + \nabla \times (\boldsymbol{\omega} \times \mathbf{v}) = \mathbf{0}, \tag{6.102}$$

$$\boldsymbol{\omega} = \nabla \times \mathbf{v}, \tag{6.103}$$

$$\nabla \cdot \mathbf{v} = 0, \qquad (\rho = \text{const}). \tag{6.104}$$

Die Kurven, die sich an die Wirbelflächendichte tangential anschmiegen, bezeichnen wir als Wirbelfäden. Die Divergenz der Wirbelflächendichte

$$\nabla \cdot \boldsymbol{\omega} = \nabla \cdot (\nabla \times \mathbf{v}) = 0 \tag{6.105}$$

verschwindet. Wir wenden den Satz von Gauß (5.7) auf die Divergenz der Wirbelflächendichte an

$$0 = \int_V \nabla \cdot \boldsymbol{\omega} \, \mathrm{d}^3 \mathbf{r} = \int_{\partial V} \boldsymbol{\omega} \cdot \mathbf{n} \, \mathrm{d}^2 S \tag{6.106}$$

und erkennen, dass Wirbelfäden, die in ein Volumen V hineinführen ($\boldsymbol{\omega} \cdot \mathbf{n} < 0$), auch wieder aus dem Volumen V herausführen müssen ($\boldsymbol{\omega} \cdot \mathbf{n} > 0$). Wirbelfäden können weder aufhören noch können sie in einer Flüssigkeit beginnen. Der einfachste nicht endende Wirbelfaden ist ein Kreis, wie in Abbildung 6.20 dargestellt, den die Stromlinien umkreisen. Da so ein Wirbelfaden nicht aufhören kann, ist ein Kreiswirbel ein stabiles Objekt. Ein Wirbelfaden kann auch als Funktion der Zeit in einer reibungsfreien Flüssigkeit nicht verschwinden. Das bedeutet, dass sich der Fluss

$$\int_{A(t)} \boldsymbol{\omega} \cdot \mathbf{n} \, \mathrm{d}^2 S = \text{const} \tag{6.107}$$

Abb. 6.20: Ein kreisförmiger Wirbelfaden wird von den Stromlinien umkreist.

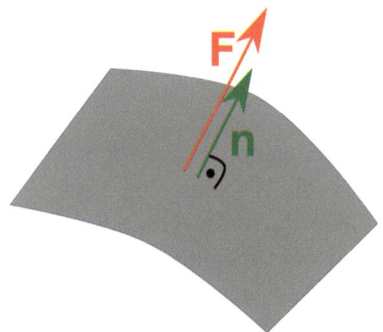

Abb. 6.21: Interne Kräfte in einer reibungsfreien Flüssigkeit sind Druckkräfte, die in Richtung der Normalen auf die Grenzfläche wirken.

durch ein mit der Flüssigkeit mitgeführtes Flächenelement nicht ändern kann. Wir können dies noch besser verstehen, wenn wir die Kraftflächendichte auf eine beliebig herausgegriffene Fläche in der Flüssigkeit betrachten (Abbildung 6.21). Eine reibungsfreie Flüssigkeit produziert ausschließlich Druckkraftflächendichten (siehe auch Abbildung 5.6), die immer senkrecht auf der Grenzfläche stehen:

$$\mathbf{F}/A = \boldsymbol{\sigma} \cdot \mathbf{n} = -p\mathbf{n} \,. \tag{6.108}$$

Die Drehmomentflächendichte auf der Grenzfläche

$$\mathbf{M}/A = \mathbf{r} \times \mathbf{F}/A = -p\mathbf{r} \times \mathbf{n} \tag{6.109}$$

steht als Kreuzprodukt mit der Kraft senkrecht zur Kraft und liegt damit in der Tangentialebene der Fläche. Der Drehimpuls eines mitgeführten Volumenelementes kann sich deshalb senkrecht zur Grenzfläche nicht ändern:

$$\mathbf{n} \cdot \frac{d\mathbf{L}}{dt} = \mathbf{n} \cdot \mathbf{M} = -pA\mathbf{n} \cdot (\mathbf{r} \times \mathbf{n}) = 0 \,. \tag{6.110}$$

Wir betrachten einen Wirbelschlauch, der an den beiden Schlauchquerschnitten von den Wirbelfäden durchstoßen wird. Das mitgeführte Volumenelement mit den beiden

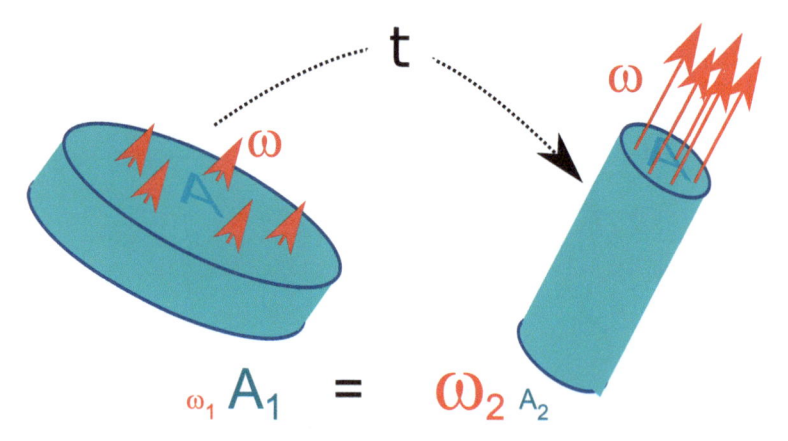

Abb. 6.22: Die Zirkulation um einen Wirbelschlauch ändert sich nicht mit der Zeit und ist ein Ausdruck der Drehimpulserhaltung in der Flüssigkeit.

mitgeführten Querschnitten umschließt dieselbe Masse. Wenn wir das Volumenelement klein genug und zylinderförmig machen, sodass die Wirbeldichte im Zylinder als konstant betrachtet werden kann, bleibt sie das auch nach einem infinitesimalen Zeitschritt, allerdings mit einem eventuellen anderen Aspektverhältnis zwischen Länge und Querschnitt des Zylinders. Der Drehimpuls eines solchen Zylinders ist, da er in der Hauptachse des Zylinders liegt, proportional zu ω und zum Quadrat des Radius des Zylinders, also zur Fläche des Zylinders. Da der Drehimpuls sich senkrecht zu den Deckeln des Zylinders nicht ändert (die Drehmomente liegen tangential zum Deckel), ist die Gleichung (6.107) nichts anderes als eine andere Version der Drehimpulserhaltung. In Abbildung 6.22 ist eine zeitliche Veränderung des Wirbelschlauches gezeigt. Verengt sich der Wirbelschlauch, so erhöht sich die Wirbeldichte. Die Anzahl der Wirbelfäden bleibt gleich.

Beachten Sie, dass innerhalb des Modells einer reibungsfreien Flüssigkeit eine wirbelfreie Flüssigkeit stets wirbelfrei bleibt. Das heißt insbesondere, dass die Entstehung von Wirbeln innerhalb solch einer Flüssigkeit nicht erklärt werden kann. Wirbel können in reibungsfreien Flüssigkeiten gar nicht erzeugt werden. Für die Entstehung von Wirbeln sind die viskosen Reibungseffekte wesentlich. In Abschnitt 6.12 werden wir sehen, dass es nicht viel Viskosität braucht, um einen Wirbel zu erzeugen.

6.10 Viskose Flüssigkeit vernachlässigbarer Trägheit

Wir kehren zurück zu den Navier-Stokes-Gleichungen (6.20) und betrachten den Sonderfall, in dem die Effekte der Trägheit der Flüssigkeit vernachlässigt werden können. Dies geschieht dadurch, dass wir die Dichte ρ der Flüssigkeit auf null setzen, also vernachlässigen. Dadurch verschwindet die linke Seite der Gleichung (6.20) und wir erhalten die Stokes'schen Gleichungen

$$0 = \mathbf{f}_{\text{ext}} - \nabla p + \eta \nabla^2 \mathbf{v},\qquad(6.111)$$

$$\nabla \cdot \mathbf{v} = 0.\qquad(6.112)$$

Zum Spannungstensor kommt jetzt die viskose Spannung

$$\boldsymbol{\sigma}_{\text{viskos}} = \eta \left(\nabla \mathbf{v} + (\nabla \mathbf{v})^t\right)\qquad(6.113)$$

hinzu, die mit einer viskosen Flächenkraftdichte

$$\mathbf{F}/A = \boldsymbol{\sigma}_{\text{viskos}} \cdot \mathbf{n} = \eta \nabla(\mathbf{v} \cdot \mathbf{n}) + \eta (\mathbf{n} \cdot \nabla)\mathbf{v}\qquad(6.114)$$

verbunden ist. Befinden wir uns in der Nähe einer festen, von der Flüssigkeit nicht durchdringbaren Wand, so verschwindet dort die Normalkomponente der Geschwindigkeit $\mathbf{v} \cdot \mathbf{n} = 0$ und es verbleibt die Kraft

$$\mathbf{F}_{\text{Wand}}/A = \eta (\mathbf{n} \cdot \nabla)\mathbf{v}_{\text{tang}}.\qquad(6.115)$$

In Abbildung 6.23 haben wir den Fluss einer Flüssigkeit in die x-Richtung an einer Wand $z = 0$ dargestellt, die sich mit der Geschwindigkeit $v_x \mathbf{e}_x$ längs sich selbst bewegt. Die viskosen Reibungskräfte bewirken, dass die Flüssigkeit, im Gegensatz zur Situation bei reibungsfreien Flüssigkeiten, an der festen Grenzfläche haften muss. Die Kraft auf die obere Platte, die notwendig ist, um den Scherfluss zu erzeugen, beträgt

$$\mathbf{F}_{\text{Wand}} = \eta A \frac{\partial v_x}{\partial z} \mathbf{e}_x.\qquad(6.116)$$

Im Fall einer fast reibungsfreien Flüssigkeit muss die Flüssigkeit ebenfalls an der Grenzfläche haften, jedoch ändert sich die Geschwindigkeit in einer dünnen (Prandtl'schen) Grenzschicht auf die Werte, die wir für völlig reibungsfreie Flüssigkeiten beobachten. Im Fall des Modells der reibungsfreien Flüssigkeiten wird diese dünne Schicht zum Festkörper gezählt, sodass alle in den vorherigen Abschnitten gemachten Aussagen ab einem Abstand der Dicke der Prandtl'schen Grenzschicht von der Wand richtig bleiben.

Ein wichtiges Beispiel einer Berandung einer fließenden Flüssigkeit ist ein rundes Rohr mit dem Radius R. In Abbildung 6.24 haben wir ein Rohr aufgezeichnet.

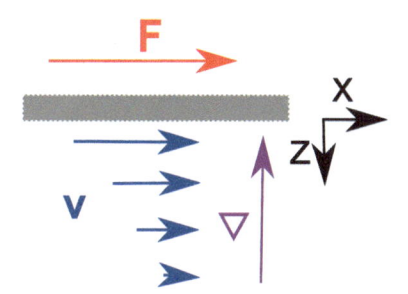

Abb. 6.23: Durch eine Kraft erzeugter Scherfluss nahe einer bewegten Wand.

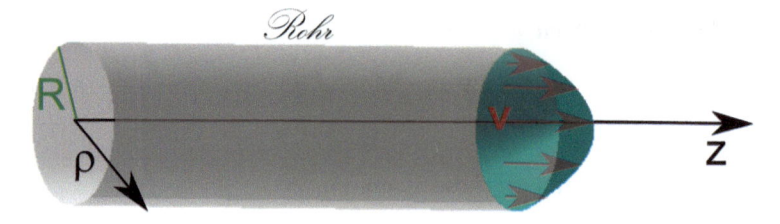

Abb. 6.24: Eine Flüssigkeit wird durch ein Rohr entlang der z-Richtung gepresst.

Wir nehmen an, dass die Flüssigkeit brav, wie sich das gehört, entlang der z-Richtung fließt:

$$\mathbf{v} = v_z \mathbf{e}_z \,. \tag{6.117}$$

Die Inkompressibilität der Flüssigkeit (6.112) erfordert deshalb, dass sich mit

$$\nabla \cdot \mathbf{v} = \frac{\partial v_z}{\partial z} = 0 \tag{6.118}$$

die Geschwindigkeit entlang des Rohres nicht verändert. Wir benutzen die dem Problem entsprechenden Zylinderkoordinaten ρ, ϕ, z und es folgt aus Symmetriegründen, dass $v_z(\rho, \phi, z) = v_z(\rho)$ nur eine Funktion der radialen Position im Rohr ist. An der Rohrwand muss die Flüssigkeit haften:

$$v_z\big|_{\rho=R} = 0 \,. \tag{6.119}$$

Im Rohr wirken keine externen Kräfte, und die Stokes'sche Gleichung (6.111) wird zu

$$\mathbf{0} = -\nabla p + \eta \nabla^2 v_z \mathbf{e}_z \,. \tag{6.120}$$

An (6.120) lesen wir ab, dass der Druckgradient in die z-Richtung zeigen muss, woraus folgt, dass der Druck $p(\rho, \phi, z) = p(z)$ ausschließlich eine Funktion der z-Koordinate sein muss. Die Gleichung (6.120) wird damit zu

$$\frac{\partial p(z)}{\partial z} = \eta \nabla^2 v_z(\rho) \,. \tag{6.121}$$

Die linke Seite der Gleichung (6.121) ist ausschließlich eine Funktion der Koordinate z, die rechte Seite ausschließlich eine Funktion der Koordinate ρ. Dies ist nur möglich, wenn beide Seiten von gar keiner Koordinate abhängen, also wenn

$$\frac{\partial p(z)}{\partial z} = \text{const} = \eta \frac{1}{\rho} \frac{\partial}{\partial \rho} \rho \frac{\partial}{\partial \rho} v_z(\rho) \tag{6.122}$$

gilt. Wir multiplizieren den konstanten Druckgradienten in (6.122) mit ρ/η und integrieren über den Radius

$$\int_0^\rho d\rho' \frac{\rho'}{\eta} \frac{\partial p(z)}{\partial z} = \int_0^\rho d\rho' \frac{\partial}{\partial \rho'} \rho' \frac{\partial}{\partial \rho'} v_z(\rho') \,,$$

$$\frac{\rho^2}{2\eta} \frac{\partial p(z)}{\partial z} = \rho \frac{\partial}{\partial \rho} v_z(\rho) \,, \tag{6.123}$$

dividieren durch ρ und integrieren ein zweites Mal

$$\int_0^\rho d\rho' \frac{\rho'}{2\eta} \frac{\partial p(z)}{\partial z} = \int_0^\rho d\rho' \frac{\partial}{\partial \rho'} v_z(\rho'), \qquad (6.124)$$

$$\frac{\rho^2}{4\eta} \frac{\partial p(z)}{\partial z} = v_z(\rho) - v_z(0). \qquad (6.125)$$

Wir benutzen das Verschwinden der Geschwindigkeit am Rand des Rohres (6.119) und finden

$$\frac{R^2}{4\eta} \frac{\partial p(z)}{\partial z} = -v_z(0). \qquad (6.126)$$

Elimination der zentralen Geschwindigkeit $v_z(0)$ in (6.125) mittels (6.126) liefert das Geschwindigkeitsprofil

$$v_z(\rho) = \frac{1}{4\eta} \frac{\partial p(z)}{\partial z} \left(R^2 - \rho^2 \right), \qquad (6.127)$$

welches parabolisch ist. Den Durchfluss $\dot{V}$ durch das Rohr erhalten wir durch Abintegration des Geschwindigkeitsprofiles über den Rohrquerschnitt

$$\dot{V} = \int_0^R v_z 2\pi\rho d\rho = \frac{2\pi}{4\eta} \frac{\partial p(z)}{\partial z} \left(\frac{1}{2} R^2 \rho^2 - \frac{1}{4} \rho^4 \right) \Big|_0^R$$

$$= \frac{\pi}{8\eta} \frac{\partial p(z)}{\partial z} R^4. \qquad (6.128)$$

Gleichung (6.128) ist als Hagen-Poiseuille'sches Gesetz bekannt. Es zeigt eine sehr starke Abhängigkeit der Durchflussrate von dem Radius des Rohres. Der Druckabfall

$$\frac{\partial p(z)}{\partial z} = \frac{8\eta \dot{V}}{\pi R^4} \qquad (6.129)$$

in einem Rohr ist umso höher, je höher die Durchflussrate ist und je kleiner der Rohrradius ist. Das Flussprofil ist parabolisch (Abbildung 6.25). Die größte Durchflussgeschwindigkeit herrscht in der Mitte des Rohres. Am Rand verschwindet die Durchflussgeschwindigkeit.

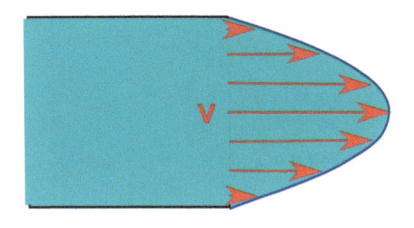

Abb. 6.25: Parabolisches Hagen-Poiseuille-Geschwindigkeitsprofil eines runden Rohres.

6.11 Stokes-Gleichung für eine Kugel

Wir betrachten den Fall, dass eine feste Kugel mit dem Radius R und einer Geschwindigkeit $\mathbf{U}$ durch eine viskose Flüssigkeit gezogen wird (Abbildung 6.26). Eine Kugel ist die einfachste vorstellbare Form eines in die Flüssigkeit eingebetteten Objektes. Man benutzt schwere Kugeln und deren Sedimentationsgeschwindigkeit in Kugelviskosimetern zur Bestimmung der Viskosität einer Flüssigkeit. Kolloide sind Suspensionen kleiner Kugeln. Kolloidale Suspensionen spielen bei Lebensmitteln, Pharmazeutika, Farben und Lacken eine große Rolle. Aus diesem Grund ist das Verständnis des Verhaltens einer Kugel in einer viskosen Flüssigkeit der Ausgangspunkt zum Verständnis der Fließeigenschaften von einer ganzen Reihe sogenannter komplexer Flüssigkeiten.

Wenn sich die Kugel in der viskosen Flüssigkeit bewegt, übt sie über die Oberfläche eine Kraftflächendichte $\mathbf{f}_s$ auf die Flüssigkeit aus, sodass sich die Flüssigkeit lokal ohne Schlupf mit der Oberfläche der Kugel mitbewegt. Die Gesamtkraft der Kugel auf die Flüssigkeit beträgt dann

$$\mathbf{F}_{\text{Kugel}\to\text{Flüssigkeit}} = \int\limits_{\text{Kugeloberfläche}} \mathbf{f}_s d^2 S \,. \tag{6.130}$$

Die Kraft der Flüssigkeit auf die Kugel ist durch

$$\mathbf{F}_{\text{Flüssigkeit}\to\text{Kugel}} = \int\limits_{\text{Kugeloberfläche}} d^2 S(-p\mathbf{n} + \eta(\mathbf{n}\cdot\nabla)\mathbf{v}) \tag{6.131}$$

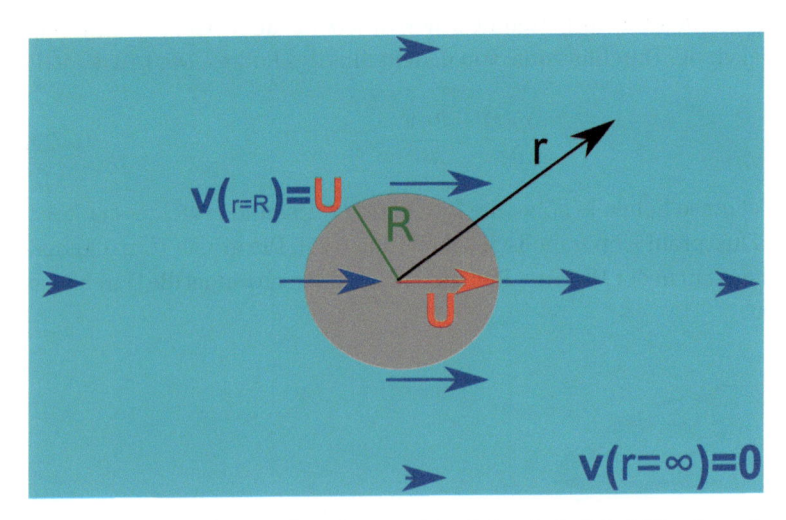

Abb. 6.26: Eine Kugel mit Radius R bewegt sich mit Geschwindigkeit $\mathbf{U}$ in einer ruhenden Flüssigkeit.

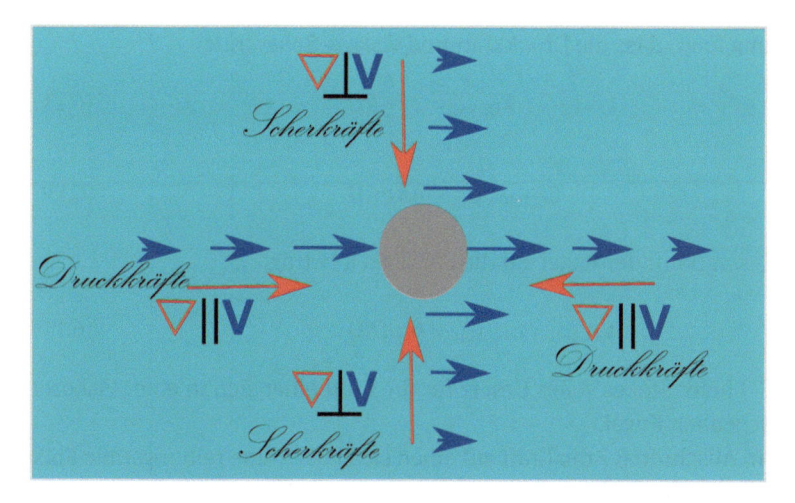

Abb. 6.27: Auf der Achse wirken Druckkräfte, am Äquator Scherkräfte.

gegeben. Beide Kräfte müssen sich gegenseitig gemäß des dritten Newton'schen Gesetzes (2.78) aufheben:

$$\mathbf{F}_{\text{Kugel}\rightarrow\text{Flüssigkeit}} = -\mathbf{F}_{\text{Flüssigkeit}\rightarrow\text{Kugel}} \,. \tag{6.132}$$

Die Kraft der Flüssigkeit auf die Kugel baut sich zum einen Teil aus der Druckkraftflächendichte $-p\mathbf{n}$, zum anderen aus der viskosen Scherkraftflächendichte $\eta(\mathbf{n}\cdot\nabla)\mathbf{v}$ auf. So muss Flüssigkeit vor der Kugel von Druckkräften weggedrückt werden und hinten muss Flüssigkeit hingedrückt werden. Am Äquator der Kugel muss die Flüssigkeit gegen die ruhende Flüssigkeit der Umgebung mitgerissen werden. Wir erkennen, dass, so wie in Abbildung 6.27 dargestellt, die Druckkräfte an den durch die Bewegungsachse definierten Polen der Kugel konzentriert sind, während die viskosen Scherkräfte tangential zur Oberfläche am Äquator angreifen.

Um die verschiedenen Anteile der Kräfte berechnen zu können, müssen wir die Stokes-Gleichungen (6.111) und (6.112) für die entsprechenden Randbedingungen lösen. Wir geben hier die Lösung ohne Beweis an. Das Geschwindigkeitsprofil der die Kugel umgebenden Flüssigkeit ist durch

$$\mathbf{v}(\mathbf{r}) = \frac{3}{4}\frac{R}{r}\left[\left(1 + \frac{R^2}{3r^2}\right)\underbrace{(\mathbb{1} - \mathbf{e}_r\mathbf{e}_r)}_{\text{Projektor tangential zur Kugel}} + 2\left(1 - \frac{R^2}{3r^2}\right)\underbrace{\mathbf{e}_r\mathbf{e}_r}_{\text{Projektor radial zur Kugel}}\right]\cdot\mathbf{U} \tag{6.133}$$

gegeben und der Druck lautet

$$p(\mathbf{r}) = \frac{\eta}{R}\frac{3}{2}\frac{R^2}{r^2}\mathbf{e}_r\cdot\mathbf{U} \,. \tag{6.134}$$

Aus dieser Lösung folgt, dass die Druckkraft und viskose Scherkraft

$$\mathbf{F}_{\text{Druck}} = 2\pi \eta R \mathbf{U} \tag{6.135}$$

und

$$\mathbf{F}_{\text{Scherviskos}} = 4\pi \eta R \mathbf{U} \tag{6.136}$$

betragen. Die Gesamtkraft der Kugel auf die Flüssigkeit beträgt

$$\mathbf{F}_{\text{Kugel}\rightarrow\text{Flüssigkeit}} = 6\pi \eta R \mathbf{U} \,. \tag{6.137}$$

Gleichung (6.137) heißt Stokes'sches Gesetz für die Kraft einer sich in einer viskosen Flüssigkeit bewegenden Kugel.

Wir haben in Abschnitt 6.7 die Kraft auf einen sich durch eine reibungsfreie Flüssigkeit bewegenden Zylinder berechnet, und es könnte ja interessant sein, die hier skizzierte Rechnung der Kraft auf eine sich durch eine viskose Flüssigkeit bewegende Kugel mit einem Zylinder zu wiederholen. Es stellt sich aber heraus, dass nur die Kraft auf einen endlich langen Zylinder im Rahmen der Stokes-Gleichungen zu sinnvollen Ergebnissen führt. Für einen unendlich langen Zylinder wird das Zylinderproblem zu einem zweidimensionalen Problem. Für die Stokes-Gleichung gibt es keinen sinnvollen Wert für die Kraft pro Länge des Zylinders, die benötigt wird, um diesen durch eine Flüssigkeit ohne Dichte zu ziehen. Dass das Problem der Translation eines Objektes in zwei Dimensionen bei vollständiger Vernachlässigung der Trägheit keine theoretische Lösung hat, ist als Stokes-Paradoxon bekannt.

6.12 Dynamik einer viskosen und trägen Flüssigkeit

Nachdem wir in den Abschnitten 6.5–6.11 verschiedene Spezialfälle betrachtet haben, in denen zum einen die viskosen Terme, zum anderen die trägen Terme der Navier-Stokes-Gleichung (6.20) vernachlässigt wurden, wenden wir uns in diesem Abschnitt den Effekten zu, wenn Trägheitskräfte und viskose Kräfte gleichzeitig beteiligt sind. Wir brauchen dazu ein Maß für die Wichtigkeit von Trägheitseffekten gegenüber viskosen Effekten. Hierzu schreiben wir zunächst die Navier-Stokes-Gleichungen (6.20) nochmals auf:

$$\rho \frac{\partial \mathbf{v}}{\partial t} + \rho \mathbf{v} \cdot \nabla \mathbf{v} = \mathbf{f}_{\text{ext}} - \nabla p + \eta \nabla^2 \mathbf{v} \,, \tag{6.138}$$

$$\nabla \cdot \mathbf{v} = 0 \,. \tag{6.139}$$

Wir versuchen, die Größe der trägen und viskosen Effekte dadurch abzuschätzen, dass wir alle in den Navier-Stokes-Gleichungen auftauchenden Größen als Produkt einer dimensionsbehafteten typischen Größenordnung mit einem dimensionslosen Feld schreiben. Wir führen eine typische Länge L und eine typische Geschwindigkeit U ein und schreiben die Geschwindigkeit als

$$\mathbf{v} = U\hat{\mathbf{v}},\tag{6.140}$$

die Position als

$$\mathbf{r} = L\hat{\mathbf{r}},\tag{6.141}$$

woraus folgt, dass

$$\nabla = \frac{1}{L}\hat{\nabla}\tag{6.142}$$

gilt. Den Druck schreiben wir als

$$p = \frac{\eta U}{L}\hat{p}\tag{6.143}$$

und die Zeit als

$$t = \frac{L}{U}\hat{t}.\tag{6.144}$$

In diesen reskalierten Einheiten verwandeln sich die Navier-Stokes-Gleichungen bei Vernachlässigung externer Kräfte zu

$$\mathcal{R}e\frac{\partial \hat{\mathbf{v}}}{\partial \hat{t}} + \hat{\mathbf{v}}\cdot\hat{\nabla}\hat{\mathbf{v}} = -\hat{\nabla}\hat{p} + \hat{\nabla}^2\hat{\mathbf{v}},\tag{6.145}$$

$$\hat{\nabla}\cdot\hat{\mathbf{v}} = 0,\tag{6.146}$$

wobei wir die Reynolds-Zahl

$$\mathcal{R}e = \frac{\rho UL}{\eta}\tag{6.147}$$

eingeführt haben. Wir sehen, dass die Navier-Stokes-Gleichungen nur von einem Parameter, nämlich der Reynolds-Zahl $\mathcal{R}e$ abhängt. Alle Flüssigkeiten mit der gleichen Reynolds-Zahl zeigen deshalb (sofern nicht noch weitere Gleichungen involviert sind) gleiche Phänomene. Dies spielt im Flugzeug und auch im Schiffsbau eine große Rolle, da es billiger ist, ein kleineres Flugzeugmodell oder Schiffsmodell in einer Flüssigkeit zu testen, die dieselbe Reynolds-Zahl hat, als unter Originalverhältnissen. Ein Verständnis der Vorgänge erfordert deshalb nicht sofort den Bau eines Schiffes oder Flugzeuges in Originalgröße.

Wir wollen die Phänomene betrachten, die auftreten, wenn eine Flüssigkeit bei verschiedenen Reynolds-Zahlen um einen Zylinder fließt. Experimentell wird dies am einfachsten durch Variation der Fließgeschwindigkeit der Flüssigkeit erreicht. Wie im vorherigen Abschnitt besprochen, gibt es für $\mathcal{R}e = 0$ keine vernünftige Lösung zu diesem Problem. Das spielt im Experiment keine Rolle, weil es auch keine trägheitsfreien Flüssigkeiten gibt. Sobald die Reynolds-Zahl einen kleinen, aber nicht verschwindenden Wert hat, ist das Stokes-Paradoxon verschwunden. In Abbildung 6.28 zeigen wir das Flussprofil um einen Zylinder für sehr kleine ($\mathcal{R}e \approx 10^{-2}$) Reynolds-Zahlen.

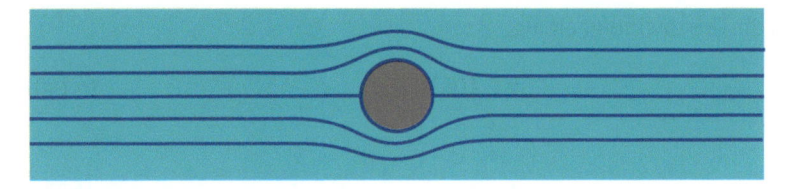

Abb. 6.28: Laminarer Fluss um einen Zylinder bei kleinen Reynolds-Zahlen.

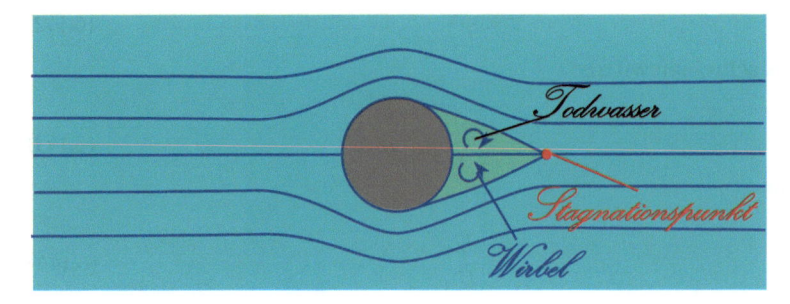

Abb. 6.29: Fluss um einen Zylinder bei einer Reynolds-Zahl der Größenordnung $\mathcal{R}e \approx 20$ mit Totwasser und zwei Totwasserwirbeln.

In diesem Fall bildet sich ein *laminares* Strömungsfeld aus, welches sich vor und hinter dem Zylinder an den Zylinder mit einer verschwindenden Geschwindigkeit anschmiegt. Drehen wir alle Geschwindigkeitsvektoren um, so entspricht das so konstruierte Geschwindigkeitsprofil $\mathbf{v}(-\mathbf{r}) = -\mathbf{v}(\mathbf{r})$ derselben Situation nur mit umgekehrter Strömungsrichtung.

Die Situation ändert sich, wenn wir die Reynolds-Zahl erhöhen. Bei einer Reynolds-Zahl größer eins (Abbildung 6.29) hat sich hinter dem Zylinder Totwasser gebildet, das nicht abtransportiert wird. Zwei umgekehrt rotierende Wirbel lassen das Totwasser hinter dem Zylinder im Kreis fließen. Am Ende des Totwassers befindet sich ein Stagnationspunkt, in dem die Geschwindigkeit null ist. Entlang der Separatrix, die die Stromlinien des Totwassers von den Stromlinien des fließenden Wassers abgrenzt, fließt die Flüssigkeit von beiden Seiten auf den Stagnationspunkt zu. Die Symmetrieachse durch den Stagnationspunkt ist eine Stromlinie, entlang der die Flüssigkeit vom Stagnationspunkt wegfließt. Die Flüssigkeit ist jetzt so träge, dass sie nach dem Passieren des Zylinders nicht sofort merkt, dass sie sich an die Wand des Zylinders anschmiegen sollte. Sie schießt infolge ihrer Trägheit über das Ziel hinaus, um dann erst verspätet auf den Befehl, sich anzuschmiegen zu reagieren.

Wenn wir die Reynolds-Zahl weiter erhöhen, reißen bei $\mathcal{R}e \approx 100$ (Abbildung 6.30) die Totwasserwirbel abwechselnd auf der einen und anderen Seite ab und werden vom stromabfließenden Wasser mitgerissen. Es bildet sich die Kármán'sche Wirbelstraße aus.

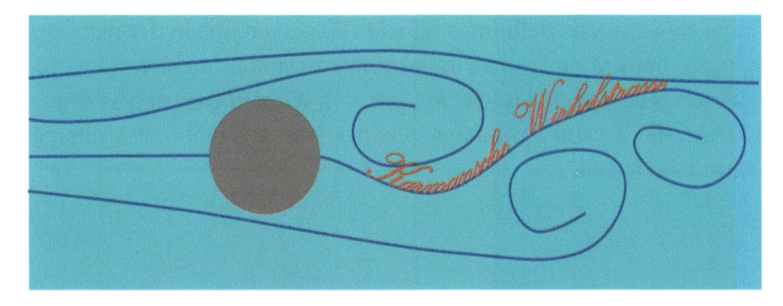

Abb. 6.30: Fluss um einen Zylinder bei einer Reynolds-Zahl der Größenordnung $\mathcal{R}e \approx 100$. Es bildet sich die Kármán'sche Wirbelstraße aus.

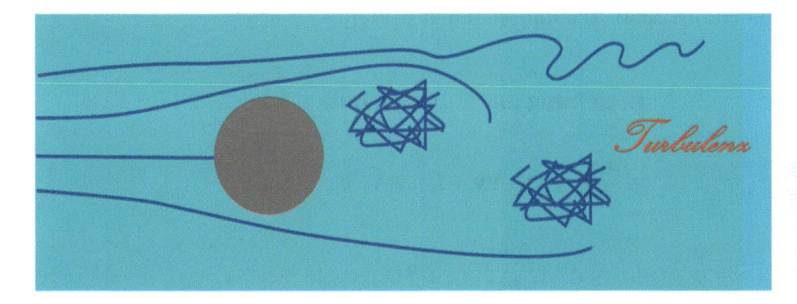

Abb. 6.31: Fluss um einen Zylinder bei einer Reynolds-Zahl der Größenordnung $\mathcal{R}e \approx 10^4$. Die Strömung hinter dem Zylinder wird turbulent.

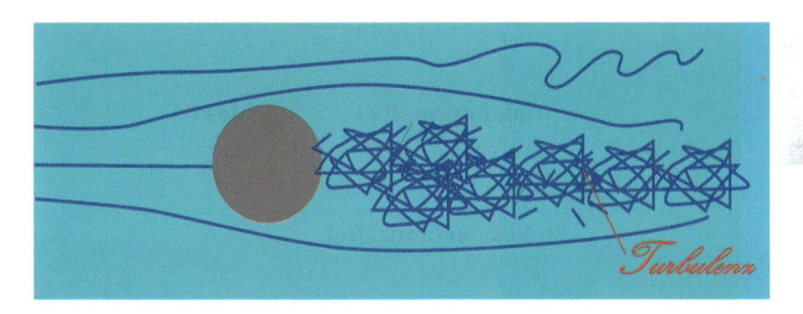

Abb. 6.32: Fluss um einen Zylinder bei einer Reynolds-Zahl der Größenordnung $\mathcal{R}e \approx 10^6$.

Ab Reynolds-Zahlen der Größenordnung $\mathcal{R}e \approx 10^4$ (Abbildung 6.31) beginnen sich die Wirbel in kleinskaligere Wirbel aufzuspalten, und es bildet sich Turbulenz aus.

Bei Reynolds-Zahlen der Größenordnung $\mathcal{R}e \approx 10^6$ (Abbildung 6.32) ist die Turbulenz voll ausgebildet und es gibt hinter dem Zylinder ein kompaktes turbulentes Gebiet. Viskose Scherkräfte zerreißen jeden Wirbel in noch kleinere Wirbel. Wir sehen, dass sich das Verhalten für große Reynolds-Zahlen deutlich von unseren wirbelfreien Lösungen reibungsfreier Flüssigkeiten ($\mathcal{R}e = \infty$), zumindest in der turbulenten Region hinter dem Zylinder, unterscheidet. Das führt auch dazu, dass im turbulenten

Fall auf den Zylinder Newton'sche Reibungskräfte (2.115) wirken, die in der nicht turbulenten Lösung (6.85) der Kraft auf einen angeströmten Zylinder nicht vorkam. Die Ursache für die Newton'sche Reibung ist das Ablösen von Wirbeln vom sich bewegenden Körper, ein Effekt, der nur im Zusammenspiel des viskosen Reibungsterms mit dem Advektionsterm möglich ist.

6.13 Hierarchie der Näherungen der Fluiddynamik

Wir haben uns in den Abschnitten 6.5–6.12 durch eine Hierarchie an Näherungen durchgearbeitet, die wir zum Abschluss der Diskussion der Flüssigdynamik im Inneren einer Flüssigkeit nochmal zusammenstellen wollen:

Gleichung der Fluiddynamik

$$\rho \frac{\partial (\mathbf{v})}{\partial t} + \rho \mathbf{v} \cdot \nabla \mathbf{v} = \mathbf{f}_{\text{ext}} + \nabla \cdot \boldsymbol{\sigma},$$

$$0 = \frac{\partial \rho}{\partial t} + \nabla \cdot (\rho \mathbf{v}).$$

Nichtnewton'sch

$\boldsymbol{\sigma} = \boldsymbol{\sigma}_{\text{Nichtnewton'sch}}$

Newton'sch

$\boldsymbol{\sigma} = -p\mathbb{1} + \kappa (\nabla \cdot \mathbf{v})\mathbb{1}$
$+ \eta \left(\nabla \mathbf{v} + (\nabla \mathbf{v})^t - \frac{2}{3}(\nabla \cdot \mathbf{v})\mathbb{1} \right),$

inkompressibel

$\rho = \text{const},$

ideales Gas

$p = \rho \frac{R}{M} T,$

Stokes **reibungsfrei**
$\rho = 0,$ $\eta = 0,$

wirbelfrei

$\boldsymbol{\omega} = 0.$

Teile der Hierarchien überlappen, so kann für kleine Druckschwankungen in einem Gas oft die Approximation des Gases als inkompressible Flüssigkeit die Phänomene erklären. Das Fliegen mit dem Flugzeug ist so ein Beispiel. Der geostrophische Wind aus Abschnitt 2.14 ist ein weiteres Beispiel. Die Zyklone und Antizyklone aus demselben Abschnitt sind ein Gegenbeispiel.

6.14 Flüssig-Gas-Koexistenz und Flüssigkeitsgrenzflächen

Es gilt als erwiesen, dass unser Leben im Wasser entstanden ist. Trotzdem ist ein Teil der Lebewesen (uns eingeschlossen) diesem Element im Lauf der Entwicklung entwachsen und hat sich an Land begeben. Das Wasser bleibt weiterhin für uns lebenswichtig, in der Regel betrachten wir es jedoch aus einigermaßen sicherem Abstand und befinden uns selbst im Trockenen.

Die Wasser-Luft-Grenzfläche und die an ihr auftretenden physikalischen Effekte sind deshalb von fast ebenso großer Wichtigkeit wie die im Inneren des Wassers auftretenden bisher besprochenen physikalischen Phänomene. Bevor wir aber die mechanostatischen und mechanodynamischen Phänomene an flüssigen Grenzflächen diskutieren, müssen wir ein paar thermodynamische Überlegungen zur Koexistenz von Gasen mit Flüssigkeiten vorausschieben.

In der Natur beobachten wir, dass makroskopische Phänomene einem Gleichgewicht zustreben, in dem sie sich dann nicht mehr weiter zeitlich verändern. Sie sind im *thermodynamischen Gleichgewicht*. Dieses Gleichgewicht ist bei gleichen externen Bedingungen immer das gleiche und unabhängig davon, entlang welchen Weges und mit welcher Vorgeschichte es erreicht wird. Es gibt aus diesem Grund eine Funktion, *ein thermodynamisches Potenzial*, das im thermodynamischen Gleichgewicht einen *speziellen, d. h. minimalen oder maximalen* Wert annimmt. Für ein System bei einer festen Teilchenzahl N, Temperatur T und äußeren Druck p heißt dieses thermodynamische Potenzial die freie Enthalpie bzw. im englischen Sprachgebrauch die Gibbs'sche Energie $G(T, p, N, X, \ldots)$, wobei wir mit X weitere interne Nichtgleichgewichtsvariablen bezeichnen, wie z. B die Anordnung der Moleküle oder den Aggregatzustand. Welche Nichtgleichgewichtssituation wir uns auch immer mit den Variablen X ausdenken, für die Gleichgewichtssituation ist die Gibbs'sche Energie stets am kleinsten. Gilt z. B., dass die Gibbs'sche Energie des flüssigen Aggregatzustandes $G(T, p, N, \text{flüssig}) < G(T, p, N, \text{gasförmig})$ niedriger ist als die entsprechende Gibbs'sche Energie des Gases, so folgt, dass bei dieser Temperatur, Druck und Teilchenzahl die flüssige Phase die thermodynamisch stabilere Phase ist. Das Material ist bei diesen Bedingungen flüssig, nicht gasförmig. Als Funktion des Druckes und der Temperaturen gibt es Regionen, in denen gilt:

$$G_{\text{flüssig}} < G_{\text{gas}}, G_{\text{fest}}, \tag{6.148}$$

$$G_{\text{gas}} < G_{\text{fest}}, G_{\text{flüssig}}, \tag{6.149}$$

$$G_{\text{fest}} < G_{\text{flüssig}}, G_{\text{gas}}. \tag{6.150}$$

In der Region, in der die flüssige gleich der gasförmigen Gibbs'schen Energie von jeweils N Teilchen ist ($G_{\text{flüssig}} = G_{\text{gas}}$), koexistiert das Gas mit der Flüssigkeit. Wir nennen diese Region das Phasenkoexistenzgebiet. Abbildung 6.33 zeigt ein Phasendiagramm als Funktion von Druck und Temperatur.

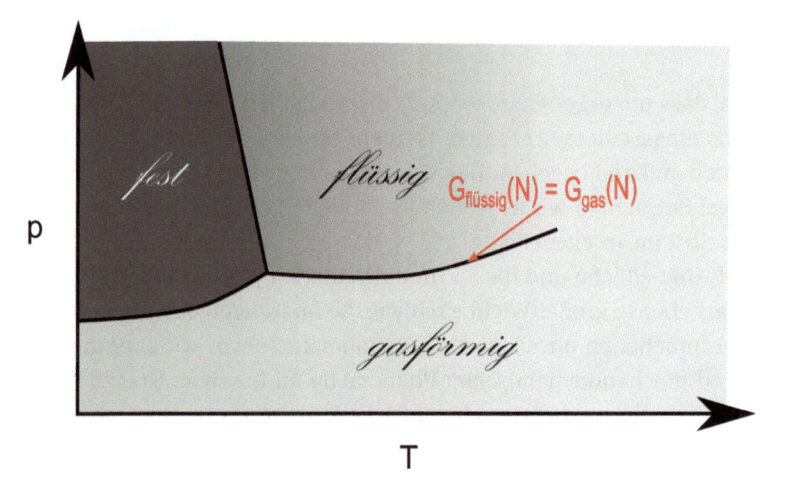

Abb. 6.33: Phasendiagramm eines typischen Materials.

Die Anzahl der Moleküle in einem Material ist erhalten, wenn keine chemischen Reaktionen ablaufen. Auch in der Phasenkoexistenz ist die Gesamtzahl an Molekülen erhalten. Jedes Molekül (bis auf die vernachlässigbar wenigen in der Gas-Flüssigkeit-Grenzfläche) gehören in diesem Fall entweder zur Gasphase oder zur flüssigen Phase:

$$N_{\text{ges}} = N_{\text{fl}} + N_{\text{gas}} \,. \tag{6.151}$$

Die Gibbs'sche Energie ist eine extensive (proportional zur Stoffmenge) Größe, und deshalb ist die Gibbs'sche Energie in der Phasenkoexistenz

$$G_{\text{ges}}(N_{\text{fl}}, N_{\text{gas}}, p, T) = G_{\text{fl}}(N_{\text{fl}}, p, T) + G_{\text{gas}}(N_{\text{gas}}, p, T) \tag{6.152}$$

$$= G_{\text{fl}}(N_{\text{fl}}, p, T) + G_{\text{gas}}(N_{\text{ges}} - N_{\text{fl}}, p, T) \tag{6.153}$$

die Summe der Gibbs'schen Energien der Einzelphasen. Beachten Sie, dass N_{ges} eine fixierte Größe ist, die Anzahl der flüssigen Moleküle jedoch nicht. N_{fl} ist im Allgemeinen eine Nichtgleichgewichtsgröße und nur für einen Wert von $N_{\text{fl}} = N_{\text{fl,Gleichgewicht}}$, nämlich den Gleichgewichtswert, wird die Gesamt-Gibbs'sche Energie minimal. Die Bedingung, dass die Gesamt-Gibbs'sche Energie minimal wird, lautet

$$\left(\frac{\partial G_{\text{ges}}}{\partial N_{\text{fl}}}\right)_{N_{\text{ges}}} = \frac{\partial G_{\text{fl}}}{\partial N_{\text{fl}}} + \frac{\partial G_{\text{gas}}}{\partial N_{\text{gas}}} \frac{\partial (N_{\text{ges}} - N_{\text{fl}})}{\partial N_{\text{fl}}}$$

$$= \mu_{\text{fl}} - \mu_{\text{gas}} = 0 \,, \tag{6.154}$$

wobei wir die Größe

$$\mu = \frac{\partial G}{\partial N} \tag{6.155}$$

als das chemische Potenzial des Materials im jeweiligen Aggregatzustand bezeichnen. Die Flüssigkeit und das Gas sind im thermodynamischen Gleichgewicht, wenn sie

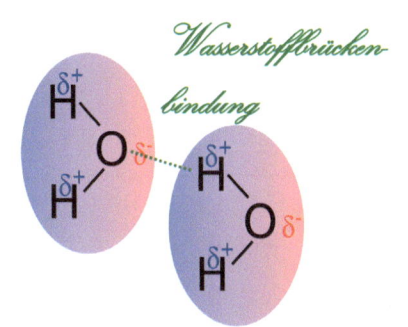

Abb. 6.34: In der fluiden Phase werden Wassermoleküle durch Wasserstoffbrücken nahe beieinander gehalten.

Abb. 6.35: Grenzfläche zwischen Dampf und Flüssigkeit.

im mechanischen, chemischen und thermischen Gleichgewicht sind. Das mechanische Gleichgewicht verlangt, dass die Flüssigkeit-Gas-Grenzfläche nicht weggedrückt wird, was bei einer ebenen Grenzfläche dann der Fall ist, wenn der Druck des Gases mit dem der Flüssigkeit übereinstimmt $p_{gas} = p_{flüssig}$. Das thermische Gleichgewicht verlangt, dass die Temperatur der Flüssigkeit mit der Temperatur des Gases übereinstimmt $T_{fl} = T_{gas}$ und das chemische Gleichgewicht (6.154) verlangt die Gleichheit der chemischen Potenziale $\mu_{gas} = \mu_{flüssig}$. Zwei unterschiedliche Aspekte führen dazu, dass die Gibbs'sche Energie minimal wird. In der flüssigen Phase von Wasser wird die Gibbs'sche Energie klein, weil sich die Wassermoleküle über Wasserstoffbrücken gegenseitig anziehen (Abbildung 6.34). Im Gas ist die Gibbs'sche Energie klein, weil die Möglichkeiten der Position eines Gasmoleküls viel zahlreicher sind als in der Flüssigkeit. Das Gas hat eine hohe *Entropie*. Die Gibbs'sche Energie vermittelt bei konstantem Druck und konstanter Temperatur einen Kompromiss zwischen der Tendenz, die Energie zu minimieren, und der Tendenz, die Entropie zu maximieren.

Wenn das Gas mit einer Flüssigkeit koexistiert, bildet sich eine Phasengrenzfläche aus (Abbildung 6.35).

In der Grenzfläche haben die Moleküle weniger Wasserstoffbrücken als in der Flüssigkeit, was energetisch ungünstig ist. Die Anzahl der möglichen Positionen in der Grenzfläche ist mindestens genauso begrenzt, wenn nicht noch schlimmer, als in der Flüssigkeit, jedenfalls miserabel im Vergleich zur Freiheit der Wahl der Position in einem Gas. Auch entropisch betrachtet ist die Grenzfläche also kein attraktiver Aufenthaltsort. Das chemische Potenzial (die Gibbs'sche Energie pro Molekül) ist in

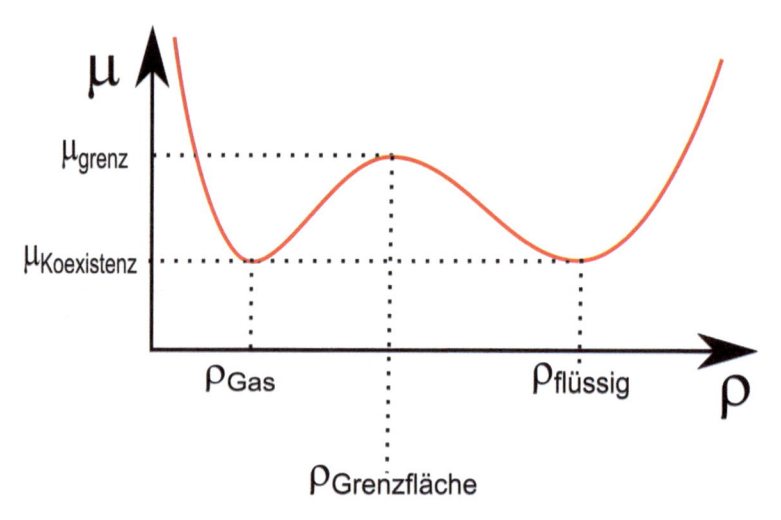

Abb. 6.36: Chemische Potenziale der Gas-Flüssigkeit-Koexistenz als Funktion der Dichte.

der Grenzfläche höher als in den koexistierenden Phasen. Wenn wir das chemische Potenzial bei einem festen Druck und einer festen Koexistenztemperatur gegenüber der Dichte auftragen (Abbildung 6.36), so finden wir ein Minimum bei der Dichte des Gases und ein weiteres, gleich tiefes Minimum bei der Dichte der Flüssigkeit. Die Grenzflächendichte liegt zwischen beiden Dichten und hat ein erhöhtes chemisches Potenzial.

Die durch die Moleküle in der Grenzfläche entstehende Exzess-Gibbs'sche Energie beträgt

$$\Delta G_{\text{Grenz}} = N_{\text{Grenz}}(\mu_{\text{grenz}} - \mu_{\text{Koexistenz}})$$
$$= A_{\text{Grenz}} \frac{N_{\text{Grenz}}}{A_{\text{Grenz}}} (\mu_{\text{grenz}} - \mu_{\text{Koexistenz}}) \, , \tag{6.156}$$

wobei A_{Grenz} die Fläche der Grenzfläche bezeichnet. Wir bezeichnen mit

$$\gamma = \frac{\Delta G_{\text{Grenz}}}{A_{\text{Grenz}}} = \frac{N_{\text{Grenz}}}{A_{\text{Grenz}}} (\mu_{\text{grenz}} - \mu_{\text{Koexistenz}}) \tag{6.157}$$

die Grenzflächenspannung der Grenzfläche. Um die Exzess-Gibbs'sche Energie so klein wie möglich zu halten, versucht das System, die Phasengrenzfläche so klein wie möglich zu machen. Kein Molekül ist gerne in der Grenzfläche, jeder andere Platz hat demgegenüber Vorzüge. Der thermodynamische Drang, die Grenzfläche zu meiden, wird durch die intensive Grenzflächenspannung γ beschrieben.

6.15 Mechanisches Gleichgewicht an einer Grenzfläche

Die Grenzflächenspannung führt zu einem anisotropen Spannungstensor

$$\sigma_{\text{Grenz}} = \gamma \underbrace{(\mathbb{1} - \mathbf{n}_{\partial V}\mathbf{n}_{\partial V})}_{\text{Projektor auf die Grenzfläche}}, \tag{6.158}$$

wobei wir mit $\mathbf{n}_{\partial V}$ den Normalenvektor auf die Flüssigkeit-Gas-Grenzfläche bezeichnen (siehe Abbildung 6.37).

Die Spannung in Gleichung (6.158) wirkt nur in der Tangentialebene der Grenzfläche. Es gibt keine Spannungskomponenten senkrecht zur Grenzfläche.

Wir betrachten nun eine gekrümmte Grenzfläche wie in Abbildung 6.38. Mit $\mathbf{n}_{\partial V}$ bezeichnen wir weiterhin den Normalenvektor auf die Flüssigkeit-Gas-Grenzfläche. Den Rand der Grenzfläche bezeichnen wir mit ∂A, und den Normalenvektor auf den Rand in der Tangentialebene der Fläche bezeichnen wir mit $\mathbf{n}_{\partial A}$. Wie wir das bereits für Spannungstensoren im Volumen gezeigt haben, führen die Spannungen zu Kräf-

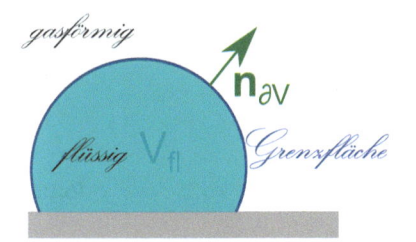

Abb. 6.37: Flüssigkeit-Gas-Grenzfläche mit Normalenvektor $\mathbf{n}_{\partial V}$.

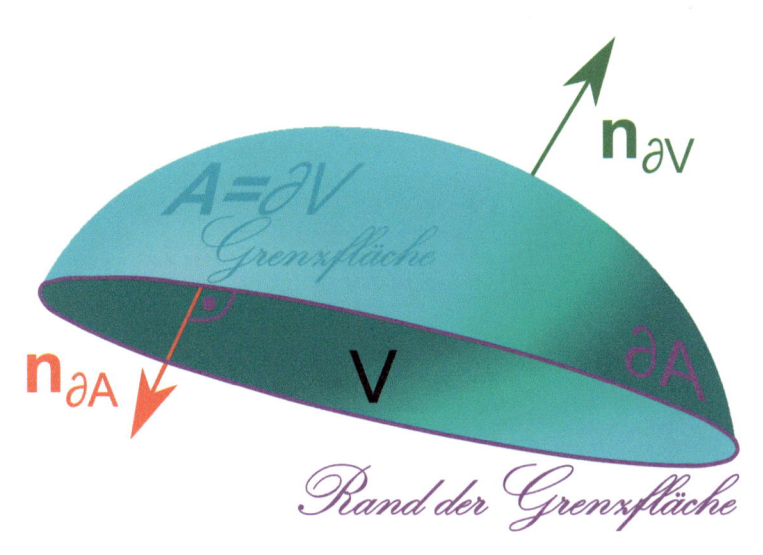

Abb. 6.38: Flächenelement der Grenzfläche mit Normalenvektor $\mathbf{n}_{\partial V}$ auf die Grenzfläche und Normalenvektor $\mathbf{n}_{\partial A}$ auf den Rand des Flächenelementes.

ten, die nur über die gemeinsame Grenze zweier Volumenelemente oder Flächenelemente wirken. Im Fall einer Grenzfläche wirkt eine Kraftliniendichte am Rand der Grenzfläche, die durch

$$\frac{\mathbf{F}}{L} = -\boldsymbol{\sigma}_{\text{Grenz}} \cdot \mathbf{n}_{\partial A} \tag{6.159}$$

beschrieben wird.

In Abbildung 6.39 haben wir die Spannungstensoren des Gases, der Grenzfläche und der Flüssigkeit jeweils eingetragen. Wir interessieren uns für die Kraft auf ein Flächenelement, welches sich aus den drei Spannungen ergibt. Den Projektor auf die Grenzfläche kürzen wir mit

$$\mathbf{I}_s = (\mathbb{1} - \mathbf{n}_{\partial V}\mathbf{n}_{\partial V}) \tag{6.160}$$

ab. Die Kraft auf das Flächenelement erhalten wir durch Abintegration der Kraftliniendichte über den Rand der Grenzfläche

$$\mathbf{F}_\gamma = -\oint_{\partial A} \boldsymbol{\sigma}_{\text{grenz}} \cdot \mathbf{n}_{\partial A} \mathrm{d}\mathbf{r}(s) = -\int_A \nabla_s \cdot \boldsymbol{\sigma}_{\text{grenz}} \mathrm{d}^2 S, \tag{6.161}$$

wobei mit $\nabla_s = \mathbf{I}_s \cdot \nabla$ der Oberflächengradient bezeichnet ist. Wir erhalten

$$\mathbf{F}_\gamma = -\int_A \nabla_s \cdot (\mathbb{1} - \mathbf{n}_{\partial V}\mathbf{n}_{\partial V}) \gamma \mathrm{d}^2 S$$

$$= -\int_A (\mathbf{n}_{\partial V} \gamma (\nabla_s \cdot \mathbf{n}_{\partial V}) + \gamma I_s \cdot \cancel{\mathbf{n}_{\partial V} \cdot \nabla \mathbf{n}_{\partial V}} + \cancel{\mathbf{I}_s \cdot \nabla \gamma}) \mathrm{d}^2 S. \tag{6.162}$$

Dabei verschwindet der zweite Term in Gleichung (6.162), da sich der Normalenvektor als Einheitsvektor nicht in Richtung sich selbst ändern kann, und der dritte Term, da die Grenzflächenspannung γ konstant ist. Es verbleibt ein Term, der proportional $\nabla_s \cdot \mathbf{n}_{\partial V}$ ist. Wir sehen an Abbildung 6.40, dass die Oberflächendivergenz dann nicht

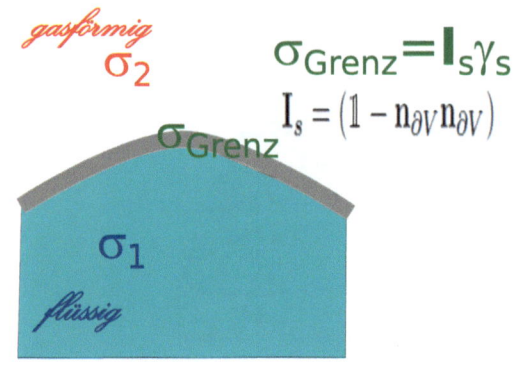

Abb. 6.39: Dreidimensionale Spannungstensoren des Gases und der Flüssigkeit und Spannungstensor der Grenzfläche.

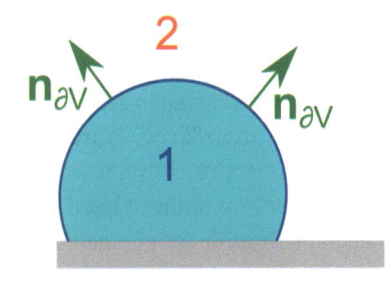

Abb. 6.40: Die Krümmung als Grenzflächendivergenz des Normalenvektors.

verschwindet, wenn die Grenzfläche gekrümmt ist und der Normalenvektor $\mathbf{n}_{\partial V}$ an zwei benachbarten Stellen in unterschiedliche Richtung zeigt.

Es gilt, dass die Divergenz des Normalenvektors

$$\nabla_s \cdot \mathbf{n}_{\partial V} = \left(\frac{1}{R_1} + \frac{1}{R_2} \right) \tag{6.163}$$

die negative Spur des Krümmungstensors der Oberfläche und damit die negative Summe der reziproken Krümmungsradien ist. Wir erhalten deshalb eine Kraftflächendichte auf das Oberflächenelement senkrecht zur gekrümmten Oberfläche von

$$\mathbf{F}_\gamma / A = - \left(\frac{1}{R_1} + \frac{1}{R_2} \right) \gamma \mathbf{n}_{\partial V} . \tag{6.164}$$

Des Weiteren wirkt eine Kraft des 3D-Spannungstensors der Phase 1

$$\mathbf{F}_1 = \int_A p_1 \mathbf{n}_{\partial V} \mathrm{d}^2 S \tag{6.165}$$

sowie eine Kraft der Phase 2

$$\mathbf{F}_2 = \int_A p_2 (-\mathbf{n}_{\partial V}) \mathrm{d}^2 S \tag{6.166}$$

auf das Oberflächenelement. Im mechanischen Gleichgewicht muss die Summe der drei Kräfte (6.164)–(6.166) verschwinden:

$$\mathbf{F}_\gamma + \mathbf{F}_1 + \mathbf{F}_2 = \mathbf{0} . \tag{6.167}$$

Wir benutzen (6.164)–(6.167) und erhalten

$$(p_1 - p_2) = \gamma \left(\frac{1}{R_1} + \frac{1}{R_2} \right) . \tag{6.168}$$

Der Druckunterschied zwischen konvexer und konkaver Seite der Grenzfläche im mechanischen Gleichgewicht heißt Laplace-Druck.

6.16 Gleichgewicht an Dreiphasenkoexistenzlinien

Flüssige Grenzflächen hören oft an einer bestimmten Stelle auf. Es bestehen zwei prinzipiell verschiedene Möglichkeiten des Endes einer flüssigen Grenzfläche. Entweder sie endet in der Dreiphasenkontaktlinie, wo sie durch Phasengrenzen zweier weiterer fluider Phasen weitergeführt wird, oder sie endet an einer festen, meist lokal flachen Wand. Wir wollen die Geometrie der Grenzfläche nahe ihres Endes geometrisch für beide Fälle untersuchen. Haben wir drei fluide (einschließlich gasförmige) Phasen 1, 2 und 3 in Koexistenz, so treffen an der Dreiphasenkontaktlinie drei Phasengrenzen 12, 23 und 13 aufeinander (Abbildung 6.41).

Am Rand jeder Grenzfläche greift eine Kraft pro Linienlänge von $\gamma_{12}\mathbf{n}_{12}$, $\gamma_{23}\mathbf{n}_{23}$ und $\gamma_{13}\mathbf{n}_{13}$ an der Dreiphasenkontaktlinie an. Dabei bezeichnet γ_{12} die Grenzflächenspannung zwischen der Phase 1 und der Phase 2, und $\mathbf{n}_{12}$ ist der Normalenvektor, welcher in der Tangentialebene der Grenzfläche 12 liegt und senkrecht auf der Dreiphasenkoexistenzlinie steht und auf die von der Grenzfläche 12 abgewandte Seite zeigt, wo er den Winkel ϕ_3 zwischen den anderen beiden Grenzflächen in zwei Teile teilt. Die Beziehungen übertragen sich auf die anderen Grenzflächen entsprechend. Das Kräftegleichgewicht in der Dreiphasenkontaktlinie lautet:

$$\gamma_{12}\mathbf{n}_{12} + \gamma_{23}\mathbf{n}_{23} + \gamma_{13}\mathbf{n}_{13} = \mathbf{0}. \tag{6.169}$$

Wir bringen die Terme der 23- und 13-Grenzfläche in Gleichung (6.169) auf die rechte Seite und quadrieren:

$$\gamma_{12}^2 = \gamma_{23}^2 + \gamma_{13}^2 + 2\gamma_{23}\gamma_{13}\underbrace{\mathbf{n}_{23}\cdot\mathbf{n}_{13}}_{\cos\phi_3}. \tag{6.170}$$

Wir lösen die Gleichung (6.170) nach dem Cosinus des Winkels ϕ_3 auf und erhalten

$$\cos\phi_3 = \frac{\gamma_{12}^2 - \gamma_{23}^2 - \gamma_{13}^2}{2\gamma_{23}\gamma_{13}}. \tag{6.171}$$

Die anderen Winkel erhält man durch zyklisches Vertauschen der Indizes.

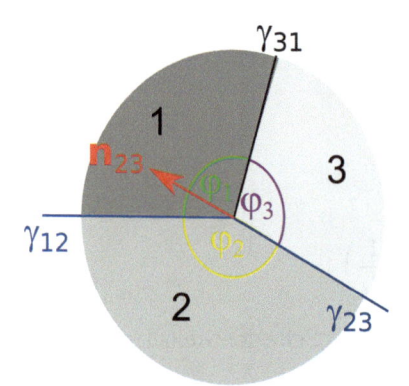

Abb. 6.41: Mechanisches Gleichgewicht an einer Dreiphasenkoexistenzlinie dreier Flüssigkeiten.

6.16 Gleichgewicht an Dreiphasenkoexistenzlinien

Abb. 6.42: Typische Form einer auf Wasser schwimmenden Öllinse.

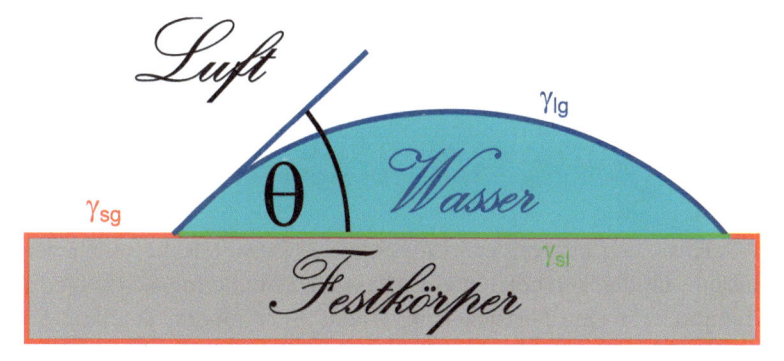

Abb. 6.43: Kontaktwinkel der Grenzfläche mit einer festen Wand.

Die Winkel stellen sich im mechanischen Gleichgewicht z. B bei Salatsoße ein, wenn Öllinsen auf der sonst wässrigen Salatsoße schwimmen (Abbildung 6.42).

Die Situation, in der die fluide Grenzfläche an einer festen Wand endet, ist in Abbildung 6.43 skizziert.

Die Phasen kürzen wir hier mit s fest (solid), l flüssig (liquid) und g gasförmig (gaseous) ab, da die Phasen im Gegensatz zum vorigen Abschnitt unterschiedliche Rollen spielen. Wieder berechnen wir die Kraftliniendichte auf die Dreiphasenkontaktlinie

$$\frac{\mathbf{F}_{\text{Dreiphasenkontakt}}}{L} = \gamma_{sg}\mathbf{n}_{sg} + \gamma_{sl}\mathbf{n}_{sl} + \gamma_{lg}\mathbf{n}_{lg} \,. \tag{6.172}$$

Für die Normalenvektoren der flüssig/festen und gasförmig/festen Grenzflächen stehen die Normalenvektoren antiparallel zueinander (Abbildung 6.43)

$$\mathbf{n}_{sg} = -\mathbf{n}_{sl} \,. \tag{6.173}$$

Wir benutzen den Projektor $\mathbf{n}_{sl}\mathbf{n}_{sl}$ in die Tangentialebene des Festkörpers, wenden ihn an auf Gleichung (6.172) und erhalten die Tangentialkomponente der auf die Dreiphasenkontaktlinie wirkenden Kraft:

$$0 = \mathbf{F}_{\text{tangential}}/L = \mathbf{n}_{sl}\mathbf{n}_{sl} \cdot \frac{\mathbf{F}_{\text{Dreiphasenkontakt}}}{L}$$

$$= \mathbf{n}_{sl}\mathbf{n}_{sl} \cdot (\gamma_{sg}(-\mathbf{n}_{sl}) + \gamma_{sl}\mathbf{n}_{sl} + \gamma_{lg}\mathbf{n}_{lg})$$

$$= \mathbf{n}_{sl}\left(\gamma_{sl} - \gamma_{sg} + \gamma_{lg}\underbrace{\mathbf{n}_{sl}\cdot\mathbf{n}_{lg}}_{\cos\theta}\right). \tag{6.174}$$

Die Normalkomponente der Kraft kann durch Gegenkräfte des Festkörpers kompensiert werden, die Tangentialkomponente nicht und muss deshalb wie in (6.174) verschwinden. Wir erhalten so den Gleichgewichtskontaktwinkel

$$\cos\theta = \frac{\gamma_{sg} - \gamma_{sl}}{\gamma_{lg}}. \tag{6.175}$$

6.17 Kapillare Steighöhe und Kapillardepression

Ein Phänomen, welches sich infolge der in Abschnitt 6.15 und 6.16 besprochenen Beziehungen einstellt, ist die Steighöhe in einer Kapillare. Abbildung 6.44 zeigt die Gleichgewichtssituation für eine Flüssigkeit innerhalb einer runden Kapillare für den Fall $\theta < \pi/2$. Am Rand der Kapillare stellt sich der Gleichgewichtskontaktwinkel (6.175) an der Dreiphasenkoexistenzlinie ein. Die Grenzfläche wird dadurch nach oben gekrümmt. In der Flüssigkeit unterhalb der Grenzfläche ist der Druck gegenüber dem Gasdruck p_0 um den Laplace-Druck $-2\gamma/R$ aus Gleichung (6.168) vermindert. Damit auf der Höhe $z = 0$ derselbe Druck herrscht wie außerhalb der Kapillare, muss die Flüssigkeit in der Kapillare aufsteigen und die Abnahme des Druckes infolge des Laplace-Druckes mit einer Zunahme des hydrostatischen Druckes auf der Höhe $z = 0$

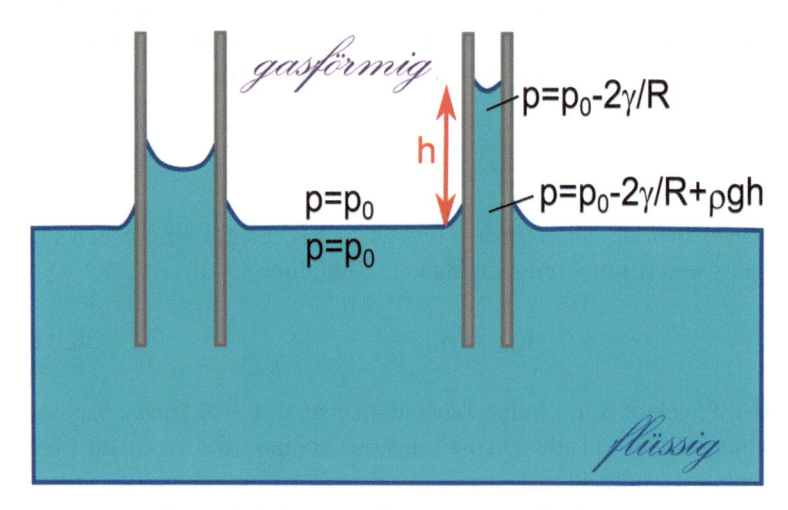

Abb. 6.44: Kapillare Steighöhen in Kapillaren mit unterschiedlichem Radius für Kontaktwinkel $\theta < \pi/2$.

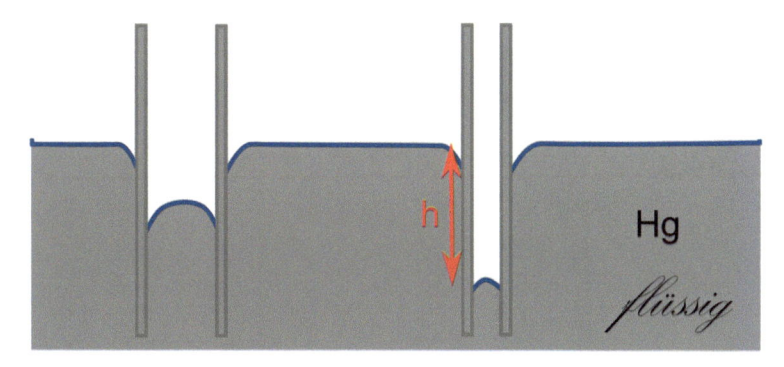

Abb. 6.45: Kapillare Steighöhen in Kapillaren mit unterschiedlichem Radius für Kontaktwinkel $\theta > \pi/2$.

kompensieren. Aus demselben Grund nimmt die Krümmung der Oberfläche sowie ihre Höhe von der Mitte der Kapillare zum Rand hin zu.

Der umgekehrte Effekt tritt bei Kontaktwinkeln $\theta > \pi/2$ auf und heißt dann Kapillardepression. Ein wichtiges Beispiel einer Flüssigkeit, die an Glas einen Kontaktwinkel $\theta > \pi/2$ einnimmt, ist Quecksilber. Abbildung 6.45 zeigt eine Skizze der Geometrie der Kapillardepression.

6.18 Mechanische Stabilität von Schäumen und der Spaltdruck

Wer noch nie gebadet hat, sollte dies unbedingt nachholen, um die Struktur eines Schaumes zu betrachten. Alternativ kann er auch ein Bier trinken gehen und dies betrachten, bevor er es trinkt. In Abbildung 6.46 haben wir einen Ausschnitt eines Schaumes vergrößert. Ein Schaum besteht aus einer Flüssigkeit, die verschiedene luftgefüllte Zellen voneinander trennt. Zwischen den Zellen bilden dünne Flüssigkeitsfilme die Facetten des Schaumes. Verschiedene Facetten des Schaumes treffen sich in einer Plateaugrenze, die als Flüssigkeitsreservoir für die Flüssigkeit in den Facetten dient. Wir wollen das mechanische Gleichgewicht des Schaumes genauer betrachten und machen uns deshalb auf eine Rundreise durch den Schaum. Wir beginnen in einer Zelle, von wo aus wir in eine Plateaugrenze wandern, um uns anschließend weiter in eine Facette zu begeben. Zum Abschluss kehren wir zurück in dieselbe Zelle, in der wir gestartet sind. In der Zelle beträgt der Druck p_{Luft}. Es folgt aus dem Gesetz über den Laplace-Druck (6.168), dass der Druck in der Plateaugrenze gegenüber dem Luftdruck um den Laplace-Druck abgesenkt ist:

$$p_{\text{Plateau}} = p_{\text{Luft}} - \gamma \left(\frac{1}{R_1} + \frac{1}{R_2} \right), \qquad (6.176)$$

wobei R_1 und R_2 die Krümmungsradien der Plateaugrenzen sind. Da zwischen Plateaugrenze und Flüssigkeitsfilm ein mechanisches Gleichgewicht herrscht, ist der

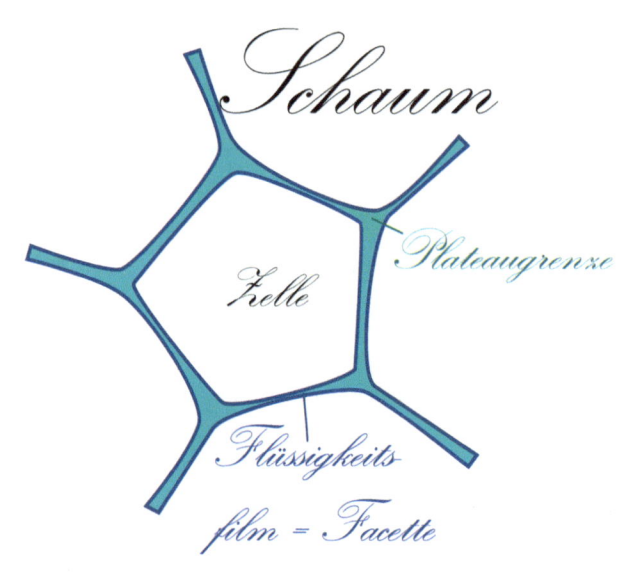

Abb. 6.46: Plateaugrenzen und Flüssigkeitsfilm in einem Schaum.

Druck der Flüssigkeit im Film identisch mit dem Druck der Plateaugrenze

$$p_{\text{Film}} = p_{\text{Plateau}} \, . \tag{6.177}$$

Nun ist aber die Krümmung der Facette gegenüber der Krümmung der Plateaugrenze vernachlässigbar und wir folgern, dass deshalb auf die Filmgrenze eine Kraft

$$\mathbf{F}_{\text{Filmgrenze}} = \int (p_{\text{Luft}} - p_{\text{Film}}) \mathbf{n} d^2 S$$

$$= -\gamma \left(\frac{1}{R_1} + \frac{1}{R_2} \right)_{\text{Plateau}} \mathbf{n}_{\text{Film}} A \tag{6.178}$$

wirkt. Diese Kraft sollte die beiden Filmgrenzen der Facette folglich aufeinanderzubeschleunigen (Abbildung 6.47). Da dies aber bei unserem Schaum nicht geschieht, folgt, dass es eine zusätzliche Kraft zwischen den beiden Grenzen des Films der Facette geben muss, die die beiden Grenzflächen als Gegenkraft vor diesem Schicksal bewahrt.

Die zusätzliche Kraft pro Flächeneinheit der Facette bezeichnet man als den Spaltdruck Π_{spalt} des Flüssigkeitsfilmes:

$$p_{\text{Film}} = p_{\text{Luft}} - \Pi_{\text{spalt}} \, . \tag{6.179}$$

Weil sich beide Grenzflächen des Filmes mit

$$\mathbf{F}_{\text{spalt}} = \Pi_{\text{spalt}} A \mathbf{n} \tag{6.180}$$

abstoßen, ist der Druck im Film um Π_{spalt} gegenüber dem Luftdruck der Gaszelle abgesenkt. Experimentell finden wir, dass der Spaltdruck von der Dicke des Flüssigkeitsfilms abhängt (Abbildung 6.48).

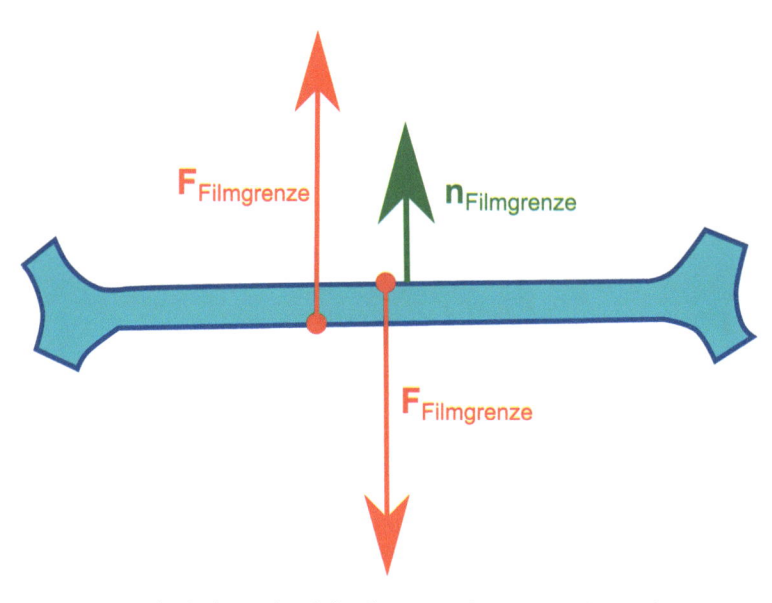

Abb. 6.47: Mechanische Kraft auf die Filmgrenze einer Facette eines Schaumes.

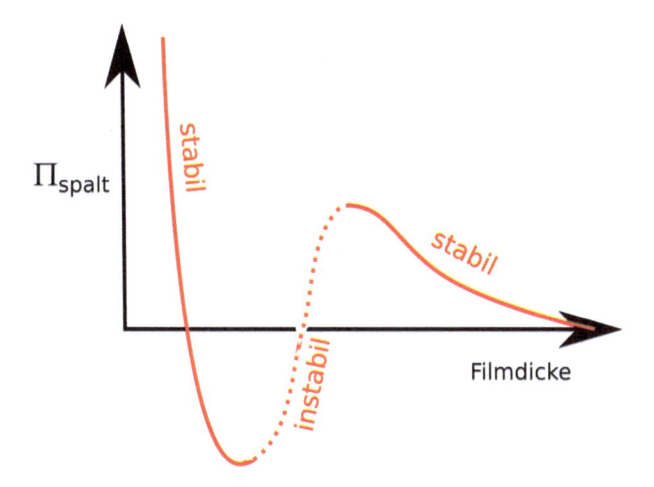

Abb. 6.48: Spaltdruck eines Flüssigkeitsfilmes als Funktion der Dicke des Filmes.

Die Ursache des Spaltdruckes ist der Umstand, dass Flüssigkeitsmoleküle in der Nähe einer Grenzfläche in einer anderen Struktur packen, als im Inneren der Flüssigkeit. Ein Beispiel sind Seifenfilme, die aus Wasser und wenigen Molekülen eines löslichen Surfaktanten (z. B Natriumdodecylsulfat $Na^+SO_4^-$–$C_{12}H_{25}$) bestehen. Die Seife dissoziiert in Wasser in Na^+ und SO_4^-–$C_{12}H_{25}$, wobei die Natriumionen im Wasser des Films gelöst sind und die Anionen sich an der Wasser-Luft-Grenze des Flüssigkeitsfilmes zumindest teilweise anordnen. An der Flüssigkeitsgrenzfläche entstehen so zwei

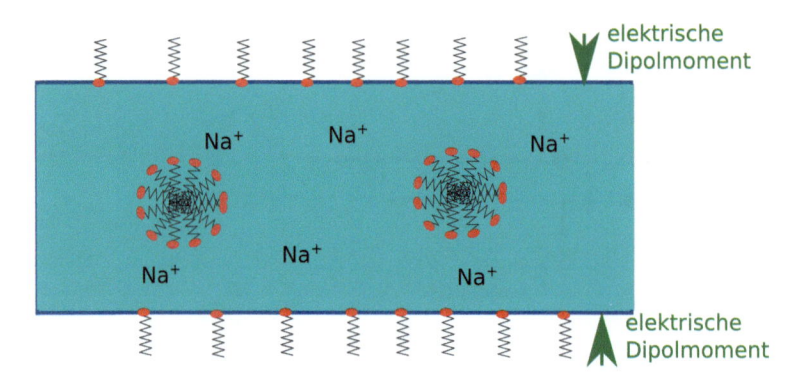

Abb. 6.49: Der Spaltdruck in Seifenfilmen wird durch elektrische Dipolkräfte auf dissoziierte Seifenmoleküle in der Grenzfläche erzeugt.

entgegengesetzt orientierte elektrische Dipolschichten, die sich gegenseitig elektrisch abstoßen (Abbildung 6.49).

Oft werden die beiden Grenzflächen eines Flüssigkeitsfilmes im Rahmen einer Flächenmechanik zu einer Filmfläche zusammengefasst. Die Kraft auf einen Filmquerschnitt der Fläche $A = dL$ des Filmes der Dicke d beträgt dann (siehe Abbildung 6.50):

$$\gamma_{\text{Film}}\mathbf{n} = \frac{\mathbf{F}}{L} = \frac{1}{L}\left(L\gamma_{lg}\mathbf{n} + \int_A \mathbf{n}\Pi\mathrm{d}^2S + L\gamma_{lg}\mathbf{n}\right), \tag{6.181}$$

woraus sich eine Gesamtfilmspannung von

$$\gamma_{\text{Film}} = 2\gamma_{lg} + d\Pi(d) \tag{6.182}$$

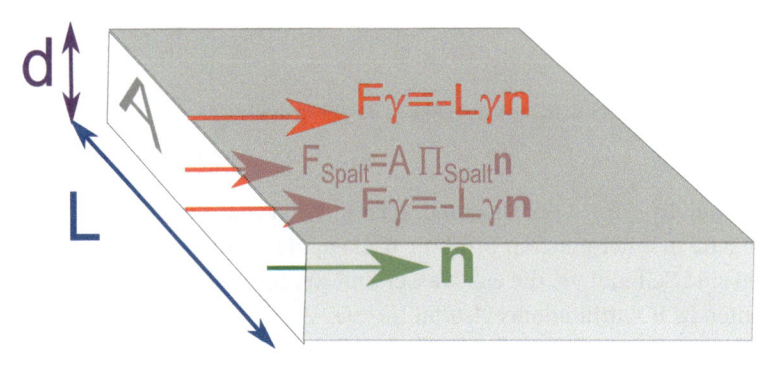

Abb. 6.50: Die Filmspannung resultiert aus den Grenzflächenspannungen an der Unter- und Oberseite des Filmes und aus dem Druckunterschied zwischen Äußerem und Innerem des Filmes.

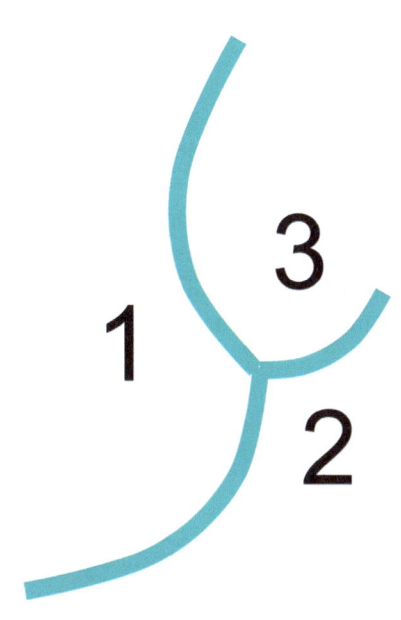

Abb. 6.51: Drei Facetten stoßen in einer Plateaugrenze in Form eines Mercedessterns zusammen. Die Summe der Krümmungen aller Facetten verschwindet.

ergibt. Die Spannung im Film ist also größer als die Summe der Grenzflächenspannungen der Grenzflächen der einen und anderen Flüssigkeit-Gas-Grenzfläche des Flüssigkeitsfilms.

In einer Plateaugrenze treffen sich je drei Facetten, die aufgrund der gleichen Filmspannung in allen drei Facetten einen Winkel von $2\pi/3$ untereinander (Mercedesstern) ausbilden (Abbildung 6.51).

Wenn wir durch alle an einer Plateaugrenze zusammenstoßenden Zellen wandern, beträgt der Druckunterschied zwischen zwei Zellen

$$p_{\text{Luft}}^i - p_{\text{Luft}}^j = \gamma_{\text{Film}} \left(\frac{1}{R_{ij,1}} + \frac{1}{R_{ij,2}} \right). \tag{6.183}$$

Summieren wir dies über alle an die Plateaugrenze angrenzenden Zellen auf, erhalten wir

$$0 = \left(\frac{1}{R_{12,1}} + \frac{1}{R_{12,2}} + \frac{1}{R_{23,1}} + \frac{1}{R_{23,2}} + \frac{1}{R_{31,1}} + \frac{1}{R_{31,2}} \right), \tag{6.184}$$

sodass die Summe aller Krümmungen der angrenzenden Facetten verschwinden muss.

Wir kommen also zur Erkenntnis, dass der Schaum des Bieres nur deshalb stabil ist, weil die Ordnung des Bieres im Schaum höher ist als in der Bierflüssigkeit. Der Schaum ist aber trotzdem nur metastabil, da bei der Verschmelzung von Schaumzellen Oberfläche zerstört wird und die Energie um $\gamma_{\text{Film}} \Delta A$ erniedrigt wird, wobei wir die Abnahme der Schaumfläche mit ΔA bezeichnen.

6.19 Ostwald-Reifung

Wir betrachten zwei auf einer Platte sitzende Flüssigkeitstropfen mit unterschiedlichem Radius ($R_{\text{groß}}$ und R_{klein}) in einer Luft-Flüssigkeitsdampf-Mischung (Abbildung 6.52).

Wir untersuchen das thermodynamische Gleichgewicht der Anordnung und nehmen an, dass die Temperatur konstant gehalten wird, also ein thermisches Gleichgewicht herrscht. Infolge des Laplace-Druckes sind im mechanischen Gleichgewicht die Drücke in den beiden Tropfen unterschiedlich groß und wir finden

$$p_l^{\text{klein}} = p_g + \gamma \frac{2}{R_{\text{klein}}}, \tag{6.185}$$

$$p_l^{\text{groß}} = p_g + \gamma \frac{2}{R_{\text{groß}}}. \tag{6.186}$$

Wir finden also, dass der Druck im kleinen Tropfen größer ist $p_l^{\text{klein}} > p_l^{\text{groß}}$. Wenn wir beide Tropfen durch eine Kapillare verbinden, führt das dazu, dass infolge des mechanischen Nichtgleichgewichts beider Tropfen der kleine Tropfen durch die Kapillare in den großen Tropfen fließt. Im betrachteten Experiment haben wir aber keine Kapillare, die die beiden Tropfen verbindet, sodass diese im mechanischen Gleichgewicht sind.

Wir betrachten nun das chemische Gleichgewicht der Tropfen mit dem umgebenden Dampf. Im chemischen Gleichgewicht muss gelten

$$\mu_l^{\text{klein}}\left(p_l^{\text{klein}}, T\right) = \mu_g\left(p_g, T, p_{\text{Flüssigkeitsdampf}}^{\text{partial}}\right), \tag{6.187}$$

$$\mu_l^{\text{groß}}\left(p_l^{\text{groß}}, T\right) = \mu_g\left(p_g, T, p_{\text{Flüssigkeitsdampf}}^{\text{partial}}\right), \tag{6.188}$$

dass das chemische Potenzial der Flüssigkeit beim entsprechenden Tropfendruck dem chemischen Potenzial des Dampfes beim entsprechenden Gasgesamtdruck und Partialdruck des Flüssigkeitsdampfes entsprechen muss. Da die Tropfendrücke aber verschieden sind, können nicht beide flüssigen chemischen Potenziale gleich dem des Gases sein. Nehmen wir an, es herrsche ein chemisches Gleichgewicht zwischen Gas und dem großen Tropfen (6.188). Dann folgt, dass infolge des höheren Druckes im kleinen Tropfen auch das chemische Potenzial des kleinen Tropfens größer ist als das des Gases. Der kleine Tropfen wird deshalb verdampfen. Nehmen wir umgekehrt an,

Abb. 6.52: Ein kleiner und großer Tropfen im Dampf der Flüssigkeit.

es herrsche ein chemisches Gleichgewicht zwischen Gas und dem kleinem Tropfen. Dann folgt mit derselben Argumentation, dass das chemische Potenzial des großen Tropfens kleiner ist als das des Gases. Es wird deshalb Dampf im großen Tropfen kondensieren. Die Folge ist, dass auch ohne verbindende Kapillare der große Tropfen auf Kosten des kleinen wächst. Der Prozess der Vergröberung von ursprünglich in Form von kleinen Tropfen kondensierten Dampfes, entweder durch mechanisches Verschmelzen oder durch Kondensation und Verdampfen zu einer Ansammlung größerer Tropfen, bezeichnet man als Ostwald-Reifung. Die Ostwald-Reifung ist wiederum eine Folge der Unbeliebtheit der Grenzflächenposition unter den Molekülen.

6.20 Laplace-Druck im Wasserstrahl und Rayleigh-Instabilität

Wir betrachten einen zylindrischen Wasserstrahl aus einem mit dem Wasserstrahl mitbewegten Bezugssystem und fragen nach seiner mechanischen Stabilität. Die Zylinderachse des Wasserstrahls verlaufe entlang der z-Achse (Abbildung 6.53). Wie bereits in Abschnitt 5.11 berücksichtigen wir unsere unvollkommenen Experimentierfähigkeiten, indem wir annehmen, der Teufel hätte unsere Wasseroberfläche des Zylinders periodisch deformiert mit einer Deformation der Form

$$R_1(z) = \bar{R} + \epsilon \sin kz, \qquad (6.189)$$

wobei $\bar{R}$ den ungestörten Radius des Strahles bezeichnet und ϵ die kleine aber fiese Amplitude der Deformation. Der Teufel behält also die Axisymmetrie des Strahls bei (er will den Wasserstrahl zerstören und nicht den Physikstudenten frustrieren) und moduliert nur den Radius des Zylinders mit einer bestimmten Wellenlänge $\lambda = 2\pi/k$. Warum er das gerade mit dieser Wellenlänge tut, liegt daran, dass andere Teufel bereits eine andere Wellenlänge gewählt haben und unter allen Teufeln ein Wettstreit entbrannt ist, wie man den Wasserstrahl denn am schnellsten zerstören könne. Der

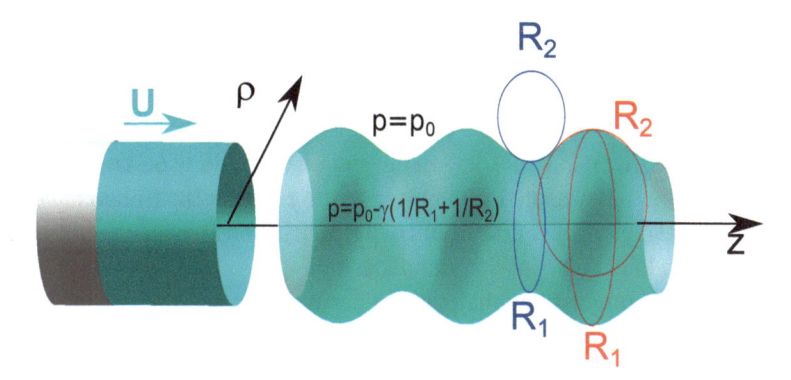

Abb. 6.53: Vergrößerung der teuflischen periodischen Deformation eines zylindrischen Wasserstrahls.

modulierte Radius des Wasserstrahls ist gleichzeitig ein Hauptkrümmungsradius um die Achse des Strahles an der jeweiligen Position. Der zweite Krümmungsradius des ungestörten Zylinders ist unendlich groß, da der ungestörte Zylinder in z-Richtung flach ist. Durch die Deformation bekommt der Strahl auch in z-Richtung eine Krümmung $1/R_2(z)$, die wir in guter Näherung als die negative zweite Ableitung der Funktion $R_1(z)$ (Gleichung (6.189)) nach der z-Koordinate approximieren können:

$$\frac{1}{R_2(z)} = -\frac{d^2}{dz^2}(\bar{R} + \epsilon \sin kz) \qquad (6.190)$$

$$= \epsilon k^2 \sin kz. \qquad (6.191)$$

Der Luftdruck außerhalb des Strahls ist konstant, und die Deformationen führen im Strahl zu Druckschwankungen. An jeder Stelle z des Strahles ist der Druck gegenüber dem Luftdruck um den Laplace-Druck abgesenkt. Wir finden

$$p(z) = p_{\text{Luft}} - \gamma \left(\frac{1}{R_1(z)} + \frac{1}{R_2(z)} \right)$$

$$= p_{\text{Luft}} - \gamma \left(\frac{1}{\bar{R} + \epsilon \sin kz} + \epsilon k^2 \sin kz \right). \qquad (6.192)$$

Da die teuflischen Deformationen natürlich unter der Auflösungsgrenze unserer Messinstrumente liegen, können wir den Druck nach der Größe ϵ in eine Taylorreihe entwickeln:

$$p(z) = p_{\text{Luft}} - \frac{\gamma}{\bar{R}} + \gamma \left(\frac{\epsilon}{\bar{R}^2} \sin kz - \epsilon k^2 \sin kz \right)$$

$$= \bar{p}_{\text{Strahl}} + \frac{\gamma \epsilon \sin kz}{\bar{R}^2}(1 - (k\bar{R})^2), \qquad (6.193)$$

wobei wir mit $\bar{p}_{\text{Strahl}} = p_{\text{Luft}} - \frac{\gamma}{\bar{R}}$ den ungestörten Druck im Wasserstrahl bezeichnen. Für das weitere Schicksal des misshandelten Strahles sind die Kräfte $\mathbf{F} = -\nabla p \Delta V$ von entscheidender Bedeutung. Durch die Deformation haben sich Bäuche (an den Stellen $kz = \pi/2 + n2\pi$) und Engstellen (an den Stellen $kz = -\pi/2 + n2\pi$) gebildet. Je nachdem, ob die Kräfte von den Bäuchen des Strahls zu den Engstellen zeigen oder umgekehrt, wird sich die Deformation wieder abbauen bzw. verstärken. Hierbei arbeiten die beiden Hauptkrümmungen in unterschiedliche Richtungen. Die longitudinale Krümmung sorgt über den Laplace-Druck für eine Stabilisierung, sie erhöht den Druck in den Bäuchen und erniedrigt den Druck in den Engstellen (Abbildung 6.54).

Anders ist dies für die transversale Krümmung um die z-Achse. Die transversale Krümmung ist in den Engstellen höher und erhöht den Druck in den Engstellen und erniedrigt den Druck in den Bäuchen. Sie wirkt damit destabilisierend (Abbildung 6.55).

Die transversale Krümmung ist unabhängig von der Wellenlänge der Deformation. Die longitudinale Krümmung nimmt mit zunehmender Wellenlänge ab, sodass stabilisierende Effekte der longitudinalen Krümmung bei langwelligen Deformationen die destabilisierenden Effekte der transversalen Krümmung nicht verhindern können. Der Umschlag von stabilem Verhalten $k\bar{R} > 1$ zu instabilem Verhalten $k\bar{R} < 1$ tritt

6.20 Laplace-Druck im Wasserstrahl und Rayleigh-Instabilität

Laplacedruck von longitudinaler Krümmung

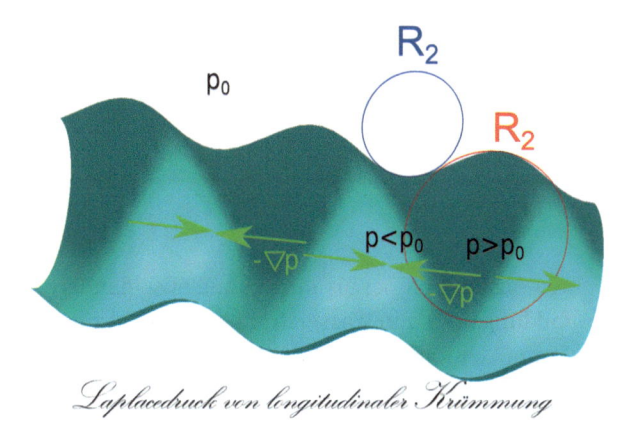

Abb. 6.54: Die longitudinalen Krümmungsdrücke sorgen für eine Stabilisierung der Zylinderform des Wasserstrahls.

Laplacedruck von transversaler Krümmung

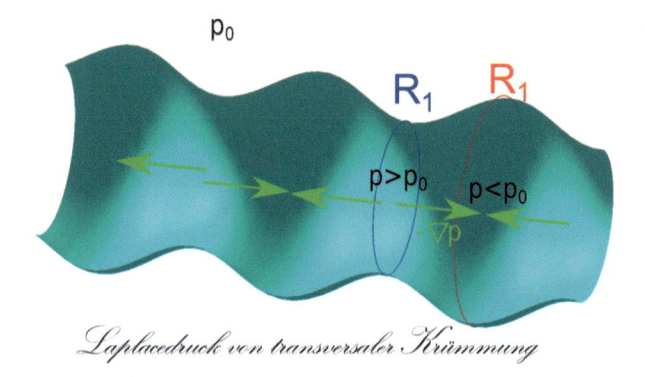

Abb. 6.55: Die transversalen Krümmungsdrücke sorgen für eine Destabilisierung der Zylinderform des Wasserstrahls.

auf, wenn die Wellenzahl dem inversen Zylinderradius entspricht bzw. wenn die Wellenlänge der Störung $\lambda > 2\pi \bar{R}$ größer als der Umfang des ungestörten Zylinders wird.

Wir können eine zylinderförmige Wasserbrücke zwischen zwei Kapillaren halten, wenn der Abstand der beiden Kapillaren kleiner ist als der Umfang derselben (Abbildung 6.56). Dann werden die instabilen langwelligen Deformationen unterdrückt und die Wasserbrücke ist stabil.

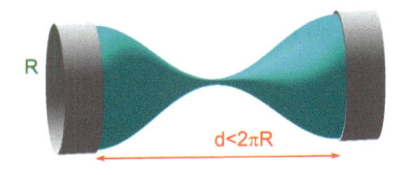

Abb. 6.56: Eine stabile Wasserbrücke zwischen zwei Kapillaren.

Abb. 6.57: Zurückgezogene Tropfen einer instabilen Wasserbrücke zwischen zwei Kapillaren.

Werden die Kapillaren auf einen Abstand größer als ihr Umfang auseinandergezogen, reißt die Wasserbrücke (Abbildung 6.57). Ein Wasserstrahl bleibt nicht zusammenhängend, sondern zerfällt aufgrund der Rayleigh-Instabilität in Tropfen.

Wir sehen, dass die Gleichgewichtsformen von flüssigen Grenzflächen aus einem reichhaltigen Fundus an geometrischen Formen schöpfen können, die aber nicht immer gegenüber Störungen stabil sind. Interessieren wir uns für die Dynamik von flüssigen Grenzflächen, so kommt man an den Wasserwellen als dynamische Anregungen der Grenzfläche nicht vorbei. Das Studium von Wellenphänomenen ist ein eigenes Feld der Physik, das über die Wasserwellen hinaus von größter Bedeutung ist. Wir wollen den Wellenphänomenen den ihnen entsprechenden Raum am Ende dieses Buches einräumen und verweisen, was die Wasserwellen betrifft, auf den Abschnitt 7.5. Das Kapitel über hydrodynamische Phänomene wollen wir hier abschließen.

6.21 Aufgaben

Gasplanet
Betrachten Sie einen einfachen Planeten, der lediglich aus Wasserstoffgas besteht. Berechnen Sie den hydrostatischen Gasdruck und die Dichte des Planeten als Funktion des Radius in verschiedener Tiefe des Planeten! (Hinweis: Es gelte die ideale Gasgleichung (6.18), und die Temperatur des Planeten sei überall gleich.)

Das rotierende Becherglas
Ein Becherglas mit dem Radius R, das bis zu einer Höhe H mit Wasser gefüllt ist, rotiere mit ω um seine Symmetrieachse (Abbildung 6.58).
a) Berechnen Sie die Form $z(\rho)$ der Flüssigkeitsoberfläche. Bei welcher Winkelgeschwindigkeit ω ist keine Flüssigkeit mehr im Zentrum des Becherglases?
b) Berechnen Sie den Druck $p(\rho, z, \omega)$ in der Flüssigkeit und skizzieren Sie die Fläche konstanten Druckes.
c) Welche Form $\tilde{z}(\rho)$ der Flüssigkeitsoberfläche minimiert die Energie der Flüssigkeit?

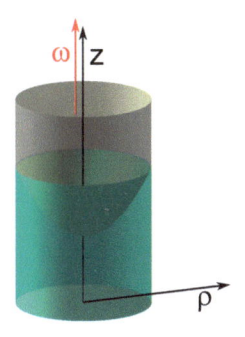

Abb. 6.58: Rotierendes Becherglas mit Flüssigkeit.

Ein Becherglas mit Kapillare
Aus einem zylinderförmigen Becherglas mit Querschnittsfläche A, die bis zur Höhe H mit einer Flüssigkeit gefüllt ist, kann die Flüssigkeit auf einer Höhe h durch eine seitliche Kapillare der Länge L mit dem Radius R austreten.
a) Berechnen Sie die Austrittsgeschwindigkeit v der Flüssigkeit aus der Kapillare. Bestimmen Sie die Reynolds-Zahl $\mathcal{R}e$ im Becher, in der Kapillare und außerhalb der Kapillare und approximieren Sie entsprechend.
b) Berechnen Sie die zeitliche Abhängigkeit des Flüssigkeitsspiegels in dem Becherglas für den Fall, dass die Flüssigkeit die Zähigkeit η besitzt.

U-Rohr zum Ersten
Eine reibungsfreie Flüssigkeit oszilliert im U-Rohr unter dem Einfluss des Schwerefeldes der Erde. Die inkompressible Flüssigkeit habe die Länge L. Berechnen Sie die Schwingungsdauer. Die Navier-Stokes-Gleichungen ohne Reibung und Wirbel können als

$$\frac{\partial \mathbf{v}}{\partial t} = -\nabla \frac{p}{\rho} - \nabla U_{\text{ext}} - \frac{1}{2} \nabla v^2 \,, \tag{6.194}$$

$$\nabla \cdot \mathbf{v} = 0 \tag{6.195}$$

geschrieben werden. Außerhalb der Flüssigkeit herrscht Atmosphärendruck p_0. Welcher Druck herrscht direkt unterhalb der Grenzfläche der Flüssigkeit? Berechnen Sie den Druck $p(\mathbf{r}, t)$ in der Flüssigkeit als Funktion der Position im U-Rohr und der Zeit. Wie variiert der Druck am untersten Punkt des U-Rohres als Funktion der Zeit? Nehmen Sie dabei an, dass der Krümmungsradius des U-Rohrs sehr viel kleiner ist als die Länge L der Flüssigkeitssäule.

U-Rohr zum Zweiten
Zwei mit Flüssigkeit gefüllte U-Rohre sind durch eine dünne Kapillare miteinander verbunden, jedoch werden beide Flüssigkeiten durch eine elastische massefreie Membran mit relativ niedriger Filmspannung γ voneinander getrennt (Abbildung 6.59). Im linken U-Rohr befinde sich mehr Flüssigkeit als im rechten U-Rohr.

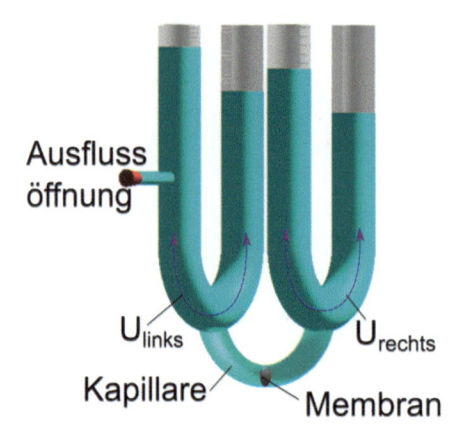

Abb. 6.59: Gekoppelte U-Rohre.

a) Beschreiben Sie, wie das mechanische Gleichgewicht aussieht.
b) Beide U-Rohre stellen ein System gekoppelter Schwinger dar. Erklären Sie, warum der Druck am Fußpunkt beider U-Rohre mit der doppelten Schwingungsfrequenz der Flüssigkeit variiert. Welches sind die Schwingungsnormalmoden beider U-Rohre, wenn die Flüssigkeitsmengen beider U-Rohre gleich sind? Welche der beiden Moden hat die höhere Frequenz und warum? Qualitative Antworten mit Begründung sind ausreichend.
c) Nun wird die linke Flüssigkeit wieder so aufgefüllt, dass die linke Flüssigkeitsmenge die Flüssigkeitsmenge des rechten Rohres deutlich übersteigt. Anschließend wird die linke Flüssigkeit zum Schwingen angeregt. Gleichzeitig wird im linken U-Rohr eine Ausflussöffnung unterhalb des Flüssigkeitsspiegels der rechten Flüssigkeit geöffnet. Beschreiben Sie das Verhalten des Systems unter der Annahme, dass die Ausflussöffnung des linken U-Rohres sehr klein ist. Wie sieht der Endzustand aus? Wie ändert sich das Verhalten, wenn die Ausflussöffnung groß gewählt wird? Sämtliche Antworten sind zu begründen!

Meniskus
Berechnen Sie die Form des Meniskus einer Flüssigkeit an einer ebenen Wand.
  Hinweis: Der Krümmungsradius einer Kurve $y(x)$ ist gegeben durch
$$R(x) = \frac{(1 + y'(x)^2)^{3/2}}{y''(x)}$$
und es gilt
$$\int \frac{dx}{x\sqrt{a^2 - x^2}} = -\frac{1}{a} \operatorname{acosh} \frac{a}{x} \,.$$

Kapillare Steighöhe
Zwei identische Glaskapillaren runden Querschnitts seien in eine die Glaskapillaren benetzende Flüssigkeit (Kontaktwinkel $\vartheta = \pi/4$) eingetaucht.

a) Skizzieren Sie qualitativ nebeneinander die Flüssigkeit-Luft-Grenzfläche im Inneren beider Kapillaren, wenn diese senkrecht in die Flüssigkeit eingetaucht bzw. unter einem Winkel von $\vartheta = \pi/8$ zur Normalen geneigt sind.
b) An welcher Position welcher Kapillaren steigt das Wasser am höchsten und warum?
c) An welcher Position welcher Kapillaren ist die Krümmung der Grenzfläche am kleinsten und warum?

Spaltdruck
Schätzen Sie den Spaltdruck im Schaum eines Bieres ab!

Froschkönig
Es war einmal ein Planet mit Gravitationsbeschleunigung g und Kreisfrequenz ω um seine eigene Nord-Süd-Achse. Direkt am Nordpol stand ein Brunnen mit dem Radius R der Tiefe H und oberer Brunnenradiusöffnung $r < R$. Prinzessin Küssdenfrosch hatte ihre Goldkugel in den Brunnen mit dem Radius R der Tiefe H fallen gelassen. Um diese wieder zu erhalten, musste sie mit einem Frosch im Brunnen kommunizieren. Dies machte der Frosch mittels Morsezeichen (lang oder kurz), die er in Form von kleinen Luftblasen mit dem Radius a an die Oberfläche steigen ließ. Der Frosch saß am Boden direkt am Rand des Brunnens (Abbildung 6.60). Die Prinzessin war natürlich sehr ungeduldig und konnte nicht ewig auf eine Antwort warten. Alle physikalischen Charakteristika des Problems bis auf die Kreisfrequenz der Planetenrotation waren erdähnlich.
a) Wie groß muss der Frosch die Luftblasen machen, wenn die maximale Geduld der Prinzessin die Zeit T nicht überschreitet?
b) Begründen Sie, ob das Aufsteigen der Blase turbulent oder viskos ist.
c) Welche Bedingung muss die Rotationsfrequenz des Planeten erfüllen, damit die Luftblase durch die Öffnung des Brunnens mit Radius $r < R$ hindurchtritt.
d) Berechnen Sie die Trajektorie der Blase auf ihrem Weg nach oben.
e) Beschreiben Sie, welche physikalischen Effekte hier für eine gelungene Kommunikation eine Rolle spielen.

Hinweis: Veränderungen des Blasenradius beim Aufsteigen seien zu vernachlässigen. Ebenso vernachlässigen Sie die nicht ebene Form der Wasseroberfläche.

Abb. 6.60: Prinzessin und Frosch am Brunnen.

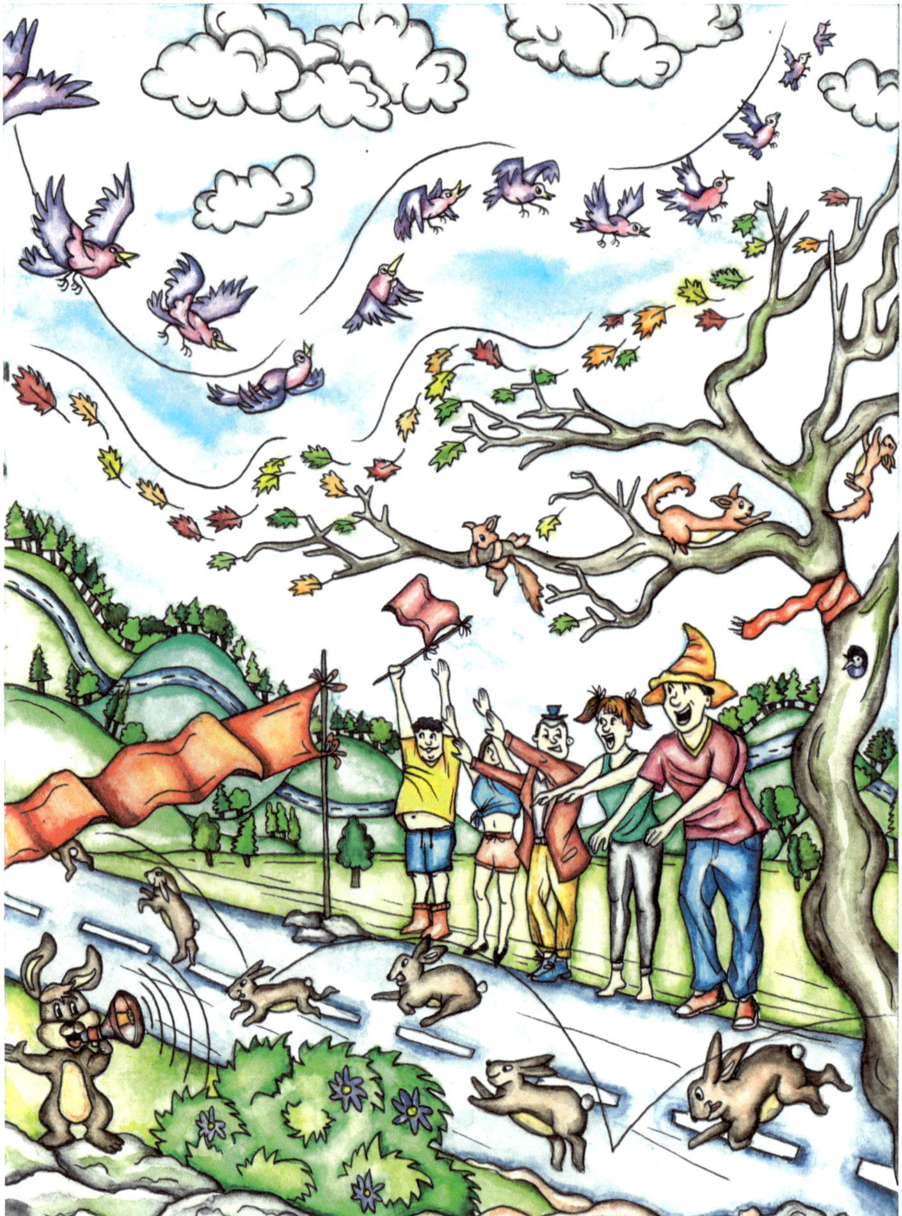

7 Wellen

Jede Abweichung eines Materials von seiner normalen Form kann als eine Überlagerung von Wellen geschrieben werden. Lokale Störungen in einem Material breiten sich in lokaler Näherung in der Form von überlagerten Wellen aus. Die Ausbreitung der Überlagerung wird durch die Dispersionsrelation der Welle beschrieben aus der wir die Gruppengeschwindigkeit und Phasengeschwindigkeit eines Wellenpaketes berechnen können. Ein Übergangsbereich von einem Medium einer Dispersion zu einem Medium anderer Dispersion kann die Welle partiell reflektieren oder reflexionsfrei passieren lassen. Dispersionsrelationen in bewegten Medien können sich von Dispersionsrelationen der unbewegten Medien unterscheiden oder auch nicht. Die Überlagerung von Wellen führt zu positiver und negativer Interferenz an verschiedenen Orten.

7.1 Mathematische Vorübungen zu Wellen

Zur Vorbereitung des Studiums von Wellen müssen wir zuerst ein paar wichtige mathematische Methoden erlernen, die wir an dieser Stelle der Physik der Wellen vorausgehen lassen. Ein mathematisch sehr nützliches Konzept ist das der verallgemeinerten Funktionen (Distributionen). Mathematisch gesehen ist eine Distribution ein Grenzwert einer Funktion. Die mathematischen Details, welche sich aus der Verallgemeinerung ergeben, sind in vielen physikalischen Fällen nicht wichtig, da wir den Grenzwertprozess nicht wirklich durchführen müssen, sondern schon zufrieden sind, wenn durch eine Zeitskalentrennung oder Längenskalentrennung der Unterschied zum echten Grenzwert nicht mehr auflösbar ist. Eine einfache verallgemeinerte Funktion ist die Dirac-Delta-Funktion, die wir uns salopp gesprochen als einen scharfen Peak der Fläche 1 vorstellen können. Abbildung 7.1 zeigt die Dirac-Delta-Funktion $\delta(x - x_0)$ als eine Funktion von x.

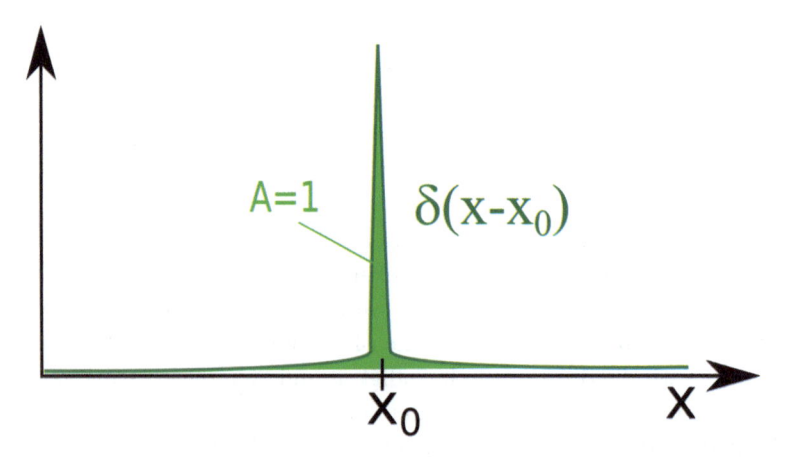

Abb. 7.1: Die Dirac-Delta-Funktion.

Eine mathematische Dirac-Distribution muss den Grenzwertprozess der dort aufgemalten Funktion hin zu unendlich scharfen und hohen Peaks durchführen. Uns soll es hier genügen, uns vorzustellen, dass die Breite des Peaks alle messbaren Größenordnungen von x unterschreitet, sodass auf der Größenordnung der Breite der Funktion keine physikalischen Veränderungen mit der Variable x auftreten. Wir können mit unserer Messgenauigkeit sagen, die Deltafunktion sei null für $x \neq x_0$ und strebe bei konstanter Fläche unter der Kurve gegen unendlich für $x \to x_0$. Es gilt also

$$\int_{x_0-\epsilon}^{x_0+\epsilon} \delta(x - x_0)\,dx = 1 \,. \tag{7.1}$$

Ist $f(x)$ eine physikalisch anständige Funktion, die sich über die Breite des Deltapeaks nicht verändert, so gilt

$$\int_{-\infty}^{\infty} f(x)\delta(x-x_0)dx = f(x_0)\int_{-\infty}^{\infty}\delta(x-x_0)dx = f(x_0). \tag{7.2}$$

Die Funktion $\delta(x-x_0)$ wählt bei Integration über die Funktion $f(x)$ den Wert der Funktion an der Stelle x_0 aus. Wir können unterschiedliche Funktionen, die einen Peak haben, als Approximation einer Dirac-Delta-Funktion heranziehen. Wir listen drei wichtige Beispiele auf:

$$\text{Kastenfunktion} \quad \delta(x) = \lim_{\gamma \to 0} \begin{cases} \frac{1}{\gamma} & |x| < \frac{\gamma}{2} \\ 0 & \text{sonst} \end{cases},$$

$$\text{Lorentz-Peak} \quad \delta(x) = \lim_{\gamma \to 0} \frac{1}{\pi} \frac{\gamma}{x^2 + \gamma^2}, \tag{7.3}$$

$$\text{Gauß-Peak} \quad \delta(x) = \lim_{\gamma \to 0} \frac{1}{\gamma\sqrt{2\pi}} \exp\left(-\frac{x^2}{2\gamma^2}\right).$$

Die Rechnungen, dass alle Funktionen richtig normiert sind, also die Fläche unter der Kurve eins ergibt, überlassen wir dem Leser. Wir wenden uns dem zentralen Thema dieses Abschnittes zu, der Fourier-Transformation. Angenommen wir haben eine Funktion $f(x)$, dann definieren wir die Fourier-Transformierte der Funktion $f(x)$ als die Funktion

$$\hat{f}(k) = \int_{-\infty}^{\infty} e^{ikx} f(x)\, dx. \tag{7.4}$$

Der Hut auf $\hat{f}$ soll ausdrücken, dass $\hat{f}$ eine andere Funktion ist als die Ursprungsfunktion f. In der Physik bringt man das oft schon damit zum Ausdruck, dass wenn die Funktion f das Argument x oder t hat, die Funktion $\hat{f}$ das Argument k bzw. ω hat. Mit den Argumenten ist die physikalische Interpretation des einen Arguments x fest an einen Ort, t eine Zeit, k eine Wellenzahl und ω eine Kreisfrequenz verknüpft, sodass man bereits am Argument erkennt, ob es sich um die Funktion oder ihre Fourier-Transformierte handelt. In diesem Abschnitt heben wir den Unterschied beider Funktionen noch durch einen Hut hervor, lassen diese überflüssige Kennzeichnung aber in allen physikalisch motivierten Abschnitten sofort wieder fallen, so wie das in der physikalischen Literatur gehandhabt wird. Wir probieren die Fourier-Transformation an einer wichtigen Funktion, der Gauß-Kurve

$$f(x) = \frac{1}{2\pi} \exp\left(-\frac{x^2 \gamma^2}{2}\right) \tag{7.5}$$

aus. Beachten Sie, welch unschöne Form der Gauß-Kurve gewählt wurde. Erstens haben wir diese nicht anständig normiert und zweitens beträgt die Breite dieser Kurve, wie wir durch Vergleich mit (7.3) feststellen, nicht y, sondern $1/y$. Wir setzen (7.5) in die Definition der Fourier-Transformation (7.4) ein und erhalten

$$\hat{f}(k) = \int_{-\infty}^{\infty} \frac{dx}{2\pi} e^{ikx} \exp\left(-\frac{x^2 y^2}{2}\right)$$

$$= \int_{-\infty}^{\infty} \frac{dx}{2\pi} \exp\left[-\frac{1}{2}\left(xy - \frac{ik}{y}\right)^2 - \frac{k^2}{2y^2}\right] . \quad (7.6)$$

Wir substituieren $y = xy - ik/y$, $dx = dy/y$ und finden

$$\hat{f}(k) = \int_{-\infty}^{\infty} \frac{dy}{2\pi y} \exp\left(-\frac{y^2}{2}\right) \exp\left(-\frac{k^2}{2y^2}\right)$$

$$= \frac{1}{\sqrt{2\pi} y} \exp\left(-\frac{k^2}{2y^2}\right) \int_{-\infty}^{\infty} \frac{dy}{\sqrt{2\pi} 1} \exp\left(-\frac{y^2}{2 \cdot 1^2}\right) \quad (7.7)$$

$$= \frac{1}{\sqrt{2\pi} y} \exp\left(-\frac{k^2}{2y^2}\right) . \quad (7.8)$$

In Gleichung (7.7) haben wir dabei erkannt, dass der Integrand unter dem Integral eine normierte Gauß-Kurve der Breite eins ist. Die Fourier-Transformierte der unschönen Gauß-Kurve aus (7.5) ist eine richtig schön normierte Gauß-Kurve der anständigen Breite y. Wir bilden den Grenzwert $y \to 0$ und finden

$$\lim_{y \to 0} \int_{-\infty}^{\infty} \frac{dx}{2\pi} e^{ikx} \exp\left(-\frac{x^2 y^2}{2}\right) = \delta(x) . \quad (7.9)$$

Als Physiker schreiben wir salopp (die Grenzwertbildung aus (7.9) behalten wir im Hinterkopf):

$$\int_{-\infty}^{\infty} \frac{dx}{2\pi} e^{ikx} = \delta(x) . \quad (7.10)$$

Wir berechnen nun das Integral

$$\int_{-\infty}^{\infty} \frac{dk}{2\pi} e^{-ikx'} \hat{f}(k) = \int_{-\infty}^{\infty} \frac{dk}{2\pi} e^{-ikx'} \int_{-\infty}^{\infty} dx e^{ikx} f(x)$$

$$= \int_{-\infty}^{\infty} dx f(x) \int_{-\infty}^{\infty} \frac{dk}{2\pi} e^{ik(x-x')}$$

$$= \int_{-\infty}^{\infty} dx f(x) \delta(x - x') = f(x') \quad (7.11)$$

und wir erkennen, dass man aus der Fourier-Transformation $\hat{f}(k)$ die Ursprungsfunktion durch inverse Fourier-Transformation

$$f(x) = \int_{-\infty}^{\infty} \frac{dk}{2\pi} e^{-ikx} \hat{f}(k) \qquad (7.12)$$

wieder zurückerhält. Beide Funktionen enthalten somit die gleiche Information auf unterschiedliche Art und Weise. Die Fourier-Transformation einer Gauß-Kurve der Breite Δx ist eine Gauß-Kurve der Breite $\Delta k = 1/\Delta x$ und es folgt, dass $\Delta k \Delta x = 1$ gilt. Die Fourier-Transformation einer Konstante ist die Dirac-Delta-Funktion.

Wir versuchen, die Fourier-Transformation physikalisch zu interpretieren. Das Integral

$$f(x) = \int_{-\infty}^{\infty} \frac{dk}{2\pi} e^{-ikx} \hat{f}(k) \qquad (7.13)$$

ist eine Überlagerung von Wellen e^{-ikx} der Wellenlänge $\lambda = 2\pi/k$ mit der Amplitude $\hat{f}(k)$. Jede Funktion $f(x)$ kann also als Überlagerung von Wellen betrachtet werden. Wenn eine Fourier-Transformation aber jede Funktion in Wellen zerlegt, ist es nicht verwunderlich, dass die Fourier-Transformation bei Wellen eine wichtige Rolle spielt.

7.2 Wellen

In Abschnitt 3.5 hatten wir zwei gekoppelte Federpendel besprochen und gesehen, dass kollektive Moden genau dann auftreten, wenn die Frequenzen der beiden ungekoppelten Schwinger aufeinander angepasst waren. Wir erweitern das in Abschnitt 3.5 besprochene Modell auf eine lineare Kette von N gleichen Massen, die durch gleichartige Federn gekoppelt sind. Die Gleichgewichtslage der j-ten Masse sei an der Position $x_j^0 = ja$, wobei a der Gleichgewichtsabstand zwischen nächsten Nachbarmassen ist. Befindet sich die j-te Masse nicht an ihrer Gleichgewichtslage, sondern an der Position

$$x_j = x_j^0 + u_j, \qquad (7.14)$$

so nennen wir analog zu unserer Definition (5.12) u_j die Verschiebung der j-ten Masse. In Abbildung 7.2 haben wir eine derartige lineare Kette skizziert.

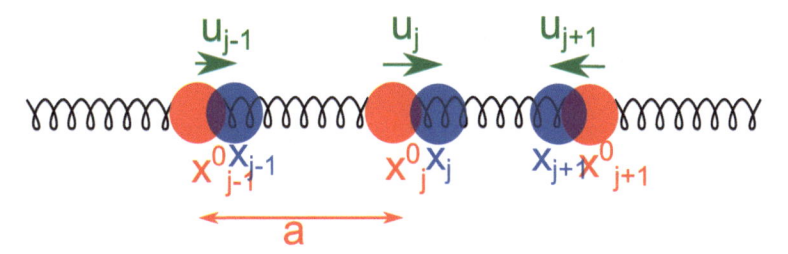

Abb. 7.2: Die lineare Kette als Beispiel eines wellenunterstützenden Systems.

Wir berechnen die auf die j-te Masse wirkenden Kräfte aus den harmonischen Federpotenzialen der beiden Federn zur Linken und Rechten der j-ten Masse:

$$F_j^{\text{links}} = -D(u_j - u_{j-1}), \tag{7.15}$$

$$F_j^{\text{rechts}} = D(u_{j+1} - u_j) \tag{7.16}$$

und erhalten die Bewegungsgleichung des j-ten Teilchens

$$m\ddot{u}_j = D(u_{j+1} - 2u_j + u_{j-1}). \tag{7.17}$$

Wir machen einen Wellenansatz für die Verschiebung

$$u_j = \hat{u} \exp(i(kaj - \omega t)). \tag{7.18}$$

Wir differenzieren die Verschiebung u_j nach der Zeit und finden

$$\dot{u}_j = -i\omega u_j,$$
$$\ddot{u}_j = (-i\omega)^2 u_j = -\omega^2 u_j. \tag{7.19}$$

Die rechte Seite von (7.17) vereinfachen wir zu

$$D(u_{j+1} - 2u_j + u_{j-1}) = D\hat{u}(e^{ika(j+1)} - 2e^{ikaj} + e^{ika(j-1)})e^{-i\omega t}$$
$$= D\hat{u} \exp[i(kaj - \omega t)](e^{ika} - 2 + e^{-ika})$$
$$= Du_j(2\cos ka - 2)$$
$$= -Du_j 4 \sin^2 \frac{ka}{2}. \tag{7.20}$$

Wir setzen die Gleichungen (7.19) und (7.20) in die Bewegungsgleichung (7.17) ein und finden

$$-m\omega^2 u_j = -4D \sin^2 \frac{ka}{2} u_j. \tag{7.21}$$

Die linke und rechte Seite von (7.21) stimmen überein, wenn wir

$$\omega(k) = 2\sqrt{\frac{D}{m}} \sin \frac{ka}{2} \tag{7.22}$$

wählen. Wir bezeichnen die Abhängigkeit der Kreisfrequenz $\omega(k)$ von der Wellenzahl k als die Dispersionsrelation der Welle. Bezeichnen wir mit $x_j^0 = aj$, so finden wir, dass die Welle (7.18) sich bei festgehaltener Zeit t wiederholt, wenn die Substitution $x_j^0 = \bar{x}_j^0 + \lambda$ den Ansatz (7.18) nicht verändert. Wir finden, dass dies für

$$\lambda = \frac{2\pi}{k} \tag{7.23}$$

der Fall ist und nennen deshalb λ die Wellenlänge der Welle. Genauso finden wir die zeitliche Periode der Welle

$$T(k) = \frac{2\pi}{\omega(k)}. \tag{7.24}$$

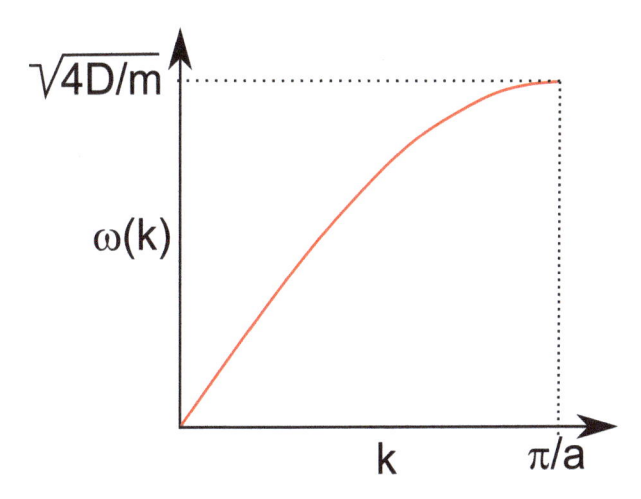

Abb. 7.3: Dispersionsrelation der linearen Kette.

In Abbildung 7.3 ist die Dispersionsrelation der linearen Kette aufgetragen.

Wir fragen nach den Punkten in der Raumzeit, bei denen eine Welle der Form

$$e^{i(kx-\omega t)} = e^{i\phi} \tag{7.25}$$

eine feste Phase hat und finden, dass dies für alle Orte

$$x_\phi = \frac{\omega(k)}{k} t_\phi + \frac{\phi}{k} = v_\phi t_\phi + x_\phi^0 \tag{7.26}$$

der Fall ist. Wenn wir uns auf den Punkten konstanter Phase mit der Welle mitbewegen, so geschieht das mit der Phasengeschwindigkeit

$$v_\phi = \frac{\omega(k)}{k} . \tag{7.27}$$

Wir hatten im Abschnitt 7.1 gesehen, dass wir jede Funktion als Überlagerungen von Wellen schreiben können. Wir betrachten jetzt eine allgemeine Verschiebung

$$u(x, t{=}0) = \int_{-\infty}^{\infty} dk\, \hat{u}(k) e^{ikx} \tag{7.28}$$

zur Zeit $t = 0$. Es ist klar, wie sich dieses Verschiebungsfeld als Funktion der Zeit weiterbewegt, denn wir haben es als Superposition von Wellen e^{ikx} geschrieben, von denen wir wissen, dass ihre Zeitentwicklung gemäß $e^{i(kx-\omega(k)t)}$ erfolgt. Die Frage, wie sich unsere Anfangsverschiebung (7.28) als Funktion der Zeit weiterentwickelt, kann also mit

$$u(x, t) = \int_{-\infty}^{\infty} dk\, \hat{u}(k) e^{i(kx-\omega(k)t)} \tag{7.29}$$

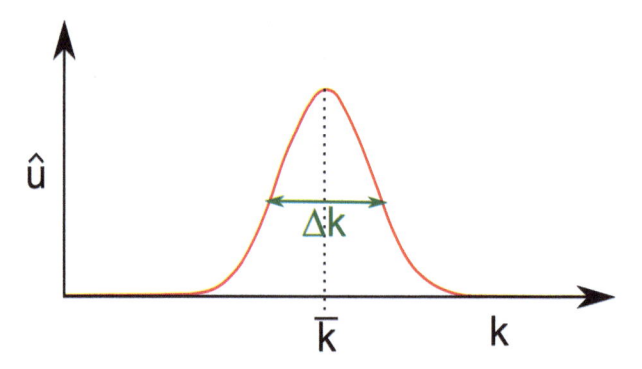

Abb. 7.4: Fourier-Transformation eines Gauß-förmigen Wellenpakets.

beantwortet werden. Wir betrachten jetzt ein Wellenpaket, d. h. eine Superposition von Wellen, die im Ortsraum zu einem Verschiebungsfeld $u(x)$ führt, dass nur in der Region $x_{\text{Zentrum}} \pm \Delta x$ um das Zentrum des Wellenpakets endliche Werte hat und außerhalb dieser Region verschwindet oder vernachlässigbar klein ist. Um uns das Leben nicht zu schwer zu machen, nehmen wir einen Gauß-Peak als Wellenpaket im Ortsraum an, das noch mit einer Periode $\bar{\lambda} = 2\pi/\bar{k}$ oszilliert. Dann ist auch die Fouriertransformierte Verschiebung eine Gauß-Kurve der Breite $\Delta k = 1/\Delta x$ um die Mittenposition $\bar{k}$. Wir schreiben den Gauß-Peak, der um den Mittenwellenvektor $\bar{k}$ zentriert ist als

$$\hat{u}(k) \propto \exp\left(-\frac{(k-\bar{k})^2}{2\Delta k^2}\right). \tag{7.30}$$

In Abbildung 7.4 haben wir das Wellenpaket im Fourier-Raum (k) aufgetragen. Auch dieses Wellenpaket verändert sich als Funktion der Zeit gemäß (7.29), in der das Wellenpaket im Fourier-Raum $\hat{u}(k)$ als zeitunabhängiger Vorfaktor erscheint, der sich nur in der Nähe von $\bar{k}$ wesentlich von null unterscheidet. Es macht deshalb Sinn, den Faktor $e^{i(kx-\omega(k)t)}$ in (7.29) um den Mittenwellenvektor im Exponenten in eine Taylorreihe zu entwickeln:

$$(kx - \omega(k)t) \approx (\bar{k}x - \omega(\bar{k})t) + \left((k-\bar{k})x - \frac{\partial\omega}{\partial k}\bigg|_{\bar{k}}(k-\bar{k})t\right) \tag{7.31}$$

und (7.31) in (7.29) einzusetzen. Wir erhalten

$$u(x,t) = e^{i(\bar{k}x-\omega(\bar{k})t)} \int_{-\infty}^{\infty} dk\,\hat{u}(k) e^{i((k-\bar{k})x - \frac{\partial\omega}{\partial k}|_{\bar{k}}(k-\bar{k})t)}$$

$$= e^{i(\bar{k}x-\omega(\bar{k})t)} \int_{-\infty}^{\infty} dk\,\hat{u}(k) e^{i(k-\bar{k})(x-v_{gr}t)}$$

$$= e^{i\bar{k}(x-v_\phi t)} u_{\text{Einhüllende}}(x - v_{gr}t, t=0), \tag{7.32}$$

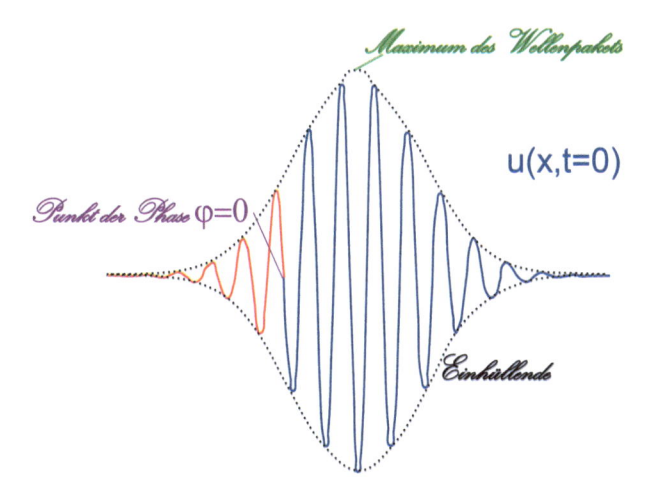

Abb. 7.5: Wellenpaket im Ortsraum mit Punkt konstanter Phase und Maximum der Einhüllenden.

wobei wir die Gruppengeschwindigkeit

$$v_{gr}(k) = \frac{\partial \omega}{\partial k} \qquad (7.33)$$

definiert haben. Das Wellenpaket im Ortsraum hat zur Zeit $t = 0$ die Form einer ebenen Welle $e^{i(\bar{k}x)}$ mit dem mittleren Wellenvektor $\bar{k}$, die mit einer langsamer variierenden Einhüllenden $u_{\text{Einhüllende}}(x, t=0)$ des Wellenpakets multipliziert ist (Abbildung 7.5). Die mittlere Welle bewegt sich als Funktion der Zeit mit der Phasengeschwindigkeit fort, während die Einhüllende sich mit der Gruppengeschwindigkeit vorwärts bewegt (Abbildung 7.6). Das Zentrum des Wellenpakets ist das Maximum der Einhüllenden, die Punkte konstanter Phase sind z. B. die Nulldurchgänge der mittleren Welle.

Wir sehen, dass es zwei Geschwindigkeiten, die Phasengeschwindigkeit (7.27) und die Gruppengeschwindigkeit (7.33) gibt, die die Zeitentwicklung eines Wellenpakets beschreiben. Sind beide Geschwindigkeiten verschieden

$$\frac{\partial \omega}{\partial k} \neq \frac{\omega}{k}, \qquad (7.34)$$

so sagen wir, dass die Welle eine Dispersion hat. Die Wellen in der linearen Kette haben also eine Dispersion. In der Welle steckt Energie, die an den Stellen konzentriert ist, wo die Amplitude groß ist. Es folgt daraus, dass die Energie in einer Welle mit der Gruppengeschwindigkeit, nicht mit der Phasengeschwindigkeit, transportiert wird.

7.3 Schallwellen

Eine wichtige Sorte Wellen haben wir bereits in Abschnitt 5.15 kennengelernt. Sie ergaben sich aus der Bewegungsgleichung eines deformierbaren elastischen isotropen

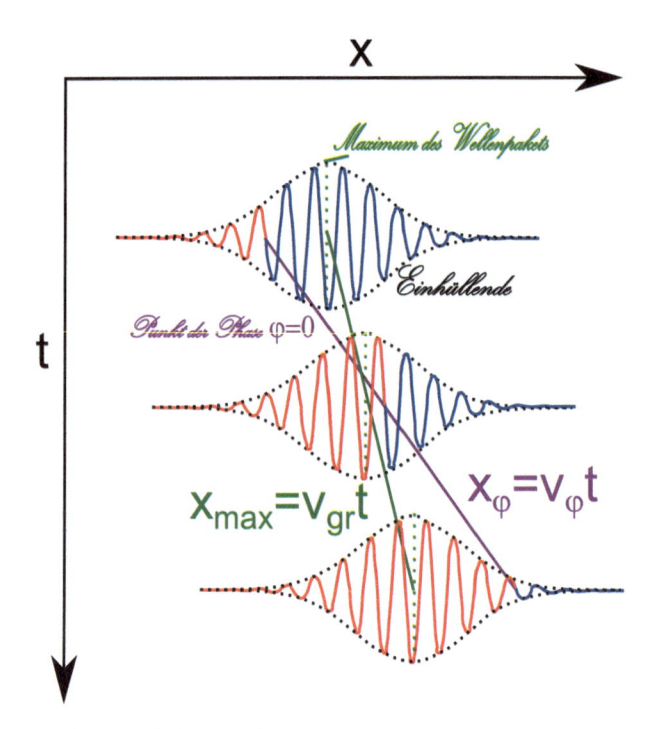

Abb. 7.6: Zeitliche Entwicklung eines Wellenpaketes.

Festkörpers (5.34). Wir wollen die Ergebnisse aus Abschnitt 5.15 kurz wiederholen. Die Bewegungsgleichung (5.34) lautete

$$\rho\ddot{\mathbf{u}} = \left(K + \frac{G}{3}\right)\nabla(\nabla \cdot \mathbf{u}) + G\nabla^2 \mathbf{u} \qquad (7.35)$$

und wir fanden eine longitudinale und zwei transversale Lösungen. Die longitudinale Lösung war von der Form

$$\mathbf{u}_l(\mathbf{r}, t) = \nabla l\left[\mathbf{v} \cdot (\mathbf{r} - \mathbf{v}t)\right] \,, \qquad (7.36)$$

wobei wir

$$v_l = \sqrt{\frac{K + \frac{4}{3}G}{\rho}} \qquad (7.37)$$

als longitudinale Schallgeschwindigkeit fanden. Der Druck ist der negative isotrope Anteil

$$p = p_0 - K\left(\nabla \cdot \mathbf{u}\right) \qquad (7.38)$$

des Spannungstensors (5.27), und die den Festkörper durchlaufenden Schallwellen lassen diesen vom Normaldruck abweichen, in dem kompressible Deformationen einzelne Volumenelemente des Festkörpers vergrößern und verkleinern. Dieselbe Lösung gilt auch in reibungsfreien ($\eta = 0$) nicht dilatationsviskosen ($\kappa = 0$) Flüssigkeiten und

Gasen, bei denen im Gegensatz zu Festkörpern auch der Schermodul verschwindet ($G = 0$). Als konstituierende Gleichung für den Druck nehmen wir Gleichung (7.38) anstatt (6.18), was gerechtfertigt ist, wenn die Druckschwankungen klein sind. Setzen wir die Geschwindigkeit auf

$$\dot{\mathbf{u}} = \mathbf{v} \tag{7.39}$$

und setzen alle Näherungen in (5.34) ein, so erhalten wir

$$\rho \dot{\mathbf{v}} = K \nabla (\nabla \cdot \mathbf{u}) \tag{7.40}$$

und nach einer weiteren Zeitableitung

$$\rho \ddot{\mathbf{v}} = K \nabla (\nabla \cdot \mathbf{v}) \,, \tag{7.41}$$

was derselben Bewegungsgleichung entspricht wie die der Verschiebung. Die Bewegungsgleichung hätten wir genauso aus den Gleichungen der Fluiddynamik für Newton'sche Flüssigkeiten (6.15) erhalten, deren Ähnlichkeit mit dem Hooke'schen Gesetz uns bereits in Abschnitt 6.1 aufgefallen war. Dieselben Gleichungen haben natürlich dieselben Lösungen und wir finden, dass die longitudinalen Schallwellen durch

$$\mathbf{v}_l(\mathbf{r}, t) = \nabla l \left[\mathbf{c} \cdot (\mathbf{r} - \mathbf{c}t) \right] \tag{7.42}$$

gegeben sind, wobei wir mit

$$c = \sqrt{\frac{K}{\rho}} \tag{7.43}$$

die Schallgeschwindigkeit in der Flüssigkeit bezeichnen und bemerken, dass Kompressionen in Flüssigkeiten so schnell erfolgen, dass kein Wärmeaustausch zwischen den einzelnen komprimierten und expandierten Volumina möglich ist. Der Kompressionsmodul K in (7.43) ist deshalb der adiabatische Kompressionsmodul. Wir machen für die Geschwindigkeit, die wir auch als Schallschnelle bezeichnen, den Ansatz einer ebenen Welle

$$\mathbf{v}(\mathbf{r}, t) = v_0 \hat{\mathbf{k}} e^{i(\mathbf{k} \cdot \mathbf{r} - \omega t)} \tag{7.44}$$

$$= \frac{i}{\omega} \frac{d}{dt} \mathbf{v}(\mathbf{r}, t) \,. \tag{7.45}$$

Wir vergleichen (7.39) mit (7.45) und folgern, dass

$$\mathbf{u}(\mathbf{r}, t) = \frac{i}{\omega} \mathbf{v}(\mathbf{r}, t) = u_0 \hat{\mathbf{k}} e^{i(\mathbf{k} \cdot \mathbf{r} - \omega t)} \tag{7.46}$$

die Verschiebung ist, wobei wir

$$u_0 = v_0/(-i\omega) \tag{7.47}$$

und $\hat{\mathbf{k}} = \mathbf{k}/k$ eingeführt haben. Wir drücken die Geschwindigkeit

$$\mathbf{v} = -i\omega \mathbf{u} \tag{7.48}$$

durch die Verschiebung aus und berechnen die kinetische Energiedichte

$$\frac{E_{kin}}{V} = \frac{1}{2}\rho(\mathbb{R}\mathbf{v})^2 = \frac{1}{2}\rho(\mathbb{R}(-i\omega\mathbf{u}))^2$$
$$= \frac{1}{2}\rho u_0^2 \omega^2 \sin^2(\mathbf{k}\cdot\mathbf{r} - \omega t) \,. \tag{7.49}$$

Wir berechnen die Druckabweichung

$$\delta p = p - p_0 = -K\nabla\cdot u = -\mathbb{R}(iu_0 K k e^{i(\mathbf{k}\cdot\mathbf{r}-\omega t)})$$
$$= u_0 K k \sin(\mathbf{k}\cdot\mathbf{r} - \omega t)$$
$$= u_0 \rho \frac{K}{\rho}\omega\frac{k}{\omega}\sin(\mathbf{k}\cdot\mathbf{r} - \omega t)$$
$$= \rho u_0 c^2 \omega \frac{1}{c}\sin(\mathbf{k}\cdot\mathbf{r} - \omega t)$$
$$= \rho u_0 \omega c \sin(\mathbf{k}\cdot\mathbf{r} - \omega t) \,. \tag{7.50}$$

Die Druckamplitude beträgt

$$\delta\hat{p} = -i\rho\omega c u_0 = -\rho c v_0 \,, \tag{7.51}$$

woran wir erkennen, dass die Druckschwankungen mit der Geschwindigkeit in Phase sind. Die elastische Energiedichte der Deformation beträgt

$$\frac{E_{el}}{V} = \frac{1}{2}K(\nabla\cdot\mathbf{u})^2$$
$$= \frac{1}{2}k^2 K u_0^2 \sin^2(\mathbf{k}\cdot\mathbf{r} - \omega t)$$
$$= \frac{1}{2}\rho\omega^2 u_0^2 \sin^2(\mathbf{k}\cdot\mathbf{r} - \omega t) = \frac{E_{kin}}{V} \,. \tag{7.52}$$

Wir berechnen die Änderung der Gesamtenergiedichte:

$$\frac{\partial}{\partial t}\left(\frac{1}{2}\rho v^2 + \frac{1}{2}K(\nabla\cdot\mathbf{u})^2\right) = \rho\mathbf{v}\cdot\dot{\mathbf{v}} + K(\nabla\cdot\mathbf{u})(\nabla\cdot\mathbf{v})$$
$$= \rho\mathbf{v}\cdot K\nabla(\nabla\cdot\mathbf{u}) + K(\nabla\cdot\mathbf{u})(\nabla\cdot\mathbf{v})$$
$$= \nabla\cdot K\mathbf{v}(\nabla\cdot\mathbf{u}) \,. \tag{7.53}$$

Wir können also schreiben dass

$$\frac{\partial(E/V)}{\partial t} + \nabla\cdot\mathbf{j}_E = 0 \tag{7.54}$$

gilt, wobei wir mit

$$\mathbf{j}_E = -K\mathbf{v}(\nabla\cdot\mathbf{u}) \tag{7.55}$$

die Energiestromdichte bezeichnen. Die Gleichung hat exakt dieselbe Struktur wie die Kontinuitätsgleichung (6.9), die die Massenerhaltung beschrieb. Diese Gleichung beschreibt die Energieerhaltung. Wir berechnen die Energiestromdichte für eine ebene

Welle:

$$\begin{aligned}
\mathbf{j}_E &= -K\omega u_0 \hat{k} \sin(\mathbf{k}\cdot\mathbf{r}-\omega t) \nabla \cdot u_0 \hat{k} \cos(\mathbf{k}\cdot\mathbf{r}-\omega t) \\
&= K\omega u_0^2 \mathbf{k} \sin^2(\mathbf{k}\cdot\mathbf{r}-\omega t) \\
&= \rho\omega \frac{K}{\rho} u_0^2 \mathbf{k} \sin^2(\mathbf{k}\cdot\mathbf{r}-\omega t) \\
&= \rho\omega c^2 u_0^2 \mathbf{k} \sin^2(\mathbf{k}\cdot\mathbf{r}-\omega t) \\
&= \rho\omega c \frac{\omega}{k} u_0^2 \mathbf{k} \sin^2(\mathbf{k}\cdot\mathbf{r}-\omega t) \\
&= \rho c \omega^2 u_0^2 \frac{\mathbf{k}}{k} \sin^2(\mathbf{k}\cdot\mathbf{r}-\omega t) \\
&= \mathbf{c}\frac{E}{V} \,.
\end{aligned} \tag{7.56}$$

Wir erkennen, dass in einer ebenen, laufenden Schallwelle Druckbäuche und Geschwindigkeitsbäuche zusammenfallen. Die Energie ist in diesen Bäuchen zur Hälfte als elastische Energie, zur Hälfte als kinetische Energie gespeichert. Sie wird mit der Schallwelle in den Bäuchen mit der Schallgeschwindigkeit c vorwärts transportiert (Abbildung 7.7).

Die über eine Wellenlänge gemittelten Energiestromdichte

$$I = \frac{1}{\lambda} \int_{\mathbf{r}}^{\mathbf{r}+\lambda\hat{k}} \mathbf{j}_E \cdot \mathrm{d}\mathbf{r}(s) \tag{7.57}$$

bezeichnet man als Intensität der Schallwelle. Für eine ebene Welle der Frequenz ω finden wir

$$I = \frac{1}{2} c\rho v^2 \,. \tag{7.58}$$

Die Intensität einer Schallwelle, welche als absolute Ruhe empfunden wird, bezeichnet man als die Rauschintensität

$$I_{\text{Rauschen}} \approx 10^{-12}\,\text{W/m}^2 \,. \tag{7.59}$$

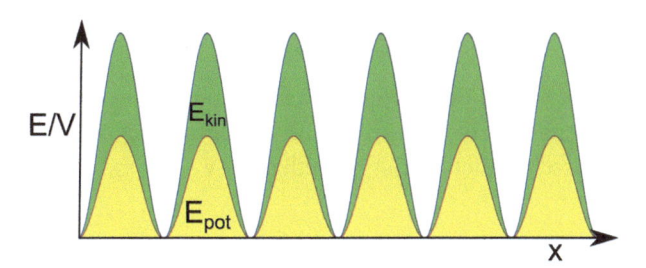

Abb. 7.7: Kinetische und elastische Energiebäuche einer laufenden Schallwelle.

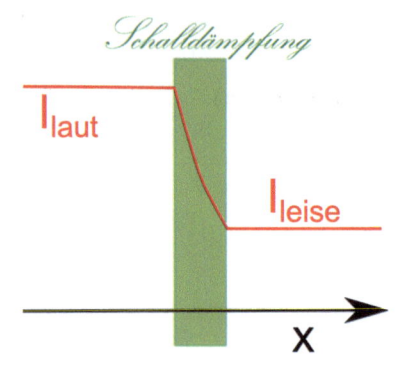

Abb. 7.8: Schalldämmung reduziert die Schallintensität.

Der Signal-Rausch-Abstand eines Schallsignals zur Rauschintensität des menschlichen Ohres wird in Dezibel gemessen

$$L_p = 10 \log_{10} \frac{I}{I_{\text{rauschen}}} = 20 \log_{10} \frac{\delta p}{\delta p_{\text{rauschen}}} \,. \tag{7.60}$$

Bei einer Lautstärke von 100 dB, was einer um zehn Größenordnungen höheren Intensität als die der absoluten Ruhe entspricht, ertauben wir. Unser Ohr ist also über zehn Größenordnungen empfindlich. Benutzen wir einen schalldämmenden Stoff, so messen wir die Dämpfung ebenfalls in Dezibel, die dann aber durch das Verhältnis des ungedämpften Signals zum gedämpften Signal (Abbildung 7.8) definiert ist

$$L_p = 10 \log_{10} \frac{I_{\text{ungedämpft}}}{I_{\text{gedämpft}}} \,. \tag{7.61}$$

Die Dämpfung pro Dicke des Materials ist eine Materialeigenschaft.

Wir betrachten die Superposition einer rechts und einer links laufenden Schallwelle:

$$\mathbf{u} = \underbrace{\frac{u_0}{2}\hat{\mathbf{k}}e^{i(\mathbf{k}\cdot\mathbf{r}-\omega t)}}_{\text{rechts laufende Welle}} + \underbrace{\frac{u_0}{2}\hat{\mathbf{k}}e^{i(-\mathbf{k}\cdot\mathbf{r}-\omega t)}}_{\text{links laufende Welle}} = \underbrace{u_0 \hat{\mathbf{k}} e^{-i\omega t} \cos(\mathbf{k}\cdot\mathbf{r})}_{\text{stehende Welle}} \,. \tag{7.62}$$

Wir berechnen die Geschwindigkeit

$$\mathbf{v} = \dot{\mathbf{u}} = -i\omega \mathbf{u} \tag{7.63}$$

und die Druckschwankung

$$\delta p = -K \nabla \cdot u = u_0 K k^2 e^{-i\omega t} \sin(\mathbf{k}\cdot\mathbf{r}) \,. \tag{7.64}$$

Wir erkennen, dass die Druckbäuche und Geschwindigkeitsbäuche um eine Viertelwellenlänge gegeneinander verschoben sind. Wenn die Druckschwankung zeitlich den Maximalausschlag hat, so verschwindet die Geschwindigkeit ($\mathbf{v} = \mathbf{0}$) und umgekehrt. Es gilt

$$\mathbf{u} = (u_r(x-ct) + u_l(x+ct))\mathbf{e}_x \,, \tag{7.65}$$

$$\mathbf{v} = \dot{\mathbf{u}} = (-c u_r' + c u_l')\mathbf{e}_x \tag{7.66}$$

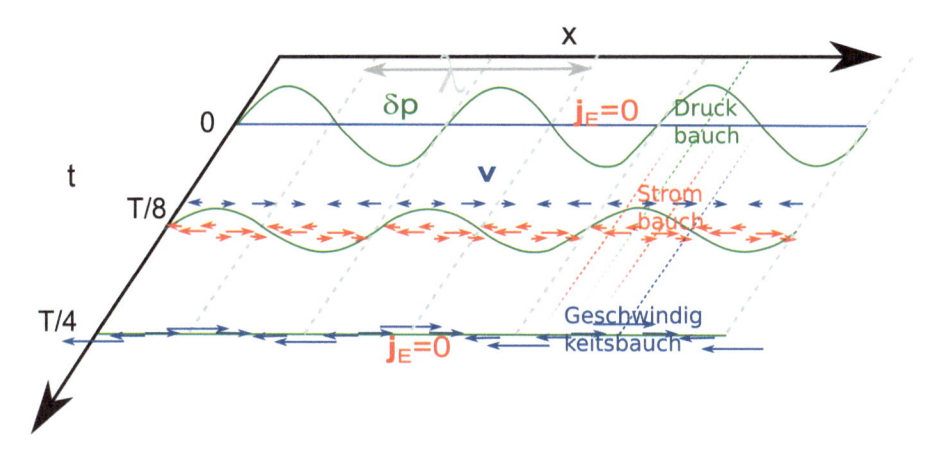

Abb. 7.9: Verlauf der Druckschwankungen der Geschwindigkeit und des Energiestromes als Funktion von Ort und Zeit.

$$\nabla \cdot \mathbf{u} = u'_r + u'_l \tag{7.67}$$

$$\mathbf{j}_E = K\mathbf{v}(\nabla \cdot u) = Kc(-u'_r + u'_l)(u'_r + u'_l)\mathbf{e}_x$$
$$= Kc(u'^2_l - u'^2_r)\mathbf{e}_x = \mathbf{j}^l_E + \mathbf{j}^r_E \ . \tag{7.68}$$

Die Energieströme von von links und rechts laufenden Wellen addieren sich. In Abbildung 7.9 haben wir den Verlauf der Geschwindigkeit des Druckes und des Energiestromes als Funktion von Ort und Zeit aufgetragen.

7.4 Eindringtiefe bei Wasserwellen

Wir kehren zurück zur Hydrodynamik und wollen verstehen, wie Wasserwellen zustande kommen, und ihre Eigenschaften charakterisieren. Wir gehen aus von den Navier-Stokes-Gleichungen

$$\rho \frac{\partial \mathbf{v}}{\partial t} + \rho \mathbf{v} \cdot \nabla \mathbf{v} = -\nabla p + \eta \nabla^2 \mathbf{v} \tag{7.69}$$

$$\nabla \cdot \mathbf{v} = 0 \ , \tag{7.70}$$

streichen den viskosen Term, da wir die Wellen dissipationsfrei beschreiben wollen, und streichen den nicht linearen Advektionsterm, da die Reynolds-Zahl klein ist. Den ebenfalls zur Reynolds-Zahl proportionalen ersten Term in (7.69) streichen wir nicht, da wir an der zeitlichen Entwicklung der Geschwindigkeit ja gerade interessiert sind. Durch das Weglassen des Advektionsterms, der aus einem Wirbelterm und dem dynamischen Druckgradienten besteht (6.41), wird die Geschwindigkeit wirbelfrei und wir schreiben sie als Gradient

$$\mathbf{v} = \nabla \psi \ , \tag{7.71}$$

setzen diesen Ansatz in die linke Seite von (7.69) ein, finden

$$\rho \frac{\partial \mathbf{v}}{\partial t} = \rho \frac{\partial}{\partial t} \nabla \psi = -\nabla \left(-\rho \frac{\partial \psi}{\partial t} \right) \tag{7.72}$$

und vergleichen dies mit der rechten Seite von (7.69). Es folgt, dass (7.69) erfüllt wird, wenn wir den Druck

$$p = -\rho \frac{\partial \psi}{\partial t} \tag{7.73}$$

wählen. Als einzig noch zu lösende Gleichung verbleibt die Inkompressibilitätsbedingung (7.70). Mit der Funktion ψ lautet diese

$$0 = \nabla \cdot \mathbf{v} = \nabla \cdot \nabla \psi = \nabla^2 \psi \,. \tag{7.74}$$

Wir sind an Wellenlösungen interessiert und machen den Ansatz

$$\psi = \hat{\psi} e^{i(\mathbf{k} \cdot \mathbf{r} - \omega t)} \,, \tag{7.75}$$

was auf

$$\nabla^2 \psi = -k^2 \psi = 0 \tag{7.76}$$

führt. Den Wellenvektor $\mathbf{k} = (k_x, 0, k_z)$ zerlegen wir in eine Komponente entlang der x-Richtung, in die wir die Welle laufen lassen wollen, und eine weitere Richtung senkrecht dazu. Wir wählen k_x reell, um eine anständig laufende Welle zu haben. Da das Betragsquadrat des Wellenvektors verschwinden muss, folgt zwingend, dass wir die z-Komponente k_z des Wellenvektors imaginär wählen müssen:

$$k_z = \pm i k_x \,. \tag{7.77}$$

Wenn also ψ eine ebene Welle in x-Richtung ist, so gilt

$$\psi = e^{i k_x x} e^{\pm k_x z} e^{-i\omega t} \tag{7.78}$$

und die Welle muss in z-Richtung exponentiell abnehmen oder zunehmen. Solche Wellen sind nur möglich, wenn die Flüssigkeit in z-Richtung begrenzt ist. Die Wellen propagieren dann an dieser Begrenzung und sind Oberflächenwellen. Beachten Sie, dass der exponentielle Abfall der Welle auf derselben Längenskala erfolgt wie die Wellenlänge der Welle. Die Welle dringt von der Oberfläche nur um die Eindringtiefe (Skin-Tiefe) in das Innere des Wassers ein (Abbildung 7.10).

7.5 Wasserwellen

Die Verknüpfung der Eindringtiefe mit der Wellenlänge der Welle hat zur Konsequenz, dass die Wassertiefe eine große Rolle für das Verhalten der Welle spielt. Die Welle wird vom Boden (in der Regel ein Festkörper) gespürt, wenn dieser näher zur Flüssigkeitsoberfläche ist als die Eindringtiefe. Ist die Flüssigkeit so tief, dass der Boden weiter

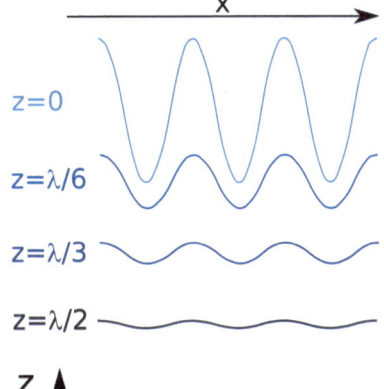

Abb. 7.10: Eine Wasserwelle dringt ins Innere des Wassers nur bis zur Eindringtiefe ein.

Abb. 7.11: Skizze einer Flüssigkeit mit Tiefe H.

entfernt ist als die Eindringtiefe, wird dieser weniger wichtig. Wir wollen diesen Sachverhalt etwas genauer beleuchten. In Abbildung 7.11 haben wir den Boden bei der Position $z = -H$ eingezeichnet. Die Oberfläche der Flüssigkeit befinde sich an der Position $z = 0$.

Die Flüssigkeit darf in den undurchlässigen Boden nicht eindringen. Die Normalkomponente der Geschwindigkeit der Flüssigkeit muss deshalb am Boden verschwinden. Mathematisch bewerkstelligen wir dies durch geeignete Superposition der exponentiell ansteigenden und abfallenden Lösungen der Laplace-Gleichung (7.78). Wir schreiben also

$$\psi(\mathbf{r},t) = \hat{\psi} e^{ik_x x} \frac{1}{2}(e^{k_x(z+H)} + e^{-k_x(z+H)}) e^{-i\omega t}$$
$$= \hat{\psi} e^{ik_x x - i\omega t} \cosh(k_x(z+H)) \,. \tag{7.79}$$

Nachdem wir uns von dem Verschwinden der Normalkomponente der Geschwindigkeit

$$v_z = \frac{\partial \psi}{\partial z} = k_x \hat{\psi} e^{ik_x x - i\omega t} \sinh(k_x(z+H)) \tag{7.80}$$

am Boden

$$v_z|_{z=-H} = 0 \tag{7.81}$$

überzeugt haben, berechnen wir den Druck, den die Welle in der Flüssigkeit erzeugt

$$p = -\rho \frac{\partial \psi}{\partial t} = -i\omega\rho \hat{\psi} e^{ik_x x - i\omega t} \cosh(k_x(z+H)) \,. \tag{7.82}$$

Wir stellen uns eine vertikal ausgeschnittene Flüssigkeitssäule an der Stelle x mit der infinitesimalen Fläche $dxdy$ vor. An der Oberfläche beträgt der Druck

$$p(z=0) = -\rho \frac{\partial \psi}{\partial t} = -i\omega\rho\hat{\psi}e^{ik_x x - i\omega t} \cosh(k_x(H)) , \qquad (7.83)$$

am Boden beträgt er

$$p(z=-H) = -\rho \frac{\partial \psi}{\partial t} = -i\omega\rho\hat{\psi}e^{ik_x x - i\omega t} . \qquad (7.84)$$

Die Summe der Druckkräfte auf die Flüssigkeitssäule beträgt

$$dF_z \mathbf{e}_z = dx\, dy\, (p(z=0) - p(z=-H))\mathbf{e}_z$$

$$= dx\, dy\, p(z=0)\left(1 - \frac{1}{\cosh(k_x(H))}\right)\mathbf{e}_z . \qquad (7.85)$$

Wir sehen also, dass eine Kraft an der Oberfläche am Boden eine Gegenkraft erzeugt, die um den Faktor $1/\cosh(k_x(H))$ gegenüber der Kraft an der Oberfläche abgeschwächt ist. Auch die Kraft an der Oberfläche dringt exponentiell in das Innere der Flüssigkeit ein, was wir als Skin-Effekt der Kraft bezeichnen. Eine Oberflächenkraft F_z^{oben} wird also teilweise an den Boden weitergegeben und nur ein Bruchteil $F_z^{\text{Beschl}} = F_z^{\text{oben}} + F_z^{\text{Boden}} = (1 - 1/\cosh(k_x H))F_z^{\text{oben}}$ wird zur Beschleunigung der Flüssigkeit benutzt.

In Abbildung 7.12 haben wir eine Skizze einer Oberflächenwelle mit den dabei wichtigen Längenskalen aufgetragen.

Wir wollen das Verhalten der Wasserwellen durch eine Dimensionsanalyse erfassen und schreiben das zweite Newton'sche Gesetz für die Beschleunigung des Wassers in z-Richtung auf:

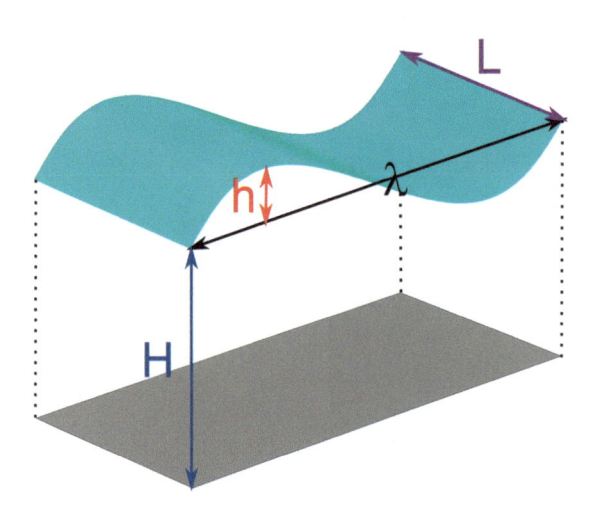

$$ma_z = F_z . \qquad (7.86)$$

Abb. 7.12: Längenskalen einer Oberflächenwelle.

Die beschleunigte Masse schätzen wir als

$$m \sim \rho \underbrace{\lambda}_{\substack{\text{Ausdehnung} \\ \text{in } x\text{-Richtung}}} \underbrace{L}_{\substack{\text{Ausdehnung} \\ \text{in } y\text{-Richtung}}} \underbrace{\min(H, \lambda)}_{\substack{\text{Wirklänge} \\ \text{der Kraft}}} \qquad (7.87)$$

ab. Dabei ist m die beschleunigte Masse, also der Teil der Flüssigkeit, der die Kraft spürt. Für einen Wellenberg ist diese Masse die Dichte multipliziert mit der Ausdehnung L der Welle in y-Richtung, mit der Ausdehnung $\sim \lambda$ in x-Richtung und mit dem Gebiet in z-Richtung, welches die Kraft spürt. Ist die Wassertiefe kleiner als die Eindringtiefe, so wird die Kraft von der Oberfläche bis zum Boden gespürt und diese Länge ist mit der Wassertiefe gleichzusetzen. Ist die Wassertiefe größer als die Eindringtiefe, so ist die entsprechende Länge die Eindringtiefe, die aber, wie in Abschnitt 7.4 gesehen, identisch mit der Wellenlänge ist. Die Beschleunigung a_z schätzen wir ab, indem wir feststellen, dass die Wasseroberfläche mit der Kreisfrequenz ω und der Wellenamplitude h hin und her schwingt. Es folgt also, dass die Beschleunigung mit

$$a_z \sim \omega^2 h \qquad (7.88)$$

abgeschätzt werden kann. Wir kommen jetzt zur Abschätzung der Oberflächenkraft. Zwei Kräfte versuchen, eine wellenförmig deformierte Flüssigkeit wieder flach zu ziehen. Zum einen wirkt die Gravitationskraft und zum anderen entsteht bei der Verbiegung der Oberfläche ein Laplace-Druck (6.168). Die Summe beider Kräfte ist

$$F_{z,\text{Oberfläche}} = g \underbrace{\rho h \lambda L}_{\text{schwere Masse}} + \underbrace{\gamma \left(\frac{1}{R_1} + \frac{1}{R_2} \right)}_{\text{Laplace-Druck}} \underbrace{\lambda L}_{\text{Fläche}}$$

$$= \rho g h \lambda L + \gamma \left(\frac{h}{\lambda^2} + \frac{1}{\infty} \right) \lambda L \,, \qquad (7.89)$$

wobei wir die Krümmung der Welle mit Amplitude h und Wellenlänge λ durch $1/R_1 = h/\lambda^2$ abgeschätzt haben. Wir berücksichtigen die Gegenkraft des Bodens

$$F_{z,\text{Boden}} = -\frac{1}{\cosh(kH)} F_{z,\text{Oberfläche}} \,. \qquad (7.90)$$

Im Falle tiefen Wassers $H \gg \lambda$ vereinfacht sich die Bodenkraft zu

$$F_{z,\text{Boden}} = 0 \,, \qquad (7.91)$$

im Falle flachen Wassers $H \ll \lambda$ entwickeln wir (7.90) nach der Wassertiefe:

$$F_{z,\text{Boden}} \approx -\frac{1}{1 - \frac{(kH)^2}{2}} F_{z,\text{Oberfläche}}$$

$$\approx \left(-1 + \frac{(kH)^2}{2} \right) F_{z,\text{Oberfläche}} \,. \qquad (7.92)$$

Wir sammeln alle Approximationen (7.87), (7.88), (7.89) sowie (7.91) und (7.92) ein und setzen sie in die Newton'sche Bewegungsgleichung (7.86) ein. Im Falle der Tiefwasserwellen $H \gg \lambda$ führt dies auf

$$\omega^2 h\rho L\lambda^2 = \rho g h\lambda L + \gamma \frac{hL}{\lambda} \tag{7.93}$$

oder nach Auflösen nach der Kreisfrequenz auf

$$\omega^2 = \frac{g}{\lambda} + \frac{\gamma}{\rho\lambda^3} . \tag{7.94}$$

Wir wollen dies als Dispersionsrelation schreiben und ersetzen die Wellenlänge durch den Betrag des Wellenvektors k, Faktoren 2π werden dabei ignoriert, da wir sowieso nichts genaueres als eine grobe Abschätzung von unserer Dimensionsanalyse erwarten. Also lautet unsere Abschätzung

$$\omega^2 = gk + \frac{\gamma}{\rho}k^3 . \tag{7.95}$$

Die Phasengeschwindigkeit der Tiefwasserwellen beträgt dann

$$c_\phi = \frac{\omega}{k} = \sqrt{\frac{g}{k} + \frac{\gamma}{\rho}k} . \tag{7.96}$$

Wir wiederholen unser Vorgehen für die Flachwasserwellen $H \ll \lambda$ und finden

$$\omega^2 h\rho L\lambda H = \left(\frac{H}{\lambda}\right)^2 \left(\rho g h\lambda L + \gamma \frac{hL}{\lambda}\right) \tag{7.97}$$

bzw.

$$\omega^2 = \frac{gH}{\lambda^2} + \frac{\gamma H}{\rho\lambda^4} \tag{7.98}$$

und nach Ersetzen der Wellenlänge durch den Betrag des Wellenvektors

$$\omega^2 = gHk^2 + \frac{\gamma H}{\rho}k^4 . \tag{7.99}$$

Die Phasengeschwindigkeit der Flachwasserwelle ist dann

$$c_\phi = \frac{\omega}{k} = \sqrt{gH + \frac{\gamma H}{\rho}k^2} . \tag{7.100}$$

Unsere so gemachten Abschätzungen sind gar nicht so schlecht. Sie fangen alle wesentlichen physikalischen Effekte ein. Eine genauere Rechnung für beliebige Wassertiefen, auf die wir hier verzichten, liefert die Phasengeschwindigkeit

$$c_\phi = \frac{\omega}{k} = \sqrt{\left(\frac{g}{k} + \frac{\gamma k}{\rho}\right)\tanh(kH)} . \tag{7.101}$$

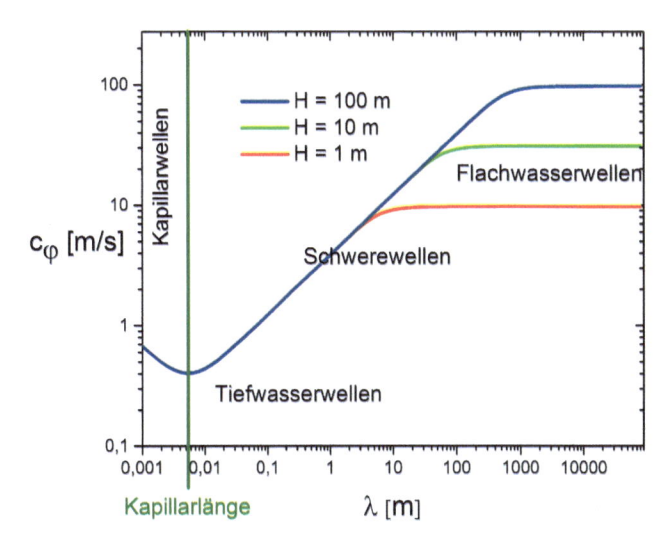

Abb. 7.13: Phasengeschwindigkeit von Wasserwellen als Funktion der Wellenlänge.

Wir erkennen, dass für lange Wellenlängen

$$k < \sqrt{\frac{\rho g}{\gamma}} \tag{7.102}$$

die Gravitation die Dynamik der Welle bestimmt, weshalb wir diese Wellen Schwerewellen nennen, während für kurze Wellenlängen

$$k > \sqrt{\frac{\rho g}{\gamma}} \tag{7.103}$$

die Oberflächenspannung erfolgreicher im Beschleunigen der Welle ist, weshalb wir diese Wellen Kapillarwellen nennen. Die Größe $\sqrt{\frac{\gamma}{\rho g}}$ heißt die Kapillarlänge, die die beiden Bereiche voneinander abtrennt. Für die Wasser-Luft-Grenzfläche ist die Kapillarlänge 3 mm groß. In Abbildung 7.13 haben wir die Phasengeschwindigkeit von Tiefwasserwellen als Funktion der Wellenlänge aufgetragen. Beachten Sie, dass Kapillarwellen im Tiefwasser eine anomale Dispersion haben und die Phasengeschwindigkeit mit der Wellenlänge abnimmt. Für Schwerewellen steigt sie, nachdem die Wellenlänge die Kapillarlänge überschritten hat, wieder an. Irgendwann wird die Wellenlänge so groß wie die Wassertiefe und wir finden einen Crossover zu Flachwasserschwerewellen, die dispersionsfrei sind.

Die Wellenlänge eines Tsunamis beträgt 1000 km. Bei einer Wassertiefe des Meeres von 4 km sind Tsunamis typische Flachwasserschwerewellen. Die sich daraus ergebende Phasengeschwindigkeit beträgt 700 km/h, was der Reisegeschwindigkeit eines Flugzeuges entspricht.

Wer sich davon nicht abschrecken lässt, kann am Strand, wo der Boden sanft ansteigt, die Dispersion von kurzwelligeren Flachwasserwellen beobachten. Laufen die

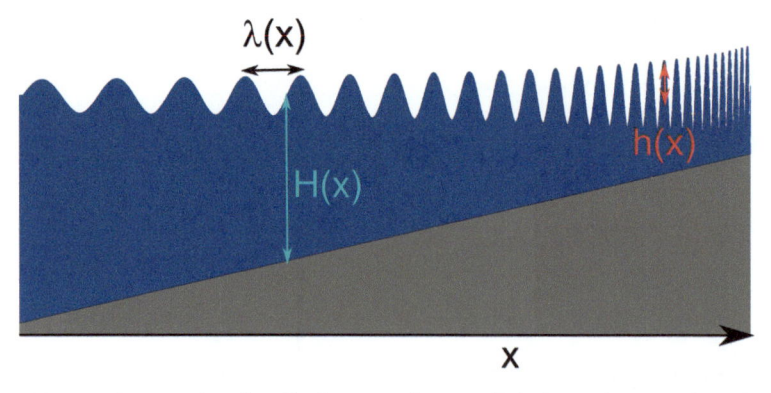

Abb. 7.14: Kompression einer Flachwasserschwerewelle beim sanften Ansteigen des Bodens.

Wellen auf den Strand zu, so behalten sie ihre Kreisfrequenz bei, was zur Folge hat, dass die Wellenlänge entsprechend Gleichung (7.100) abnimmt. Die Wellenlänge komprimiert sich durch das immer flacher werdende Wasser (Abbildung 7.14), bis die hier angeführte lineare Näherung nicht mehr zutrifft und die komprimierte Welle infolge von Nichtlinearitäten (des vernachlässigten Advektionsterms) bricht.

7.6 Reflexion und Transmission von Wellen

Die einfachste Gleichung, die auf dispersionsfreie ebene Wellen führt, ist die skalare Wellengleichung:

$$\left(c\nabla \cdot c\nabla - \frac{\partial^2}{\partial t^2}\right)\psi = 0 \,. \tag{7.104}$$

Ist c eine Konstante, dann sind ebene Wellen

$$\psi_+(\mathbf{r}, t) = \hat{\psi} e^{i(\mathbf{k}\cdot\mathbf{r} - \omega(k)t)} \tag{7.105}$$

mit der Dispersionsrelation

$$\omega(k) = ck \tag{7.106}$$

Lösungen der Wellengleichung (7.104). Drehen wir den Wellenvektor in (7.105) um

$$\psi_-(\mathbf{r}, t) = \hat{\psi} e^{i(-\mathbf{k}\cdot\mathbf{r} - \omega(k)t)} \,, \tag{7.107}$$

dann läuft die Welle in die umgekehrte Richtung. Wir nehmen nun an, dass die Wellengeschwindigkeit $c(\mathbf{r})$ von der Position abhängt. Es interessiert uns, wie die Welle mit so einer sich ändernden Wellengeschwindigkeit zurecht kommt. Sobald die Wellengeschwindigkeit vom Ort abhängt, lösen ebene Wellen die ortsabhängige Wellengleichung nicht mehr. Wir kommen allerdings immer noch mit dem Ansatz

$$\psi(\mathbf{r}, t) = \chi(\mathbf{r})e^{-i\omega t} \tag{7.108}$$

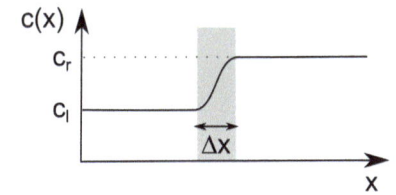

Abb. 7.15: Übergang von einer Wellengeschwindigkeit zu einer anderen.

durch. Mit dem Ansatz geht die Wellengleichung über in

$$\left(c\nabla \cdot c\nabla + \omega^2\right)\chi(\mathbf{r}) = 0 \,. \tag{7.109}$$

Gleichung (7.109) enthält die Zeit nicht mehr und kann für jede Kreisfrequenz separat gelöst werden. Die Welle wird also ihre Kreisfrequenz durch örtliche Variation der Wellengeschwindigkeit nicht ändern. Wir machen den Ansatz

$$\chi(\mathbf{r}) = \hat{\chi}(\mathbf{r})e^{i\phi(\mathbf{r})} \,, \tag{7.110}$$

wobei wir annehmen, dass $\hat{\chi}(\mathbf{r})$ sich auf der Längenskala der Veränderung der Wellengeschwindigkeit $L = |\nabla \ln c|^{-1}$ ändert, während sich die Phase, wie bisher, auf der Skala der Wellenlänge λ ändert. Wir betrachten zunächst eine Situation, in der auf der linken und rechten Seite feste Wellengeschwindigkeiten vorherrschen und sich in einem Übergangsbereich Δx die Wellengeschwindigkeit graduell ändert, sodass $L \gg \lambda$ gilt (Abbildung 7.15).

Wir können in diesem Fall alle Gradienten in (7.109), die auf die Wellengeschwindigkeit $c(\mathbf{r})$ oder $\hat{\chi}(\mathbf{r})$ wirken, gegenüber den Gradienten der Phase vernachlässigen. Es folgt deshalb die Gleichung

$$c^2(\mathbf{r})(\nabla\phi(\mathbf{r}))^2 = \omega^2 \tag{7.111}$$

bzw. mit der Abkürzung $k(\mathbf{r}) = \omega/c(\mathbf{r})$

$$(\nabla\phi(\mathbf{r}))^2 = k(\mathbf{r})^2 \,, \tag{7.112}$$

was bedeutet, dass die Phase mit der Rate des lokalen Wellenvektorbetrages anwächst und sich also adiabatisch den Veränderungen anpasst, während die Amplitude relativ unbeeindruckt von den Veränderungen bleibt. Insbesondere tauchen keine Wellen mit gleicher Frequenz, aber völlig anderer Richtung des Wellenvektors auf. Die Richtung der Welle ist eine kontinuierliche Funktion des Ortes, und die Welle hat immer nur eine Richtung. Es treten keine reflektierten Wellen auf. In dem in Abbildung 7.15 gezeigten Fall läuft die Welle von links nach rechts durch und passt ihre Wellenlänge den lokalen Verhältnissen an. Die Welle wird von links nach rechts transmittiert.

Wir nehmen nun umgekehrt an, dass sich die Wellengeschwindigkeit abrupt ändert, d. h., dass $\Delta x \ll \lambda$ ist. In diesem Fall wird die Unschärfe $\Delta k = 1/\Delta x$ der Welle im Übergangsbereich groß. Wir zeichnen die Dispersionsrelationen $\omega_l(k)$ und $\omega_r(k)$ der Wellen außerhalb des Übergangsbereiches auf (Abbildung 7.16) und vergleichen

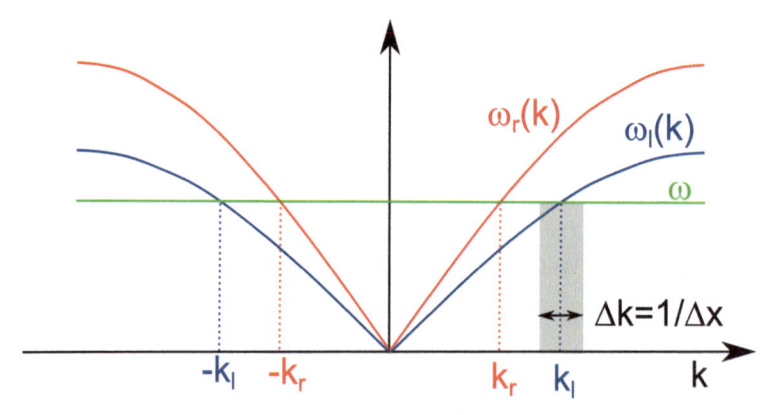

Abb. 7.16: Die Dispersion der Wellen auf der linken und rechten Seite des Überganges, ihre Werte bei der festen Frequenz der Gesamtlösung und die Unschärfe der Wellenzahl im Übergangsbereich.

die Unschärfe der Wellenzahl mit dem Abstand der Moden gleicher Frequenz. Wird die Übergangsregion so schmal, dass die Unschärfe Δk größer als der Abstand der Moden wird, taucht neben der transmittierten Welle auch die, in die linke Region zurückreflektierte Welle in der Lösung des Problems auf. Die Welle wird dann teilweise reflektiert und teilweise transmittiert. Ob eine Welle eine Zone mit Veränderung

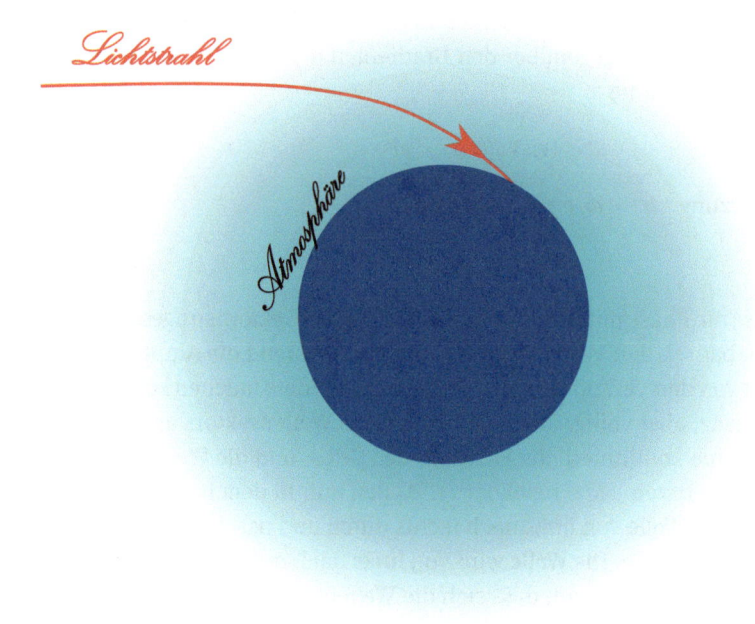

Abb. 7.17: Der Lichtstrahl eines Sternes erreicht uns am Boden, ohne dass Reflexionen an der Atmosphäre auftreten.

einfach durchläuft und sich dabei anpasst oder ob sie von dieser Zone teilweise reflektiert wird, hängt von der Breite der Übergangszone im Verhältnis zur Wellenlänge der Welle ab. Beispiele adiabatischer Wellenanpassungen sind die Kompression der Wellenlänge von Wasserwellen an einem sanften Strand (Abbildung 7.14) und die Reflexionsfreiheit unserer Atmosphäre für sichtbares Licht (Abbildung 7.17). Auch Antireflexionsschichten auf Brillengläsern nutzen dieses Prinzip.

Ein Beispiel für reflektierte Wellen finden wir ebenfalls am Strand. Ist unter Wasser ein Felsen verborgen, macht sich dieser trotzdem an den Wellenmustern durch reflektierte Wasserwellen bemerkbar. Die Situation entspricht völlig unserer Diskussion zum Energieübertrag zwischen Moden in Abschnitt 3.7. Auch dort passte sich die Mode bei zeitlich langsamen Veränderungen an, bei abrupten Veränderungen nicht. Es ist aber möglich, die Reflexion einer Welle trotz abrupter Veränderungen zu verhindern.

7.7 Impedanzanpassung

Die Verhinderung von Reflexionen an abrupten Veränderungen gelingt uns durch Anpassen der Impedanzen. Wir wollen in diesem Abschnitt die Impedanzanpassung am Beispiel von Schallwellen studieren. Wir betrachten den abrupten Übergang zweier Materialien der Dichten ρ_1 und ρ_2 mit den zugehörigen Schallgeschwindigkeiten c_1 und c_2, auf den von links eine Schallwelle der Intensität I_i treffe (Abbildung 7.18).

Die Energieerhaltung fordert, dass die einfallende Intensität der Summe aus reflektierter und transmittierter Intensität gleicht:

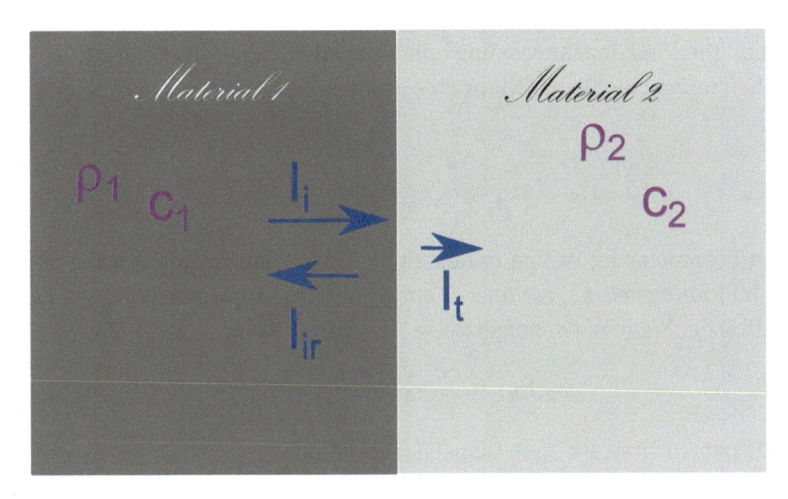

$$I_i = I_r + I_t . \tag{7.113}$$

Abb. 7.18: Zwei Materialien mit verschiedener Dichte und Schallgeschwindigkeit.

Wir benutzen Gleichung (7.58) und erhalten

$$\frac{1}{2}\rho_1 c_1 v_i^2 = \frac{1}{2}\rho_1 c_1 v_r^2 + \frac{1}{2}\rho_2 c_2 v_t^2 , \qquad (7.114)$$

wobei wir mit v_i, v_r und v_t die Geschwindigkeitsamplituden der einfallenden, reflektierten und transmittierten Schallwellen bezeichnen. Führen wir die Impedanzen (oder Wellenwiderstände)

$$Z_i = \rho_i c_i \qquad (7.115)$$

ein, so übersetzt sich (7.114) in

$$Z_1(v_i^2 - v_r^2) = Z_2 v_t^2 . \qquad (7.116)$$

Die Gesamtamplituden der Geschwindigkeiten links und rechts der Grenzfläche müssen gleich sein, denn die Flüssigkeit (das Gas oder der Festkörper) in der Grenzfläche kann sich nicht gleichzeitig mit zwei verschiedenen Geschwindigkeiten bewegen:

$$v_i + v_r = v_t . \qquad (7.117)$$

Wir lösen die beiden Gleichungen (7.116) und (7.117) nach den Geschwindigkeitsamplituden der reflektierten und transmittierten Wellen auf und erhalten

$$v_t = \frac{2Z_1}{Z_1 + Z_2} v_i , \qquad (7.118)$$

$$v_r = \frac{Z_1 - Z_2}{Z_1 + Z_2} v_i . \qquad (7.119)$$

Sind die Impedanzen angepasst

$$Z_1 = Z_2 , \qquad (7.120)$$

so verschwindet die reflektierte Welle trotz abrupter Veränderung der Eigenschaften des Wellenträgers. Die Impedanzanpassung spielt bei allen Signalübertragungsproblemen von Wellen unterschiedlicher Natur eine große Rolle.

7.8 Dopplereffekt und Mach'scher Kegel

Sämtliche bisher besprochenen Wellen hatten einen Träger, den wir als in Ruhe betrachtet haben. Im Ruhesystem $\mathbf{r}_R$, t_R eines übertragenden isotropen Mediums ist die Dispersionsrelation der Welle notwendigerweise ebenfalls isotrop:

$$\omega_R(\mathbf{k}_R) = \omega_R(k_R) . \qquad (7.121)$$

Die einfachste dispersionsfreie isotrope Dispersionsrelation war

$$\omega_R(\mathbf{k}_R) = \omega_R(k_R) = c k_R . \qquad (7.122)$$

Wir können mit einer Galilei-Transformation (2.180) die Gleichungen in ein System transformieren, in dem das übertragende Medium nicht mehr ruht:

$$\begin{pmatrix} t_R \\ \mathbf{r}_R \end{pmatrix} = \begin{pmatrix} t \\ \mathbf{r} - \mathbf{v}t \end{pmatrix}. \quad (7.123)$$

Ein im x, t-System ruhendes Objekt bewegt sich im Ruhesystem des übertragenden Mediums mit der Geschwindigkeit $-\mathbf{v}$. Das Übertragungsmedium bewegt sich im x, t-System mit der Geschwindigkeit $+\mathbf{v}$. Wir betrachten eine ebene Welle im Ruhesystem, benutzen (7.123)

$$\exp(\mathbf{k}_R \cdot \mathbf{r}_R - \omega_R t_R) = \exp(\mathbf{k}_R \cdot (\mathbf{r} - \mathbf{v}t) - \omega_R t)$$
$$= \exp(\mathbf{k}_R \cdot \mathbf{r} - (\omega_R + \mathbf{v} \cdot \mathbf{k}_R)t) = \exp(\mathbf{k} \cdot \mathbf{r} - \omega t) \quad (7.124)$$

und finden, dass die Kreisfrequenz und der Wellenvektor im bewegten System durch

$$\omega = \omega_R + \mathbf{v} \cdot \mathbf{k}_R,$$
$$\mathbf{k} = \mathbf{k}_R \quad (7.125)$$

gegeben sind. Wir bezeichnen den Winkel zwischen Wellenvektor und der Geschwindigkeit $\mathbf{v}$ des neuen Systems relativ zum übertragenden Medium mit ϑ. Die Dispersionsrelation

$$\omega(\mathbf{k}) = \omega_R(k) + vk \cos \vartheta \quad (7.126)$$

hat sich im Vergleich zum Ruhesystem geändert. Sie enthält die Relativgeschwindigkeit des Systems zum Ruhesystem des übertragenden Mediums und sie ist anisotrop. Für die einfache Dispersionsrelation (7.122) lautet die Dispersionsrelation im bewegten System

$$\omega(\mathbf{k}) = k(c + v \cos \vartheta) \quad (7.127)$$

und nach Auflösen nach dem Betrag des Wellenvektors

$$k = \frac{\omega}{c + v \cos \vartheta}. \quad (7.128)$$

Die Wellenlänge wird bei einer festen Systemkreisfrequenz ω richtungsabhängig

$$\lambda = \frac{2\pi}{k} = 2\pi \frac{c + v \cos \vartheta}{\omega}. \quad (7.129)$$

Stimmen Bewegungsrichtung des Systems und Laufrichtung der Welle überein $\vartheta = \pi$, ist die Wellenlänge kürzer, in Rückwärtsrichtung $\vartheta = 0$ wird sie länger (Abbildung 7.19).

Überschreitet die Geschwindigkeit des bewegten Systems die Phasengeschwindigkeit $v > c$, so dreht die Phasengeschwindigkeit bei der Mach'schen Ausbreitungsrichtung

$$\cos \vartheta_M = -\frac{c}{v} \quad (7.130)$$

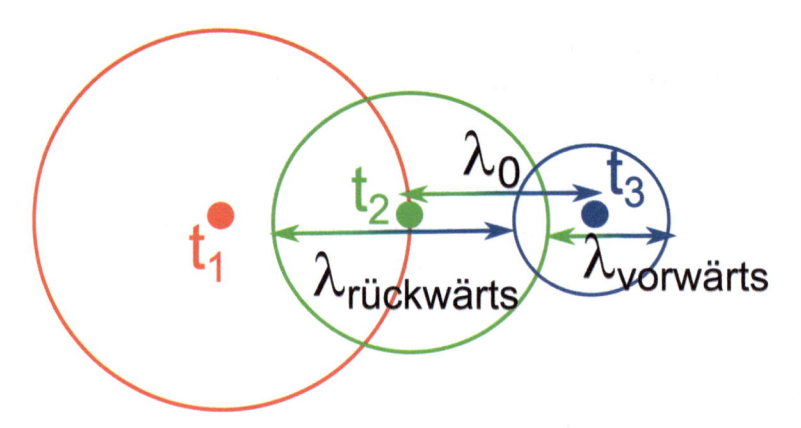

Abb. 7.19: Die Wellenlänge einer bewegten Quelle ist in Vorwärtsrichtung kürzer als in Rückwärtsrichtung.

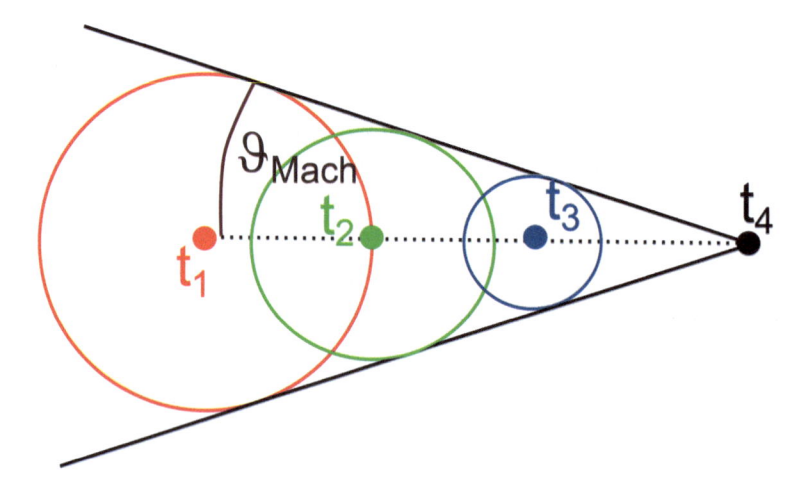

Abb. 7.20: Eine bewegte Quelle mit einer Geschwindigkeit $v > c$ zieht eine Mach'sche Bugwelle hinter sich her.

ihr Vorzeichen um. Oberhalb des Mach'schen Winkels $\vartheta > \vartheta_M$ laufen die Wellen gegen den Wellenvektor **k**, unterhalb $\vartheta < \vartheta_M$ in Richtung des Wellenvektors. Am Mach'schen Winkel $\vartheta = \vartheta_M$ stehen die Wellen im bewegten System. Ist die Quelle der Welle ein im bewegten System ruhendes Objekt, so überlagern sich die von der Quelle ausgesandten, aber nicht weglaufenden stehenden Signale und führen zu einer stehenden Schockwelle. Von einem Beobachter im Ruhesystem des Mediums aus wandert die Mach'sche Schockwelle mit der sich bewegenden Quelle hinter der Quelle her (Abbildung 7.20).

Wir betrachten nun die Situation eines bewegten Senders (Geschwindigkeit $\mathbf{v}_S$ relativ zum Medium) mit systemfester Kreisfrequenz ω_S und eines ebenfalls bewegten

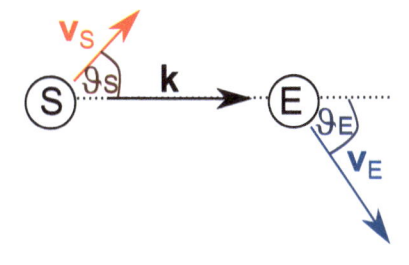

Abb. 7.21: Ein bewegter Sender und ein bewegter Empfänger.

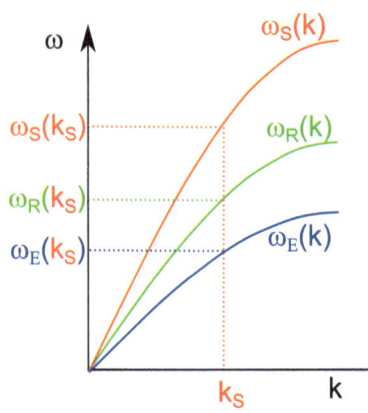

Abb. 7.22: Dispersionsrelationen im System des Senders, im Ruhesystem des übertragenden Mediums und im Empfängersystem.

Empfängers mit der Geschwindigkeit $\mathbf{v}_E$ relativ zum Medium (Abbildung 7.21). Im System des Senders bzw. Empfängers lauten die Dispersionsrelationen

$$\omega_S = \omega_R + \mathbf{v}_S \cdot \mathbf{k}_R , \tag{7.131}$$

$$\mathbf{k}_S = \mathbf{k}_R , \tag{7.132}$$

$$\omega_E = \omega_R + \mathbf{v}_E \cdot \mathbf{k}_R , \tag{7.133}$$

$$\mathbf{k}_E = \mathbf{k}_R . \tag{7.134}$$

In Abbildung 7.22 haben wir die Dispersionsrelation im System des Senders, im Ruhesystem des übertragenden Mediums und im Empfängersystem eingetragen.

Aufgrund der verschobenen Dispersionsrelationen sind die Frequenzen im Medium, beim Sender und beim Empfänger alle verschieden. Für die Ruhedispersionsrelation (7.122) finden wir

$$\omega_S = k(c + v_S \cos \vartheta_S) , \tag{7.135}$$

$$\omega_E = k(c + v_E \cos \vartheta_E) \tag{7.136}$$

und wir folgern, dass

$$\omega_E = \omega_S \frac{c + v_E \cos \vartheta_E}{c + v_S \cos \vartheta_S} , \tag{7.137}$$

oder wenn wir Frequenzen statt Kreisfrequenzen benutzen wollen

$$f_E = f_S \frac{c + v_E \cos \vartheta_E}{c + v_S \cos \vartheta_S} . \tag{7.138}$$

Die Wellenlänge extrahieren wir aus (7.135) zu

$$\lambda = \frac{c + v_S \cos \vartheta_S}{f_S} \,. \tag{7.139}$$

Die Wellenlänge ist durch die Dispersionsrelation im Sendersystem bestimmt und hängt nicht von der Empfängergeschwindigkeit ab. Die Empfängerfrequenz ist bestimmt durch die Dispersionsrelation des Empfängers. Diese hängt zwar nicht von der Sendergeschwindigkeit ab, sie wird allerdings bei der sendergeschwindigkeitsabhängigen Wellenlänge ausgewertet. Die Dopplerverschiebung hängt von den drei Geschwindigkeiten c, $\mathbf{v}_E$ und $\mathbf{v}_S$ ab, nicht nur von der Relativgeschwindigkeit $\mathbf{v}_S - \mathbf{v}_E$ und der Phasengeschwindigkeit c. Man kann deshalb feststellen, in welchem System das Übertragungsmedium ruht. Die Möglichkeit, ein ruhendes Trägermediumsystem dingfest zu machen, hat zu Beginn des 20. Jahrhunderts für Aufregung gesorgt, als die Bestimmung des Ruhesystems des Übertragungsmediums für Licht misslang.

7.9 Relativistischer Dopplereffekt

Wir wollen hier den relativistischen Dopplereffekt zum Vergleich mit dem klassischen Dopplereffekt behandeln. Wir schreiben eine ebene Welle im Ruhesystem als

$$\exp\left(i\left(\mathbf{k}_R \cdot \mathbf{r}_R - \frac{\omega_R}{c} c t_R\right)\right) \tag{7.140}$$

$$= \exp\left(-i \begin{pmatrix} \omega_R/c \\ \mathbf{k}_R \end{pmatrix} \cdot \begin{pmatrix} 1 & 0 \\ 0 & -\mathbb{1} \end{pmatrix} \cdot \begin{pmatrix} ct_R \\ \mathbf{r}_R \end{pmatrix}\right) \tag{7.141}$$

$$= \exp\left(-i \begin{pmatrix} \omega_R/c \\ \mathbf{k}_R \end{pmatrix} \cdot_4 \begin{pmatrix} ct_R \\ \mathbf{r}_R \end{pmatrix}\right), \tag{7.142}$$

wobei wir in (7.141) das normale Skalarprodukt und in (7.142) das Viererskalarprodukt

$$\begin{pmatrix} a_0 \\ \mathbf{a} \end{pmatrix} \cdot_4 \begin{pmatrix} b_0 \\ \mathbf{b} \end{pmatrix} = a_0 b_0 - \mathbf{a} \cdot \mathbf{b} \tag{7.143}$$

benutzt haben. Wir haben in Abschnitt 2.16 gesehen, dass Lorentz-Transformationen das Viererskalarprodukt invariant lassen und wir deshalb schreiben können

$$\exp\left(i\left(\mathbf{k}_R \cdot \mathbf{r}_R - \frac{\omega_R}{c} c t_R\right)\right) = \exp\left(i\left(\mathbf{k} \cdot \mathbf{r} - \frac{\omega}{c} c t\right)\right), \tag{7.144}$$

wenn wir eine Lorentz-Transformation

$$\begin{pmatrix} ct \\ \mathbf{r} \end{pmatrix} = \mathbf{L}(\mathbf{v}) \cdot \begin{pmatrix} ct_R \\ \mathbf{r}_R \end{pmatrix} \tag{7.145}$$

durchführen und gleichzeitig die Frequenzen und Wellenvektoren gemäß

$$\begin{pmatrix} \omega/c \\ \mathbf{k} \end{pmatrix} = \mathbf{L}(\mathbf{v}) \cdot \begin{pmatrix} \omega_R/c \\ \mathbf{k}_R \end{pmatrix} \tag{7.146}$$

transformieren. Haben wir eine Dispersionsrelation der Form

$$\begin{pmatrix} \omega_R/c \\ \mathbf{k}_R \end{pmatrix} \cdot_4 \begin{pmatrix} \omega_R/c \\ \mathbf{k}_R \end{pmatrix} = \omega_R^2/c^2 - k_R^2 = \text{const}, \tag{7.147}$$

so tritt der Fall ein, dass die Dispersionsrelation selbst ein Viererskalarprodukt und damit invariant unter Lorentz-Transformationen ist. Es gilt deshalb in jedem anderen Inertialsystem dieselbe Dispersionsrelation:

$$\omega^2/c^2 - k^2 = \text{const}. \tag{7.148}$$

Als Gruppengeschwindigkeit solch einer Welle finden wir

$$\mathbf{v}_{gr} = \nabla_\mathbf{k}\omega = \frac{\mathbf{k}c^2}{\sqrt{\text{const} + k^2 c^2}}, \tag{7.149}$$

wobei $\nabla_\mathbf{k} = (\partial/\partial k_x, \partial/\partial k_y, \partial/\partial k_z)$ den Gradienten bezüglich des Wellenvektors $\mathbf{k}$ bezeichnet. Für Licht müssen wir die Konstante const = 0 setzen, um Lichtgeschwindigkeit zu erreichen. Für quantenmechanische Teilchen, die auch als Wellen aufgefasst werden können, ist die Konstante von null verschieden. Alle Wellen, die kein Ausbreitungsmedium brauchen, müssen eine Dispersionsrelation haben, die kein Inertialsystem auszeichnet. Die Dispersionsrelationen der Form (7.148) sind die einzigen Dispersionsrelationen, die unter Lorentz-Transformation invariant sind. Nur für diese ist ein Übertragungsmedium nicht notwendig. Beachten Sie, dass die Dispersion von Schallwellen $\omega = c_s k$ nicht invariant gegenüber Lorentz-Transformationen ist. Die Dispersionsrelation von Schall ist im Ruhesystem des Übertragungsmediums (Gas) anders als im relativ zum Gas bewegten System. Die Dispersionsrelation von Licht und von Elementarteilchen im Vakuum ist invariant gegenüber Lorentz-Transformationen. Man kann deshalb ein ruhendes Vakuum nicht von einem bewegten Vakuum unterscheiden.

Wir überprüfen, dass Schallwellen tatsächlich nicht Lorentz-invariant sind. Es gilt im Ruhesystem des Übertragungsmediums die Dispersion

$$\omega_R^2 - k_R^2 c_s^2 = 0, \tag{7.150}$$

was nicht einem konstanten Viererskalarprodukt

$$\omega_R^2 - k_R^2 c^2 \neq \text{const} \tag{7.151}$$

entspricht. Wir führen eine Lorentz-Transformation mit $\mathbf{L}_x(\beta)$ (2.184) gemäß (7.146) durch und finden

$$\omega/c = k_R \left(\frac{c_s}{c} \cosh\beta + \sinh\beta \right), \tag{7.152}$$

$$k = k_R \left(\frac{c_s}{c} \sinh\beta + \cosh\beta \right). \tag{7.153}$$

Wir eliminieren k_R und erhalten

$$\omega/c = k \frac{\frac{c_s}{c}\cosh\beta + \sinh\beta}{\frac{c_s}{c}\sinh\beta + \cosh\beta} \tag{7.154}$$

$$= k\frac{c(c_s + v_x)}{c^2 + c_s v_x}, \tag{7.155}$$

was einer relativistischen Addition (2.194) der Geschwindigkeiten v_x und c_s anstatt einer klassischen Addition wie in (7.127) entspricht. Schon in die x-Richtung weicht die Dispersionsrelation des bewegten Systems (7.155) von der Dispersionsrelation des Ruhesystems (7.150) ab. Wechseln wir in (7.152) die Schallgeschwindigkeit durch die Lichtgeschwindigkeit aus, erhalten wir den Dopplereffekt für Licht für einen auf die Lichtquelle zubewegten Beobachter:

$$\omega_1/c = k_2 (\cosh\beta + \sinh\beta) = \omega_2/c \frac{1 + v_x/c}{\sqrt{1 - v_x^2/c^2}}. \tag{7.156}$$

Beachten Sie, dass wir dabei die Lorentz-Transformation vom Ruhesystem des Senders, in dem die Dispersionsrelation isotrop ist, und nicht vom Ruhesystem des Übertragungsmediums aus vorgenommen haben. Wir dürfen dies bei Licht tun, weil die Dispersionsrelation von Licht in jedem beliebigen Inertialsystem – nicht nur im Ruhesystem des Übertragungsmediums – isotrop ist. Im Gegensatz zum klassischen Dopplereffekt brauchen wir den Umweg über ein ruhendes Übertragungsmedium nicht zu gehen, und in die Frequenzverschiebung geht nur die Relativgeschwindigkeit zwischen Lichtquelle und Empfänger sowie die Lichtgeschwindigkeit ein. Es folgt also entweder, dass das Übertragungsmedium von Licht in jedem Inertialsystem in Ruhe ist oder dass es gar kein Übertragungsmedium gibt. Die erste Alternative ist eine so seltsame Aussage über ein nicht messbares Medium, dass sich die zweite Sichtweise, dass es kein Übertragungsmedium gibt, durchgesetzt hat.

7.10 Relativistischer Dopplereffekt und Aberration

Wir haben in Abschnitt 7.8 den klassischen Dopplereffekt für beliebige Bewegungsrichtungen von Sender und Empfänger hergeleitet und wollen in diesem Abschnitt eine beliebige Relativbewegungsrichtung relativ zur Ausbreitungsrichtung einer Lichtwelle betrachten. Wir legen die Relativbewegung zwischen Sender und Empfänger entlang der x-Richtung

$$\begin{pmatrix} ct_E \\ x_E \\ y_E \\ z_E \end{pmatrix} = \begin{pmatrix} \frac{1}{\sqrt{1-v^2/c^2}} & \frac{v/c}{\sqrt{1-v^2/c^2}} & 0 & 0 \\ \frac{v/c}{\sqrt{1-v^2/c^2}} & \frac{1}{\sqrt{1-v^2/c^2}} & 0 & 0 \\ 0 & 0 & 1 & 0 \\ 0 & 0 & 0 & 1 \end{pmatrix} \cdot \begin{pmatrix} ct_S \\ x_S \\ y_S \\ z_S \end{pmatrix}. \tag{7.157}$$

Ein im Sendersystem ruhender Körper bewegt sich im Empfängersystem mit der Geschwindigkeit $v_x \mathbf{e}_x$. Wir applizieren dieselbe Lorentz-Transformation auf den Viererwellenvektor, dessen räumlichen Teil wir unter einem beliebigen Winkel zur Relativbewegungsachse (der x-Achse) ohne Beschränkung der Allgemeinheit in die xy-Ebene legen

$$\begin{pmatrix} \omega_E/c \\ k_x^E \\ k_y^E \\ 0 \end{pmatrix} = \begin{pmatrix} \frac{1}{\sqrt{1-v^2/c^2}} & \frac{v/c}{\sqrt{1-v^2/c^2}} & 0 & 0 \\ \frac{v/c}{\sqrt{1-v^2/c^2}} & \frac{1}{\sqrt{1-v^2/c^2}} & 0 & 0 \\ 0 & 0 & 1 & 0 \\ 0 & 0 & 0 & 1 \end{pmatrix} \cdot \begin{pmatrix} \omega_S/c \\ k_x^S \\ k_y^S \\ 0 \end{pmatrix}. \quad (7.158)$$

Mit ϑ_S bezeichnen wir den Winkel zwischen Relativgeschwindigkeit und dem räumlichen Teil des Viererwellenvektors im Sendersystem. Die vierte Zeile der Gleichung (7.158) ist trivial, und wir erhalten die drei nicht trivialen Gleichungen

$$\omega_E/c = \frac{1}{\sqrt{1-v^2/c^2}} \omega_S/c + \frac{k_S \cos \vartheta_S v/c}{\sqrt{1-v^2/c^2}}$$

$$= \frac{(1 + \cos \vartheta_S v/c)\omega_S/c}{\sqrt{1-v^2/c^2}}, \quad (7.159)$$

$$k_E \cos \vartheta_E = \frac{v/c}{\sqrt{1-v^2/c^2}} \omega_S/c + \frac{k_S \cos \vartheta_S}{\sqrt{1-v^2/c^2}}$$

$$= \frac{v/c + \cos \vartheta_S}{\sqrt{1-v^2/c^2}} \omega_S/c \quad (7.160)$$

$$k_E \sin \vartheta_E = k_S \sin \vartheta_S. \quad (7.161)$$

Wir dividieren Gleichung (7.160) durch Gleichung (7.161) und finden

$$\cot \vartheta_E = \frac{v/c}{\sin \vartheta_S \sqrt{1-v^2/c^2}} + \frac{\cot \vartheta_S}{\sqrt{1-v^2/c^2}}. \quad (7.162)$$

Wir nehmen an, im Sendersystem hätten wir einen isotropen monochromatischen, sagen wir, grünen Sender, also einen Sender fester Frequenz, dessen Strahlungsintensität in alle Richtungen gleich ist (Abbildung 7.23). Wir erkennen an Gleichungen (7.159) und (7.162), dass sich im Empfängersystem sowohl die Frequenz als auch die Richtung der Strahlung geändert hat. Abbildung 7.24 zeigt das Strahlprofil des Senders im Empfängersystem. Hier wird der Strahler weder als monochromatisch noch als isotrop beurteilt.

Frequenzen in Vorwärtsrichtung (beurteilt aus dem Empfängersystem) sind blauverschoben, Frequenzen in Rückwärtsrichtung (beurteilt aus dem Empfängersystem) sind rotverschoben. Die Intensität (Dichte der Pfeile in der Abbildung 7.24) ist in Vorwärtsrichtung groß und in Rückwärtsrichtung klein. Die Strahlung, die im Sendersystem unter dem Winkel $\pi/2$ abgestrahlt wird, scheint im Empfängersystem aus der Richtung

$$\frac{\cos \vartheta_E}{\sqrt{1-\cos^2 \vartheta_E}} = \cot \vartheta_E = \frac{v/c}{\sqrt{1-v^2/c^2}}, \quad (7.163)$$

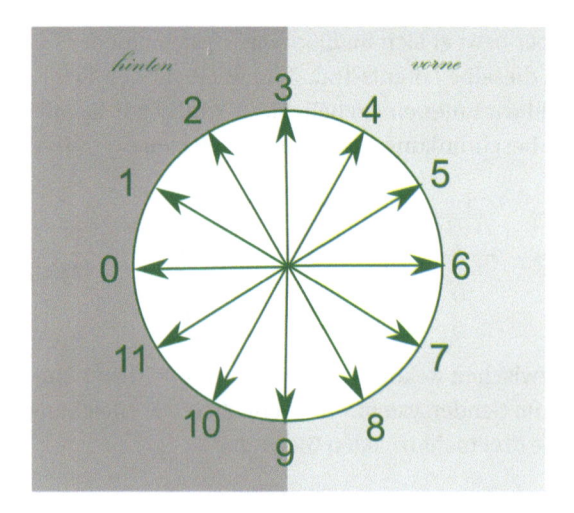

Abb. 7.23: Ein isotroper monochromatischer (grüner) Strahler.

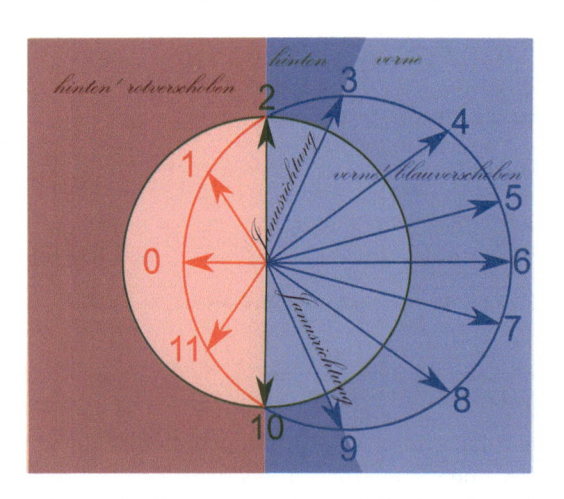

Abb. 7.24: Der isotrope monochromatische (grüne) Strahler aus Abbildung 7.23 aus dem Empfängersystem betrachtet.

also aus der Janus-Richtung

$$\cos \vartheta_E = v/c \qquad (7.164)$$

zu kommen. Strahlung, die den Sender unter dem negativen Janus-Winkel

$$\cos \vartheta_S = -v/c \qquad (7.165)$$

verlässt, trifft im Empfängersystem unter einem rechten Winkel $\vartheta_E = \pi/2$ mit unveränderter Frequenz ein.

Das Licht unserer Sterne enthält charakteristische Spektrallinien, die praktisch immer rotverschoben sind. Wir müssen daraus folgern, dass alle Sterne von uns weg

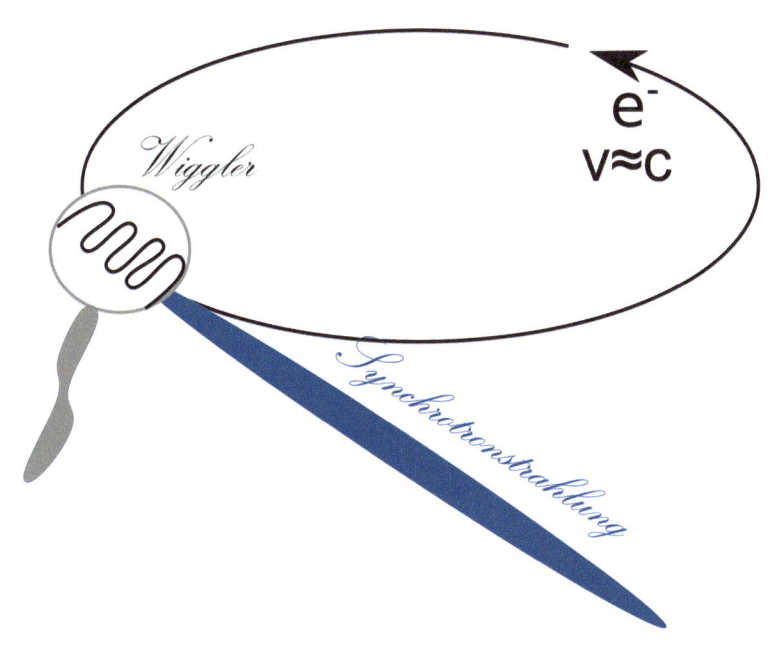

Abb. 7.25: Ein Synchrotron erzeugt kollimierte Synchrotronstrahlung in Bewegungsrichtung des Elektrons.

fliegen und praktisch keine auf uns zu. Ein solches Verhalten kann nur vorliegen, wenn unser Universum expandiert.

In einem Synchrotron werden Elektronen auf Geschwindigkeiten nahe der Lichtgeschwindigkeit auf einer Kreisbahn gebracht (Abbildung 7.25). Dabei strahlen sie als beschleunigte Elektronen Licht aus. Diese als Synchrotronstrahlung bezeichnete Emission erfolgt – aus dem Ruhesystem des Synchrotrons beurteilt – praktisch ausschließlich in Vorwärtsrichtung, und die extrem kollimierte Strahlung ist infolge der guten Kollimation sehr gut für strukturelle Untersuchungen nutzbar.

Die Bahn unserer Erde ist eine fast kreisförmige Ellipse. Die vom Fixstern ausgehenden Strahlen in Richtung fixer Erdbahn (vom Fixstern aus beurteilt) liegen auf einem Kegel, dessen Öffnungswinkel man als Parallaxenwinkel bezeichnet. Ist der Fixstern weit von der Erde entfernt, ist dieser Winkel so klein, dass er von keinem Messinstrument auf dem Fixstern mehr aufgelöst wird. Von dem Fixstern aus beurteilt, gehen deshalb die Strahlen in Richtung Erde immer in die gleiche Richtung. Wir nehmen an, der Fixstern liege auf der Drehachse der Erde um die Sonne. Von der Erde aus beurteilt, kann der Parallaxenwinkel ebenfalls mit keinem Messinstrument mehr aufgelöst werden. Infolge der durch die Bahngeschwindigkeit der Erde erzeugten Transformation der Strahlungsrichtung erreichen uns die Strahlen des Fixsterns jedoch nicht senkrecht zur Bahn, sondern etwas von vorne (Abbildung 7.26). Die Richtung der Bahngeschwindigkeit ändert sich mit der Periode eines Jahres, und so führt

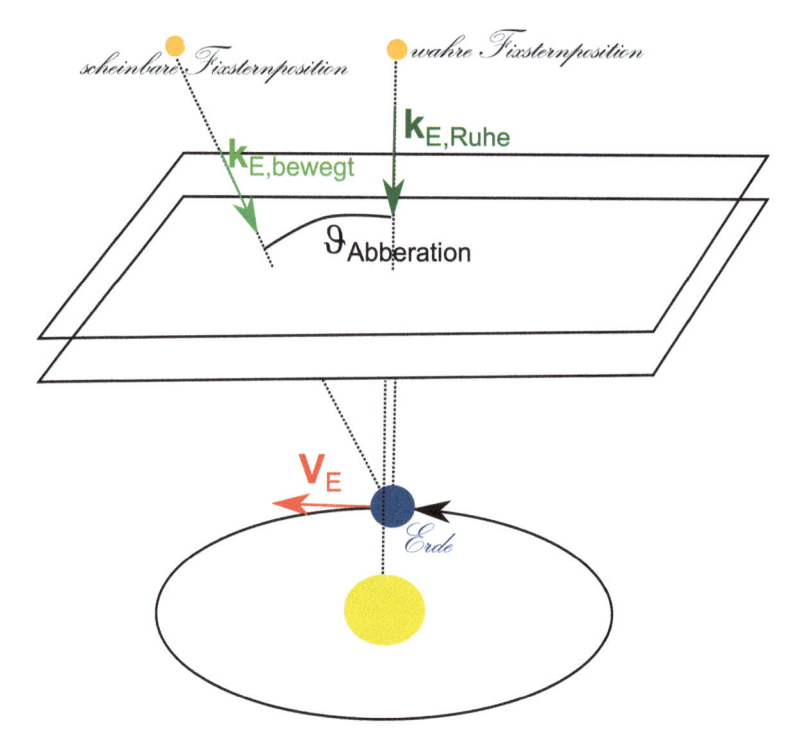

Abb. 7.26: Wahre und scheinbare Position eines Fixsternes unterscheiden sich aufgrund der Aberration der Lichtstrahlen.

der Stern scheinbar eine um $\pi/2$ verdrehte Erdbahn mit einem Öffnungswinkel von 4 arcsec durch, die als Aberration des Fixsternes bezeichnet wird. Wir weisen darauf hin, dass die scheinbare Bahn eines Sternes mit messbarer Parallaxe um π, nicht um $\pi/2$ gegenüber der Erdbewegung verschoben ist. Unsere Sonne saust mit noch viel größerer Geschwindigkeit um das Zentrum unserer Galaxie. Wer die Geduld hat, die wesentlich größere Aberration der Fixsterne über eine Umlaufperiode der Sonne zu messen, bekommt so heraus, wo der Fixstern wirklich liegt.

7.11 Interferenz

Wir haben die Eigenschaften von ebenen Wellen bezüglich ihrer Dispersion, Propagation in räumlich variierender Umgebung und bei bewegtem Übertragungsmedium behandelt und wollen in diesem Abschnitt studieren, welche Effekte auftreten, wenn verschiedene ebene Wellen superponiert werden. Wir haben bereits gesehen, dass wir jede Funktion als Superposition von ebenen Wellen verschiedenen Wellenvektors schreiben können und dass es eine Unschärferelation gibt, die besagt, je schärfer der Wellenvektor definiert ist, umso unschärfer wird die Position des Wellenpaketes im

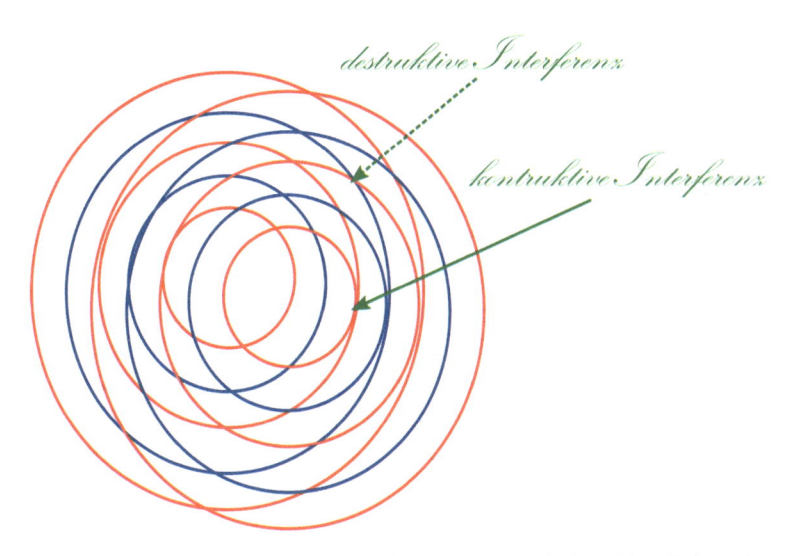

Abb. 7.27: Orte konstruktiver und destruktiver Interferenz bei zwei interferierenden Kreiswellen.

Ortsraum und umgekehrt. Wir wollen in diesem Abschnitt eine Situation schaffen, bei der wir an einem Ort der Ausdehnung einiger Wellenlängen bestimmte Überlagerungen von Wellen erzeugen, die dann nach Propagation über makroskopisch große Strecken nur noch in wenige Propagationsrichtungen konzentriert sind. Wir betrachten zwei Wellen $\psi_1(\mathbf{r}, t)$ und $\psi_2(\mathbf{r}, t)$. Infolge der Linearität der Wellengleichung ist dann auch die Summe beider Wellen

$$\psi_{\text{ges}}(\mathbf{r}, t) = \psi_1(\mathbf{r}, t) + \psi_2(\mathbf{r}, t) \tag{7.166}$$

eine Lösung der Wellengleichung. Wir nennen einen bestimmten Ort $\mathbf{r}$ einen Ort konstruktiver Interferenz, wenn sich an diesem Ort die Amplituden der Wellen mit demselben Vorzeichen addieren. Ein Ort, an dem sich die Amplituden der Wellen mit entgegengesetzten Vorzeichen addieren, nennen wir einen Ort destruktiver Interferenz. Da der Betrag jeder Welle mit einem örtlich und zeitlich variierenden Phasenfaktor multipliziert ist, gibt es immer Orte konstruktiver und destruktiver Interferenz. Abbildung 7.27 zeigt die konstruktive und destruktive Interferenz bei zwei Kreiswellen.

Die Energiedichte in einer Welle ist proportional dem Betragsquadrat $|\psi(\mathbf{r}, t)|^2$ der Welle. Für eine Superposition zweier Wellen finden wir

$$|\psi|^2 = |\psi_1 + \psi_2|^2 \,. \tag{7.167}$$

An Orten konstruktiver Interferenz zweier gleich starker Wellen finden wir eine Energiedichte

$$\frac{E}{V} \propto \|\psi_1| + |\psi_2\|^2 = |2\psi_1|^2 = 4|\psi_1|^2 \,, \tag{7.168}$$

die viermal so hoch ist wie die Energiedichte einer Einzelwelle. An Orten destruktiver Interferenz finden wir eine verschwindende Energiedichte

$$\frac{E}{V} \propto \||\psi_1| - |\psi_2|\|^2 = 0 \,. \tag{7.169}$$

Die Gesamtenergie der Einzelwelle ist proportional dem Integral des Betragsquadrats der Welle über den Raum

$$E_i \propto \int d^3\mathbf{r} |\psi_i|^2 \,. \tag{7.170}$$

Aufgrund des Energiesatzes muss die Energie der Überlagerung die Summe der Einzelenergien $E_{\text{Überlagerung}} = E_1 + E_2$ sein. Wir folgern, dass es bei der Interferenz zweier Wellen genauso viele Orte destruktiver Interferenz wie konstruktiver Interferenz geben muss. Lassen wir anstatt zwei gleich starker Wellen N gleich starke Wellen interferieren, so ist die Energiedichte der Orte konstruktiver Interferenz N^2-mal so groß wie die Energiedichte einer Einzelwelle:

$$E_{\text{konstruktiv}}/V = N^2 E_1/V \,. \tag{7.171}$$

Aus der Energieerhaltung folgt dann, dass die Orte konstruktiver Interferenz $1/N$-mal weniger häufig sind als Orte destruktiver Interferenz:

$$NE_{\text{Einzel}} = \frac{1}{N} N^2 E_{\text{Einzel}} + \frac{N-1}{N} 0 \tag{7.172}$$

$$= \frac{1}{N} E_{\text{konstruktiv}} + \frac{N-1}{N} E_{\text{destruktiv}} \,. \tag{7.173}$$

Mit Interferenz schafft man es also, die Energiedichte an wenigen Orten zu konzentrieren.

Wir zitieren hier das Huygens'sche Prinzip, nach dem jeder Punkt einer Welle wieder als Ausgangspunkt einer Elementarwelle gesehen werden kann und alle neuen Elementarwellen sich dann zu einer neuen Welle überlagern. Der Beweis dieser Behauptung gelingt mit der Technik der Pfadintegrale. Wir verzichten auf einen Beweis der Stimmigkeit des Huygens'schen Prinzips und stellen dessen Aussage nur grafisch in Abbildung 7.28 dar.

Wird die Welle nur an einer Stelle durchgelassen, entsteht eine Kreis- bzw. Kugelwelle (Abbildung 7.29).

Eine Kugelwelle ist von der Form

$$\psi \propto \frac{e^{i(kr - \omega t)}}{r} = \frac{e^{i(|\mathbf{k}||\mathbf{r}| - \omega t)}}{r} \,. \tag{7.174}$$

Der Abfall der Wellenamplitude mit $1/r$ führt zu einer Energiestromdichte

$$\mathbf{j}_E \propto \frac{\mathbf{e}_r}{r^2} \,, \tag{7.175}$$

sodass die gleiche Energiemenge durch die um den Durchlasspunkt konzentrisch liegenden Kugelflächen tritt und der Energiestrom $I = \int_A \mathbf{j}_E d^2\mathbf{S}$ konstant ist. Wir betrachten zwei Kugelwellen, die durch zwei benachbarte Löcher im Abstand d treten und dann überlagern (Abbildung 7.30).

7.11 Interferenz

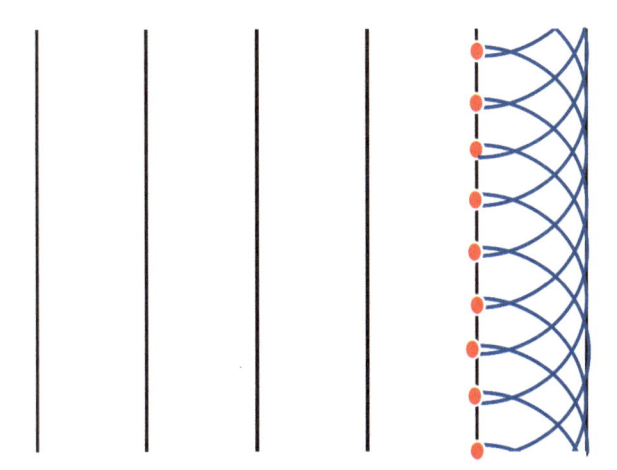

Abb. 7.28: Huygens'sches Prinzip: Jeder Punkt einer Wellenfront kann als Ausgangspunkt neuer Elementarwellen gesehen werden, die sich zur weiterpropagierenden Welle überlagern.

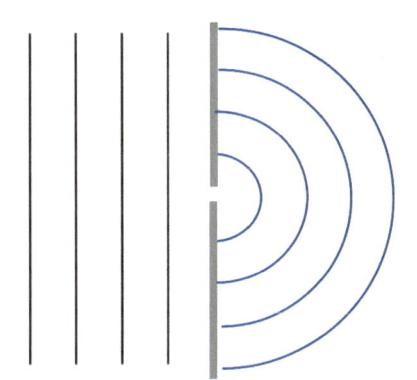

Abb. 7.29: Eine Kugelwelle entsteht durch das Auftreffen einer Wellenfront auf ein Loch.

Wir schreiben die Einzelkugelwellen auf:

$$\psi_1 = \frac{e^{ik|\mathbf{r}-\mathbf{r}_1|}}{|\mathbf{r}-\mathbf{r}_1|} e^{-i\omega t}, \tag{7.176}$$

$$\psi_2 = \frac{e^{ik|\mathbf{r}-\mathbf{r}_2|}}{|\mathbf{r}-\mathbf{r}_2|} e^{-i\omega t}, \tag{7.177}$$

wobei

$$\mathbf{r}_1 = \frac{d}{2}\mathbf{e}_z, \qquad \mathbf{r}_2 = -\frac{d}{2}\mathbf{e}_z \tag{7.178}$$

die Positionen der beiden Löcher sind. Wir führen den Aperturwinkel $\cos\vartheta = \mathbf{e}_r \cdot \mathbf{e}_x$ ein (siehe Abbildung 7.30). Die Gesamtwelle lautet damit

$$\psi = \left(\frac{\exp\left(ik\left|\mathbf{r}-\frac{d}{2}\mathbf{e}_z\right|\right)}{\left|\mathbf{r}-\frac{d}{2}\mathbf{e}_z\right|} + \frac{\exp\left(ik\left|\mathbf{r}+\frac{d}{2}\mathbf{e}_z\right|\right)}{\left|\mathbf{r}+\frac{d}{2}\mathbf{e}_z\right|} \right) e^{-i\omega t}. \tag{7.179}$$

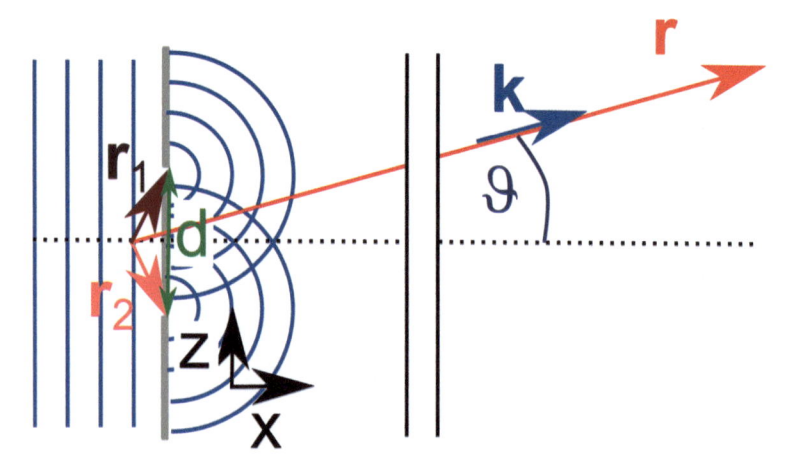

Abb. 7.30: Zwei Kugelwellen im Abstand d überlagern sich zu einem Interferenzmuster.

Wir entwickeln den Ausdruck $|\mathbf{r} \pm \frac{d}{2}\mathbf{e}_z|$ in eine Taylorreihe um $d = 0$:

$$\begin{aligned}\left|\mathbf{r} \pm \frac{d}{2}\mathbf{e}_z\right| &= |\mathbf{r}| + \frac{\mathbf{r}}{r}\left(\pm\frac{d}{2}\right) \cdot \mathbf{e}_z \\ &= |\mathbf{r}| \pm \frac{dz}{2r} \\ &= |\mathbf{r}| \pm \frac{dr\sin\vartheta}{2r} \\ &= |\mathbf{r}| \pm \frac{d\sin\vartheta}{2} \,. \end{aligned} \qquad (7.180)$$

Wir entwickeln lediglich den Ausdruck im Exponenten, der auf der Skala der Wellenlänge variiert, nicht den Nenner, der auf makroskopischen Skalen variiert, und finden für die Gesamtwellenfunktion

$$\begin{aligned}\psi &= 2\frac{\exp(ikr - \omega t)}{r} \frac{\exp\left(ik\frac{d}{2}\sin\vartheta\right) + \exp\left(-ik\frac{d}{2}\sin\vartheta\right)}{2} \\ &= \underbrace{2\frac{\exp(ikr - \omega t)}{r}}_{\substack{\text{Kugelwelle mit} \\ \text{doppelter Amplitude} \\ \text{einer Einzelwelle} \\ \text{ausgehend vom Mittelpunkt} \\ \text{zwischen den Löchern}}} \underbrace{\cos\left(k\frac{d}{2}\sin\vartheta\right)}_{\substack{\text{Interferenz-} \\ \text{modulation} \\ \text{als Funktion} \\ \text{der Apertur} \\ k\sin\vartheta}}\end{aligned}$$

(7.181)

In großem Abstand von beiden Löchern ergibt sich das in Abbildung 7.31 gezeigte Interferenzmuster.

Die Energiedichte der Welle ist proportional zum Betragsquadrat der Wellenfunktion:

$$|\psi|^2 = \frac{1}{r^2}\cos^2\left(\frac{\pi\sin\vartheta\,d}{\lambda}\right)\,, \qquad (7.182)$$

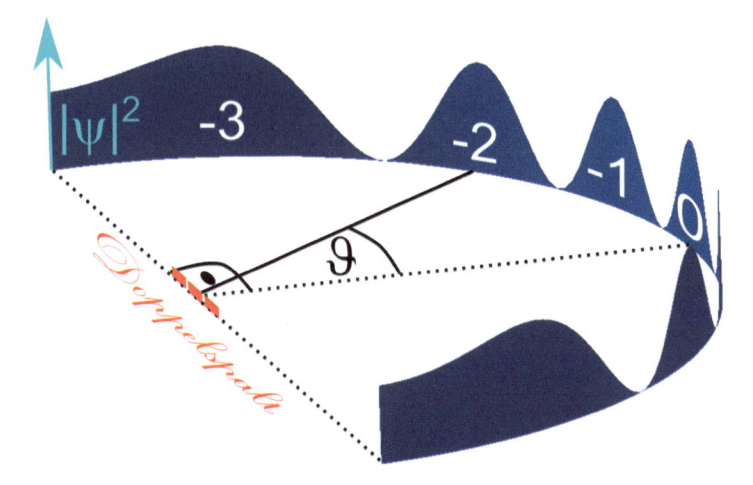

Abb. 7.31: Interferenzmuster der beiden Kugelwellen.

mit maximaler Energiedichte an den Stellen

$$\sin \vartheta_m^{\text{Max}} = m \frac{\lambda}{d} \qquad (7.183)$$

und minimaler Energiedichte an den Stellen

$$\sin \vartheta_m^{\text{Min}} = (m + 1/2) \frac{\lambda}{d} \,. \qquad (7.184)$$

Aufgrund der Zweistrahlinterferenz gibt es also genauso viele Maxima wie Minima der Interferenz. Interferenz spielt in der Optik eine herausragende Rolle und wird dort ausführlich besprochen. Zur Vollständigkeit der Wellenphysik haben wir die Interferenz hier bereits ansatzweise studiert. Für eine ausführlichere Betrachtung verweisen wir auf entsprechende Lehrbücher der Optik und schließen das Buch über Mechanik an dieser Stelle ab.

7.12 Aufgaben

Aberration
Sie besitzen einen perfekten Laserstrahl ohne Divergenz und schießen mit diesem Richtung Fixstern, senkrecht zur Erdbahn. Zwischen Fixstern und Erde befinde sich Streunebel, der die Bahn des Lichtes sichtbar macht, ohne den Laserstrahl abzuschwächen. Auf dem Fixstern werde der Laserstrahl zur Erde zurückreflektiert. Die Entfernung des Fixsternes von der Erde sei ein geradzahliges Vielfaches eines Lichtjahres. Wie sieht die Bahn des Lichtstrahles von der Erde aus aus?

Mach'scher Kegel von Tachyonen
Tachyonen sind postulierte Elementarteilchen bzw. Wellen, deren Gruppengeschwindigkeit die Lichtgeschwindigkeit überschreitet. Haben Tachyonen einen Mach'schen Kegel oder nicht?

Impedanzanpassung bei Wasserwellen
Überlegen Sie sich, wie Sie die Impedanzanpassung bei Wasserwellen bewerkstelligen können, um eine Stufe unter dem Wasserspiegel unsichtbar zu machen. Probieren Sie es mit Wasser und schwerem Wasser.

Mach'scher Kegel am Strand
Wie sieht die Mach'sche Schockwelle eines Schiffes nahe am sanft ansteigenden Strand aus und warum?

Welle im Fußballstadion
Was bestimmt die Wellengeschwindigkeit der *Welle* im Fußballstadion? Argumentieren Sie! Hat die Fußballwelle Dispersion oder nicht? Wie müsste man die Fußballwelle durchführen, um signifikante Dispersion zu bekommen?

Über den Autor und die Illustratorinnen

Thomas Fischer ist Professor für Experimentalphysik an der Universität Bayreuth. Er studierte an der Technischen Universität München Physik, promovierte am Max-Planck-Institut für Polymerforschung und der Johannes Gutenberg-Universität Mainz, hatte einen Postdoktorandenaufenthalt an der University of California Los Angeles, habilitierte an der Universität Leipzig, ging mit einem Heisenberg-Stipendium an das Max-Planck-Institut für Kolloid- und Grenzflächenforschung in Potsdam und war Professor für Chemie an der Florida State University in Tallahassee.

Alina Seidel ist eine 17-jährige Schülerin des Christian-Ernestinum-Gymnasiums in Bayreuth, die schon zeichnet, seit sie denken kann, und ihre Bilder über die Instagram-Seite @itsdrawn auch mit anderen teilt.

Marie Basten ist eine in Bayern geborene und auf dem Land aufgewachsene, in Berlin lebende freiberufliche Illustratorin und Künstlerin. Ihren Abschluss als Grafikerin an der Kunstakademie in Kassel bestand sie mit Auszeichnung und arbeitet seither mit verschiedenen Agenturen und Klienten zusammen. Sie entwarf eine Reihe von Charakteren für Zeichentrickfilme und Marketing. Sie illustrierte Kinderbücher, Gedichte, betriebswirtschaftliche Publikationen und Lehrmaterialien. Tief in ihrem Herzen ist sie einfach eine Malerin. Mit ihrer freiberuflichen Arbeit wird sie seit 2012 von der Galerie Rasch repräsentiert.

Stichwortverzeichnis

Abstandsquadrat 114
Advektionsterm 207
Albert Einstein 75
Antireflexionsschicht 285
aperiodischen Grenzfall 83
Äquatorebene 122
Arbeit 44
Atom 7
Austauschbosonen 4

barometrische Höhenformel 204
begleitendes Dreibein 177
belasteter Kreisel 145
Bernoulli'sches Gesetz 211
Beschleunigung 20, 24
– Normalbeschleunigung 25
– Tangentialbeschleunigung 25
– Zentripetalbeschleunigung 34
Biegesteifigkeitstensor 178
Binormalenvektor 178
Bogenlänge 24

Chaos 106
chemisches Potenzial 236
Coulomb-Kraft 7, 46

Dämpfung 82, 274
Deformation 165
– anisotrope 167
– isotrope 167
Deformationstensor 167
deformierbare Körper 160
Delta-Peak
– Gauß-Peak 263
– Lorentz-Peak 263
Deltapeak
– Kastenfunktion 263
Dilatationsviskosität 202
Dirac-Delta-Funktion 262
Dispersionsrelation 266
Doppelpendel 101
Dopplereffekt 286
– relativistisch 290
 – Aberration 292
 – Janus-Richtung 294

Drehimpuls 55, 125
– Bahndrehimpuls 126
– belasteter Kreisel 145
– Drehimpulsellipsoid 133
– Eigendrehimpuls 126
– Erhaltung 55
– Erhaltung in einer reibungsfreien Flüssigkeit 223
– unbelasteter Kreisel 145
Drehmoment 127
Druck 165
– hydrodynamischer 202
– hydrostatischer 203
– Spaltdruck 246

Eindringtiefe 275
Einhüllende 269
Ekliptik 122
elastische Konstanten des Kristalls 188
Elastizitätsmodul 173
Elementarteilchen 4, 6
Energie 52
– als Zeitkomponente des Viererimpulses 70
– Austausch über Schwebung 96
– Austausch zwischen Schwingungsmoden 96
– Drehungs-Bahn-Kopplung 65, 116
– Energieellipsoid 133
– kinetische 53, 116
– potenzielle 53
– Rotationsenergie 116
– starrer Körper 115
Euler-Instabilität 182
Euler-Winkel 122
Exponentialfunktion komplex 30
Exzess-Gibbs'sche Energie 238

Fermionen 4, 5
Festkörper 7
Figurenachse 146
Fixpunkt 104, 137
Flächenträgheitstensor 176
Flüssig-Gas-Koexistenz 235
Flüssigkeit
– nicht viskos 208
 – nicht wirbelfrei 222
 – wirbelfrei 210

– viskos
  – ohne Trägheit 224
  – und träge 230
Foucault Pendel 63
Fourier-Transformation 263
freie Enthalpie 235
Frequenz-Zeit-Unschärfe 100
Froschkönig 258
Frühlings-Herbst-Richtung 123

Galaxie 8
Galilei-Transformationen 65
geostrophischer Wind 62
Gesamtfilmspannung 248
Geschwindigkeit 14
– Vierergeschwindigkeit 15
Gibbs'sche Energie 235
Gleichgewicht an Dreiphasenkoexistenzlinien 242
Gleichgewichtskontaktwinkel 244
Gradient 46
Gravitation 8, 21, 41, 46, 56, 203, 279
Grenzflächenspannung 238
Gruppengeschwindigkeit 269
Güte 82

Hagen-Poiseuille'sches Gesetz 227
Hauptträgheitsmomente 133
Huygens'sches Prinzip 298
Hydrodynamik 198
– Grundgleichungen 202
hydrodynamische Reibungswiderstandsmatrix 150
Hydrostatik 203

Impuls 41
– Viererimpuls 70
Inertialsystem 35
Interferenz 296
– Zweistrahl 301

Kapillare Steighöhe und Kapillardepression 244
Kármán'sche Wirbelstraße 232
Kepler'sche Gesetze 56
Kilogramm 37
klassische Mechanik 16
komplexe Zahlen 28
Kompressibilität 170
Kompressionsmodul 169

konstituierende Gleichung 42
– elastischer Kristall 188
– Gleitreibungskraft 48
– Hooke'sche Feder 42
– ideales Gas 202
– inkompressible Flüssigkeit 202
– isotroper elastischer Festkörper 169
– Newton'sche Flüssigkeit 202
– starrer Körper 112
Kontinuitätsgleichung 201
Kraft
– anisotrope 165
– Auftriebskraft 205
– Corioliskraft 61
– Coulomb 7, 46
– dissipative 48
– Druckkraft 165
– elektromagnetische 41
– externe 49, 85, 201
– Federkraft 42
– Gegenkraft 40
– Gleitreibung 50
– Gravitationskraft 8, 21, 41, 46, 56
– Haftreibungskraft 50
– hydrodynamische Reibungskraft 51
– hydrodynamische Scherkraft 225
– interne 201
– konservative 44
– kurzreichweitige 164
– Magnus-Kraft 219
– nicht konservative 44
– Scheinkraft 60
– Skin-Effekt der Kraft 278
– Stokes'sche Reibungskraft 230
– Winkelbeschleunigungskraft 61
– Zentrifugalkraft 60
– zweites Newton'sche Gesetz 39
Kraftdichte 164
Kreisbewegung 30
Kreisfrequenz
– Dopplereffekt 289
– drittes Kepler'sche Gesetz 57
– Eigenfrequenz des Oszillators 82
– externe 85
– interne 85
– momentane 32
– Nutation 144
– parametrische 89
– physikalisches Pendel 148

– Präzession 145
– rotierendes Bezugssystem 59
– starrer Körper 114
– Welle 266
Kreuzprodukt 32
Krümmung
– der Bahn 25
– der Raumzeit 188
– des Raumes 74
– eines Balkens 174, 184
– Krümmungsradius 26, 176
– Krümmungstensor 241
kurzreichweitige Wechselwirkung 161
Kutta-Shukowski-Gleichung 219

Länge 11
Längenkontraktion 68
Längenskalentrennung 160, 262
Laplace-Druck 241
Lepton 5
Levy-Civita-Tensor 137
Lichtgeschwindigkeit 66
lineare Kette 265
Lorentz-Transformationen 66

Mach'scher Kegel 286
Masse
– Äquivalenzprinzip 38
– dynamische 37
– effektive 40
– Gesamtmasse 54, 113
– Massenerhaltung 200
– reduzierte 55
– relativistische 71
– Ruhemasse 37
– schwere 36
– träge 36
Massenmittelpunkt 54, 113
Materialeigenschaften 160
Materie 4, 6
Mathieu'sche Differenzialgleichung 89
Meson 5
Meter 11
Möbiusband 193
Modenkonversion
– abrupte Veränderung 99, 285
– adiabatische Veränderungen 96, 283
Molekül 7, 8

Navier-Stokes-Gleichungen 202
neutrale Faser 174
Neutron 5
Newton'sche Gesetze 35
Normalenvektor
– auf den Rand einer Fläche. 239
– auf eine Fläche 51, 239
– auf eine Kurve 25
Nukleon 6
Nuklid 6
Nutation 134

Ostwald-Reifung 250

parallel
– Euklid'scher Raum 21
– krummer Raum 20
Pendellänge
– effektive 148
periodische Prozesse 8, 80, 96, 107
Phasengeschwindigkeit 267
Phasenkoexistenz 236
physikalisches Pendel 146
Planeten 8
Poincaré-Schnitt 102
Poisson-Verhältnis 172
Potenzial 46
– Coulomb 47
– Gravitation 46
– harmonisches 80, 266
– Zentralpotenzial 54
– Zentrifugal 64
Projektor 27, 49, 60, 139, 229, 239, 240, 243
Proton 5, 6
Punktmechanik 24

Quantenmechanik 16
Quarks 6

Rayleigh-Instabilität 251
Referenzpunkt 113
– Wechsel 114
Relativistische Addition von
    Geschwindigkeiten 67
relativistische Bewegungsgleichung 71
Relativitätstheorie
– allgemeine 16, 188
– spezielle 16, 66
Relaxation 8, 10, 83

Resonanz
- erzwungene Schwingung 89
- parametrische 89
Reynolds-Zahl 231
Rotationen
- freie
  - anisotrop 132
  - axisymmetrischer Körper 140
  - Hauptachse 128
- Körper in einer Flüssigkeit 205
- mit Drehmoment
  - axisymmetrischer Körper 144
- Operatoren 150

Satz von Călugăreanu 186
Satz von Gauß 163
Satz von Stokes 209
Schallschnelle 271
Schallwellen 269
- longitudinal 190, 271
- transversal 190
Schaum 245
- Facetten 245
- Plateaugrenze 245
- Zellen 245
Schermodul 169
Scherviskosität 202
schiefe Ebene 129
schwarzes Loch 8
Schwingungen 80
- gedämpfte 82
- Kriechfall 84
- Moden 90
  - asymmetrische 94
  - hochfrequente 97
  - kollektive 98
  - niederfrequente 97
  - Normalmoden 104
  - symmetrische 95
- Schwebung 95
Sekunde 9
Signal-Rausch-Abstand 274
Slinky 192
Sonnensystem 8
Spannung
- anisotrop 165
- isotrop 165
Spannungstensor 162
- anisotrop 165

Stagnationspunkt 232
starrer Körper 11, 112
stationäre Punkte 81
- indifferente 82
- instabile 82
- stabile 81
Stauchungs- und Dehnungshauptachsen 168
Steiner'scher Satz 117
Sterne 8
Stokes-Paradoxon 231
Stokes'schen Gleichungen 225
Stokes'scher Reibungswiderstand 230
Strichmechanik 177
Stromlinien 210
Synchrotron 295

Tangentenvektor 24
Tensoren 121
- anisotrop 121
- isotrop 121
thermodynamischen Gleichgewicht 235
thermodynamischer Limes 160
thermodynamisches Potenzial 235
Torsion 178
Torsionssteifigkeit 182
Totwasser 232
Trägheitsmomententensor 116
Transient 86
Turbulenz 233

unbelasteter Kreisel 141
uniaxial gespannter Draht 172

Vektorprodukt
- äußeres 26
- Kreuzprodukt 32
Verbiegung eines Balkens 173
Verdrillung 186
Verflechtungszahl 186
Verschiebung 165
Verwindung 178
Verwindungszahl 186
Vierervektoren 70

Wasserbrücke 253
Wasserwellen 275
- Flachwasserwellen 281
- Kapillarwellen 281

– Schwerewellen 281
– Tiefwasserwellen 281
Wechselwirkung
– elektromagnetische 4
– Gravitation 4
– schwache 4
– starke 4
Wellen 262
– Intensität 273
– Kreisfrequenz 266
– Reflexion und Transmission 282
– übertragendes Medium 286
Wellenlänge 266
Wirbeldichte 208
Wirbelfaden 222, 223
Wurfparabel 28

Young-Modul 173

Zeit 8
Zeitdilatation 69
Zeitskalentrennung 84, 262
Zirkulation 209
Zyklone und Antizyklone 63